U0279639

5G 丛书

智能天线：MATLAB 实践版
（原书第 2 版）

［美］　弗兰克·B. 格罗斯（Frank B. Gross）　著

刘光毅　费泽松　王亚峰　译

机械工业出版社

本书全新升级，是一本更完整、更新内容的智能天线设计和性能实践指南。

本书结合大量的 MATLAB 实践案例，全面详解了智能天线领域所包含的理论与技术，可以为读者建立全面的智能天线知识和理论基础，帮助读者深入理解智能天线的原理与实践过程。

本书作为实践指南可以为无线通信工程师学习智能天线提供重要指导与参考，也可作为通信、电子、计算机等相关专业研究生或高年级本科生的学习教材。

原书前言

我们生活在智能技术的时代：智能卡、智能手机、智能环境、智能计量、智能建筑、智能传感器，以及智能天线。智能天线曾经也叫自适应天线，并在文献里广为报道。早在20世纪50年代，许多公开的文献揭示了增强天线阵性能的自适应算法。随着技术的突破，现在我们有了智能天线，包括天线阵，但其通常根本不像天线阵。许多现代天线已经在我的书 *Frontiers in Antennas: Next Generation Design & Engineering*（McGraw - Hill，2011）中有详细的描述。我对智能天线的定义是：智能自优化的交互式天线。有时，这样的天线也被描述为感知天线。整体上，这些天线涵盖从简单的波束导向天线阵到自治愈天线。换句话说，它们可能并不是那么智能。智能天线可以让用户在噪声和干扰的环境中进行特定的信号搜索。对于自治愈的天线，当天线受损的时候，它可以改进性能以减小性能的损失。

对于一些简单的智能天线，它可以测量6个扇区的电磁场并检测信号的到达角。不管简单还是复杂，智能天线总是能在环境变化的时候用算法来优化性能。本书第2版不仅仅局限于无线通信，因为我认为这对在持续演进的科学来说太局限，因为智能天线的应用不仅仅局限于无线通信，所以这次的修订增加了3章：第9章，测向；第10章，矢量传感器；第11章，智能天线设计。尽管我在信号处理、雷达、通信和电磁场等领域有深厚的背景，也在产业界和学术界工作了多年，但我很难找到一本可以适合不同领域的人员共同参考的智能天线教科书。此外，很少有书籍涉及智能天线的主题，因为智能天线涉及多种不同规则的融合，在相应的领域需要融会贯通。所以，本书的最重要的目标就是呈现这些不同的科学和工程理论的基础，以及应用在智能天线时如何融合。为了理解智能天线的特征，读者需要熟悉电磁场、天线、阵列处理、传播、信道特征、随机过程、谱估计和自适应方法。所以，在深入研究智能天线技术之前，本书可以很好地作为一个基础。

本书共包含11章，第1章介绍智能天线的背景、出发点、必要性和意义。第2章介绍电磁场的反射、衍射和传播，这些概念有助于理解路径增益因子、覆盖和衰落，以及在多个天线阵元间的多径传播和相位的关系。第3章介绍基本的天线理论，包括天线的基本表征，如波束宽度、增益，天线方向图和有效孔径等。Friis传输方程有助于理解球面扩展和接收的相关问题，所以也有相关的讨论。最后，对偶极子和天线环的特征也有所描述，以帮助读者理解单个的天线阵元如何影响整个天线阵的性能。

第4章重点介绍天线阵。阵列现象学有助于理解天线的形状和天线的方向图之间的关系，包括线阵、环阵和面阵。阵列加权有助于读者理解天线阵列如何影响辐射方向图。特定的天线阵列，如固定波束天线阵、波束导向天线阵、Butler矩阵、逆向天线阵等，在该章有深入的讨论。这样的安排对于理解智能天线的性能和限制是非常有帮助的。

第5章介绍随机变量和随机过程的基础。多径信号和噪声都具有随机化的特征，信道的时延和到达角也都是随机变量。这样，基本的随机过程的知识有助于理解到达信号的特征，以及如何处理阵列的输入信号。许多智能天线的应用要求计算相关矩阵。为了帮助读者理解相关矩阵、预测矩阵，以及如何计算最优阵列加权，随机过程的遍历性和平稳性的知识很重要。所以，在学习智能天线课程之前，需要熟悉随机过程。

第 6 章讲述信道的传播特性，包括衰落、时延扩展、角度扩展、弥散和均衡等。此外，对 MIMO 也进行了简单定义和描述。如果能对多径衰落有深入的理解，则可以更好地设计智能天线。第 7 章讨论各种不同的谱估计方法，包括 Bartlett 波束赋形、PHD、特征结构方法 MUSIC 和 ESPRIT。该章有助于理解阵列相关矩阵的特点，以及 AOA 如何可以被更精确地预测。此外，很多该章讨论的技术有助于更好地理解自适应方法。

第 8 章讲述智能天线的发展历史和如何计算最小化代价函数的权值。MMSE 有助于理解迭代的方法（如 LMS）。该章对多个迭代方法进行了讨论，并进行了数值比较，同时也分析了当前流行的算法，如恒模、采样矩阵求逆和共轭梯度法等。在讨论用不同的波形估计 AOA 时，该章介绍了波形分集的概念，该方法已经应用于 MIMO 通信和 MIMO 雷达。

第 9 章介绍测向和 AOA 估计。此外，本章还讨论在噪声环境下如何确定 AOA 的精度。

第 10 章介绍一种新型的、可测量入射的三维电磁场矢量的矢量天线；如果可以精确地知道入射的电磁场矢量，仅需单一的天线就可以估计信道的 AOA。

第 11 章介绍可重配置天线阵，它由多个部分组成，可以通过开和关来实现天线的几何特征和行为的改变。这样，受损的天线可以通过改变波束形状来实现自愈。一种优化可重配置天线的方法就是遗传算法，该章给出基于 MATLAB 的数值例子，课后作业中的问题也需要用 MATLAB 来解，这也有助于加深对智能天线的理解。

本书的所有 MATLAB 代码都可以从网站（www. mhprofessional. com/）的本书页面下载，也可以作为后续工作的参考。这些代码都和各章的习题关联，并以“sa_ex#_#. m”的方式命名，比如例 8. 4 对应的代码为“sa_ex8_4. m”。本书中大多数的图都可以通过这些代码产生，相应的代码的命名方式为“sa_fig#_#. m”。如果对书中的某个图感兴趣，或者想要修改，则可以下载和使用相应的代码。例如，图 2. 1 可以用 sa_fig2_1. m 产生。同时，也有产生各章习题答案的代码，命名为 sa_prob#_#. m，例如习题 5. 2，相应的 MATLAB 代码为 sa_prob5_2. m。

致指导老师

本书可用作高年级本科生和研究生的一学期教材，可根据学生的背景，适当处理本书的前几章内容。本书的预备知识包括本科的通信、电磁场和随机过程等课程。如果学生学习过本科的通信课程，而没有学习过随机过程课程，也能学习这门课程。但是本书要求学生修完高等工程数学，包括矩阵代数，如特征值和特征向量的计算。希望本书能为实践者提供一个很好的参考，为其加深对智能天线的理解打开新的大门。

目　　录

原书前言
第 1 章　引言 …… 1
1.1　智能天线是什么 …… 1
1.2　为什么会出现智能天线 …… 2
1.3　智能天线带来的好处是什么 …… 2
1.4　智能天线原理 …… 3
1.5　本书概览 …… 4
1.6　参考文献 …… 4
第 2 章　电磁场基础 …… 6
2.1　麦克斯韦方程 …… 6
2.2　亥姆霍兹波方程 …… 7
2.3　直角坐标系中的传播 …… 8
2.4　球面坐标系中的传播 …… 9
2.5　电场边界条件 …… 10
2.6　磁场边界条件 …… 12
2.7　平面波反射和透射系数 …… 13
2.7.1　垂直入射 …… 13
2.7.2　斜入射 …… 16
2.8　平地上的传播 …… 18
2.9　刀口衍射 …… 20
2.10　参考文献 …… 22
2.11　习题 …… 22
第 3 章　天线基础 …… 25
3.1　天线场区域 …… 25
3.2　功率密度 …… 26
3.3　辐射强度 …… 28
3.4　基本天线命名 …… 29
3.4.1　天线方向图 …… 29
3.4.2　天线瞄准线 …… 31
3.4.3　主平面方向图 …… 31
3.4.4　波束宽度 …… 31
3.4.5　方向性 …… 31
3.4.6　波束立体角 …… 32
3.4.7　增益 …… 32
3.4.8　有效孔径 …… 33
3.5　Friis 传输公式 …… 33
3.6　磁矢势和远场 …… 34
3.7　线性天线 …… 35
3.7.1　无穷小偶极子 …… 35
3.7.2　有限长偶极子 …… 37
3.8　环形天线 …… 39
3.8.1　恒定相量电流环路 …… 39
3.9　参考文献 …… 41
3.10　习题 …… 42
第 4 章　阵列基础 …… 44
4.1　线阵 …… 44
4.1.1　二元阵列 …… 44
4.1.2　均匀 N 元线阵 …… 45
4.1.3　均匀 N 元线阵方向性 …… 52
4.2　阵列加权 …… 55
4.2.1　波束导向和加权阵列 …… 62
4.3　环阵 …… 63
4.3.1　波束导向环阵 …… 63
4.4　直角面阵 …… 64
4.5　固定波束阵列 …… 65
4.5.1　Butler 矩阵 …… 66
4.6　固定旁瓣消除 …… 67
4.7　逆向阵列 …… 69
4.7.1　无源逆向阵列 …… 70
4.7.2　有源逆向阵列 …… 70
4.8　参考文献 …… 71
4.9　习题 …… 72
第 5 章　随机变量和随机过程原理 …… 74
5.1　随机变量的定义 …… 74
5.2　概率密度函数 …… 74
5.3　期望和阶矩 …… 76

5.4 常见的概率密度函数 …… 77
5.4.1 高斯密度 …… 77
5.4.2 瑞利密度 …… 78
5.4.3 均匀密度 …… 78
5.4.4 指数密度 …… 79
5.4.5 莱斯密度 …… 80
5.4.6 拉普拉斯密度 …… 81
5.5 平稳性和遍历性 …… 82
5.6 自相关和功率谱密度 …… 83
5.7 协方差矩阵 …… 84
5.8 参考文献 …… 85
5.9 习题 …… 85
第 6 章 传播信道特性 …… 87
6.1 平地模型 …… 87
6.2 多径传播机制 …… 90
6.3 传播信道基础 …… 91
6.3.1 衰落 …… 91
6.3.2 快衰落建模 …… 92
6.3.3 信道脉冲响应 …… 100
6.3.4 功率时延分布 …… 101
6.3.5 功率时延分布的预测 …… 103
6.3.6 功率角度分布 …… 103
6.3.7 角度扩展预测 …… 105
6.3.8 功率时延 - 角度分布 …… 108
6.3.9 信道色散 …… 108
6.3.10 慢衰落模型 …… 109
6.4 提高信号质量 …… 110
6.4.1 均衡 …… 111
6.4.2 分集 …… 112
6.4.3 信道编码 …… 114
6.4.4 MIMO …… 114
6.5 参考文献 …… 116
6.6 习题 …… 118
第 7 章 到达角估计 …… 121
7.1 矩阵代数基础 …… 121
7.1.1 向量基础 …… 121
7.1.2 矩阵基础 …… 122
7.2 阵列相关矩阵 …… 125
7.3 AOA 估计方法 …… 127
7.3.1 Bartlett AOA 估计 …… 127
7.3.2 Capon AOA 估计 …… 128
7.3.3 线性预测 AOA 估计 …… 129
7.3.4 最大熵 AOA 估计 …… 131
7.3.5 PHD AOA 估计 …… 131
7.3.6 最小模 AOA 估计 …… 132
7.3.7 MUSIC AOA 估计 …… 134
7.3.8 Root - MUSIC AOA 估计 …… 136
7.3.9 ESPRIT AOA 估计 …… 141
7.4 参考文献 …… 144
7.5 习题 …… 145
第 8 章 智能天线 …… 148
8.1 概述 …… 148
8.2 智能天线的发展历程 …… 149
8.3 固定权重波束赋形基础 …… 150
8.3.1 最大化信干比 …… 150
8.3.2 最小方均误差 …… 155
8.3.3 最大似然 …… 157
8.3.4 最小方差 …… 159
8.4 自适应波束赋形 …… 162
8.4.1 最小方均 …… 162
8.4.2 采样矩阵求逆 …… 164
8.4.3 递归最小二乘法 …… 167
8.4.4 恒模 …… 170
8.4.5 最小二乘恒模 …… 173
8.4.6 共轭梯度法 …… 176
8.4.7 扩展序列阵列权值 …… 179
8.4.8 新 SDMA 接收机的描述 …… 181
8.5 参考文献 …… 186
8.6 习题 …… 189
第 9 章 测向 …… 192
9.1 环形天线 …… 192
9.1.1 早期使用环形天线测向 …… 192
9.1.2 环形天线基本原理 …… 192
9.1.3 垂直环天线 …… 194
9.1.4 垂直环极化匹配 …… 194
9.1.5 具有极化信号的垂直环 …… 194
9.1.6 交叉环阵和 Bellini - Tosi 无线电测角仪 …… 196
9.1.7 环阵校准 …… 199
9.2 Adcock 偶极子天线阵列 …… 200

9.2.1 Watson - Watt 测向算法 …… 201
9.3 应用于 Adock 和交叉环阵的现代测向 …… 202
9.4 定位 …… 203
9.4.1 Stansfield 算法 …… 204
9.4.2 加权最小二次方解 …… 206
9.4.3 置信误差椭圆 …… 206
9.4.4 马氏统计 …… 208
9.5 参考文献/注释 …… 210
9.6 习题 …… 211
第 10 章　矢量传感器 …… 213
10.1 简介 …… 213
10.2 矢量传感器天线阵列响应 …… 215
10.2.1 单矢量传感器的导向矢量推导 …… 215
10.2.2 矢量传感器阵列信号模型和导向矢量 …… 218
10.3 矢量传感器测向 …… 219
10.3.1 矢量积测向 …… 219
10.3.2 超分辨率测向 …… 221
10.4 矢量传感器波束赋形 …… 223
10.5 矢量传感器的 Cramer - Rao 低限 …… 227
10.6 致谢 …… 229
10.7 参考文献 …… 230
10.8 习题 …… 231
第 11 章　智能天线设计 …… 233
11.1 引言 …… 233
11.2 全局优化算法 …… 234
11.2.1 算法说明 …… 236
11.3 优化智能天线阵 …… 247
11.3.1 稀疏天线阵单元 …… 247
11.3.2 优化阵单元位置 …… 249
11.4 自适应零限 …… 253
11.5 智能天线设计中的 NEC …… 256
11.5.1 NEC2 资源 …… 256
11.5.2 设置 NEC2 仿真 …… 257
11.5.3 将 NEC2 与 MATLAB 集成 …… 260
11.5.4 示例：简单的半波偶极子天线 …… 261
11.5.5 单极阵示例 …… 262
11.6 演化天线设计 …… 264
11.7 当前和未来趋势 …… 268
11.7.1 可重构天线和阵列 …… 268
11.7.2 开源计算电磁学软件 …… 268
11.8 参考文献 …… 268
11.9 习题 …… 271

第1章　引　　言

本书面向的是最近越来越受关注的智能天线领域。尽管智能天线的理论已经有50多年的历史，但是新的无线应用对智能天线的需求正不断增加。特别是最近，适应于动态和弥散无线信道环境的智能天线算法正日趋成熟。所以，智能天线对于提升各种无线应用的性能至关重要。这项技术对于从移动蜂窝系统到个人通信业务，以及雷达系统都非常重要。本书不针对特定的应用场景，而是尽可能地向读者介绍智能天线的基本原理。坚实的理论基础对于理解这个备受关注的技术的应用及其优势非常重要。

1.1　智能天线是什么

通常，智能天线是指一个天线阵列，基于一个复杂的信号处理器，它可以增强其感兴趣的信号，同时最小化干扰信号的影响。智能天线通常包含交换波束或波束赋形的自适应系统。交换波束系统通常具有多个固定的方向图，它根据系统的要求，按一定准则选择一个波束来进行发送和接收。而对于波束赋形的自适应系统，它会将波束导向有用的方向，同时最小化干扰信号的方向。智能天线有别于固定方向图的“盲天线”，它会根据电磁环境的变化，自适应地调整天线辐射的方向图。过去，智能天线也叫作自适应天线阵或者数字波束赋形天线阵。这个新的术语反映了我们对智能技术的倾向和精确地定义由复杂的信号处理控制的自适应天线阵列。

图1.1对比了两种自适应天线阵列。第一种是传统的固定波束天线阵，波束的主瓣方向由预定义的波束加权来决定。但是，这种配置既不智能也不自适应。

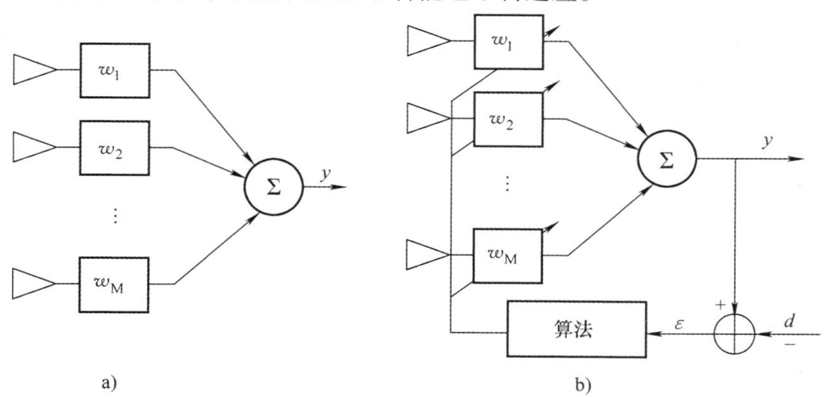

图1.1　a）传统阵列　b）智能天线

第二种天线阵是一种智能的天线阵，它可以基于优化算法来适应不断改变的信号环境。一个优化的准则或者代价函数可以基于一些特定的需求来定义，比如，在期望信号 d 和天线阵输出 y 之间的误差的幅度平方 $|e|^2$。它可以调整天线阵的加权使得输出信号匹配期望的信号，并且代

价函数最小，从而得到最优的辐射方向图。

1.2　为什么会出现智能天线

快速增长的智能天线需求来自两个方面。第一，高速 A－D 转换器（ADC）和高速数字信号处理（DSP）的快速突破。尽管智能天线技术出现在 19 世纪 50 年代[1-3]，但能完成必要的快速计算在近期才实现。早期的智能天线或者自适应天线阵受限于自身的能力，因为自适应算法通常由模拟硬件来实现。随着 ADC 和 DSP 的快速发展，之前通过硬件实现的功能现在可以通过数字的方式快速实现[4]。现在，每秒 20G 采样（20GSa/s）速率的 8～24bit ADC 都变成了现实[5]，超导的数据转换已经可以实现 100GSa/s[6]。这就使得大多数的无线应用中的无线信号直接数字化成为可能。至少，ADC 可以应用于更高无线频率应用中的中频转换。这就使得在接收机的前端通过软件来实现信号处理成为现实。此外，DSP 可以通过现场可编程门阵列（FPGA）来实现高速并行的处理，当前的商用 FPGA 可以支持最高 256 BMACS 的能力㊀。这样，随着数字使能技术的指数增长，智能天线技术的应用将广为普及。第二，全球各类无线通信和检测的应用层出不穷。智能天线是实现自适应阵列信号处理的有效实践，并为业界所广泛关注。这样的应用包括移动通信[7]、软件定义无线电[8,9]、广域网（WLAN）[10]、无线本地环路（WLL）[11]、移动互联网、无线城域网（WMAN）[12]、卫星个人通信业务、雷达[13]、泛在雷达[14]、许多形式的远程侦听、移动自组织网络（MANET）[15]、高速率通信[16]、卫星通信[17]、多入多出（MIMO）系统[18]、波形分集系统[19]等。仅仅电信行业的快速发展就足以催熟智能天线来提升系统容量和速率。2018 年，仅仅电信行业的投资就高达 1.94 万亿美元。

1.3　智能天线带来的好处是什么

在无线应用和类似雷达的应用中，智能天线有非常多的技术优势，它可以通过指向目标用户的窄波束实现更高的系统容量，同时在其他用户方向实现零限。这就允许通过更低的功率实现更高的信干噪比，在同一小区内实现更高的频率复用系数，也就是空分多址（SDMA）。在美国，大多数基站将每个小区扇区化为 120°的覆盖范围，如图 1.2a 所示。这就使得系统容量可以是原来一个小区的 3 倍，因为每个扇区可以复用同样的频率资源。在每个小区，大多数扇区可以改造支持智能天线，这样，每个 120°的扇区可以进一步划分，如图 1.2b 所示，可以通过更低的功率来提供更高的系统容量和带宽。

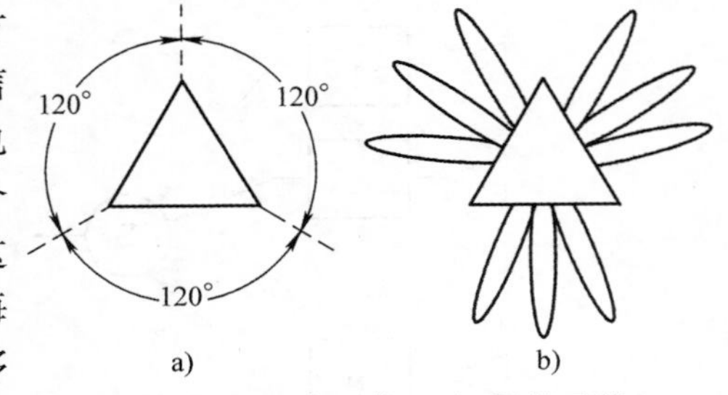

图 1.2　a）扇区化　b）智能天线

另一个智能天线的好处是可以有效抑制不利的多径效果。就如在第 8 章中将讨论到的，智能天线的恒模算法可以用于抑制多径信号，它将极大地降低接收信号的衰减。因此，智能天线可以通过同信道干扰的抑制和多径衰落的抑制，实现更高速率的传输。多径效应的减弱不仅有益于

㊀ BMACS：Billion multiply accumulates per second，每秒 10 亿次乘法累加。——原书注

移动通信，也对诸如雷达等其他应用效果明显。智能天线也可以通过更精确的到达角（AOA）估计实现对测向性能的增强[20]。谱估计的大规模天线阵可以实现超精度的AOA估计，这将在第7章中详细讨论。AOA的精确估计对雷达系统的目标成像或者目标跟踪非常有用。智能天线的测向能力也可以使得无线系统可以精确定位其移动用户。此外，智能天线可以实现盲自适应波束赋形，在没有参考信号或者训练序列的时候将波束指向目标用户。此外，智能天线也在MIMO系统[18]和波形反转MIMO雷达系统[21,22]中有着广泛应用。因为反转信号从每个天线阵元发送，在接收端进行合并，智能天线可以在多径环境下最佳地调整天线阵辐射的方向图。在MIMO雷达系统中，智能天线利用每个阵元信号间的独立性来提高天线阵的分辨率，抵抗杂波[19]。很多智能天线的好处都将在第7章中讨论。

总之，智能天线的潜在增益如下：

- 提高系统容量
- 更高的信号带宽
- SDMA
- 更高的信干噪比
- 提高频率复用系数
- 降低旁瓣或者零限控制
- 抗多径
- 对相位调制信号的恒模恢复
- 盲自适应
- 增强的到达角估计和测向
- 瞬时移动目标跟踪
- 减少雷达成像的斑点
- 杂波抑制
- 提高自由度
- 提高阵分辨率
- 通信和雷达应用中的MIMO兼容性

1.4　智能天线原理

智能天线的基本目标就是在诸如电磁、天线、传播、通信、随机过程、自适应理论、谱估计和阵列信号处理等学科间建立起必要的理论统一与融合。图1.3展示了各个学科之间的重要关系。之前的很多书籍试图从单一的学科来解释智能天线，但是这种浅显的方法仅仅获得了一小部分工程师的青睐，而没有吸引到更多的人群来关注智能天线技术。没有单一的工程学科可以很好地阐释这一快速发展的领域。智能天线的内容超越了特定的应用，值得全面关注。为了深入理解智能天线，我们必须精通多个变化的和相关的主题。也许有人会说，图1.3中的一些领域可以相互合并，这样相关的领域数将大为减少，但是这些领域的专家们都对智能天线技术的发展做出了独特的贡献，所以本书从多个学科出发，尝试把它们融会贯通为一个整体。

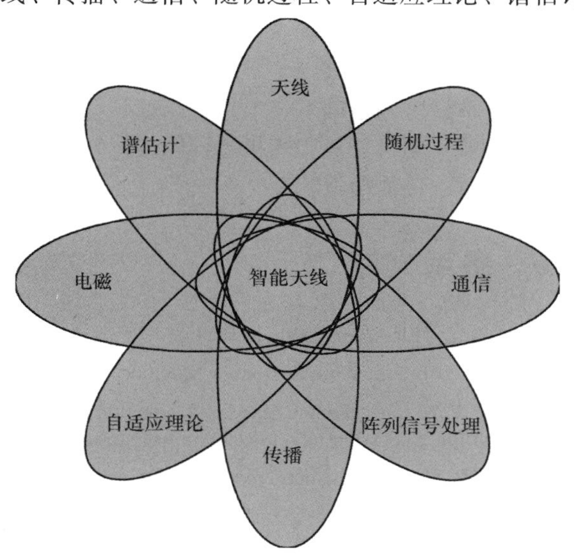

图1.3　智能天线相关的各个学科的维恩图

1.5 本书概览

正如前面提到的，本书希望给读者提供一个对智能天线的全面和基础的理解。每个学科的一些基本支撑性理论将为读者对智能天线的整体理解打下基础。所以本书各章分别对各个领域进行提炼和总结。第 2 ~4 章分别讨论电磁场、天线和阵列。这些基础对于更好地理解智能天线的物理机理非常关键。第 5 章讨论随机过程以及一些特定的概率分布，这些知识非常有助于理解噪声、信道、时延扩展、角度扩展和信道多径特性。第 6 章讨论信道的传播特性，以帮助读者理解多径衰落的基础，也对读者理解智能天线的局限性有非常大的帮助。第 7 章讨论 AOA 估计，帮助读者理解特征结构的方法。第 8 章讨论智能天线，各种自适应算法将得到详细的阐述。第 9 章讨论测向和定位，帮助读者理解智能天线如何定位一个用户的位置。学术界有很多的方法可应用于测向和定位，甚至单个天线也可以定位一个信号的到达角。第 10 章介绍矢量传感器处理，它可以使得单个天线就可以确定信号的到达方向。矢量传感器通常由 3 个嵌套的环和 3 个嵌套的偶极子构成，使用极化信息来确定信号的方向。最后，第 11 章涵盖使用诸如粒子群算法和遗传算法来优化智能天线设计的内容。

本书提炼的原理可以使读者精通于智能天线的基础。此外，本书给出了大量的 MATLAB 示例脚本文件，通过它们的图形化演示，可以帮助读者对智能天线的概念有更好的理解。这些脚本文件可以在 www. mhprofessional. com 的本书页面下载，读者可以学习如何进行算法的编程和优化它们的性能。最后，希望基于这些基础的理解，读者可以将其作为跳板，在这个新的吸引人的领域开展更深入的工作。

本书的各章节安排如下：

第 1 章：引言
第 2 章：电磁场基础
第 3 章：天线基础
第 4 章：阵列基础
第 5 章：随机变量和随机过程原理
第 6 章：传播信道特性
第 7 章：到达角估计
第 8 章：智能天线
第 9 章：测向
第 10 章：矢量传感器
第 11 章：智能天线设计

1.6 参考文献

1. Van Atta, L. “Electromagnetic Reflection,” U.S. Patent 2908002, Oct. 6, 1959.
2. Howells, P. “Intermediate Frequency Sidelobe Canceller,” U.S. Patent 3202990, Aug. 24, 1965.
3. Howells, P. “Explorations in Fixed and Adaptive Resolution at GE and SURC,” *IEEE Transactions on Antenna and Propagation*, Special Issue on Adaptive Antennas, Vol. AP-24, No. 5, pp. 575–584, Sept. 1976.
4. Walden, R. H. “Performance Trends for Analog-to-Digital Converters,” *IEEE Commn. Mag.*, pp. 96–101, Feb. 1999.
5. Litva, J., and T. Kwok-Yeung Lo, *Digital Beamforming in Wireless Communications*, Artech House, Boston, MA, 1996.

6. Brock, D. K., O. A. Mukhanov, and J. Rosa, "Superconductor Digital RF Development for Software Radio," *IEEE Commun. Mag.*, pp. 174, Feb. 2001.

7. Liberti, J., and T. Rappaport, *Smart Antennas for Wireless Communications: IS-95 and Third Generation CDMA Applications*, Prentice Hall, New York, 1999.

8. Reed, J., *Software Radio: A Modern Approach to Radio Engineering*, Prentice Hall, New York, 2002.

9. Mitola, J., "Software Radios," *IEEE Commun. Mag.*, May 1995.

10. Doufexi, A., S. Armour, A. Nix, P. Karlsson, and D. Bull, "Range and Through put Enhancement of Wireless Local Area Networks Using Smart Sectorised Antennas," *IEEE Transactions on Wireless Communications*, Vol. 3, No. 5, pp. 1437–1443, Sept. 2004.

11. Weisman, C., *The Essential Guide to RF and Wireless*, 2d ed., Prentice Hall, New York, 2002.

12. Stallings, W., *Local and Metropolitan Area Networks*, 6th ed., Prentice Hall, New York, 2000.

13. Skolnik, M., *Introduction to Radar Systems*, 3d ed., McGraw-Hill, New York, 2001.

14. Skolnik, M., "Attributes of the Ubiquitous Phased Array Radar," *IEEE Phased Array Systems and Technology Symposium*, Boston, MA, Oct. 14–17, 2003.

15. Lal, D., T. Joshi, and D. Agrawal, "Localized Transmission Scheduling for Spatial Multiplexing Using Smart Antennas in Wireless Adhoc Networks," *13th IEEE Workshop on Local and Metropolitan Area Networks*, pp. 175–180, April 2004.

16. Wang Y., and H. Scheving, "Adaptive Arrays for High Rate Data Communications," 48th *IEEE Vehicular Technology Conference*, Vol. 2, pp. 1029–1033, May 1998.

17. Jeng, S., and H. Lin, "Smart Antenna System and Its Application in Low-Earth-Orbit Satellite Communication Systems," *IEE Proceedings on Microwaves, Antennas, and Propagation*, Vol. 146, No. 2, pp. 125–130, April 1999.

18. Durgin, G., *Space-Time Wireless Channels*, Prentice Hall, New York, 2003.

19. Ertan, S., H. Griffiths, M. Wicks, et al., "Bistatic Radar Denial by Spatial Waveform Diversity," *IEE RADAR 2002*, Edinburgh, pp. 17–21, Oct. 15–17, 2002.

20. Talwar, S., M. Viberg, and A. Paulraj, "Blind Estimation of Multiple Co-Channel Digital Signals Using an Atnenna Array," *IEEE Signal Processing Letters*, Vol. 1, No. 2, Feb. 1994.

21. Rabideau, D., and P. Parker, "Ubiquitous MIMO Multifunction Digital Array Radar," *IEEE Signals, Systems, and Computers*, 37th Asilomar Conference, Vol. 1, pp. 1057–1064, Nov. 9–12, 2003.

22. Fishler, E., A. Haimovich, R. Blum, et al., "MIMO Radar: An Idea Whose Time Has Come," *Proceedings of the IEEE Radar Conference*, pp. 71–78, April 26–29, 2004.

第2章　电磁场基础

所有无线通信的基础是对无线信号辐射和接收的理解，以及在发送和接收天线之间的电磁场传播。不管无线通信采用何种形式，或者采用什么特殊的调制方案，无线通信都是基于物理的规律。辐射、传播和接收都可以通过麦克斯韦的4个基础方程来解释。

2.1　麦克斯韦方程

麦克斯韦㊀的天才之处就在于将法拉第㊁、安培㊂、高斯㊃的工作融会贯通成统一的电磁场理论。描述电磁场基础的有用参考有 Sadiku[1]、Hayt[2]、Ulaby[3]。麦克斯韦方程描述如下：

$$\text{法拉第定律} \nabla \times \overline{E} = -\frac{\partial \overline{B}}{\partial t} \tag{2.1}$$

$$\text{安培定律} \nabla \times \overline{H} = -\frac{\partial \overline{D}}{\partial t} + \overline{J} \tag{2.2}$$

$$\text{高斯定律} \begin{cases} \nabla \cdot \overline{D} = \rho \\ \nabla \cdot \overline{B} = 0 \end{cases} \tag{2.3, 2.4}$$

式中，$\overline{E}$ 为电场强度矢量（V/m）；$\overline{D}$ 为电通量密度矢量（C/m^2）；$\overline{H}$ 为磁场强度矢量（A/m）；$\overline{B}$ 为磁通密度矢量（W/m^2）；$\overline{J}$ 为体积电流密度矢量（A/m^2）；ρ 为体积电荷密度（C/m^3）。

电通量和电场强度可以通过介质的介电常数关联如下：

$$\overline{D} = \varepsilon \overline{E} \tag{2.5}$$

磁通量和磁场强度可以通过介质的介电常数关联如下：

$$\overline{B} = \mu \overline{H} \tag{2.6}$$

式中，$\varepsilon = \varepsilon_r \varepsilon_0$ 是介质的介电常数，$\varepsilon_0 = 8.85 \times 10^{-12}$ F/m 是自由空间的介电常数；$\mu = \mu_r \mu_0$ 是介质的渗透性，$\mu_0 = 4\pi \times 10^{-7}$ H/m 是自由空间的渗透性。

没有源存在，将场表示为矢量 $\overline{E}_s$ 和 $\overline{H}_s$，则麦克斯韦方程可以写成矢量的形式：

$$\nabla \times \overline{E}_s = -j\omega\mu \overline{H}_s \tag{2.7}$$

㊀ 詹姆斯·克拉克·麦克斯韦（James Clerk Maxwell，1831—1879）：一位苏格兰出生的物理学家，1873年发表了关于电力和磁力的论文。——原书注

㊁ 迈克尔·法拉第（Michael Faraday，1791—1867）：一位英国出生的化学家和实验者，他将时变磁场与感应电流联系起来。——原书注

㊂ 安德烈·玛丽·安培（André - Marie Ampère，1775—1836）：一位法国出生的物理学家，发现一根导线中的电流对另一根导线产生作用力。——原书注

㊃ 卡尔·弗里德里希·高斯（Carl Friedrich Gauss，1777—1855）：一位德国出生的数学天才，帮助建立全球地磁观测点网络。——原书注

$$\nabla \times \overline{H}_s = (\sigma + j\omega\varepsilon)\overline{E}_s \tag{2.8}$$

$$\nabla \cdot \overline{E}_s = 0 \tag{2.9}$$

$$\nabla \cdot \overline{H}_s = 0 \tag{2.10}$$

矢量形式的麦克斯韦方程假设场可以表示为复数的形式，如正弦信号，或者可以扩展成正弦信号，$\overline{E} = \mathrm{Re}\{\overline{E}_s e^{j\omega t}\}$，$\overline{H} = \mathrm{Re}\{\overline{H}_s e^{j\omega t}\}$。这样，从式（2.7）~式（2.10）导出的解就是正弦信号解。其中的一个这样的解就是亥姆霍兹波方程。

2.2　亥姆霍兹波方程

通过式（2.7），由式（2.8）消掉 $\overline{H}_s$，我们可以求解自由空间波的传播，结果可以改写如下：

$$\nabla \times \nabla \times \overline{E}_s = -j\omega\mu(\sigma + j\omega\varepsilon)\overline{E}_s \tag{2.11}$$

我们可以通过考虑式（2.7）两边的卷曲来解决自由空间中波的传播，并通过使用式（2.8）消除。

我们也可以调用一个众所周知的矢量标识，$\nabla \times \nabla \times \overline{E}_s = \nabla(\nabla \cdot \overline{E}_s) - \nabla^2\overline{E}_s$。因为我们处在没有源存在的自由空间中，所以 $\overline{E}_s$ 的发散等于零。由式（2.9）给出的 $\overline{E}_s$ 的梯度为 0，式（2.11）可以改写为

$$\nabla^2\overline{E}_s - \gamma^2\overline{E}_s = 0 \tag{2.12}$$

式中，

$$\gamma^2 = j\omega\mu(\sigma + j\omega\varepsilon) \tag{2.13}$$

式（2.12）被称为矢量亥姆霍兹㊀波方程，γ 是已知的传播常数。因为 γ 显然是一个复数量，所以它可以更简单地表示为

$$\gamma = \alpha + j\beta \tag{2.14}$$

式中，α 是衰减常数（Np/m）；β 是相位常数（rad/m）。

通过对 γ^2 的实数部分和 γ^2 大小的简单处理，可以得到如下给出的 α 和 β 的单独公式：

$$\alpha = \omega\sqrt{\frac{\mu\omega}{2}\left[\sqrt{1 + \left(\frac{\sigma}{\omega\varepsilon}\right)^2} - 1\right]} \tag{2.15}$$

$$\beta = \omega\sqrt{\frac{\mu\omega}{2}\left[\sqrt{1 + \left(\frac{\sigma}{\omega\varepsilon}\right)^2} + 1\right]} \tag{2.16}$$

可以看出，在式（2.15）中的衰减常数和式（2.16）中的相位常数是弧度频率 ω、本征参数 μ 和 ε 以及介质的电导率 σ 的函数。$\sigma/\omega\varepsilon$ 项通常被称为损耗角正切。当介质具有的损耗角正切小于 0.01，该材料被认为是良好的绝缘体。

室内建筑材料如砖或混凝土在 3GHz 时的损耗角正切接近 0.1。当损耗角正切大于 100 时，该材料被认为是良导体。图 2.1 显示了 α/β 与损耗角正切的关系曲线。

㊀ 赫尔曼·冯·亥姆霍兹（Hermann von Helmholtz，1821—1894）：一位在德国出生的医生，曾服务于普鲁士军队。他是一位自学成才的数学家。——原书注

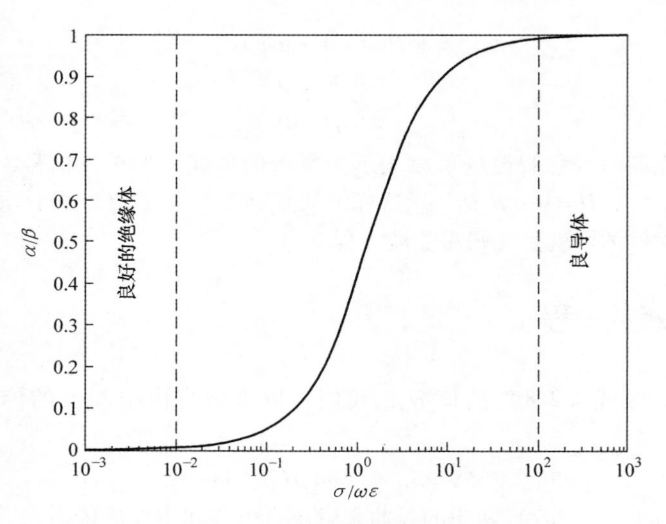

图 2.1 α/β 与损耗角正切的关系曲线

我们也可以通过考虑式（2.8）两边的卷曲来解决自由空间中磁场的传播，代入式（2.7）来得到 $\overline{H}_s$ 的亥姆霍兹方程，给出如下：

$$\nabla^2\overline{H}_s - \gamma^2\overline{H}_s = 0 \tag{2.17}$$

传播常数 γ 和式（2.14）中给出的相同。

2.3 直角坐标系中的传播

矢量亥姆霍兹方程［式（2.12）］可以通过用适当的 del（∇）算子代替该坐标系在任何正交坐标系中求解。让我们首先假设一个直角坐标系的解决方案。图 2.2 显示了一个相对于地球表面的直角坐标系。

假定 z 轴垂直于表面，而 x 和 y 坐标平行于表面。让我们也假设电场沿 z 方向极化，仅在 x 方向传播。因此式（2.12）可以进一步简化。

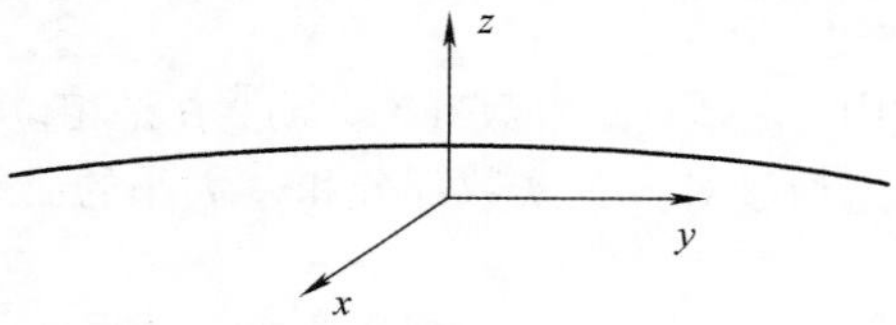

图 2.2 对于地球表面的直角坐标系

$$\frac{d^2E_{xs}}{dx^2} - \gamma^2E_{xs} = 0 \tag{2.18}$$

其解的形式为

$$E_{zs}(x) = E_0e^{-\gamma x} + E_1e^{\gamma x} \tag{2.19}$$

假设场仅在正 x 方向上传播并且在无穷远处有限，则 E_1 必须等于 0，所以，

$$E_{zs}(x) = E_0e^{-\gamma x} \tag{2.20}$$

我们可以通过重新引入 $e^{j\omega t}$ 还原式（2.20）的相量到时域，从而

$$\overline{E}(x,t) = \mathrm{Re}\{E_0e^{-\gamma x}e^{j\omega t}\hat{z}\} = \mathrm{Re}\{E_0e^{-\alpha x}e^{j(\omega t-\beta x)}\hat{z}\}$$

或者

$$\overline{E}(x,t) = E_0 e^{-\alpha x}\cos(\omega t - \beta x)\hat{z} \tag{2.21}$$

图 2.3 显示了一个固定时间点的归一化传播电场示例图。

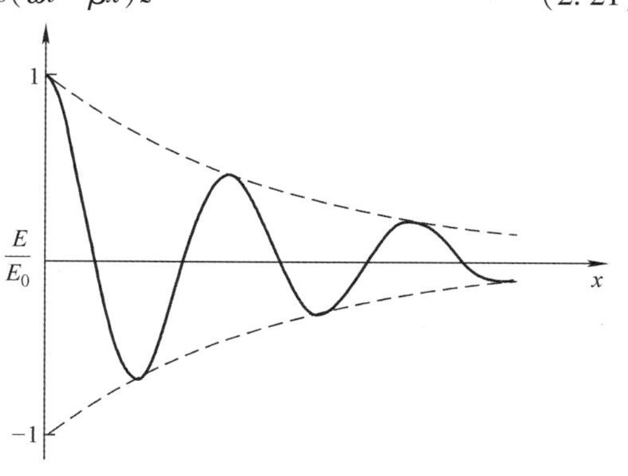

图 2.3　传播电场

式（2.21）中的衰减常数代表具有理想均匀电导率的介质。在更现实的无线电波传播模型中，衰减进一步受大气、云、雾、雨和水汽的影响。10GHz 以上的频率传播尤其如此。因此需要更复杂的模型来更准确地表示完整的信号衰减。由于其他因素，解释大气衰减的 3 个很好的参考文献是 Collin[4]、Ulaby[5]和 Elachi[6]。图 2.4 显示了未冷凝水蒸气的分子共振衰减。可以看到共振条件发生在约 22GHz 处。图 2.4 绘制的方程来自 Frey[7]。

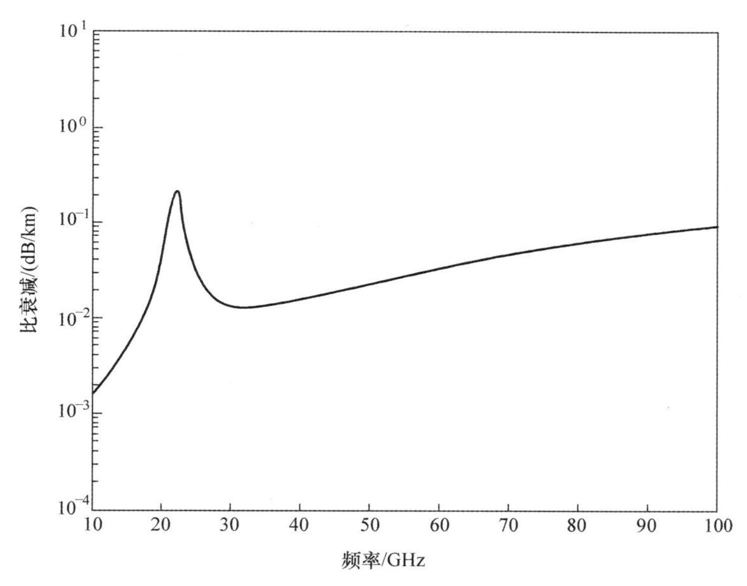

图 2.4　海平面的水蒸气衰减

2.4　球面坐标系中的传播

我们也可以计算球面坐标系中各向同性点源的电场传播。传统的波方程方法是通过向量和标量势能推导的，如 Collin[4]或 Balanis[8]所示。然而，缩略图的推导尽管不太严谨，但可以直接从式（2.12）得到㊀。这个推导假设了一个各向同性的点源。图 2.5 显示了地球上的球面坐标系。

㊀ 在远场中 $\overline{E} = -j\omega\overline{A}$，因此亥姆霍兹波方程与 $\overline{E}$ 或者 $\overline{A}$ 是相同的。——原书注

我们将假设源是各向同性的，使得电场解不是 $(\theta,\ \phi)$ 的函数。（应该指出的是，我们没有假设各向同性源是无限小的偶极子，这可以简化解。）假设电场在 θ 方向是极化的，只是 γ 的函数，我们可以将式（2.12）在球面坐标系中表示为

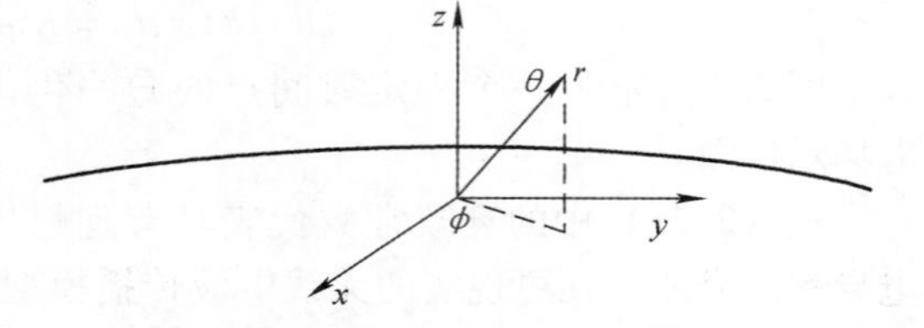

图 2.5　相对于地球的球面坐标系

$$\frac{\mathrm{d}}{\mathrm{d}r}\left(\gamma^2 \frac{\mathrm{d}E_{\theta_s}}{\mathrm{d}r}\right) - \gamma^2 r^2 E_{\theta_s} = 0 \tag{2.22}$$

对于有限域，该解可以被看作如下形式：

$$E_{\theta_s}(r) = \frac{E_0 \mathrm{e}^{-\gamma r}}{r} \tag{2.23}$$

如前所述，我们可以将式（2.23）的相量转换到时域，从而得到

$$\overline{E}(r,t) = \frac{E_0 \mathrm{e}^{-\alpha r}}{r}\cos(\omega t - \beta r)\hat{\theta} \tag{2.24}$$

球面坐标系中的式（2.23）和直角坐标系中的式（2.20）的不同是因为存在产生传播波的点源，因此产生 $1/r$ 依赖性。这个因素被称为球形扩散，这意味着由于辐射从点源发出，所以该场在半径为 r 的球体表面上展开。由于所有有限长度的天线都用于产生无线电波，所以所有传播的电场都经历球形扩散损耗以及由于前面讨论的因素造成的衰减损耗。式（2.23）和式（2.24）中描述的解在形式上与更经典的解相同。对于有限长度的源，E_0 可以认为是和频率相关的。

2.5　电场边界条件

所有的电场和磁场行为都是会被边界影响和破坏的。边界会中断传播场的正常流动并改变静态场的场强。所有的材料不连续都会产生反射、透射、折射、衍射和散射场。这些扰动的场导致信道内存在多路径条件。随着材料不连续性的数量增加，多径信号的数量增加，必须建立电场的边界条件，以确定介电介质之间的反射、透射或折射的性质。散射或衍射条件由不同的机制解决。这些将在本章 2.8 节讨论。麦克斯韦方程中的两个积分可用于建立电场边界条件。这些是能量守恒，描述如下：

$$\oint \overline{E} \cdot \mathrm{d}\overline{\ell} = 0 \tag{2.25}$$

按以下给出通量的守恒描述如下：

$$\oint \overline{D} \cdot \mathrm{d}\overline{S} = Q_{\mathrm{enc}} \tag{2.26}$$

式（2.25）可以用来找到切向边界条件（E_{t}），式（2.26）可以用来找到法向边界条件（D_{n}）。让我们将电场强度和电通量密度重新划分为相对于边界的切向分量和法向分量。

$$\overline{E} = \overline{E}_{\mathrm{t}} + \overline{E}_{\mathrm{n}} \tag{2.27}$$

$$\overline{D} = \overline{D}_{\mathrm{t}} + \overline{D}_{\mathrm{n}} \tag{2.28}$$

图 2.6 显示了两种介质之间的边界以及边界每一侧的相应切向电场和法向电场。

应用式（2.25）到图 2.6 所示的环路，并且允许环路的尺寸相对于边界的曲率半径变得非常小，我们将获得以下线积分的简化：

$$E_{t2}\Delta\ell - E_{n2}\frac{\Delta h}{2} - E_{n1}\frac{\Delta h}{2} - E_{t1}\Delta\ell = 0 \quad (2.29)$$

允许环路的高度 $\Delta h \rightarrow 0$，式（2.29）变为

$$E_{t1} = E_{t2} \quad (2.30)$$

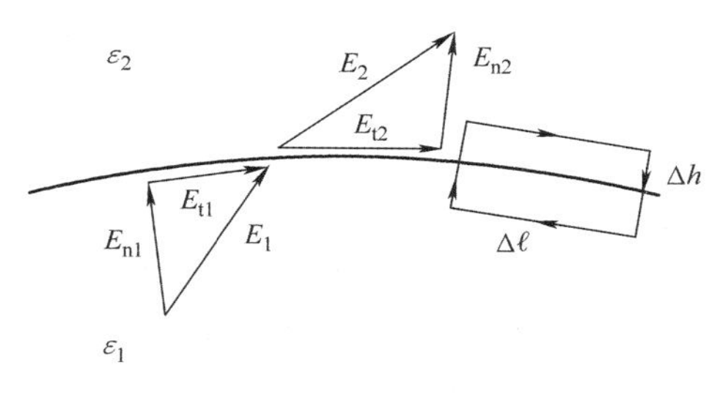

图 2.6　电场介质边界

因此，切向 E 是跨越两个介电介质之间的边界连续的。图 2.7 显示了两种介质之间的边界以及边界每一侧的相应切向和法向电通量密度。边界表面具有表面电荷密度 ρ_s。

应用式（2.26）到图 2.7 所示的圆柱形闭合表面，并且允许圆柱体的尺寸相对于边界曲率半径变得非常小，我们将获得以下表面积分的简化：

$$D_{n2}\Delta s - D_{n1}\Delta s = \rho_s \Delta s$$

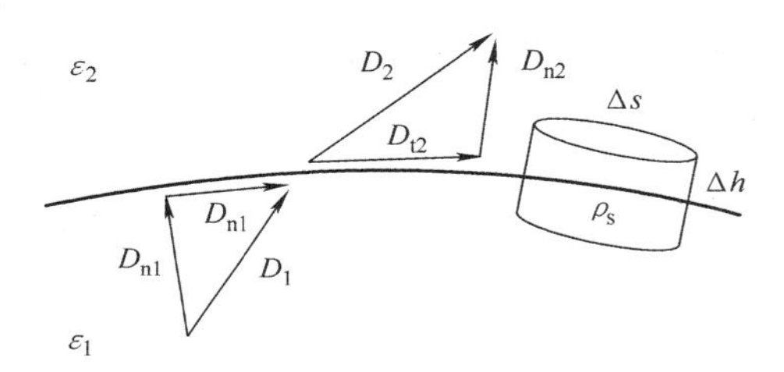

图 2.7　电通量密度介电边界

或者

$$D_{n2} - D_{n1} = \rho_s \quad (2.31)$$

因此，正常的 D 在该点处通过表面电荷密度在材料边界上不连续。我们可以应用式（2.30）和式（2.31）给出的两个边界条件来确定两种不同介电材料的折射特性。假设两种材料边界处的表面电荷为零（$\rho_s = 0$）。让我们也构造一个表面法线 $\hat{n}$，指向区域 2，如图 2.8 所示。然后 $\overline{E}_1$ 和 $\overline{D}_1$ 以角度 θ_1 倾斜相对于表面法线。

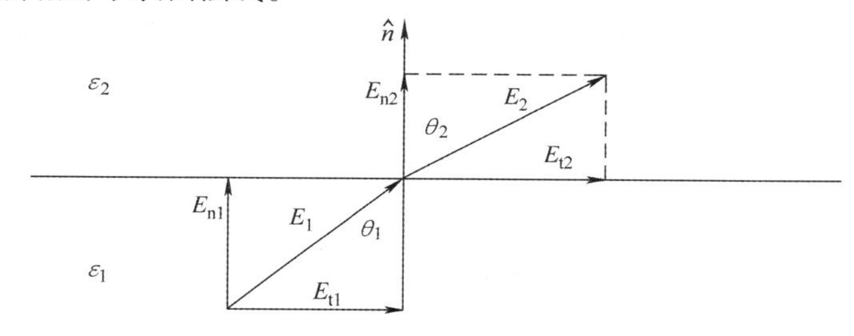

图 2.8　在介电边界的 D 和 E

另外，$\overline{E}_2$ 和 $\overline{D}_2$ 以角度 θ_2 倾斜相对于表面法线。运用式（2.30）的边界条件，我们得到

$$E_1 \sin\theta_1 = E_{t1} = E_{t2} = E_2 \sin\theta_2$$

或者

$$E_1 \sin\theta_1 = E_2 \sin\theta_2 \quad (2.32)$$

以同样的方式，我们可以应用一个类似的过程来满足式（2.31）的边界条件，得到

$$\varepsilon_1 E_1 \cos\theta_1 = D_{n1} = D_{n2} = \varepsilon_2 E_2 \cos\theta_2$$

或者

$$\varepsilon_1 E_1 \cos\theta_1 = \varepsilon_2 E_2 \cos\theta_2 \quad (2.33)$$

将式（2.32）除以式（2.33），我们可以执行简单的代数来获得相应电场的两个角度之间的关系：

$$\frac{\tan\theta_1}{\tan\theta_2}=\frac{\varepsilon_{r1}}{\varepsilon_{r2}} \tag{2.34}$$

例 2.1　两半无限介质共享在 $z=0$ 平面的边界，边界上没有表面电荷。对于 $z\leqslant 0$，$\varepsilon_{r1}=4$，对于 $z\geqslant 0$，$\varepsilon_{r2}=8$。如果$\theta_1=30°$，角度 θ_2 是多少？

解：这个问题用图 2.9 来说明。

利用式（2.34），可以发现：

$$\theta_2=\arctan\left(\frac{\varepsilon_{r2}}{\varepsilon_{r1}}\tan\theta_1\right)=49.1°$$

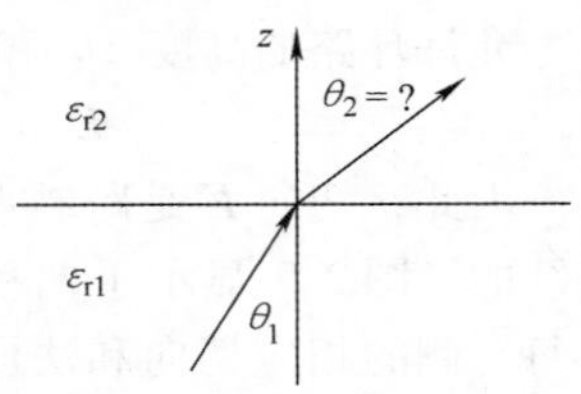

图 2.9　例 2.1

例 2.2　两个半无限介质共享在 $z=0$ 平面的边界，边界上没有表面电荷。对于 $z\leqslant 0$，$\varepsilon_{r1}=4$，对于 $z\geqslant 0$，$\varepsilon_{r2}=8$。对于$\overline{E}_1=2\hat{x}+4\hat{y}+6\hat{z}$，区域 2 中的电场是多少？

解：我们可以使用式（2.34），通过公式可以为$\overline{E}_1$ 找到角度 θ_1。然而，应用式（2.30）和式（2.31）的边界条件将更简单。因此使用式（2.30），得

$$\overline{E}_{t1}=2\hat{x}+4\hat{y}=\overline{E}_{t2}$$

同时，$\overline{D}_{n2}=\varepsilon_{r2}\varepsilon_0$，$\overline{E}_{n2}=8\varepsilon_0$，$E_{n2}\hat{z}$，$\overline{D}_{n1}=\varepsilon_{r1}\varepsilon_0$，$\overline{E}_{n1}=4\varepsilon_0(6\hat{z})$。因此，使用式（2.31），$E_{n2}=3$，得到

$$\overline{E}_2=2\hat{x}+4\hat{y}+3\hat{z}$$

2.6　磁场边界条件

磁场边界条件是电场边界条件的对偶。剩余的两个麦克斯韦方程可以用积分形式来建立这些磁边界条件。这些都是安培定律按下式给出：

$$\oint\overline{H}\cdot\mathrm{d}\,\overline{l}=I \tag{2.35}$$

并且磁通量守恒由下式给出：

$$\oint\overline{B}\cdot\mathrm{d}\,\overline{S}=0 \tag{2.36}$$

式（2.35）可以用于找到切向边界条件（H_t），式（2.36）可用于找到法向边界条件（B_n）。让我们将磁场强度和磁通密度重新相对于磁性边界分解为切向分量和法向分量：

$$\overline{H}=\overline{H}_t+\overline{H}_n \tag{2.37}$$

$$\overline{B}=\overline{B}_t+\overline{B}_n \tag{2.38}$$

图 2.10 显示了两个介质之间的边界以及边界每一侧的相应切向和法向磁场。另外，表面的电流密度沿边界流动。

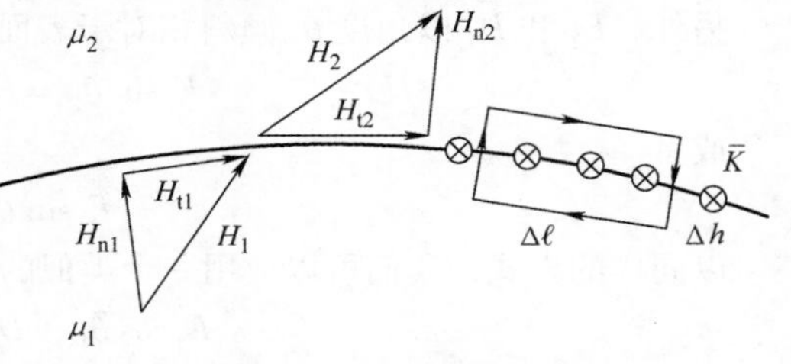

图 2.10　磁场磁边界

应用式（2.37）到图 2.10 所示的环路，并且允许环路的尺寸相对于边界的曲率半径变得非常小，我们将获得以下线积分的简化：

$$H_{t2}\Delta\ell - H_{n2}\frac{\Delta h}{2} - H_{n1}\frac{\Delta h}{2} - H_{t1}\Delta\ell = K\Delta\ell \tag{2.39}$$

允许环路的高度 $\Delta h \to 0$，则式（2.39）变为

$$H_{t1} - H_{t2} = K \tag{2.40}$$

因此，切向 H 是跨越两个磁材料之间的边界不连续的。图 2.11 显示了两种介质之间的边界以及边界每一侧的相应切向和法向磁通密度。由于不存在磁单极，所以边界没有相应的磁表面电荷。应用式（2.36）到图 2.11 所示的圆柱形闭合表面，并且允许圆柱体的尺寸相对于边界曲率半径变得非常小，我们将获得以下表面积分的简化：

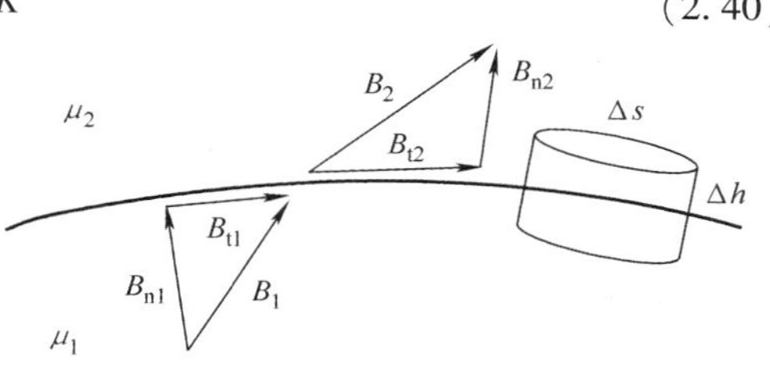

图 2.11　电通量密度介电边界

$$B_{n2}\Delta s - B_{n1}\Delta s = 0$$

或

$$B_{n2} = B_{n1} \tag{2.41}$$

因此，法向 B 在跨越磁性材料边界的时候是连续的。我们可以用式（2.41）给出的两个边界条件来确定两种不同磁性材料的磁性折射特性。假设两种材料边界处的表面电流密度为0（$K=0$）。执行本章 2.5 节的类似操作，我们可以用简单的代数来获得相应磁通线的两个角度之间的关系：

$$\frac{\tan\theta_1}{\tan\theta_2} = \frac{\mu_{r1}}{\mu_{r2}} \tag{2.42}$$

可以将例 2.1 和例 2.2 应用于具有相同相应值的磁场，以获得相同的结果。这并不奇怪，因为电场和磁场以及电和磁介质是互易的。

2.7　平面波反射和透射系数

多径信号是发射信号沿着到接收器的路径，在周围的物体上反射、散射和衍射的结果。在本节中，我们只涉及平面波的反射和传播。计算每个多径项的一个方面是能够预测通过各种材料的反射和透射。式（2.30）和式（2.40）的边界条件可以方便我们确定反射系数和透射系数。最简单的情况是预测正常入射时在平面边界上的反射和透射。推导的细节可以在 Sadiku[1] 中找到。

2.7.1　垂直入射

图 2.12 显示了一个垂直入射在平面材料边界上的平面波。

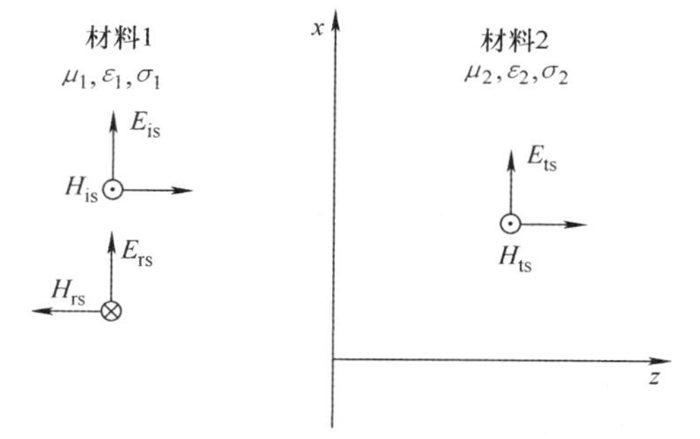

图 2.12　平面波垂直入射在 $z=0$ 的材料边界上

E_{is} 和 H_{is} 表示向量形式的入射场，在正 z 方向传播。E_{rs} 和 H_{rs} 表示反射场，在负 z 方向上传播。E_{ts} 和 H_{ts} 表示在正 z 方向上传播的传输场。电场和磁场的确切表达式由以下公式给出：

入射场：

$$\overline{E}_{\mathrm{is}}(z)=E_{\mathrm{i0}}\mathrm{e}^{-\gamma_1 z}\hat{x} \tag{2.43}$$

$$\overline{H}_{\mathrm{is}}(z)=\frac{E_{\mathrm{i0}}}{\eta_1}\mathrm{e}^{-\gamma_1 z}\hat{y} \tag{2.44}$$

反射场：

$$\overline{E}_{\mathrm{rs}}(z)=E_{\mathrm{r0}}\mathrm{e}^{\gamma_1 z}\hat{x} \tag{2.45}$$

$$\overline{H}_{\mathrm{rs}}(z)=-\frac{E_{\mathrm{r0}}}{\eta_1}\mathrm{e}^{\gamma_1 z}\hat{y} \tag{2.46}$$

传输场：

$$\overline{E}_{\mathrm{ts}}(z)=E_{\mathrm{t0}}\mathrm{e}^{-\gamma_2 z}\hat{x} \tag{2.47}$$

$$\overline{H}_{\mathrm{ts}}(z)=\frac{E_{\mathrm{t0}}}{\eta_2}\mathrm{e}^{-\gamma_2 z}\hat{y} \tag{2.48}$$

式中，特性阻抗由下式给出：

$$\eta_1=\sqrt{\frac{\dfrac{\mu_1}{\varepsilon_1}}{1-\mathrm{j}\dfrac{\sigma_1}{\omega\varepsilon_1}}}\text{，介质 1 的特性阻抗}$$

$$\eta_2=\sqrt{\frac{\dfrac{\mu_2}{\varepsilon_2}}{1-\mathrm{j}\dfrac{\sigma_2}{\omega\varepsilon_2}}}\text{，介质 2 的特性阻抗}$$

显然，特性阻抗取决于介质中的损耗角正切以及传播常数。假设边界没有表面电流，并利用式（2.30）和式（2.40）的切向边界条件，可以分别推导出反射系数和透射系数：

$$R=\frac{\eta_2-\eta_1}{\eta_2+\eta_1}=|R|\mathrm{e}^{\mathrm{j}\theta_{\mathrm{R}}} \tag{2.49}$$

$$T=\frac{2\eta_2}{\eta_2+\eta_1}=|T|\mathrm{e}^{\mathrm{j}\theta_{\mathrm{T}}} \tag{2.50}$$

知道反射和透射系数 R 和 T，可以确定区域 1 和 2 中的总电场。区域 1 中的总电场为

$$\overline{E}_{1\mathrm{s}}=\overline{E}_{\mathrm{is}}+\overline{E}_{\mathrm{rs}}=E_{\mathrm{i0}}\lfloor\mathrm{e}^{-\gamma_1 z}+R\mathrm{e}^{\gamma_1 z}\rfloor\hat{x} \tag{2.51}$$

而区域 2 中的总电场为

$$\overline{E}_{2\mathrm{s}}=TE_0\mathrm{e}^{-\gamma_2 z}\hat{x} \tag{2.52}$$

当存在非零反射系数且区域 1 无损时，驻波建立。这个驻波产生一个干涉图案，它是到边界的距离的函数。这种干扰是许多无线应用中出现衰落的一个简单例子。推导这个驻波的包络是非常有意义的。区域 1 中的总电场可以使用反射系数的极性形式来重新表达。如果我们假设区域 1 是无损的（即 $\sigma_1=0$），则

$$\overline{E}_{1\mathrm{s}}=E_{\mathrm{i0}}[\mathrm{e}^{-\mathrm{j}\beta_1 z}+|R|\mathrm{e}^{\mathrm{j}(\beta_1 z+\theta_{\mathrm{R}})}]\hat{x} \tag{2.53}$$

结合式中的实部和虚部。式（2.53）可以得到

$$\overline{E}_{1\mathrm{s}}=E_{\mathrm{i0}}[\cos(\beta_1 z)+|R|\cos(\beta_1 z+\theta_{\mathrm{R}})+(|R|\sin(\beta_1 z+\theta_{\mathrm{R}})-\sin(\beta_1 z))\mathrm{e}^{\mathrm{j}(\pi/2)}]\hat{x} \tag{2.54}$$

现在，我们可以将式（2.54）的向量转换成瞬时时间的形式：

$$E_1(z,t)=E_{i0}[(\cos(\beta_1 z)+|R|\cos(\beta_1 z+\theta_R))\cos\omega t-(|R|\sin(\beta_1 z+\theta_R)-\sin(\beta_1 z))\sin\omega t] \tag{2.55}$$

由于式（2.55）包含两个相位正交的分量，我们可以很容易地得到其幅度：

$$\begin{aligned}|E_1(z)|&=E_{i0}\sqrt{(\cos(\beta_1 z)+|R|\cos(\beta_1 z+\theta_R))^2+(\sin(\beta_1 z)-|R|\sin(\beta_1 z+\theta_R))^2}\\&=E_{i0}\sqrt{1+|R|^2+2|R|\cos(2\beta_1 z+\theta_R)}\end{aligned} \tag{2.56}$$

式（2.56）具有极值时的余弦项是 +1 或 −1。因此其最大值和最小值是

$$|E_1|_{max}=\sqrt{1+|R|^2+2|R|}=E_{i0}(1+|R|) \tag{2.57}$$

$$|E_1|_{min}=\sqrt{1+|R|^2-2|R|}=E_{i0}(1-|R|) \tag{2.58}$$

驻波比 s 被定义为 $|E_1|_{max}/|E_2|_{min}$ 的比例。

例 2.3　两个区域之间存在一个边界，其中区域 1 是自由空间，区域 2 有参数 $\mu_2=\mu_0$，$\varepsilon_2=4\varepsilon_0$ 和 $\sigma_2=0$。如果 $E_{i0}=1$，用 MATLAB 绘制驻波范围 $-4\pi<\beta_1 z<0$。

解：求解反射系数

$$R=\frac{\sqrt{\frac{\mu_0}{4\varepsilon_0}}-\sqrt{\frac{\mu_0}{\varepsilon_0}}}{\sqrt{\frac{\mu_0}{4\varepsilon_0}}+\sqrt{\frac{\mu_0}{\varepsilon_0}}}=-\frac{1}{3}=\frac{1}{3}e^{j\pi}$$

利用式（2.56）和 MATLAB，驻波图案如图 2.13 所示。

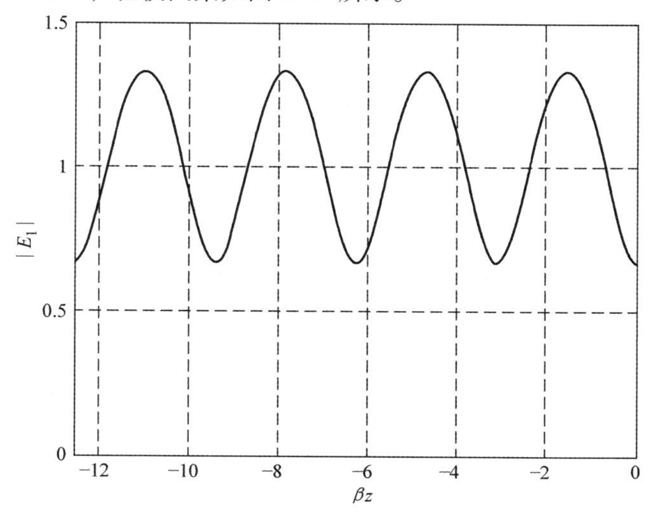

图 2.13　垂直入射驻波图案

垂直入射是比较有趣的斜入射的特殊情况。斜入射在 2.7.2 节讨论。

2.7.2 斜入射

斜入射比垂直入射复杂得多，在 Sadiku[1] 中可以看到反射和透射的详细推导。斜入射的反射和透射系数称为菲涅耳系数。本书讨论中只给出一些要点。图 2.14 描绘了在边界的入射场。假定两种介质都是无损的，电场平行于入射平面。入射平面是包含表面法线和传播方向的平面。角度θ_i、θ_r和θ_t分别是相对于表面法线（$\pm x$ 轴）的入射角、反射角和透射角。通过仔细应用式（2.30）和式（2.40）的边界条件，可确定两个定律。

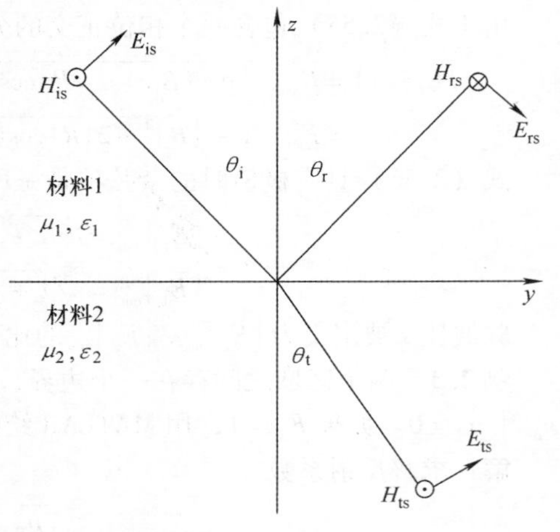

图 2.14 平行极化的反射和透射

首先是斯涅尔反射定律，它指出反射角等于入射角（该属性也被称为镜面反射）。

$$\theta_r = \theta_i \tag{2.59}$$

第二个是相位守恒定律，也被称为斯涅尔折射定律，

$$\beta_1 \sin\theta_i = \beta_2 \sin\theta_t \tag{2.60}$$

1. 平行极化

对于平行极化情况，入射场如图 2.14 所示。将图 2.12 中的坐标系旋转，以指示水平表面的反射。在平地上高架天线通常是这种情况。这是一个平行极化电场，因为电场在 $y-z$ 平面内，这是入射平面。入射、反射和透射电场由下式给出

$$\overline{E}_{is} = E_0(\cos\theta_i\hat{y} + \sin\theta_i\hat{z})\mathrm{e}^{-\mathrm{j}\beta_1(y\sin\theta_i - z\cos\theta_i)} \tag{2.61}$$

$$\overline{E}_{rs} = R_{\parallel}E_0(\cos\theta_i\hat{y} - \sin\theta_i\hat{z})\mathrm{e}^{-\mathrm{j}\beta_1(y\sin\theta_i + z\cos\theta_i)} \tag{2.62}$$

$$\overline{E}_{ts} = T_{\parallel}E_0(\cos\theta_t\hat{y} + \sin\theta_t\hat{z})\mathrm{e}^{-\mathrm{j}\beta_2(y\sin\theta_t - z\cos\theta_t)} \tag{2.63}$$

式中，反射和透射系数如下：

$$R_{\parallel} = \frac{\eta_2\cos\theta_t - \eta_1\cos\theta_i}{\eta_2\cos\theta_t + \eta_1\cos\theta_i} \tag{2.64}$$

和

$$T_{\parallel} = \frac{2\eta_2\cos\theta_i}{\eta_2\cos\theta_t + \eta_1\cos\theta_i} \tag{2.65}$$

在式（2.64）和式（2.65）中的 $\cos\theta_t$可使用式（2.60）很容易地计算出来，即

$$\cos\theta_t = \sqrt{1-\sin^2\theta_t} = \sqrt{1-\frac{\mu_1\varepsilon_1}{\mu_2\varepsilon_2}\sin^2\theta_i} \tag{2.66}$$

图 2.15 显示了在两种介质都是非磁性和无损耗的情况下，反射系数和透射系数大小的曲线图。介电常数分别为 $\varepsilon_1=\varepsilon_0$ 和 $\varepsilon_2=2\varepsilon_0$、$8\varepsilon_0$、$32\varepsilon_0$。

2. 垂直极化

入射场在垂直极化的情况下如图 2.16 所示。

入射、反射和透射电场由下式给出

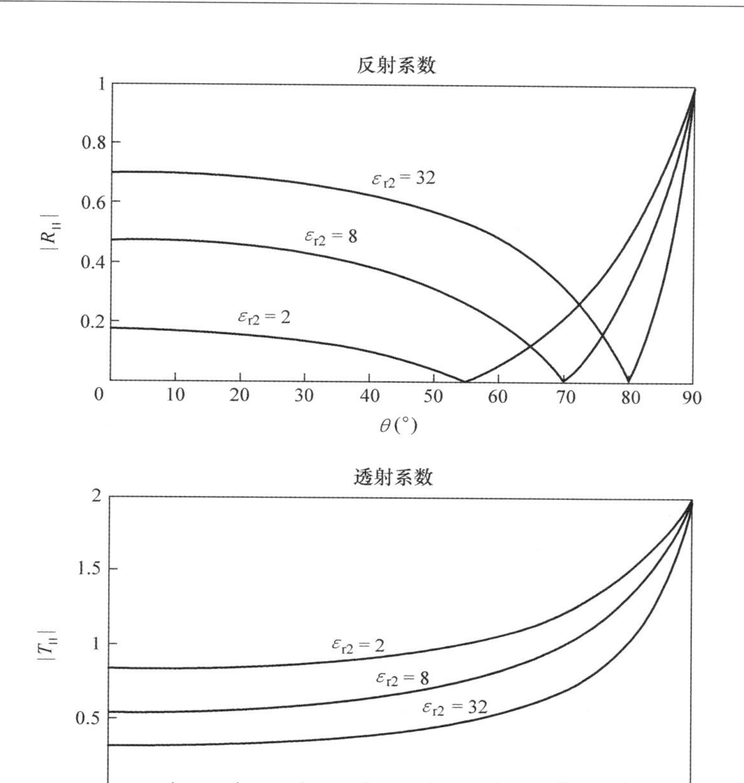

图 2.15　平行极化的反射和透射系数大小

$$\overline{E}_{is}=E_0\,\hat{x}\mathrm{e}^{-\mathrm{j}\beta_1(y\sin\theta_i-z\cos\theta_i)} \tag{2.67}$$

$$\overline{E}_{rs}=R_{\perp}E_0\,\hat{x}\mathrm{e}^{-\mathrm{j}\beta_1(y\sin\theta_i+z\cos\theta_i)} \tag{2.68}$$

$$\overline{E}_{ts}=T_{\perp}E_0\,\hat{x}\mathrm{e}^{-\mathrm{j}\beta_2(y\sin\theta_t-z\cos\theta_t)} \tag{2.69}$$

式中，反射和透射系数被给定为

$$R_{\perp}=\frac{\eta_2\cos\theta_i-\eta_1\cos\theta_t}{\eta_2\cos\theta_i+\eta_1\cos\theta_t} \tag{2.70}$$

和

$$T_{\perp}=\frac{2\eta_2\cos\theta_i}{\eta_2\cos\theta_i+\eta_1\cos\theta_t} \tag{2.71}$$

图 2.17 显示了在两种介质都是非磁性和无损的情况下，反射系数和透射系数大小的曲线图。介电常数分别为 $\varepsilon_1=\varepsilon_0$ 和 $\varepsilon_2=2\varepsilon_0$、$8\varepsilon_0$、$32\varepsilon_0$。

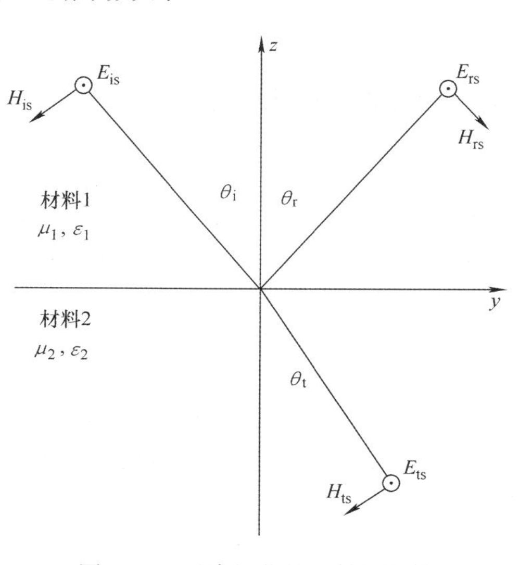

图 2.16　垂直极化的反射和透射

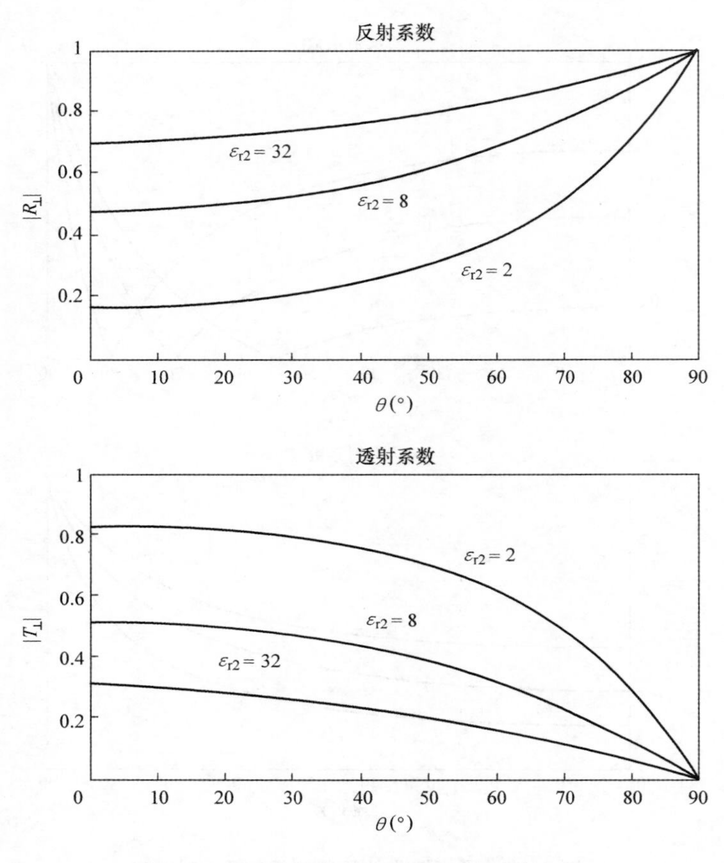

图 2.17　垂直极化的反射和透射系数大小

2.8　平地上的传播

在讨论了平行和垂直极化的平面波反射系数之后，我们现在可以分析平地上平面波的传播。即使地球有曲率，并且这个曲率对长距离传播有很大影响，但我们将这个讨论限制在很短的距离，并假定地球是平坦的。这使得我们能够做出一些传播推广。这是理解一般多径传播问题的关键开始，因为平地模型允许我们涵盖第二个间接路径。这第二条路径会在接收器产生干扰效应。

让我们考虑各向同性的发射和接收天线，如图 2.18 所示。发射天线的高度为 h_1，接收天线的高度为 h_2，两个天线之间隔开水平距离 d。地球表面的反射系数 R，可以用式（2.64）或式（2.70）近似得到。应该指出的是，R 对于大多数地球反射来说是复数。

接收器处的接收信号由直接路径传播以及点 y 处的反射信号组成。因此，由于直接和间接路径，复合信号与以下公式成比例：

$$\frac{\mathrm{e}^{-\mathrm{j}kr_1}}{r_1}+R\frac{\mathrm{e}^{-\mathrm{j}kr_2}}{r_2} \tag{2.72}$$

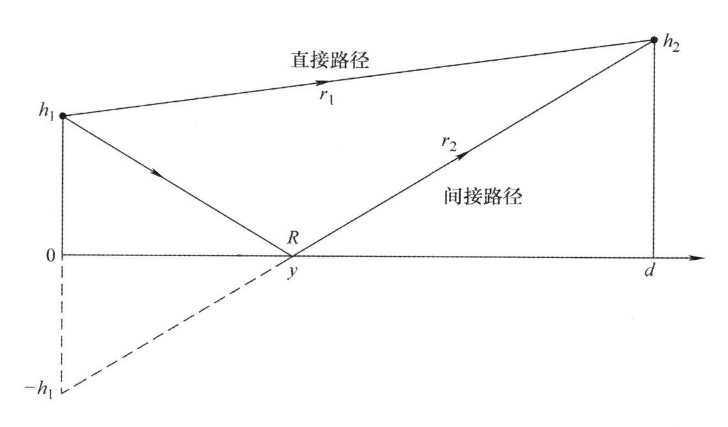

图 2.18　平地模型与两个各向同性天线

式中，k 是波数，由色散关系式给出，

$$k^2 = k_x^2 + k_y^2 + k_z^2 = \beta^2 \tag{2.73}$$

式中，$k = \omega\sqrt{\mu\varepsilon} = 2\pi/\lambda$。

反射系数 R 通常是复数，并且可以可选地表示为 $R = |R|e^{-j\psi}$。

通过一些简单的代数运算，它可以得到

$$r_1 = \sqrt{d^2 + (h_2 - h_1)^2} \tag{2.74}$$

$$r_2 = \sqrt{d^2 + (h_2 + h_1)^2} \tag{2.75}$$

考虑式（2.72）中的直接路径，我们可以得到

$$\frac{e^{-jkr_1}}{r_1}\left[1 + R\frac{r_1}{r_2}e^{-jk(r_2 - r_1)}\right] \tag{2.76}$$

式（2.76）中的第 2 项的幅度称为路径增益因子 F。F 也与 Bertoni[9] 中定义的高度增益类似。因此，

$$F = \left|1 + R\frac{r_1}{r_2}e^{-jk(r_2 - r_1)}\right| \tag{2.77}$$

从而这个因子类似于以$2h_1$ 的距离分隔的两元阵列的阵列因子。另外，y 上的反射点是一个简单的代数问题的解，并给出 $y = dh_1/(h_1 + h_2)$。使用路径增益因子的定义，我们可以重写式（2.76）为

$$\frac{e^{-jkr_1}}{r_1}F \tag{2.78}$$

如果假设天线高度 h_1、$h_2 \ll r_1$、r_2，我们可以使用式（2.74）和式（2.75）的二项式展开来简化距离。

$$r_1 = \sqrt{d^2 + (h_2 - h_1)^2} \approx d + \frac{(h_2 - h_1)^2}{2d} \tag{2.79}$$

$$r_2 = \sqrt{d^2 + (h_2 + h_1)^2} \approx d + \frac{(h_2 + h_1)^2}{2d} \tag{2.80}$$

因此，路径长度差被给定为

$$r_2 - r_1 = \frac{2h_1h_2}{d} \tag{2.81}$$

另外，我们还可以假设，在长距离传播条件下，$r_1/r_2 \approx 1$。在这些条件下，我们在反射点处有一个浅的掠射角。因此，$R \approx -1$。将 R 和式（2.81）代入到路径增益因子，我们现在可以得到

$$F = 2\left|\sin\frac{kh_1h_2}{d}\right| = 2\left|\sin\frac{2\pi h_1}{d}\frac{h_2}{\lambda}\right| \tag{2.82}$$

图 2.19 显示了 F 随着$\frac{h_2}{\lambda}$值变化的典型曲线，其中 $h_1 = 5\text{m}$，$d = 200\text{m}$。清楚的是，由于间接路径产生的相长和相消干涉，接收信号可以在直接路径信号强度的 0～2 倍之间变化。路径增益因子也可用于创建覆盖图，其细节可在参考文献［4］中找到。

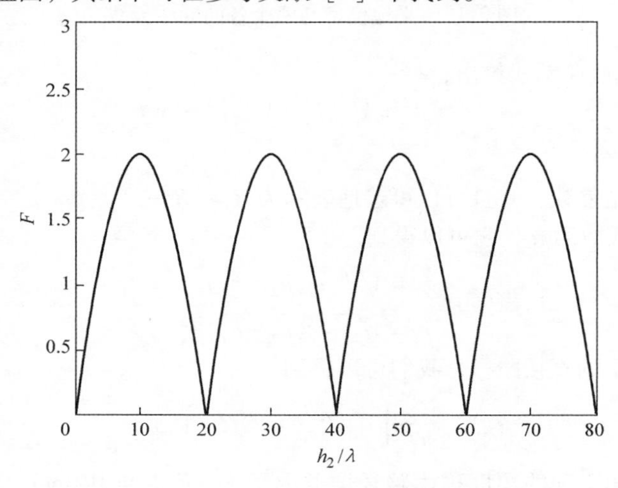

图 2.19 路径增益因子

2.9 刀口衍射

除了接收到的场被地面反射破坏之外，还可以通过山、建筑物和其他物体的衍射产生附加的传播路径。这些物体可以不以角度被定位，以便允许镜面反射。然而，它们可能为总的接收场提供一个衍射分量。

图 2.20 显示了位于发射天线和接收天线之间的山的高度 h。这个山可以被模拟为半平面或刀口。假设山顶没有镜面反射，还假设山丘阻挡了从地面到达接收天线的任何可能的反射。因此，接收场只由直接路径和衍射路径项组成。h_c是从刀口到直接路径的净空高度。$h_c < 0$ 对应于在视线之下的刀口，因此如图所示存在两条传播路径。当 $h_c > 0$ 时，刀口阻碍了直接路径。因此，只有衍射项被接收。d_1 和 d_2 是到刀口平面的相应水平距离（$d = d_1 + d_2$）。即使不在视线范围内，衍射场也可以允许接收到信号。如果接收天线没有直接通向发射天线的路径，则说明接收

天线位于阴影区域。如果接收天线位于发射天线的视线范围内，则说明它位于视线区域。衍射场的推导可以在 Collin[4] 或 Jordan 和 Balmain[10] 中找到。可以看出，由衍射引起的路径增益因子由下式给出

$$F_{\mathrm{d}} = \frac{1}{\sqrt{2}}\left|\int_{-H_{\mathrm{c}}}^{\infty} \mathrm{e}^{-\mathrm{j}\pi u^2/2}\mathrm{d}u\right| \tag{2.83}$$

式中，$H_{\mathrm{c}} \approx h_{\mathrm{c}}\sqrt{\dfrac{2d}{\lambda d_1 d_2}}$。

因此，我们可以将平地模型中的路径增益因子 F 替换为衍射路径增益因子。因此，我们可以使用F_{d}重写式（2.78）为

$$\frac{\mathrm{e}^{-\mathrm{j}kr}}{r}F_{\mathrm{d}} \tag{2.84}$$

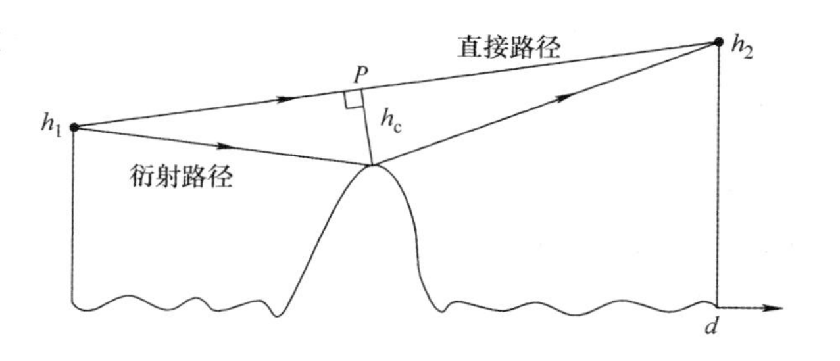

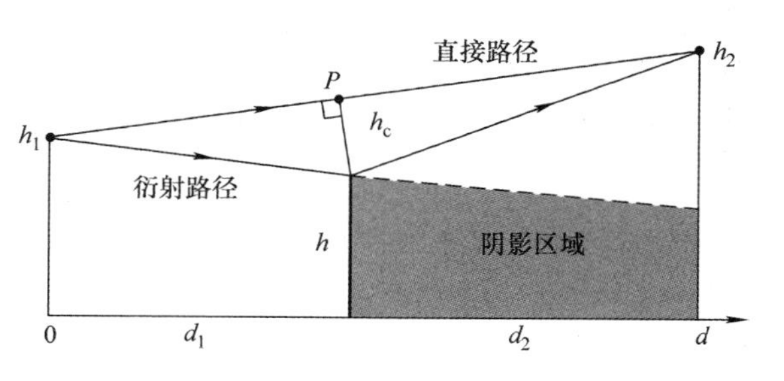

图 2.20　山顶刀口衍射

图 2.21 给出了路径增益因子F_{d}随 h_{c}变化的曲线。可以看出，当刀口低于视线（$h_{\mathrm{c}}<0$）时，随着直接路径和衍射路径相位的变化，存在干涉图案。然而，当刀口在视线之上（$h_{\mathrm{c}}>0$）时，不存在直接路径，并且该场在阴影更深的区域内快速地减小。在 $h_{\mathrm{c}}=0$ 的情况下，路径增益因子是 0.5，表明接收的场仅从直接路径下降 6dB。

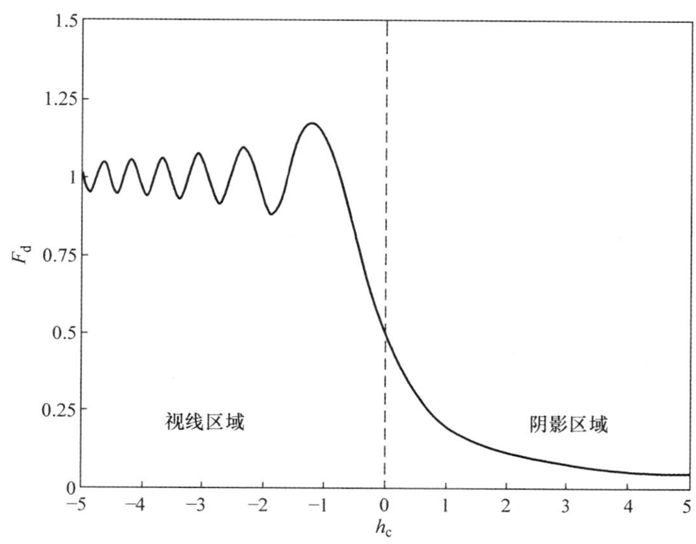

图 2.21　刀口衍射的路径增益因子

2.10　参考文献

1. Sadiku, M. N. O., *Elements of Electromagnetics*, 3d ed., Oxford University Press, Oxford, 2001.
2. Hayt, W. H., Jr., and J. A. Buck, *Engineering Electromagnetics*, 6th ed., McGraw-Hill, New York, 2001.
3. Ulaby, F. T., *Fundamentals of Applied Electromagnetics*, Media ed., Prentice Hall, New York, 2004.
4. Collin, R. E., *Antennas and Radiowave Propagation*, McGraw-Hill, New York, 1985.
5. Ulaby, F. T., R. K. Moore, and A. K. Fung, *Microwave Remote Sensing Fundamentals and Radiometry*, Vol. I, Artech House, Boston, MA, 1981.
6. Elachi, C., *Introduction to the Physics and Techniques of Remote Sensing*, Wiley Interscience, New York, 1987.
7. Frey, T. L., Jr., "The Effects of the Atmosphere and Weather on the Performance of a mm-Wave Communication Link," *Applied Microwave & Wireless*, Vol. 11, No. 2, pp. 76–80, Feb. 1999.
8. Balanis, C., *Antenna Theory Analysis and Design*, 2d ed., Wiley, New York, 1997.
9. Bertoni, H., *Radio Propagation for Modern Wiereless Systems*, Prentice Hall, New York, 2000.
10. Jordan, E., and K. Balmain, *Electromagnetic Waves and Radiating Systems*, 2d ed., Prentice Hall, New York, 1968.

2.11　习题

1. 对于具有以下结构参数的有损介质（$\sigma \neq 0$），$\mu = 4\mu_0$，$\varepsilon = 2\varepsilon_0$，$\sigma/\omega\varepsilon = 1$，$f = 1\text{MHz}$，计算 α 和 β。

2. 对于损耗材料，使得 $\mu = 6\mu_0$，$\varepsilon = \varepsilon_0$。如果衰减常数在 10MHz 时是 1Np/m，计算

（a）相位常数 β

（b）损耗角正切

（c）电导率 σ

（d）特性阻抗

3. 在 $0.01 < \sigma/\omega\varepsilon < 100$ 范围内，使用 MATLAB 绘制 α/β，水平刻度采用 $\log_{10}$。

4. 使用式（2.21），如果 $\mu = \mu_0$，$\varepsilon = 4\varepsilon_0$，$\sigma/\omega\varepsilon = 1$，$f = 100\text{MHz}$，那么在振幅衰减 30% 之前波必须在 z 方向上行进多远？

5. 两半无限介质在 $z = 0$ 平面共享的边界如图 2.22 所示，边界上没有表面电荷。对于 $z \leqslant 0$，$\varepsilon_{r1} = 2$，对于 $z \geqslant 0$，$\varepsilon_{r2} = 6$。如果 $\theta_1 = 45°$，角度 θ_2 是多少？

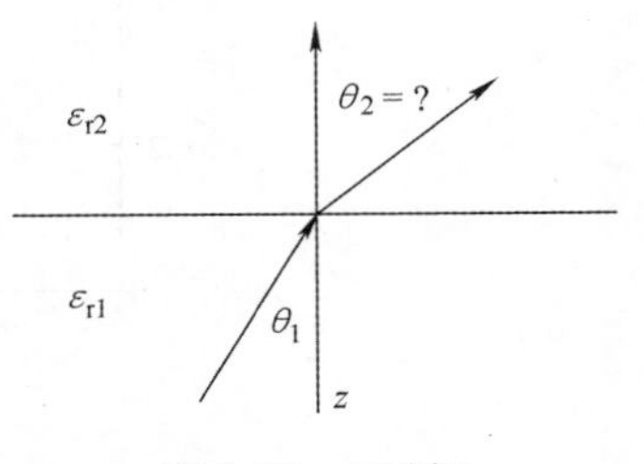

图 2.22　习题 5

6. 两半无限介质共享在 $z = 0$ 平面的边界。边界上没有表面电荷。对于 $z \leqslant 0$，$\varepsilon_{r1} = 2$。对于 $z \geqslant 0$，$\varepsilon_{r2} = 4$。假设在区域 1 中 $\overline{E}_1 = 4\hat{x} + 2\hat{y} + 3\hat{z}$，计算区域 2 内的电场（$\overline{E}_2$）。

7. 两半无限磁性区域共享在 $z = 0$ 平面的边界。在边界上没有表面电流密度 K。对于 $z \leqslant 0$，$\mu_{r1} = 4$，对于 $z \geqslant 0$，$\mu_{r2} = 2$。假

设在区域 1 中 $\overline{H}_1 = 4\hat{x} + 2\hat{y} + 3\hat{z}$，计算区域 2 中的磁通密度（$\overline{B}_2$）。

8. 如图 2.23 所示，平面波垂直入射在材料边界上，这两个区域都是无磁性的。$\varepsilon_{r1} = 2$，$\varepsilon_{r2} = 4$。如果区域 1 中的损耗角正切为 1.732，区域 2 中的损耗角正切为 2.8284，计算以下内容：

（a）区域 1 的特性阻抗

（b）区域 2 的特性阻抗

（c）反射系数 R

（d）透射系数 T

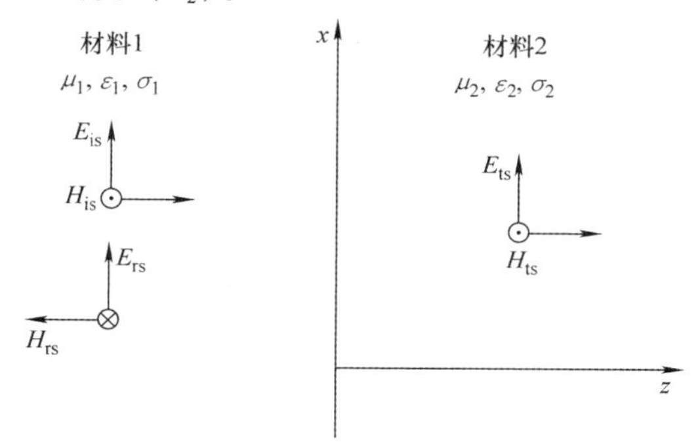

图 2.23　平面波在边界上垂直入射

9. 修改习题 8，使得在区域 1 中的损耗角正切是 0。如果 $E_{i0} = 1$，则用 MATLAB 绘制范围为 $-2\pi < \beta z < 0$ 的驻波图。

10. 在平行极化的斜入射情况下，如图 2.14 所示，两个区域都是非磁性的，$\varepsilon_{r1} = 1$，$\varepsilon_{r2} = 6$，如果在区域 1 中的损耗角正切为 1.732，在区域 2 中的损耗角正切为 2.8284，$\theta_1 = 45°$，计算以下内容：

（a）区域 1 的特性阻抗

（b）区域 2 的特性阻抗

（c）反射系数 $R_{\parallel}$

（d）透射系数 $T_{\parallel}$

11. 重复习题 10，但对应修改为如图 2.16 所示的垂直极化的情况。

12. 区域 1 是自由空间，区域 2 是无损的和非磁性的，$\varepsilon_{r2} = 2$、8、64。对于 $0° < \theta < 90°$ 的角度范围，使用 MATLAB 为所有 3 种介电常数画出如下要求的曲线：

（a）$R_{\parallel}$

（b）$T_{\parallel}$

（c）$R_{\perp}$

（d）$T_{\perp}$

13. 对于两个天线在平地上，推导出镜面反射点 y 的 d、h_1 和 h_2 的公式。

14. 使用图 2.18，$h_1 = 20\text{m}$，$h_2 = 200\text{m}$，$d = 1\text{km}$，$R = -1$，假设自由空间，频率范围为 $200\text{MHz} < f < 400\text{MHz}$，用 MATLAB 绘制精确的路径增益因子［见式（2.77）］。

15. 重复习题 14，但允许 $f = 300\text{MHz}$，假设自由空间，画出范围在 $500\text{m} < d < 1000\text{m}$ 的路径增益因子 F。

16. 重复习题 14，但允许入射场垂直于入射面，使 E 与地面水平。允许地面非磁性，介电常数 $\varepsilon_r = 4$。

（a）菲涅耳反射系数是多少？

（b）画出了 $200\text{MHz} < f < 400\text{MHz}$ 的路径增益因子 F。

17. 使用 MATLAB，画出式（2.82）中衍射的路径增益因子 F_d，$-8 < H_c < 8$。

18. 对于如图 2.24 所示的两个天线之间的山丘，其中 $h_1 = 150\text{m}$，$h_2 = 200\text{m}$，$d_1 = 300\text{m}$，

$d_2 = 700\text{m}$，$d = 1\text{km}$，$h = 250\text{m}$，$f = 300\text{MHz}$。

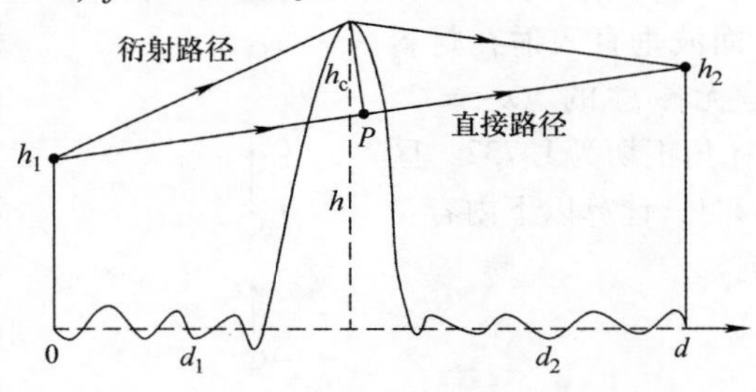

图 2.24　两个天线之间的山丘

（a）直接路径长度 r_1 是多少？

（b）间接路径长度 r_2 是多少？

（c）净空高度 h_c是多少（确保你的符号是正确的）？

（d）整合高度 H_c是多少？

（e）如果 $E_0 = 1\text{V/m}$，利用式（2.84）计算接收信号的幅度。

第3章　天线基础

智能天线的设计和分析假设了许多不同但相关学科的知识。智能天线设计师必须依赖如下领域：①随机过程，②电磁学，③传播，④谱估计方法，⑤自适应技术，⑥天线基础。尤其是，智能天线设计严重依赖于天线理论的基本知识。将个体天线行为与整体系统要求进行匹配非常重要。因此，本章将介绍相关的天线主题，例如天线周围的近场和远场、功率密度、辐射强度、方向性、波束宽度、天线接收以及包括偶极子和环路的基本天线设计。为了理解智能天线，并不一定要求有一个广泛的天线知识背景，但是阅读本章中引用的一些参考文献是明智的。本章中大部分内容的基础来自 Balanis[1]、Kraus 和 Marhefka[2]，以及 Stutzman 和 Thiele[3]的著作。

3.1　天线场区域

天线在靠近和远离天线的地方产生复杂的电磁（EM）场。不是所有的电磁场产生的辐射实际上都进入空间。有些区域保持在天线附近，并被视为无功近场，与电感器或电容器在集总元件电路中的无功存储元件大致相同。其他区域也有辐射，可以在很远的距离进行检测。在参考文献［1，2］中给出了对天线场区域的极好处理。图 3.1 显示了一个带有 4 个天线区域的简单偶极子天线。

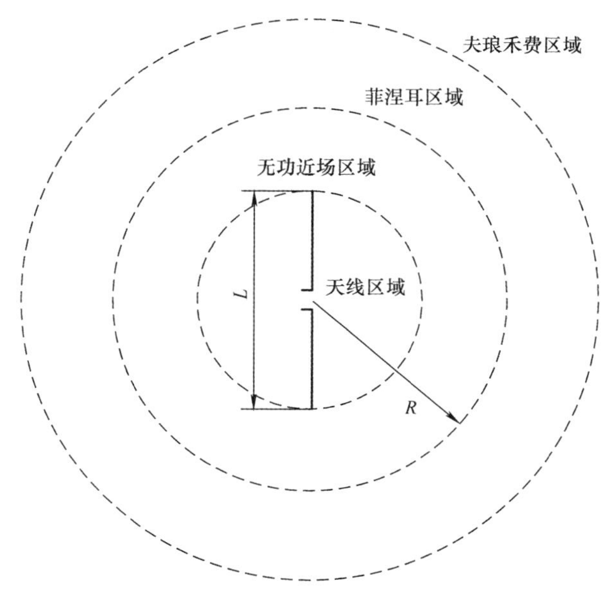

图 3.1　天线场区域

在上述区域中定义的边界不是任意指定的，而是解决围绕有限长度天线的精确场的结果。4 个区域及其边界的定义如下：

天线区域：外接物理天线边界的区域称为天线区域，定义为

$$R \leqslant \frac{L}{2}$$

无功近场区域：包含天线周围无功能量的区域称为无功近场区域。它表示存储在天线附近的能量，该能量不辐射，因此在天线端子阻抗的虚部中可见。此区域由下式定义：

$$R \leqslant 0.62\sqrt{\frac{L^3}{\lambda}}$$

菲涅耳区域（辐射近场）：位于无功近场和夫琅禾费远场之间的区域是菲涅耳区域或辐射近场区域。天线场在这个区域辐射，但辐射方向图随着相位中心的距离而变化，因为辐射场分量以不同的速率减小。该区域定义为

$$0.62\sqrt{\frac{L^3}{\lambda}} \leqslant R \leqslant \frac{2L^2}{\lambda}$$

夫琅禾费区域（远场）：位于近场外的辐射方向与距离不变的区域定义为夫琅禾费区域。这是大多数基本天线的主要操作区域。此区域由下式定义：

$$R \geqslant \frac{2L^2}{\lambda}$$

出于实际目的，本书通常假定菲涅耳区域或夫琅禾费区域的天线辐射。如果要考虑阵元耦合，则必须在所有计算中考虑无功近场区域。

3.2 功率密度

所有的辐射天线场将能量从可被远距离接收天线截取的天线带走。正是这种能量使得通信系统成为可能。作为一个微不足道的例子，让我们假设由点源各向同性天线产生的传播相量场被进一步给出并以球面坐标表示。

$$\overline{E}_{\theta_s} = \frac{E_0}{r}\mathrm{e}^{-jkr}\hat{\theta} \quad \mathrm{V/m} \tag{3.1}$$

$$\overline{H}_{\phi_s} = \frac{E_0}{\eta r}\mathrm{e}^{-jkr}\hat{\phi} \quad \mathrm{A/m} \tag{3.2}$$

式中，η 是介质的特性阻抗。

如果固有介质是无损的，则时变瞬时场可以很容易地从式（3.1）和式（3.2）中推导得出。

$$\overline{E}(r,t) = \mathrm{Re}\left\{\frac{E_0}{r}\mathrm{e}^{\mathrm{j}(\omega t - kr)}\hat{\theta}\right\} = \frac{E_0}{r}\cos(\omega t - kr)\hat{\theta} \tag{3.3}$$

$$\overline{H}(r,t) = \mathrm{Re}\left\{\frac{E_0}{\eta r}\mathrm{e}^{\mathrm{j}(\omega t - kr)}\hat{\phi}\right\} = \frac{E_0}{\eta r}\cos(\omega t - kr)\hat{\phi} \tag{3.4}$$

式（3.3）中的电场强度被看作在正 r 方向上辐射并且在正 $\hat{\theta}$ 方向上被极化。式（3.4）中的磁场强度被看作在正 r 方向上辐射并且在正 $\hat{\phi}$ 方向上被极化。图 3.2 显示了球面坐标中的场矢量。这

些远场是相互垂直的，并且与半径为 r 的球体相切。

坡印亭矢量以 J. H. Poynting 命名[㊀]，是电场和磁场强度的叉积，并给出为

$$\overline{P}=\overline{E}\times\overline{H}\quad \text{W/m}^2 \tag{3.5}$$

叉积满足右手定则，并给出了功率密度传播的方向。坡印亭矢量是远离源的瞬时功率密度流量的度量。将式（3.3）和式（3.4）代入式（3.5），并且使用简单的三角恒等式，我们可以得到

$$\overline{P}(r,t)=\frac{E_0^2}{2\eta r^2}[1+\cos(2\omega t-2kr)]\hat{r} \tag{3.6}$$

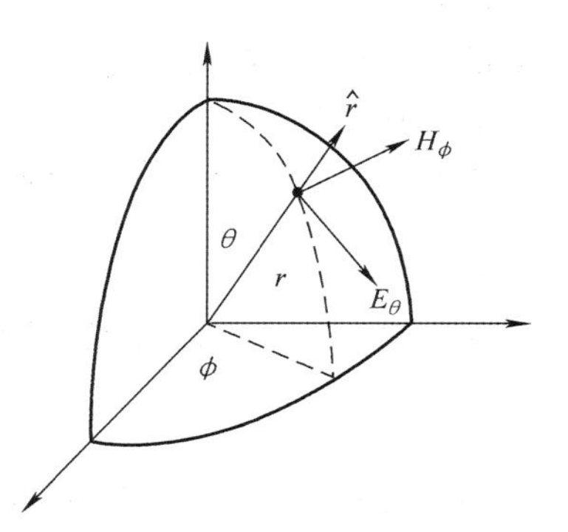

图 3.2 点源的电磁场辐射

式中的第 1 项表示从天线辐射的时间平均功率密度，而第 2 项表示瞬时的涨落。通过取式（3.6）的时间平均值，我们可以定义平均功率密度。

$$\overline{W}(r)=\frac{1}{T}\int_0^T\overline{P}(r,t)\mathrm{d}t=\frac{E_0^2}{2\eta r^2}\hat{r}\quad \text{W/m}^2 \tag{3.7}$$

时间平均功率密度的计算等同于在相量空间中执行计算。

$$\overline{W}(r,\theta,\phi)=\frac{1}{2}\mathrm{Re}(\overline{E}_\mathrm{s}\times\overline{H}_\mathrm{s}^*)=\frac{1}{2\eta}|\overline{E}_\mathrm{s}|^2\hat{r} \tag{3.8}$$

式（3.8）表示远离各向同性天线的平均功率密度，因此不是 θ 或 ϕ 的函数。对于实际天线，功率密度始终是 r 和至少一个角坐标的函数。通常，功率密度可以表示为通过半径为 r 的球体的功率流，如图 3.3 所示。

天线辐射的总功率可通过天线边界球面上功率密度的闭合面积分求得。这相当于将发散定理应用于功率密度。因此总功率定义为

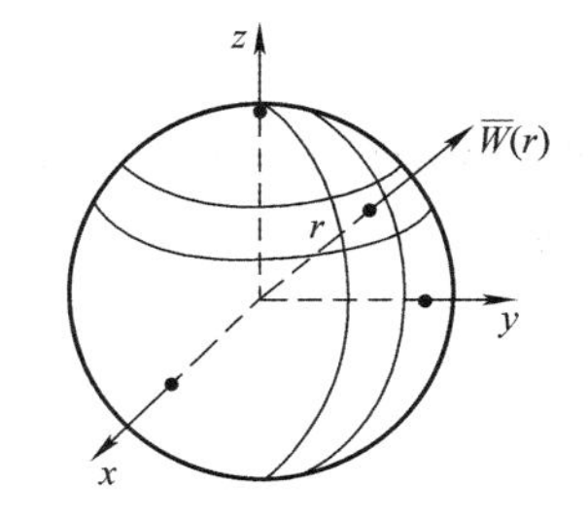

图 3.3 各向同性点源的功率密度

$$P_\mathrm{tot}=\oint\!\!\int\overline{W}\cdot\mathrm{d}\overline{s}=\int_0^{2\pi}\int_0^{\pi}W_r(r,\theta,\phi)\,r^2\sin\theta\mathrm{d}\theta\mathrm{d}\phi$$
$$=\int_0^{2\pi}\int_0^{\pi}W_r(r,\theta,\phi)\,r^2\mathrm{d}\Omega\quad \text{W} \tag{3.9}$$

式中，$\mathrm{d}\Omega=\sin\theta\mathrm{d}\theta\mathrm{d}\phi$ 为立体角或微分立体角元。

另外，在各向同性的情况下，功率密度不是 θ 或 ϕ 的函数。式（3.9）简化为

$$P_\mathrm{tot}=\int_0^{2\pi}\int_0^{\pi}W_r(r)\,r^2\sin\theta\mathrm{d}\theta\mathrm{d}\phi=4\pi r^2W_r(r) \tag{3.10}$$

或者相反

$$W_r(r)=\frac{P_\mathrm{tot}}{4\pi r^2} \tag{3.11}$$

㊀ 约翰·亨利·坡印亭（John Henry Poynting，1852—1914）：麦克斯韦的一名学生，他推导出了一个方程来表示来自电磁场的能量流。——原书注

因此，对于各向同性天线，功率密度是通过均匀散布辐射在半径为 r 的球体表面上的总功率得到的。因此，密度与r^2 成反比。功率密度只是传递给天线终端的有功功率（P_{tot}）。无功功率对辐射场没有贡献。

例 3.1　计算各向同性天线辐射的总功率，其电场强度被给定为

$$\overline{E}_s = \frac{2}{r}e^{-jkr}\hat{\theta} \quad \text{V/m}$$

解：式（3.7）示出了功率密度为

$$\overline{W}(r) = \frac{5.3 \times 10^{-3}}{r^2}\hat{r} \quad \text{W/m}^2$$

这个结果代入式（3.9）得到的总功率是

$$P_{tot} = 66.7\text{mW}$$

例 3.2　画出在两个不同的距离 r_1 和 r_2 的远场的功率密度与角度的关系图。其中，$r_1 = 100\text{m}$ 和 $r_2 = 200\text{m}$。已知

$$\overline{E}_s = \frac{100\sin\theta}{r}e^{-jkr}\hat{\theta}$$

$$\overline{H}_s = \frac{100\sin\theta}{\eta r}e^{-jkr}\hat{\phi}$$

解：通过使用式（3.8），功率密度大小可以很容易地计算

$$W(r,\theta) = \frac{13.3\sin^2\theta}{r^2}$$

使用 MATLAB 代码 sa_ex3_2.m 和极坐标图命令，我们可以得到两个距离的方向图，如图 3.4 所示。

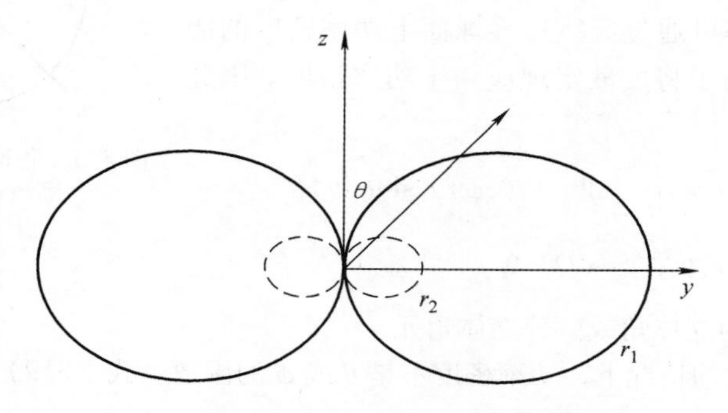

图 3.4　两个距离 r_1 和 r_2 的方向图

3.3　辐射强度

辐射强度可以被看作是一个距离归一化的功率密度。式（3.8）中的功率密度与距离的二次方成反比，因此随着远离天线而迅速减小。这对于指示功率水平非常有用，但对于指示远处的天

线方向图无用。辐射强度消除了对 $1/r^2$ 的依赖性，从而使远场方向图与距离无关。辐射强度因此被定义为

$$U(\theta,\phi)=r^2|\overline{W}(r,\theta,\phi)|=r^2W_r(r,\theta,\phi) \tag{3.12}$$

很明显，式（3.12）可以另外表示为

$$U(\theta,\phi)=\frac{r^2}{2\eta}|\overline{E}_s(r,\theta,\phi)|^2=\frac{\eta r^2}{2}|\overline{H}_s(r,\theta,\phi)|^2 \tag{3.13}$$

该定义还简化了天线辐射总功率的计算。式（3.9）可以重复代入辐射强度。

$$\begin{aligned}P_{\text{tot}}&=\int_0^{2\pi}\int_0^{\pi}W_r(r,\theta,\phi)\,r^2\sin\theta\mathrm{d}\theta\mathrm{d}\phi\\&=\int_0^{2\pi}\int_0^{\pi}U(\theta,\phi,)\,\mathrm{d}\Omega\quad\text{W}\end{aligned} \tag{3.14}$$

一般辐射强度表示三维天线的辐射图。所有各向异性天线的辐射强度不均匀，因此辐射图不均匀。图3.5显示了一个以球面坐标显示的三维方向图的例子。这种天线方向图或波束方向图是信号辐射方向的指示。在图3.5的情况下，最大辐射在 $\theta=0°$ 方向或沿着 z 轴。

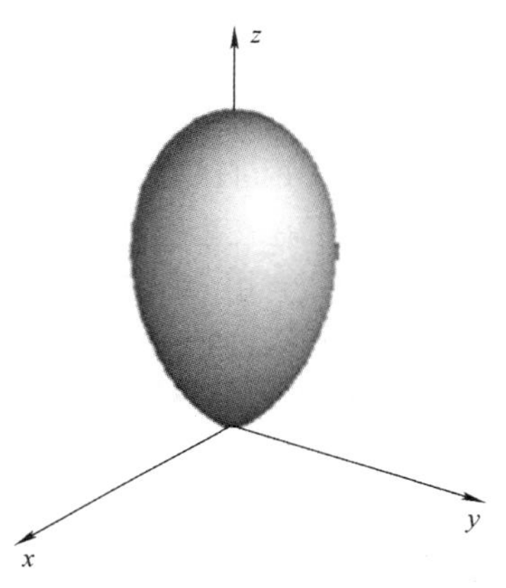

图3.5　天线三维方向图

例3.3　在夫琅禾费区域（远场），小偶极子具有给定的电场强度

$$\overline{E}_s(r,\ \theta,\ \phi)=\frac{E_0\sin\theta}{r}\mathrm{e}^{-\mathrm{j}kr}\hat{\theta}$$

辐射强度和通过该天线辐射的总功率是多少？

解：使用式（3.13），辐射强度被给定为

$$U(\theta,\ \phi)=\frac{E_0^2\sin^2\theta}{2\eta}$$

利用式（3.14），辐射的总功率被给定为

$$P_{\text{tot}}=0.011\,E_0^2\quad\text{W}$$

3.4　基本天线命名

通过了解辐射强度的推导，我们现在可以定义一些指标来帮助定义天线的性能。

3.4.1　天线方向图

天线方向图是描述天线方向特性的函数或曲线图。该图形可以基于描述电场或磁场的函数。在这种情况下，方向图被称为场方向图。该方向图也可以基于3.3节中定义的辐射强度函数。在这种情况下，该图被称为功率方向图。天线方向图可能不是来自功能描述，而可能是天线测量的结果。在这种情况下，测量的方向图可以表示为场方向图或功率方向图。图3.6a、b显示了在直角坐标和极坐标中显示的典型二维场方向图，指出了该方向图的主瓣和旁瓣。主瓣是具有最大预期辐射的那部分方向。旁瓣通常为不期望的辐射方向。

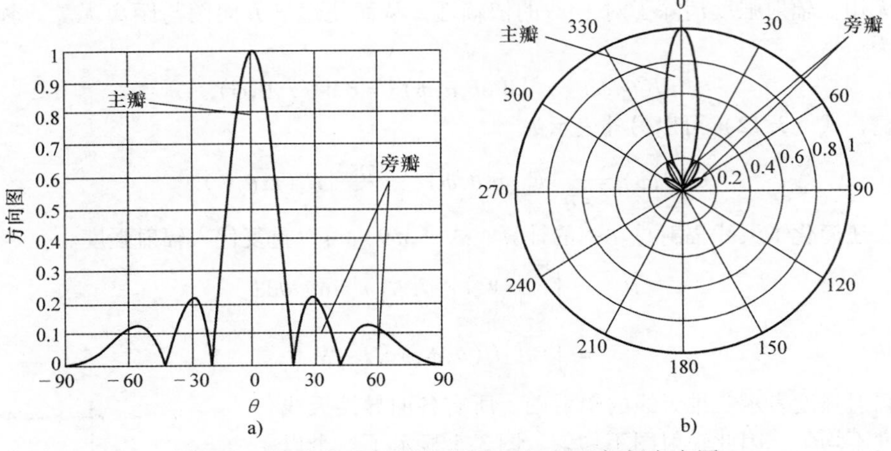

图 3.6　a）直角坐标场方向图　b）极坐标场方向图

图 3.6a、b 可以被看作是演示典型三维图案的二维片段。图 3.7 示出了在三维空间中显示的相同图案。三维透视图对于说明目的很有用，但通常天线设计师在三维图案的主平面显示二维图。

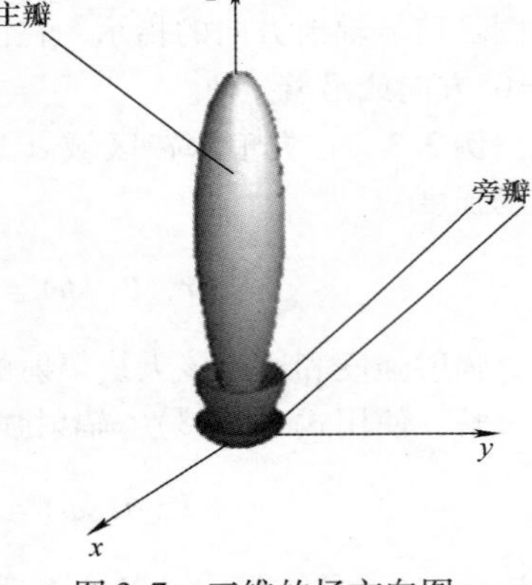

图 3.7　三维的场方向图

例 3.4　使用 MATLAB 来产生由 $U(\theta)=\cos^2\theta$ 给出的辐射强度的三维辐射图。

解：辐射图通常用球面坐标来计算，方向图对应于 x、y 和 z 坐标值。我们可以简单地使用坐标变换将辐射强度点转换为（x，y，z）坐标。因此，

$$x=U(\theta,\phi)\sin\theta\cos\phi \quad y=U(\theta,\ \phi)\sin\theta\sin\phi$$

$$z=U(\theta,\ \phi)\cos\theta$$

MATLAB 有一个名为 ezmesh 的功能，可以让我们轻松地绘制三维表面。相应的 MATLAB 命令是

```
fx=inline('cos(theta)^2*sin(theta)*cos(phi)')
fy=inline('cos(theta)^2*sin(theta)*sin(phi)')
fz=inline('cos(theta)^2*cos(theta)')
figure
ezmesh(fx,fy,fz,[ 0  2*pi  0  pi ],100)
colormap([ 0  0  0 ])
axis equal
set(gca,'xdir','reverse','ydir','reverse')
```

MATLAB 代码 sa_ex3_4. m 画出的方向图如图 3.8 所示。

3.4.2　天线瞄准线

天线瞄准线是天线预期的物理瞄准方向或最大增益方向。这也是天线主瓣的中心轴。换句话说，它是通常预期的最大辐射方向。图 3.7 中的瞄准线是主瓣的中心轴，对应于 z 轴，其中 $\theta=0°$。

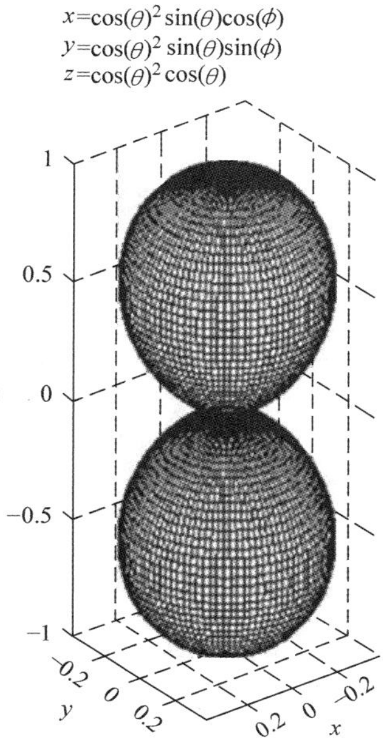

3.4.3　主平面方向图

场方向图或功率方向图通常被视为三维天线图案的二维片段。这些片段可以以多种不同的方式定义。一种选择是在辐射是线性极化时绘制 E 和 H 平面图案。在这种情况下，E 平面图案是包含电场矢量和最大辐射方向的图。在另一种情况下，H 平面图案是包含磁场矢量和最大辐射方向的图。将天线定位在球面坐标中使得 E 和 H 平面对应于 θ 和 ϕ 恒定平面是最方便的。这些平面分别称为方位角平面和仰角平面。图 3.9 显示了具有极化场和与这些场矢量平行的方位角和仰角平面的球面坐标系。

图 3.8　三维方向图

3.4.4　波束宽度

波束宽度是从辐射图的 3dB 点上测量。图 3.10 显示了图 3.5 的二维片段。波束宽度是 3dB 点之间的角度。由于这是一种功率图案，3dB 点也是半功率点。

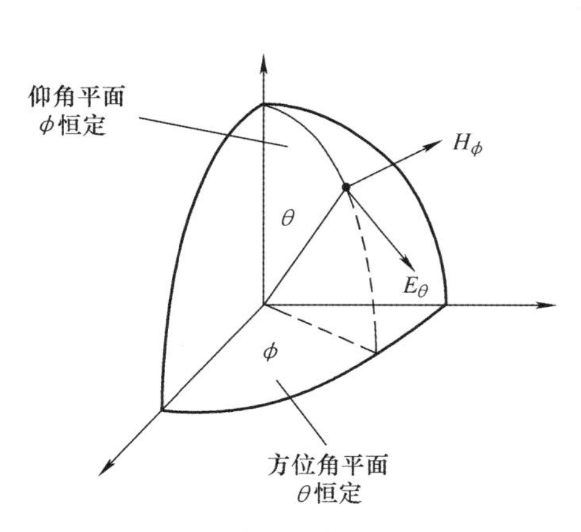

图 3.9　球面坐标主平面

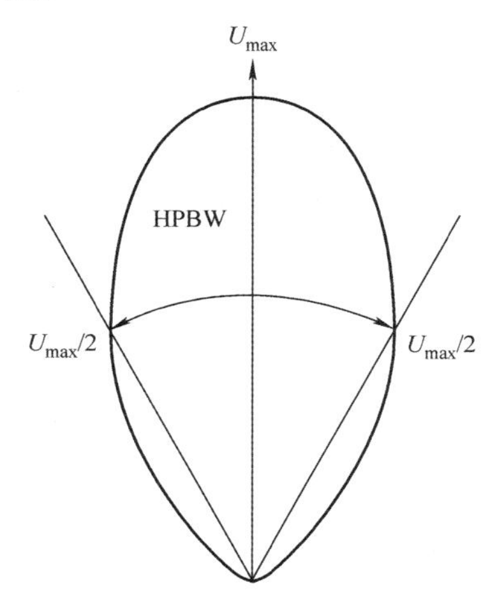

图 3.10　半功率波束宽度（HPBW）

在场方向图而不是功率方向图的情况下，3dB 点将是归一化的方向图振幅等于$\frac{1}{\sqrt{2}}=0.707$的点。

3.4.5　方向性

方向性是衡量单个天线相对各向同性天线辐射的功率的指标。换言之，方向性是各向异性

天线相对于辐射相同总功率的各向同性天线的功率密度的比。因此，方向性被给定为

$$D(\theta,\phi)=\frac{W(\theta,\phi)}{\frac{P_{\mathrm{tot}}}{4\pi r^2}}=\frac{4\pi U(\theta,\phi)}{P_{\mathrm{tot}}} \tag{3.15}$$

方向性可以通过将式（3.14）代入式（3.15）更明确地得到

$$D(\theta,\phi)=\frac{4\pi U(\theta,\phi)}{\int_0^{2\pi}\int_0^{\pi}U(\theta,\phi)\sin\theta\mathrm{d}\theta\mathrm{d}\phi} \tag{3.16}$$

最大方向性是一个常数，也就是式（3.16）的最大值。最大方向性通常由D_0表示。因此，最大方向性可以通过稍微修改式（3.16）得到

$$D_0=\frac{4\pi U_{\max}}{\int_0^{2\pi}\int_0^{\pi}U(\theta,\phi)\sin\theta\mathrm{d}\theta\mathrm{d}\phi} \tag{3.17}$$

各向同性源的方向性总是等于1，因为各向同性源在所有方向上辐射均匀，因此不具有内在的方向性。

例3.5 求例3.3中给出的小偶极子辐射方向图的方向性和最大方向性。

解：使用式（3.16），我们得到

$$D(\theta,\phi)=\frac{4\pi\sin^2\theta}{\int_0^{2\pi}\int_0^{\pi}\sin^3\theta\mathrm{d}\theta\mathrm{d}\phi}=1.5\sin^2\theta$$

从例3.5可以直观地看出，方向性不受辐射强度幅度的影响，而仅取决于函数形式$U(\theta,\phi)$。标量幅度项被约去。最大方向性是一个常数，简单地由式（3.17）得到$D_0=15$。绘制天线的方向性比绘制辐射强度更有用，因为幅度表示相对于各向同性辐射器的性能，而与距离无关。这不仅有助于指示天线方向图，而且还指示了天线增益的一种形式。

3.4.6 波束立体角

波束立体角（Ω_A）是指其辐射强度等于其最大辐射强度$U_{\max}$时，所有天线功率辐射的角度。波束立体角通过式（3.17）表达为

$$D_0=\frac{4\pi}{\int_0^{2\pi}\int_0^{\pi}\frac{U(\theta,\phi)}{U_{\max}}\sin\theta\mathrm{d}\theta\mathrm{d}\phi}=\frac{4\pi}{\Omega_A} \tag{3.18}$$

式中，波束立体角为

$$\Omega_A=\int_0^{2\pi}\int_0^{\pi}\frac{U(\theta,\phi)}{U_{\max}}\sin\theta\mathrm{d}\theta\mathrm{d}\phi \tag{3.19}$$

波束立体角以球面度给出，其中一个球面度被定义为球体表面上面积等于r^2的球面的立体角。因此球体中有4π球面度。波束立体角是通信中等效噪声带宽的空间版本。Haykin[4]给出了噪声等效带宽的解释。

3.4.7 增益

天线的方向性是天线的方向性指示，这是天线在优选方向上引导能量的能力。方向性假定

不存在由传导损耗、介质损耗和传输线失配造成的天线损耗。天线增益是对方向性的修正，以包括天线效率低下的影响。增益更能反映实际天线的性能。天线增益表达式为

$$G(\theta,\phi)=eD(\theta,\phi) \tag{3.20}$$

式中，e 是总天线效率，包括损失和不匹配的影响。除了效率 e 之外，由增益产生的方向图与由方向性产生的方向图相同。

3.4.8 有效孔径

正如天线可以在各个优选方向上辐射功率一样，它也可以从相同的优选方向接收功率。这一原则被称为互易。图 3.11 显示了发射天线和接收天线。发射天线以功率P_1(W)发射并且辐射功率密度 W_1(W/m^2)。

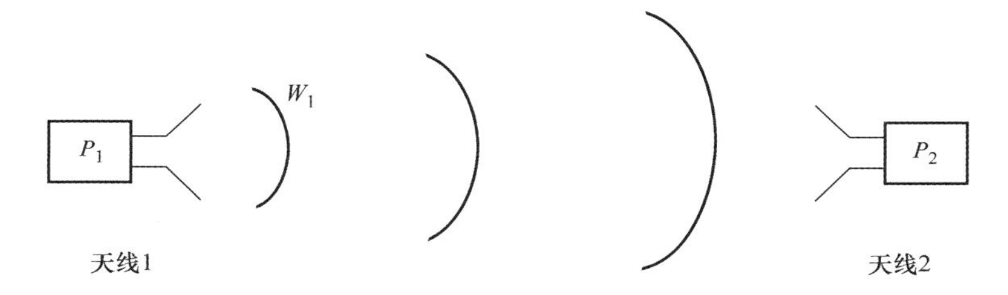

图 3.11　发射和接收天线

接收天线截获入射功率密度 W_1 的至少一部分，从而输送功率P_2 向负载供电。接收天线可被视为面积 A_{e2}的有效孔径，可捕获一部分可用功率密度。因此，使用式（3.15）和式（3.20），我们可以把接收到的功率表达为

$$P_2=A_{e2}W_1=\frac{A_{e2}P_1e_1D_1(\theta_1,\ \phi_1)}{4\pi r_1^2}\quad \mathrm{W} \tag{3.21}$$

式中，r_1、θ_1、ϕ_1 是天线 1 的局部球面坐标。如果图 3.11 中的天线反向，使得接收天线发射并且发射天线接收，则可以得出

$$P_1=A_{e1}W_2=\frac{A_{e1}P_2e_2D_2(\theta_2,\ \phi_2)}{4\pi r_2^2}\quad \mathrm{W} \tag{3.22}$$

式中，r_2、θ_2、ϕ_2 是天线 2 的局部球面坐标。推导超出了本书的范围，但可以从式（3.21）和式(3.22)[1,2]看出，有效孔径与天线的方向性有关，即

$$A_e(\theta,\phi)=\frac{\lambda^2}{4\pi}eD(\theta,\phi)=\frac{\lambda^2}{4\pi}G(\theta,\phi) \tag{3.23}$$

3.5　Friis 传输公式

Harald Friis㊀设计了一个关于两个远距离的天线之间发射和接收功率的公式。我们假设发射

㊀ 弗里斯（Harald T. Friis，1893—1976）：1946 年，他设计了一种传输公式。——原书注

天线和接收天线是极化匹配的（也就是说，接收天线的极化与发射天线所产生的极化完美匹配）。通过将式（3.23）代入式（3.21）可以推导出以下关系：

$$\frac{P_2}{P_1}=\left(\frac{\lambda}{4\pi r}\right)^2 G_1(\theta_1,\phi_1)G_2(\theta_2,\phi_2) \tag{3.24}$$

如果必须考虑极化，我们就可以将式（3.24）乘以极化损耗因子（PLF）$=|\hat{\rho}_1\cdot\hat{\rho}_2|^2$，式中，$\hat{\rho}_1$ 和 $\hat{\rho}_2$ 分别是天线1和天线2的极化。极化和极化损耗因子的进一步处理可以在参考文献［2］中找到。

例3.6　如果天线1的发射功率$P_1=1\text{kW}$，计算天线2的接收功率P_2。发射机增益为$G_1(\theta_1, \phi_1)=\sin^2(\theta_1)$，接收机增益为$G_2(\theta_2, \phi_2)=\sin^2(\theta_2)$。工作频率为2GHz。使用图3.12来解决问题。$y-z$ 和 $y'-z'$平面是共面。

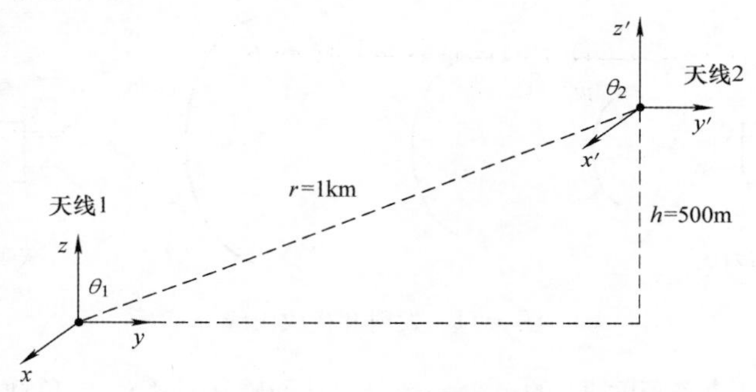

图3.12　距离为r的两个天线

解：由几何特征可以看出，$\theta_1=60°$及$\theta_2=120°$。利用式（3.24），有

$$\begin{aligned}P_2&=P_1\left(\frac{\lambda}{4\pi r}\right)^2 G_1(\theta_1,\phi_1)G_2(\theta_2,\phi_2)\\&=P_1\left(\frac{\lambda}{4\pi r}\right)\sin^2(\theta_1)\sin^2(\theta_2)^2\\&=P_1\left(\frac{15\text{cm}}{4\pi 10^3}\right)^2\sin^2(60°)\sin^2(120°)\\&=80.1\text{nW}\end{aligned}$$

3.6　磁矢势和远场

由于天线上的电荷加速，所有天线辐射电场和磁场。这些加速通常是以交流电流的形式。尽管可以直接从天线电流计算远处的辐射场，但在大多数情况下，这在数学上是不实用的。因此，我们使用中间步骤来计算磁矢势。从矢势我们可以找到远处的辐射场。高斯定律指出$\nabla\cdot\overline{B}=0$。因为任何矢量的卷曲发散总是等于零（$\nabla\cdot\nabla\times\overline{A}=0$），所以我们可以用磁矢势$\overline{A}$定义场$\overline{B}$：

$$\overline{B}=\nabla\times\overline{A} \tag{3.25}$$

式（3.25）解释了高斯定律。由于$\overline{B}$和$\overline{H}$通过一个常数相关，我们也可以写成

$$\overline{H}=\frac{1}{\mu}\nabla\times\overline{A} \tag{3.26}$$

在源自由区域的电场可以从磁场推导得到

$$\overline{E}=\frac{1}{\mathrm{j}\omega\varepsilon}\nabla\times\overline{H} \tag{3.27}$$

因此，如果知道矢势，我们可以相应地计算 $\overline{E}$ 和 $\overline{H}$ 场。图 3.13 示出的任意电流源 $\overline{I}$ 产生一个远距离的矢势 $\overline{A}$。

矢势与电流源相关，即

$$\overline{A}=\frac{\mu}{4\pi}\int\overline{I}(r')\frac{\mathrm{e}^{-\mathrm{j}kR}}{R}\mathrm{d}l' \tag{3.28}$$

式中，$\overline{I}(r')=I_x(r')\hat{x}+I_y(r')\hat{y}+I_z(r')\hat{z}$ 是三维电流；$\overline{r}'$ 是在源坐标中的位置矢量；$\overline{r}$ 是场坐标中的位置矢量；距离矢量 $\overline{R}=\overline{r}-\overline{r}'$；$R=|\overline{R}|$；$\mathrm{d}l'$ 是电流源的微分长度。

矢势可以使用式（3.28）从任何线电流源中找到。结果可以代入式（3.26）和式（3.27），以得到远距离的场。两个更容易解决的天线问题是线性天线和环形天线。

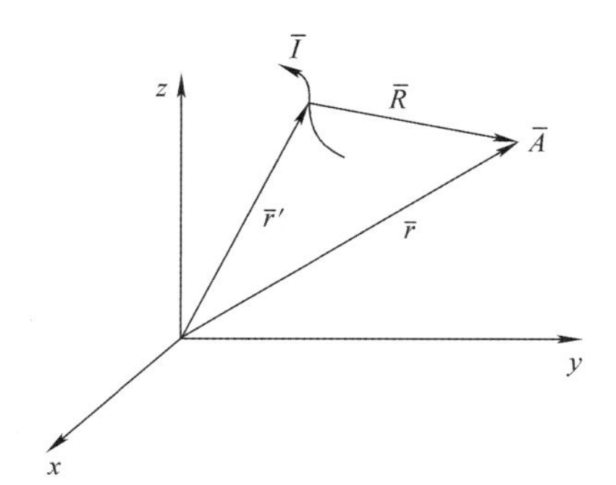

图 3.13　电流源和远处矢势

3.7　线性天线

理解天线辐射的基础是了解直线或线性天线的行为。不仅直线段大大简化了数学计算，而且线性天线还可提供对许多更复杂结构天线的行为的深入了解，这些结构通常可视为一组直线段。

3.7.1　无穷小偶极子

无穷小偶极子是一小段天线，其中长度 $L\ll\lambda$。如图 3.14 所示，它围绕 $x-y$ 平面沿 z 轴对齐。

相量电流由 $\overline{I}=I_0\hat{z}$ 给出。位置和距离的矢量由 $\overline{r}=r\hat{r}=x\hat{x}+y\hat{y}+z\hat{z}$、$\overline{r}'=z'\hat{z}$ 和 $\overline{R}=x\hat{x}+y\hat{y}+(z-z')\hat{z}$ 给出。因此，矢势由下式给出：

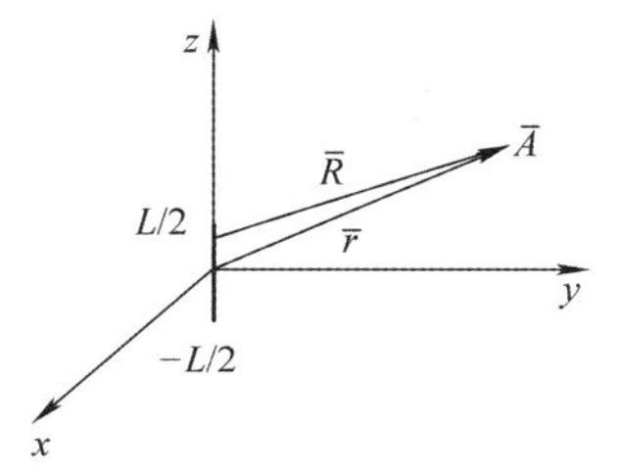

图 3.14　无穷小偶极子

$$\overline{A}=\frac{\mu_0}{4\pi}\int_{-L/2}^{L/2}I_0\hat{z}\frac{\mathrm{e}^{-\mathrm{j}k\sqrt{x^2+y^2+(z-z')^2}}}{\sqrt{x^2+y^2+(z-z')^2}}\mathrm{d}z' \tag{3.29}$$

因为我们假设的无穷小偶极子 $r\gg z'$，$R=r$，因此，积分可以很容易地解决：

$$\overline{A}=\frac{\mu_0}{4\pi}\int_{-L/2}^{L/2}I_0\hat{z}\frac{\mathrm{e}^{-\mathrm{j}kr}}{r}\mathrm{d}z'=\frac{\mu_0 I_0 L}{4\pi r}\mathrm{e}^{-\mathrm{j}kr}\hat{z}=A_z\hat{z} \tag{3.30}$$

因为大多数天线场更方便用球面坐标表示，所以我们可以将矢量变换应用于式（3.30）或者我们可以用图形方式确定球面坐标上的 $\overline{A}$。图 3.15 显示了直角和球面坐标中的矢势。A_r 和 A_θ 是 A_z 在相应的坐标轴上的矢量投影。因此可以证明

$$A_r = A_z\cos\theta = \frac{\mu_0 I_0 L\mathrm{e}^{-\mathrm{j}kr}}{4\pi r}\cos\theta \tag{3.31}$$

$$A_\theta = -A_z\sin\theta = -\frac{\mu_0 I_0 L\mathrm{e}^{-\mathrm{j}kr}}{4\pi r}\sin\theta \tag{3.32}$$

由于 $\overline{H}$ 涉及式（3.26）的 $\overline{A}$ 的卷曲，我们可以在球面坐标上进行卷曲，得到

$$H_\phi = \frac{\mathrm{j}k\, I_0 L\sin\theta}{4\pi r}\left[1 + \frac{1}{\mathrm{j}kr}\right]\mathrm{e}^{-\mathrm{j}kr} \tag{3.33}$$

式中，$H_r = 0$ 和 $H_\theta = 0$。

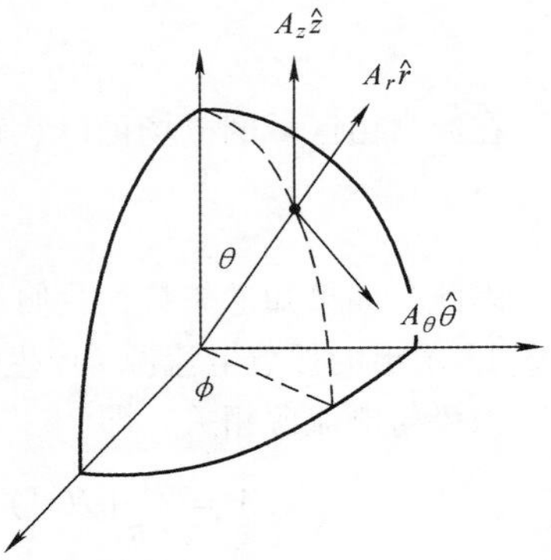

图 3.15　无穷小偶极子的矢势

电场可以通过将式（3.33）代入式（3.27）得到

$$E_r = \frac{\eta I_0 L\cos\theta}{2\pi r^2}\left[1 + \frac{1}{\mathrm{j}kr}\right]\mathrm{e}^{-\mathrm{j}kr} \tag{3.34}$$

$$E_\theta = \frac{\mathrm{j}k\eta\, I_0 L\sin\theta}{4\pi r}\left[1 + \frac{1}{\mathrm{j}kr} - \frac{1}{(kr)^2}\right]\mathrm{e}^{-\mathrm{j}kr} \tag{3.35}$$

式中，$E_\phi = 0$，η 是介质的特性阻抗。

在远场中，涉及 $1/r^2$ 和 $1/r^3$ 的高阶项变得可以忽略不计，简化了式（3.34）和式（3.35）后得到

$$E_\theta = \frac{\mathrm{j}k\eta\, I_0 L\sin\theta}{4\pi r}\mathrm{e}^{-\mathrm{j}kr} \tag{3.36}$$

$$H_\phi = \frac{\mathrm{j}k\, I_0 L\sin\theta}{4\pi r}\mathrm{e}^{-\mathrm{j}kr} \tag{3.37}$$

应当指出的是，在远场中 $\dfrac{E_\theta}{H_\phi} = \eta$。

1. 功率密度和辐射强度

我们可以通过将式（3.36）代入式（3.8）和式（3.12）来计算远场功率密度和辐射强度。

$$W_r(\theta,\phi) = \frac{1}{2\eta}\left|\frac{k\eta\, I_0 L\sin\theta}{4\pi r}\right|^2 = \frac{\eta}{8}\left|\frac{I_0 L}{\lambda}\right|^2\frac{\sin^2\theta}{r^2} \tag{3.38}$$

$$U(\theta) = \frac{\eta}{8}\left|\frac{I_0 L}{\lambda}\right|^2\sin^2\theta \tag{3.39}$$

式中，$I_0 = |I_0|\mathrm{e}^{\mathrm{j}\zeta}$ 是复相量电流；λ 是波长。

图 3.16 所示为式（3.39）给出的归一化辐射强度的曲线图。辐射强度叠加在直角坐标系上。由于天线沿着 z 轴对齐，所以最大辐射在无限小偶极子的旁边。

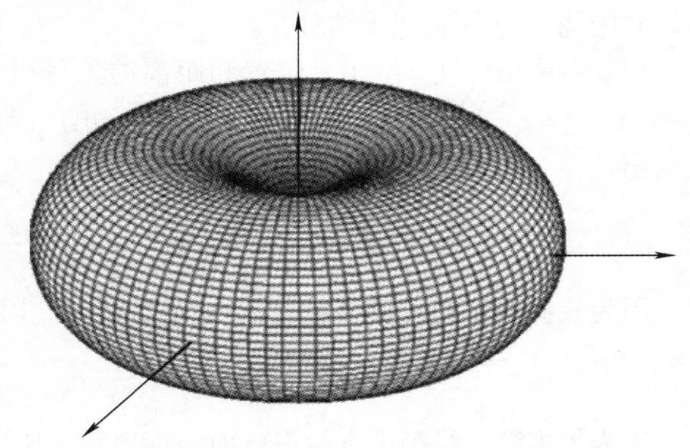

图 3.16　无穷小偶极辐射的三维图

2. 方向性

方向性，如式（3.16）定义，可以应用于无穷小偶极子的辐射强度。常数项在分子和分母中被约去，得到

$$D(\theta)=\frac{4\pi\sin^2\theta}{\int_0^{2\pi}\int_0^{\pi}\sin^3\theta\mathrm{d}\theta\mathrm{d}\phi}=1.5\sin^2\theta \tag{3.40}$$

这个解和例3.3中得到的是完全一样的。

3.7.2 有限长偶极子

同样的过程也可以应用于有限长偶极子以确定远场和辐射方向图。然而，因为有限长偶极子可以被看作是许多无穷小偶极子的串联，所以我们可以使用叠加原理来确定场。叠加长度为$\mathrm{d}z'$的许多无穷小偶极子导致积分如下[1]：

$$E_\theta=\frac{\mathrm{j}k\eta\mathrm{e}^{-\mathrm{j}kr}}{4\pi r}\sin\theta\int_{-L/2}^{L/2}I(z')\mathrm{e}^{\mathrm{j}kz'\cos\theta}\mathrm{d}z' \tag{3.41}$$

因为偶极子是中心馈电的，电流必须在两端终止，偶极子电流的一个很好的近似值是正弦波（King[5]）。众所周知，具有开路端接的双引线传输线沿着导体产生正弦波驻波。如果导线的末端弯曲，从而形成偶极子，则电流仍可以近似为分段正弦曲线。图3.17a显示了带正弦电流的双引线传输线。图3.17b显示了带有正弦电流的双引线传输线，该传输线终止于偶极子。偶极子电流可以看作是现有传输线电流的延伸。

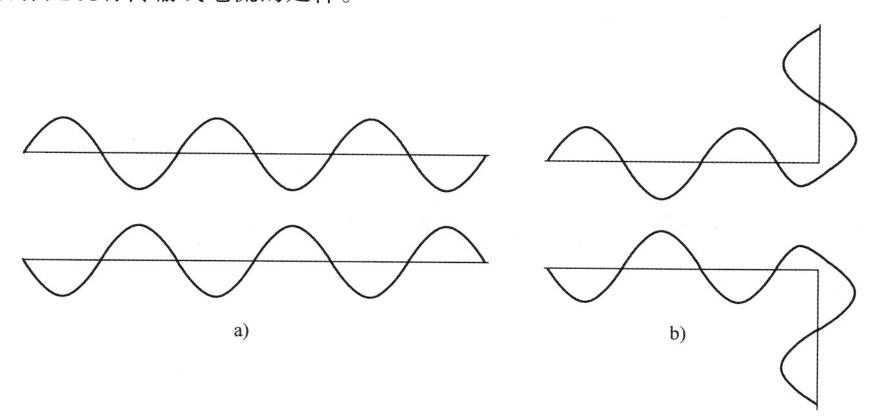

图3.17　传输线和偶极子上的驻波

由于正弦电流与线性天线上的电流很接近，因此我们可以修改式（3.41）[1,3]中的电流解析表达式为

$$I(z')=\begin{cases}I_0\sin\left[k\left(\frac{L}{2}-z'\right)\right],0\leqslant z'\leqslant L/2\\ I_0\sin\left[k\left(\frac{L}{2}-z'\right)\right],-L/2\leqslant z'\leqslant 0\end{cases} \tag{3.42}$$

通过将式（3.42）代入式（3.41），我们可以求解近似电远场，即

$$E_\theta=\frac{\mathrm{j}\eta I_0\mathrm{e}^{-\mathrm{j}kr}}{2\pi r}\left[\frac{\cos\left(\frac{kL}{2}\cos\theta\right)-\cos\left(\frac{kL}{2}\right)}{\sin\theta}\right] \tag{3.43}$$

磁场可以很容易地得到

$$H_{\phi}=\frac{\mathrm{j}I_{0}\mathrm{e}^{-\mathrm{j}kr}}{2\pi r}\left[\frac{\cos\left(\frac{kL}{2}\cos\theta\right)-\cos\left(\frac{kL}{2}\right)}{\sin\theta}\right]\tag{3.44}$$

1. 功率密度和辐射强度

我们可以再次计算远场功率密度和辐射强度为

$$W_{r}(\theta,\phi)=\frac{1}{2\eta}|E_{\theta}|^{2}=\frac{\eta}{8}\left|\frac{I_{0}}{\pi r}\right|^{2}\left[\frac{\cos\left(\frac{kL}{2}\cos\theta\right)-\cos\left(\frac{kL}{2}\right)}{\sin\theta}\right]^{2}\tag{3.45}$$

$$U(\theta)=\frac{\eta}{8}\left|\frac{I_{0}}{\pi r}\right|^{2}\left[\frac{\cos\left(\frac{kL}{2}\cos\theta\right)-\cos\left(\frac{kL}{2}\right)}{\sin\theta}\right]^{2}\tag{3.46}$$

图 3.18 示出了式（3.46）给出的归一化三维辐射强度的曲线图，$\frac{L}{\lambda}=0.5$、1、1.5。可以看出，随着偶极子长度的增加，主瓣变窄。然而，在$\frac{L}{\lambda}=1.5$ 的情况下，主瓣不再垂直于偶极子轴。一般偶极子被设计为长度 $L=\lambda/2$。

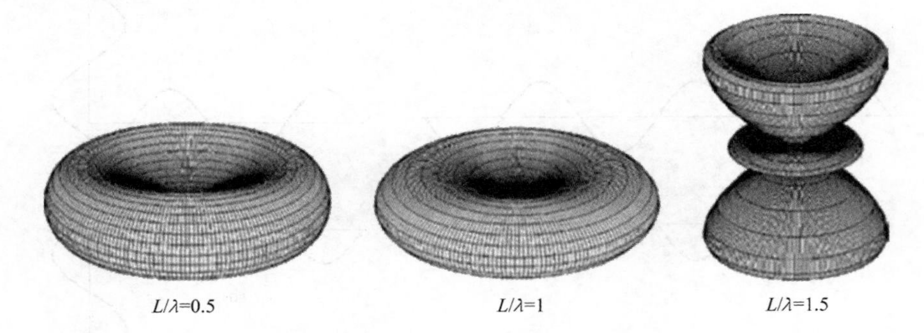

图 3.18　有限长偶极子辐射强度

2. 方向性

有限长偶极子的方向性由式（3.46）代入式（3.16）得到

$$D(\theta)=\frac{4\pi\left[\frac{\cos\left(\pi\frac{L}{\lambda}\cos\theta\right)-\cos\left(\pi\frac{L}{\lambda}\right)}{\sin\theta}\right]^{2}}{\int_{0}^{2\pi}\int_{0}^{\pi}\left[\frac{\cos\left(\pi\frac{L}{\lambda}\cos\theta\right)-\cos\left(\pi\frac{L}{\lambda}\right)}{\sin\theta}\right]^{2}\sin\theta\mathrm{d}\theta\mathrm{d}\phi}\tag{3.47}$$

式中，L/λ 是以波长为单位的长度。

当分子在其最大值时，得到最大方向性。我们可以绘制有限长偶极子最大方向性（D_{0}）与以波长为单位的长度 L 的关系曲线，如图 3.19 所示。

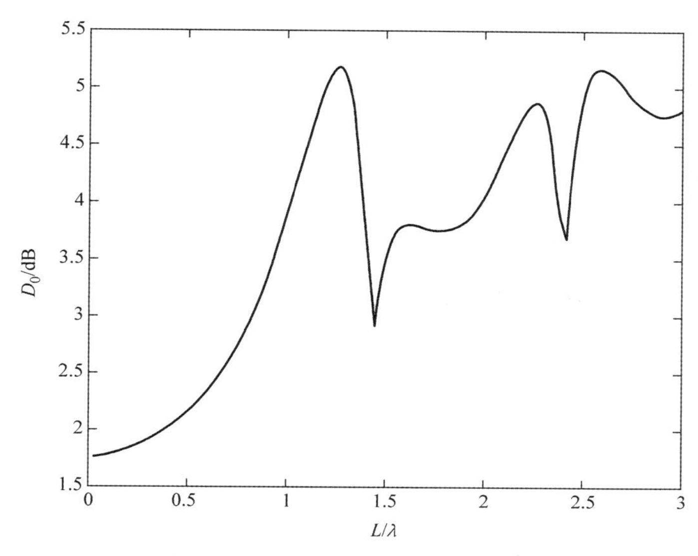

图3.19　有限长偶极子的最大方向性

3.8　环形天线

除了得到线性天线辐射的场外，计算环形天线辐射的场也具有指导意义。线性天线和环形天线都构成了众多天线问题的主干，两种形式的天线都为通用天线的行为提供重要依据。

3.8.1　恒定相量电流环路

图3.20显示了半径为 a 的环形天线，以 z 轴为中心，位于 $x-y$ 平面内。环路电流I_0 在方向 $\hat{\phi}'$上流动。

假设远场条件 $a \ll r$。我们可以假设$\bar{r}$和$\bar{R}$大致相互平行。现在可以更容易地确定矢量 $\bar{R}$。我们可以定义以下变量：

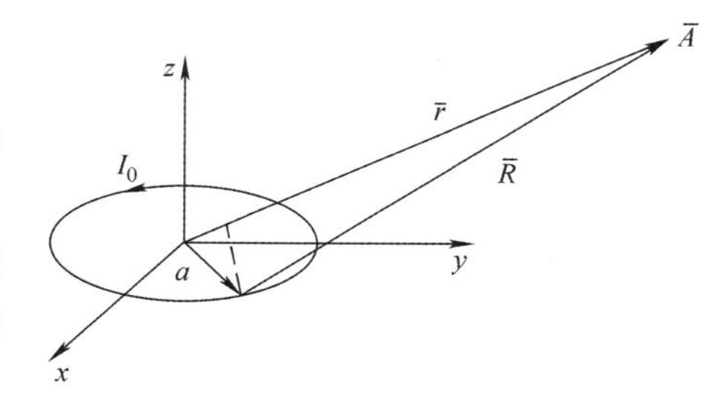

图3.20　小环形天线

$$\bar{r}=r\sin\theta\cos\phi\,\hat{x}+\sin\theta\sin\phi\,\hat{y}+\cos\theta\,\hat{z} \tag{3.48}$$

$$\bar{r}'=a\cos\phi'\hat{x}+a\sin\phi'\hat{y} \tag{3.49}$$

$$R\approx r-\bar{r}'\cdot\hat{r}=r-a\sin\theta\cos(\phi-\phi') \tag{3.50}$$

矢势可以由式（3.27）的积分给出，即

$$\bar{A}=\frac{\mu_0}{4\pi}\int_0^{2\pi}I_0\hat{\phi}'\frac{e^{-jkR}}{R}a\mathrm{d}\phi' \tag{3.51}$$

式中，$\hat{\phi}'$是在源坐标中的电流方向。它可以通过以下关系转换为场坐标，即

$$\hat{\phi}'=\cos(\phi-\phi')\hat{\phi}+\sin(\phi-\phi')\hat{\rho} \tag{3.52}$$

我们可以有把握地用 $R\approx r$ 来近似式（3.51）的分母项，而不会明显影响结果。然而，指数项必须保留相位信息，因此我们使用式（3.50）中定义的 R。将式（3.52）和式（3.50）代入

式（3.51），得到

$$\bar{A} = \frac{a\mu_0}{4\pi}\int_0^{2\pi} I_0(\cos(\phi - \phi')\,\hat{\phi} + \sin(\phi - \phi')\,\hat{\rho})\,\frac{\mathrm{e}^{-\mathrm{j}k(r - a\sin\theta\cos(\phi-\phi'))}}{r}\mathrm{d}\phi' \tag{3.53}$$

由于环路是对称的，无论选择哪个 ϕ 值，都会得到相同的解。为了简化的目的，让我们选择 $\phi=0$。另外，因为$\hat{\rho}$具有奇异对称性，所以$\hat{\rho}$被积分为0。因此，式（3.53）简化为

$$\bar{A} = \frac{a\mu_0 I_0\,\hat{\phi}}{4\pi}\,\frac{\mathrm{e}^{-\mathrm{j}kr}}{r}\int_0^{2\pi}\cos\phi'\,\mathrm{e}^{\mathrm{j}ka\sin\theta\cos\phi'}\,\mathrm{d}\phi' \tag{3.54}$$

式（3.54）可以以封闭形式求解，积分解可以在 Gradshteyn 和 Ryzhik[6] 中找到。矢势被给定为

$$\bar{A} = \frac{\mathrm{j}a\mu_0 I_0\,\hat{\phi}}{4\pi}\,\frac{\mathrm{e}^{-\mathrm{j}kr}}{r}J_1(ka\sin\theta) \tag{3.55}$$

式中，J_1 是第1类1阶贝塞尔函数。电场和磁场强度可以从式（3.26）和式（3.27）中找到。

$$E_\phi = \frac{ak\eta I_0}{2}\,\frac{\mathrm{e}^{-\mathrm{j}kr}}{r}J_1(ka\sin\theta) \tag{3.56}$$

式中，$E_r \approx 0$ 和 $E_\theta \approx 0$。

$$H_\theta = -\frac{E_\phi}{\eta} = -\frac{ak I_0}{2}\,\frac{\mathrm{e}^{-\mathrm{j}kr}}{r}J_1\ (ka\sin\theta) \tag{3.57}$$

式中，H_r和 $H_\phi \approx 0$。

1. 功率密度和辐射强度

功率密度和辐射强度可以很容易地得到：

$$W_r(\theta,\phi) = \frac{1}{2\eta}|E_\phi|^2 = \frac{\eta}{8}\left(\frac{2\pi a}{\lambda}\right)^2\frac{|I_0|^2}{r^2}J_1^2(ka\sin\theta) \tag{3.58}$$

$$U(\theta,\phi) = = \frac{\eta}{8}\left(\frac{2\pi a}{\lambda}\right)^2|I_0|^2 J_1^2(ka\sin\theta) \tag{3.59}$$

变量 ka 也可以写成$\frac{2\pi a}{\lambda}=\frac{C}{\lambda}$，式中，$C$ 是环路的周长。图3.21示出了式（3.59）给出的归一化辐射强度的曲线图，$\frac{C}{\lambda}=0.5$、1.25、3。辐射强度叠加在直角坐标系上。

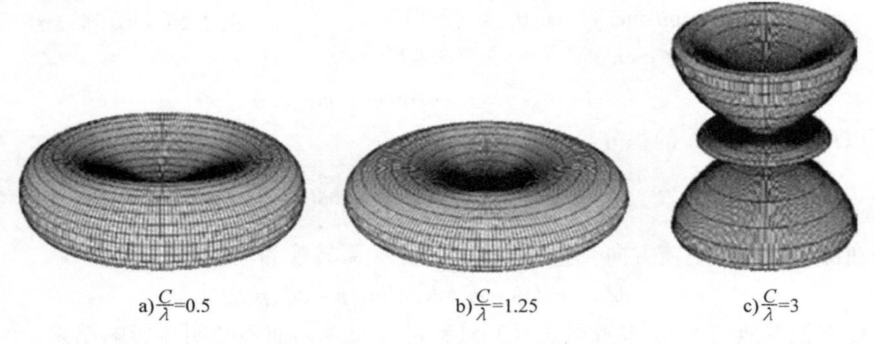

a) $\frac{C}{\lambda}=0.5$　　b) $\frac{C}{\lambda}=1.25$　　c) $\frac{C}{\lambda}=3$

图3.21　环路辐射强度

2. 方向性

恒定相量电流环路的方向性可以由式（3.16）给出。我们可以将式（3.59）代入式（3.16）得到

$$D(\theta)=\frac{4\pi J_1^2(ka\sin\theta)}{\int_0^{2\pi}\int_0^{\pi}J_1^2(ka\sin\theta)\sin\theta\mathrm{d}\theta\mathrm{d}\phi}=\frac{2J_1^2\left(\frac{C}{\lambda}\sin\theta\right)}{\int_0^{2\pi}J_1^2\left(\frac{C}{\lambda}\sin\theta\right)\sin\theta\mathrm{d}\theta}\tag{3.60}$$

式中，$C=2\pi a$ 为环路周长。

当分子为最大时，得到最大方向性D_0。当贝塞尔函数最大时，分子最大。对于$\frac{C}{\lambda}>1.84$，贝塞尔函数最大值始终为0.582。对于$\frac{C}{\lambda}>1.84$，最大值给定为$2J_1^2\left(\frac{C}{\lambda}\right)$。我们可以将环路的最大方向性与以波长为单位的周长 C 作图，得到图 3.22。

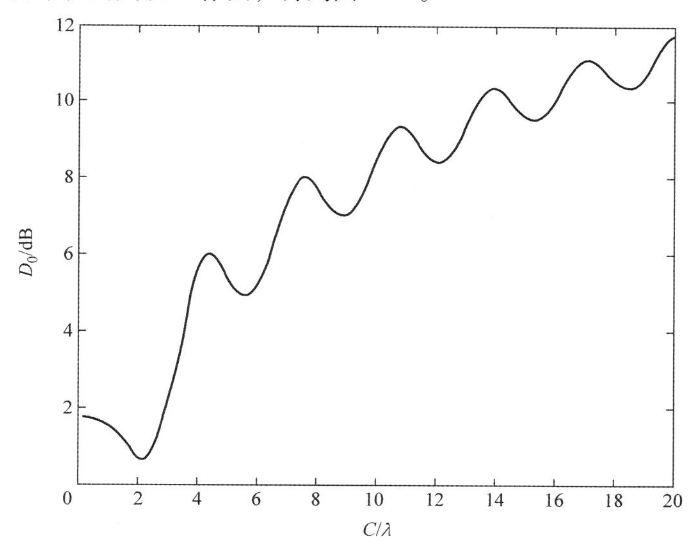

图 3.22　圆环的最大方向性

3.9　参考文献

1. Balanis, C., *Antenna Theory Analysis and Design*, 2d ed., Wiley, New York, 1997.
2. Kraus, J., and R. Marhefka, *Antennas for All Applications*, 3d ed., McGraw-Hill, New York, 2002.
3. Stutzman, W. L., and G. A. Thiele, *Antenna Theory and Design*, Wiley, New York, 1981.
4. Haykin, S., *Communication Systems*, Wiley, New York, 2001, p. 723.
5. King, R. W. P., “The Linear Antenna—Eighty Years of Progress,” *Proceedings of the IEEE*, Vol. 55, pp. 2–16, Jan. 1967.
6. Gradshteyn, I. S., and I. M. Ryzhik, *Table of Integrals, Series, and Products*, Academic Press, New York, 1980.

3.10 习题

1. 对于自由空间的一个天线，给出由以下公式表示的电场强度。

$$\overline{E}_s = \frac{4\cos\theta}{r} e^{-jkr} \hat{\theta} \quad \text{V/m}$$

（a）平均功率密度是多少？

（b）辐射强度是多少？

（c）从天线辐射出的总功率是多少？

（d）使用 MATLAB 绘制归一化的功率方向图。

2. 使用例 3.4 给出的帮助，使用 MATLAB 绘制 $-90° < \theta < 90°$ 的以下功率方向图。

（a）$\cos^4(\theta)$

（b）$\sin^2(\theta)$

（c）$\sin^4(\theta)$

3. 习题 2 中的功率方向图的 3dB 波束宽度是多少？

4. 使用 MATLAB 绘制 $\phi = 0°$ 时的仰角平面极坐标方向图和 $\theta = 90°$ 时的方位平面极坐标方向图。这两个方向图的天线瞄准线方向是怎样的？绘制 $0° < \theta < 180°$ 的第一个方向图和 $-90° < \phi < 90°$ 的第二个方向图。

（a）$U(\theta,\phi) = \sin^2(\theta)\cos^2(\phi)$

（b）$U(\theta,\phi) = \sin^6(\theta)\cos^6(\phi)$

5. 计算下列辐射强度的最大方向性：

（a）$U(\theta,\phi) = 4\cos^2(\theta)$

（b）$U(\theta,\phi) = 2\sin^4(\theta)$

（c）$U(\theta,\phi) = 2\sin^2(\theta)\cos^2(\phi)$

（d）$U(\theta,\phi) = 6\sin^2(2\theta)$

6. 使用式（3.19），为下列辐射强度找到波束立体角：

（a）$U(\theta,\phi) = 2\cos^2(\theta)$

（b）$U(\theta,\phi) = 4\sin^2(\theta)\cos^2(\phi)$

（c）$U(\theta,\phi) = 4\cos^4(\theta)$

7. 如果发射功率 $P_1 = 5\text{kW}$，计算天线 2 的接收功率 P_2。发射机增益为 $G_1(\theta_1, \phi_1) = 4\sin^4(\theta_1)$，接收机增益为 $G_2(\theta_2, \phi_2) = 2\sin^2(\theta_2)$。工作频率为 10GHz。使用图 3.23 来解决这个问题。$y-z$ 平面和 $y'-z'$ 平面是共面的。

8. 使用 MATLAB 对有限长度的偶极子在一个极坐标图中创建 3 条归一化曲线，其中，$\frac{L}{\lambda} = 0.5$、1、1.5。绘制之前归一化每条曲线。可以使用“hold on”命令覆盖同一幅图中的曲线。

9. 对于长度为 $\frac{L}{\lambda} = 1.25$ 的有限长偶极子，以 dB 为单位的最大方向性是多少？

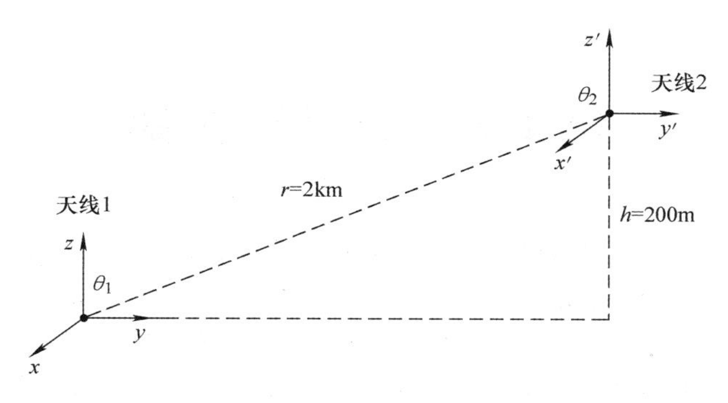

图 3.23　距离为 r 的两个天线

10. 使用 MATLAB 为环形天线在一个极坐标图中创建 3 条归一化曲线，其中，$\frac{C}{\lambda}=0.5$、1.25、3。在绘图之前对每条曲线进行归一化。可以使用“hold on”命令覆盖同一幅图中的曲线。

11. 环形天线的以 dB 为单位的最大方向性是多少？其以波长为单位的周长是$\frac{C}{\lambda}=10$。

第4章　阵列基础

智能天线由2个以上的天线组成，在电磁场环境下，协同形成一个独特的辐射方向图。天线阵元之间通过相位加权而协同工作，这种加权可以是通过硬件实现，也可以是数字的实现。在第3章中，我们考虑了单独的天线阵元，如偶极子或者环。本章我们来了解广义的天线的组合。这些组合可以包含偶极子或者环形天线，但不局限于特殊的天线阵元。我们会发现，天线阵列的行为会超越所使用的特定的天线阵元，这方面有价值的参考文献包括参考文献［1－3］。更深入的相位阵列方面的参考文献有参考文献［4，5］。天线阵列可以假设任何几何结构，典型的天线阵列几何结构包括线阵、环阵、面阵和共形天线阵。关于线阵的详细描述可以见参考文献［6，7］。

4.1　线阵

最简单的阵列就是线阵，所有的阵元都排列在一条直线上，通常具有均匀的阵元间距。线阵分析起来最简单，通过其行为可以得到很多有价值的见解。最小长度的线阵就是二元阵列。

4.1.1　二元阵列

最简单和最基础的阵列就是二元阵列，它可以揭示与更大阵列相似的一般特征，所以它是了解相邻阵元间的相位关系的基础。图4.1是一个垂直极化的两个无穷小偶极子，排列在 y 轴上，间距为 d。信号观测点在距离天线为 r 的地方，$r \gg d$。所以，可以假设向量 $\bar{r}_1$、$\bar{r}$ 和 $\bar{r}_2$ 近似平行。因此，我们可以做如下近似：

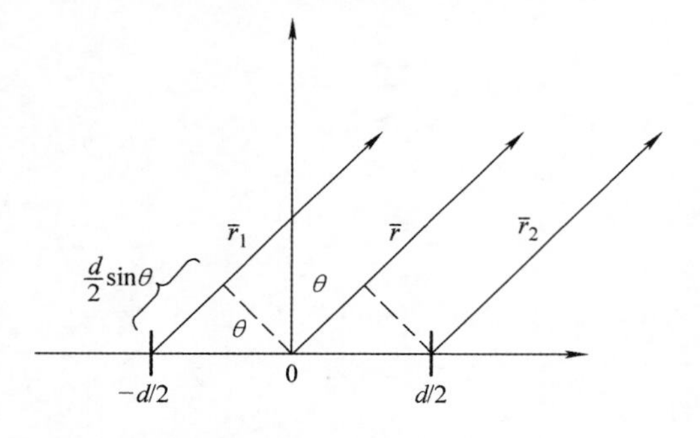

图4.1　两个无穷小偶极子

$$r_1 \approx r + \frac{d}{2}\sin\theta \tag{4.1}$$

$$r_2 \approx r - \frac{d}{2}\sin\theta \tag{4.2}$$

此外，假设阵元1上的电相位是 $-\delta/2$，那么在阵元1上的相位为 $I_0 e^{-j\frac{\delta}{2}}$；阵元2上的电相位是 $\delta/2$，那么在阵元2上的相位为 $I_0 e^{j\frac{\delta}{2}}$。通过在这两个偶极子阵元上的叠加，我们可以得到远场的电磁场强度。假设 $r_1 \approx r_2 \approx r$，利用式（3.36）、式（4.1）和式（4.2），我们可以得到总电场强度为

$$E_\theta = \frac{jk\eta I_0 e^{-j\frac{\delta}{2}} L\sin\theta}{4\pi r_1} e^{-jkr_1} + \frac{jk\eta I_0 e^{j\frac{\delta}{2}} L\sin\theta}{4\pi r_2} e^{-jkr_2}$$

$$=\frac{\mathrm{j}k\eta I_0 L\sin\theta}{4\pi r}\mathrm{e}^{-\mathrm{j}kr}\left[\mathrm{e}^{-\mathrm{j}\frac{(kd\sin\theta+\delta)}{2}}+\mathrm{e}^{\mathrm{j}\frac{(kd\sin\theta+\delta)}{2}}\right] \tag{4.3}$$

式中，δ 是相邻两个阵元的电相位差；L 是偶极子的长度；θ 是球面坐标中偏离 z 轴的角度；d 是阵元间距。我们可以进一步简化式（4.3）为

$$E_\theta=\underbrace{\frac{\mathrm{j}k\eta I_0 L\mathrm{e}^{-\mathrm{j}kr}}{4\pi r}\sin\theta}_{\text{阵元因子}}\cdot\underbrace{\left(2\cos\left(\frac{(kd\sin\theta+\delta)}{2}\right)\right)}_{\text{阵列因子}} \tag{4.4}$$

式中，阵元因子是一个偶极子的远场公式，而阵列因子是阵列几何特征相关的天线方向图函数。具有相同阵元的阵列的远场强度可以分解为阵元因子（EF）和阵列因子（AF）的乘积，也就是天线方向图乘以阵列方向图。这样，任何天线阵列的方向图都可以由（EF）×（AF）得到。AF由天线阵列的阵元几何结构、阵元间距和每个阵元上的电相位确定。归一化的辐射强度可以将式（4.4）代入式（3.13）得到

$$\begin{aligned}U_n(\theta)&=(\sin\theta)^2\cdot\left[\cos\left(\frac{kd\sin\theta+\delta}{2}\right)\right]^2\\&=(\sin\theta)^2\cdot\left[\cos\left(\frac{\pi d}{\lambda}\sin\theta+\frac{\delta}{2}\right)\right]^2\end{aligned} \tag{4.5}$$

以 $d/\lambda=0.5$ 和 $\delta=0$ 为例，我们来演示一下方向图的乘积。图4.2a是偶极子天线的方向图，图4.2b是阵列因子的方向图，图4.2c是两个方向图的乘积。

二元阵列演示的最重要的原理就是阵元因子可以和阵列因子分离。只要所有元素都相同，就可以为任何阵列计算阵列因子，而不管所选的各个天线阵元如何。因此，它更容易地分析各向同性阵元的阵列。当通用阵列设计完成时，可以通过插入所需的特定天线阵元来实现设计。那些天线阵元可以包括但不限于偶极子、环路、喇叭、波导孔径和贴片天线。阵列辐射的更精确表示必须包括相邻天线之间的耦合效应，但是这个话题超出了本书的范围，读者可以参考 Balanis 的文章[6]获得更多关于阵元间耦合的信息。

4.1.2 均匀 N 元线阵

更一般的线阵是 N 元阵列。为了简化的目的，我们假定所有阵元均等间隔且具有相等的幅度。稍后我们可以允许天线阵元具有任意的幅度。图4.3示出了各向同性的辐射天线阵元组成的 N 元线阵。假定第 n 个阵元相对于（$n-1$）阵元有 δ rad 的电相移。这个相移可以通过改变每个阵元的天线电流的相位很容易地实现。

假设远场条件成立，$r>>d$，我们可以推导阵列因子如下：

$$\mathrm{AF}=1+\mathrm{e}^{\mathrm{j}(kd\sin\theta+\delta)}+\mathrm{e}^{\mathrm{j}2(kd\sin\theta+\delta)}+\cdots+\mathrm{e}^{\mathrm{j}(N-1)(kd\sin\theta+\delta)} \tag{4.6}$$

式中，δ 是各阵元之间的相移。

这个序列可以更精确地表示为

$$\mathrm{AF}=\sum_{n=1}^{N}\mathrm{e}^{\mathrm{j}(n-1)(kd\sin\theta+\delta)}=\sum_{n=1}^{N}\mathrm{e}^{\mathrm{j}(n-1)\psi} \tag{4.7}$$

式中，$\psi=kd\sin\theta+\delta$。

应当注意的是，如果该阵列沿 z 轴对准，$\psi=kd\cos\theta+\delta$。由于每个各向同性阵元具有单位幅

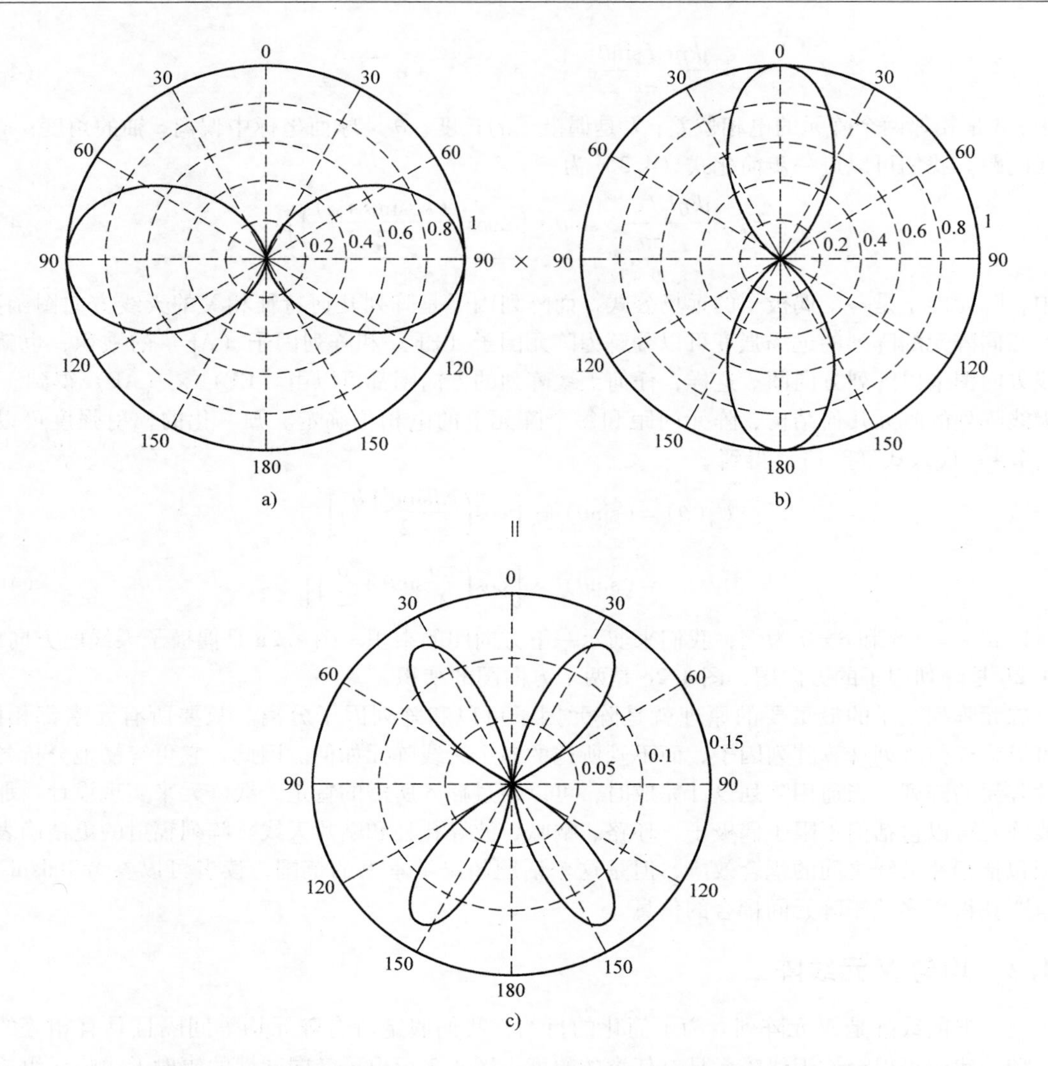

图4.2　a）偶极子方向图　b）阵列因子方向图　c）总的方向图

度，因此该阵列的整个行为取决于阵元之间的相位关系。相位与以波长为单位的阵元间距成正比。

阵列处理和阵列波束赋形的教科书采取了另一种方法来表达式（4.7）。让我们首先定义阵列向量，即

$$\bar{a}(\theta)=\begin{bmatrix}1\\ e^{j(kd\sin\theta+\delta)}\\ \vdots\\ e^{j(N-1)(kd\sin\theta+\delta)}\end{bmatrix}=\left[1\quad e^{j(kd\sin\theta+\delta)}\quad\cdots\quad e^{j(N-1)(kd\sin\theta+\delta)}\right]^{T}\tag{4.8}$$

式中，$[\ ]^{T}$ 表示括号内向量的转置。

所述向量 $\bar{a}(\theta)$ 是范德蒙德向量，因为它具有形式 $[1 \quad z \quad \cdots \quad z^{(N-1)}]$。在文献中，阵列向量也被称为阵列导向向量[2]、阵列传播向量[8,9]、阵列响应向量[10]和阵列流形向量[3]。为简单起见，我们称之为阵列向量。因此，式（4.7）中的阵列因子可以另外表示为阵列向量的各元素的总和，即

$$\mathrm{AF} = \mathrm{sum}(\bar{a}(\theta)) \tag{4.9}$$

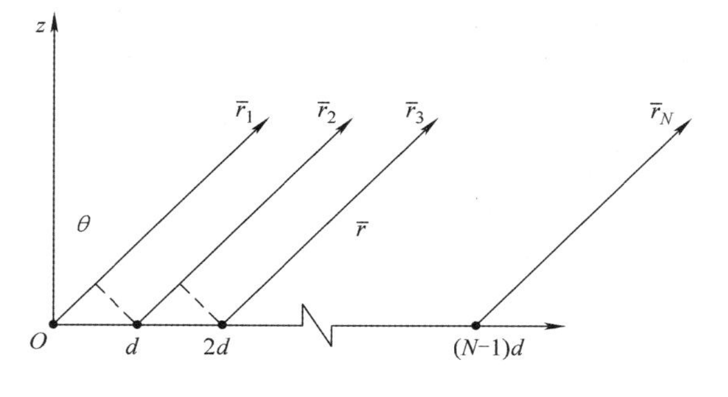

图 4.3　N 元线阵

式（4.8）中的向量符号的效用更容易在第 7 章和第 8 章研究到达角估计和智能天线时看到，在我们目前的讨论中，使用式（4.7）的符号就足够了。我们可以通过在两侧乘以 $e^{j\psi}$ 来简化式（4.6）为

$$e^{j\psi}\mathrm{AF} = e^{j\psi} + e^{j2\psi} + \cdots + e^{jN\psi} \tag{4.10}$$

从式（4.10）中减去式（4.6），可以得到

$$(e^{j\psi} - 1)\mathrm{AF} = (e^{jN\psi} - 1) \tag{4.11}$$

则阵列因子可以改写为

$$\mathrm{AF} = \frac{(e^{jN\psi} - 1)}{(e^{j\psi} - 1)} = \frac{e^{j\frac{N}{2}\psi}(e^{j\frac{N}{2}\psi} - e^{-j\frac{N}{2}\psi})}{e^{j\frac{\psi}{2}}(e^{j\frac{\psi}{2}} - e^{-j\frac{\psi}{2}})}$$

$$= e^{j\frac{(N-1)}{2}\psi}\frac{\sin\left(\frac{N}{2}\psi\right)}{\sin\left(\frac{\psi}{2}\right)} \tag{4.12}$$

式中，$e^{j\frac{(N-1)}{2}\psi}$ 解释了阵列的物理中心位于（$N-1$）$d/2$ 的事实。这个阵列中心在阵列因子中产生的相移为（$N-1$）$\psi/2$。如果阵列以原点为中心，则物理中心位于 0 处，式（4.12）可以简化为

$$\mathrm{AF} = \frac{\sin\left(\frac{N}{2}\psi\right)}{\sin\left(\frac{\psi}{2}\right)} \tag{4.13}$$

AF 的最大值是当自变量 $\psi = 0$ 时。在这种情况下，$\mathrm{AF} = N$ 是非常明显的，因为 N 个元素的数组在单个元素上应该有 N 的增益。我们可以归一化 AF 并重新表达为

$$\mathrm{AF}_n = \frac{1}{N}\frac{\sin\left(\frac{N}{2}\psi\right)}{\sin\left(\frac{\psi}{2}\right)} \tag{4.14}$$

在自变量 $\psi/2$ 非常小的情况下，我们可以调用 $\sin(\psi/2)$ 项的小自变量近似来产生近似值。

$$\mathrm{AF}_n \approx \frac{\sin\left(\frac{N}{2}\psi\right)}{\frac{N}{2}\psi} \tag{4.15}$$

应当指出的是，式（4.15）的阵列因子采用 $\sin(x)/x$ 函数的形式。这是因为均匀阵列本身

呈现出有限的采样矩形窗口，通过该窗口来辐射或接收信号。矩形窗口的空间傅里叶变换产生 $\sin(x)/x$ 函数。在参考文献［6］中解释了天线阵列与其辐射方向图之间的傅里叶变换关系。现在让我们来确定阵列因子的零点、最大值和主瓣波束宽度。

1. 零点

从式（4.15）可以看出，当分子参数 $N\psi/2=\pm n\pi$ 时发生阵列零点。因此，阵列因子零点产生的条件是

$$\frac{N}{2}(kd\sin\theta_{\text{null}}+\delta)=\pm n\pi$$

或者

$$\theta_{\text{null}}=\arcsin\left(\frac{1}{kd}\left(\pm\frac{2n\pi}{N}-\delta\right)\right)\quad n=1,2,3,\cdots \tag{4.16}$$

因为 $\sin(\theta_{\text{null}})\leqslant1$，对于实际的角度，式（4.16）中的参数必须 $\leqslant1$。因此，只有有限的 n 个值满足等式。

例 4.1 找出一个 $N=4$ 元阵列的所有零点，其中 $d=0.5\lambda$ 和 $\delta=0$。

解：将 N、d 和 δ 代入式（4.16），得

$$\theta_{\text{null}}=\arcsin\left(\pm\frac{n}{2}\right)$$

因此，$\theta_{\text{null}}=\pm30°$，$\pm90°$。

2. 最大值

式（4.15）中的主瓣最大值发生在当分母项 $\frac{\psi}{2}=0$ 时。因此，

$$\theta_{\max}=-\arcsin\left(\frac{\delta\lambda}{2\pi d}\right) \tag{4.17}$$

旁瓣最大值大约发生在当分子是最大值时，也就是分子参数 $N\psi/2=\pm(2n+1)\pi/2$ 时。因此，

$$\theta_s=\arcsin\left(\frac{1}{kd}\left(\pm\frac{(2n+1)\pi}{N}-\delta\right)\right)=\pm\frac{\pi}{2}+\arccos\left(\frac{1}{kd}\left(\pm\frac{(2n+1)\pi}{N}-\delta\right)\right) \tag{4.18}$$

例 4.2 计算主瓣的最大值和旁瓣最大值，其中 $N=4$，$d=0.5\lambda$，$\delta=0$。

解：利用式（4.17），可以发现主瓣最大值为 $\theta_{\max}=0$ 或 π · π 是一个有效的解，因为阵列因子是基于 $\theta=\pi/2$ 平面对称的。旁瓣最大值可以从式（4.18）找到，$\theta_s=\pm48.59°$，$\pm131.4°$。

3. 波束宽度

线阵的波束宽度取决于主瓣半功率点之间的角距离。主瓣最大值由式（4.17）给出。图 4.4 描述了一个典型的归一化阵列辐射图，其波束宽度如图所示。

当归一化阵列因子 $\mathrm{AF}_n=0.707(\mathrm{AF}_n^2=0.5)$ 时，我们得到两个半功率点（θ_+ 和 θ_-）。如果我们用式（4.15）给出的阵列逼近，我们可以简化波束宽度的计算。当 $x=\pm1.391$ 时，$\frac{\sin(x)}{x}=0.707$。因此，归一化阵列因子处于半功率点的条件是

$$\frac{N}{2}(kd\sin\theta_{\pm}+\delta)=\pm1.391 \tag{4.19}$$

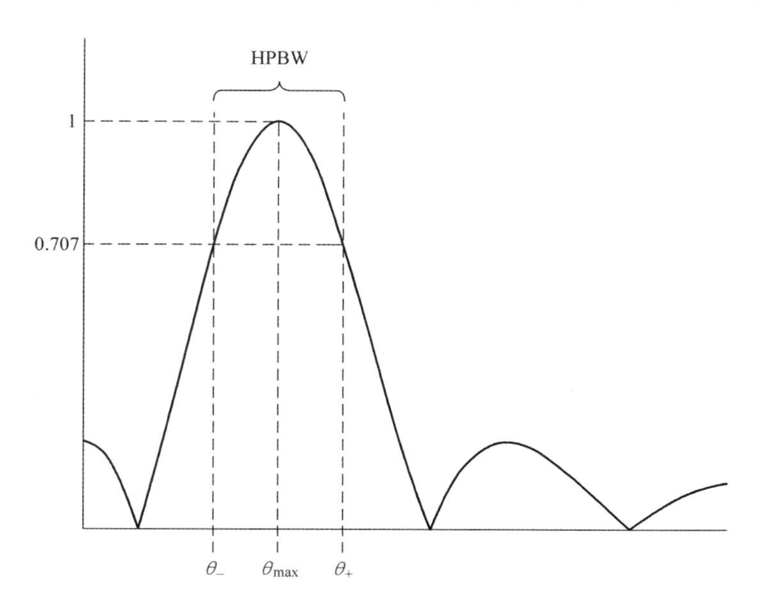

图 4.4　线阵的半功率波束宽度（HPBW）

我们得到

$$\theta_{\pm}=\arcsin\left(\frac{1}{kd}\left(\frac{\pm 2.782}{N}-\delta\right)\right) \tag{4.20}$$

很容易地，HPBW 是

$$\mathrm{HPBW}=|\theta_{+}-\theta_{-}| \tag{4.21}$$

对于大型阵列，波束宽度足够窄，使得 HPBW 可以近似为

$$\mathrm{HPBW}=2|\theta_{+}-\theta_{\max}|=2|\theta_{\max}-\theta_{-}| \tag{4.22}$$

$\theta_{\max}$由式（4.17）给出，$\theta_{\pm}$由式（4.20）给出。

例 4.3　对于 $\delta=-2.22$ 和 $d=0.5\lambda$ 四元线阵，HPBW 是多少？

解：首先，$\theta_{\max}$可以使用式（4.17）得到，因此，$\theta_{\max}=45°$。θ_{+}使用式（4.20）得到，因此，$\theta_{+}=68.13°$。然后用式（4.21）近似得到 HPBW $=46.26°$。

4. 边射线阵

线阵最常用的操作模式是边射模式。在 $\delta=0$ 的情况下，所有阵元电流同相。图 4.5 显示了阵元距离 $d/\lambda=0.25$、0.5 和 0.75 的四元阵列的 3 个极坐标图。

这个阵列被称为边射阵列，因为最大的辐射对于阵列几何体而言是阵列的法线方向。由于边射阵列关于 $\theta=\pm\pi/2$ 线对称，因此可以看到两个主瓣。随着阵元间距增加，阵列物理上更长，从而减小主瓣宽度。阵列辐射的一般规则是主瓣宽度与阵列长度成反比。

5. 端射阵列

端射线阵中的端射表示此阵列的最大辐射沿轴线方向。因此，最大辐射是阵列的“出端”。这种情况在 $\delta=-kd$ 时达到。图 4.6 示出了极坐标图的 3 个端射四元阵列，$d/\lambda=0.25$、0.5 和 0.75。

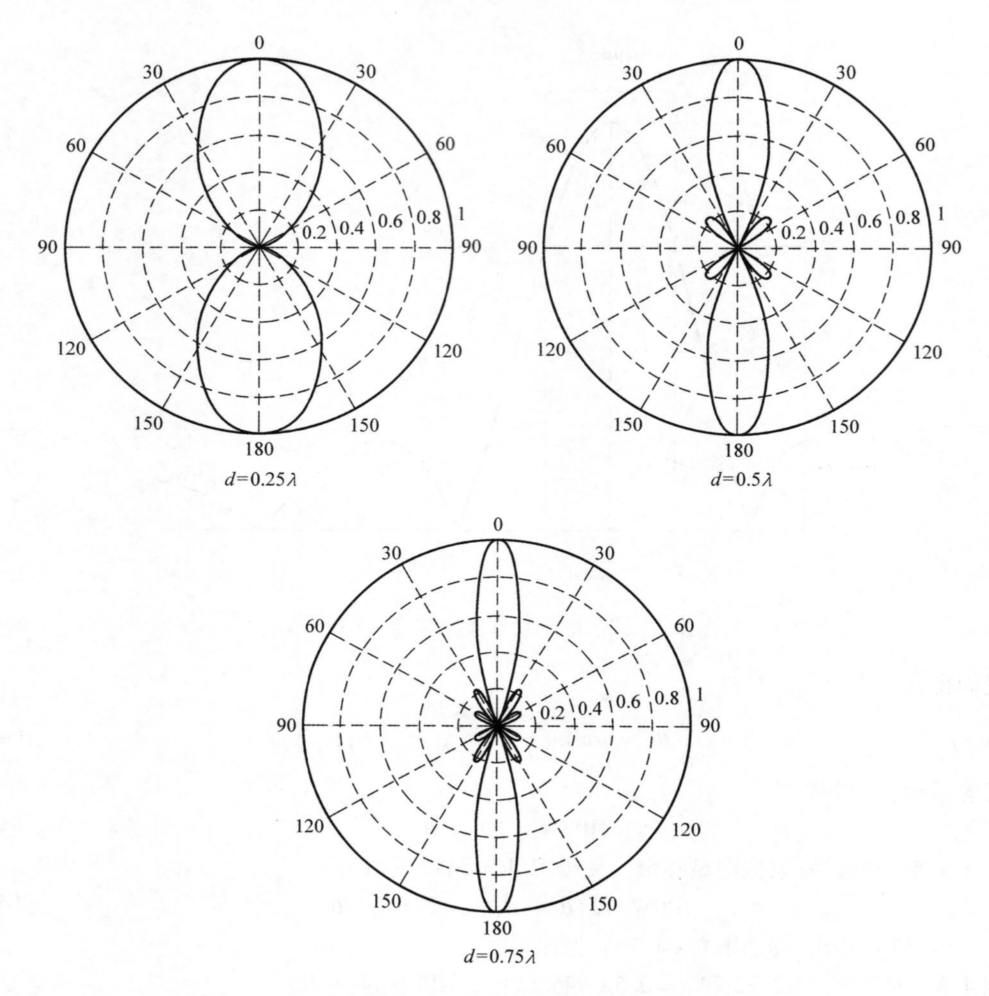

图 4.5 四元边射阵列，$\delta=0$，$d=0.25\lambda$、0.5λ 和 0.75λ

应该指出的是，普通情况下的主瓣宽度远大于边射阵列的主瓣宽度。因此，普通的端射阵列不能提供与边射阵列相同的波束宽度效率。这种情况下的波束宽度效率是相对于整个阵列长度可用的波束宽度。

Hansen 和 Woodyard[11]已经开发了一种增强的方向性端射阵列，其中相移被修改为 $\delta=-\left(kd+\frac{\pi}{N}\right)$，使得波束宽度和方向性得到显著改进。由于 Hansen 和 Woodyard 1938 年的论文通常不可获取，因此可以在参考文献［5］中找到详细的推导。

6. 波束导向线阵

波束导向线阵是指相移 δ 是变量的阵列，可允许主瓣指向任何感兴趣的方向。边射和端射条件是更广义的波束导向阵列的特例。通过定义相移 $\delta=-kd\sin\theta_0$ 可以满足波束导向条件。我们可以用这样的波束导向来重写阵列因子为

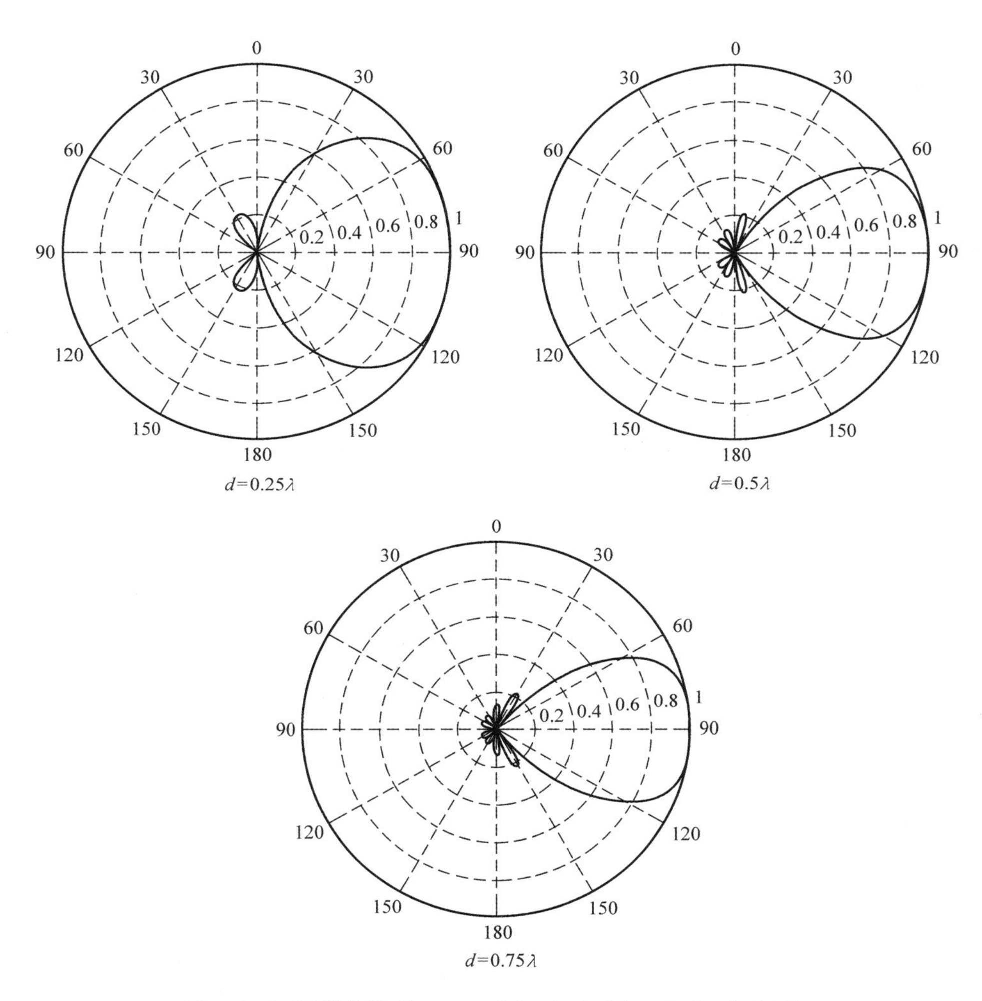

图 4.6　四元端射阵列，$\delta=-kd$，$d=0.25\lambda$、0.5λ 和 0.75λ

$$\mathrm{AF}_n=\frac{1}{N}\frac{\sin\left(\frac{Nkd}{2}(\sin\theta-\sin\theta_0)\right)}{\sin\left(\frac{kd}{2}(\sin\theta-\sin\theta_0)\right)} \tag{4.23}$$

图 4.7 显示了 $d/\lambda=0.5$ 和$\theta_0=20°$、40°和 60°的波束导向的八元阵列的极坐标图。由于阵列是对称的，所以主瓣在水平线的上下存在。

上述波束导向阵列的波束宽度可以通过使用式（4.20）和式（4.21）来确定：

$$\theta_{\pm}=\arcsin\left(\pm\frac{2.782}{Nkd}+\sin\theta_0\right) \tag{4.24}$$

式中，$\delta=-kd\sin\theta_0$；θ_0 为波束导向角。

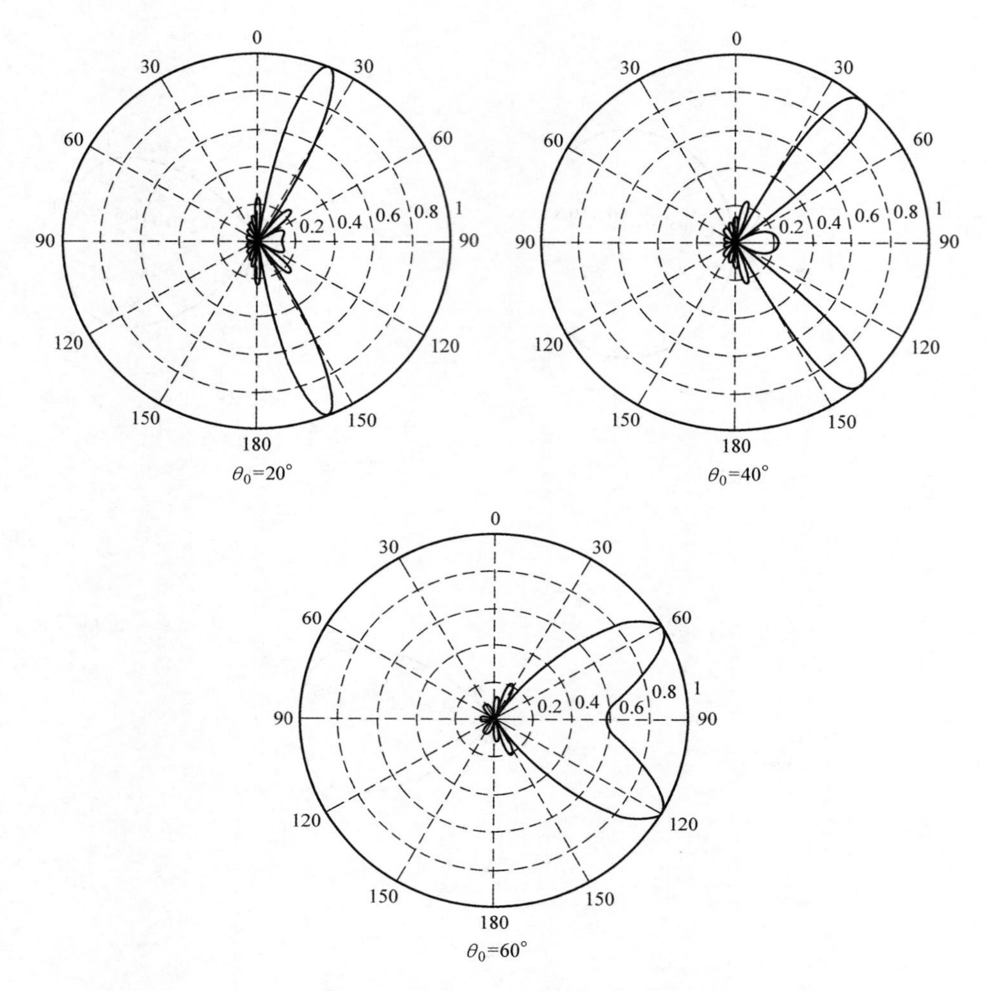

图 4.7　波束导向线阵，$\theta_0 = 45°$

波束导向阵列的波束宽度是

$$\mathrm{HPBW} = |\theta_+ - \theta_-| \tag{4.25}$$

对于 $N=6$ 的阵列，其中$\theta_0 = 45°$，$\theta_+ = 58.73°$，$\theta_- = 34.02°$。因此波束宽度可以计算为 HPBW = 24.71°。

4.1.3　均匀 N 元线阵方向性

天线方向性先前在式（3.16）中已经定义。方向性是衡量天线在某些方向上优先引导能量的能力。方向性公式重复如下：

$$D(\theta,\phi) = \frac{4\pi U(\theta,\phi)}{\int_0^{2\pi}\int_0^{\pi} U(\theta,\phi)\sin\theta \mathrm{d}\theta \mathrm{d}\phi} \tag{4.26}$$

我们先前对阵列因子的推导假定阵列沿水平轴对齐。该推导帮助我们将阵列性能相对于边射参考角度可视化。然而，水平阵列不能对称地适配到球面坐标。为了简化方向性的计算，我们让线阵沿 z 轴对齐，如图 4.8 所示。

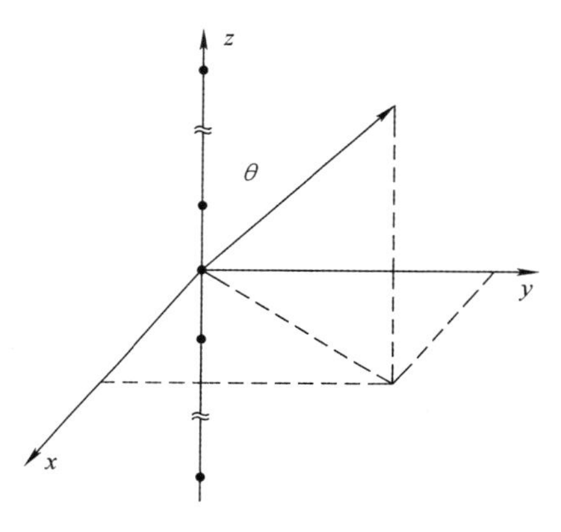

图 4.8 z 轴上的 N 元线阵

因为现在将阵列旋转 90°使其垂直，我们可以通过允许 $\psi = kd\cos\theta + \delta$ 来修改 AF。现在边射角是当 $\theta = 90°$ 时。由于阵列因子与信号电平成正比，而不是功率，所以我们必须对阵列因子进行 2 次方运算以产生阵列辐射强度 $U(\theta)$。我们现在将归一化近似的 $(\mathrm{AF}_n)^2$ 代入式 (4.26) 得

$$D(\theta) = \frac{4\pi\left(\dfrac{\sin\left(\dfrac{N}{2}(kd\cos\theta+\delta)\right)}{\dfrac{N}{2}(kd\cos\theta+\delta)}\right)^2}{\int_0^{2\pi}\int_0^{\pi}\left(\dfrac{\sin\left(\dfrac{N}{2}(kd\cos\theta+\delta)\right)}{\dfrac{N}{2}(kd\cos\theta+\delta)}\right)^2\sin\theta \mathrm{d}\theta \mathrm{d}\phi} \tag{4.27}$$

归一化的阵列因子的最大值为 1，因此最大方向性给出为

$$D_0 = \frac{4\pi}{\int_0^{2\pi}\int_0^{\pi}\left(\dfrac{\sin\left(\dfrac{N}{2}(kd\cos\theta+\delta)\right)}{\dfrac{N}{2}(kd\cos\theta+\delta)}\right)^2\sin\theta \mathrm{d}\theta \mathrm{d}\phi} \tag{4.28}$$

现在，求解最大方向性只是求解分母积分的问题，尽管积分本身并不是微不足道的。

1. 边射阵列最大方向性

如前所述，边射最大方向性要求 $\delta = 0$。我们可以通过对 ϕ 变量进行积分来简化方向性公式。因此，式 (4.28) 可以简化为

$$D_0 = \frac{2}{\int_0^{\pi}\left(\dfrac{\sin\left(\dfrac{N}{2}(kd\cos\theta)\right)}{\dfrac{N}{2}kd\cos\theta}\right)^2\sin\theta \mathrm{d}\theta} \tag{4.29}$$

我们可以定义变量 $x = \dfrac{N}{2}kd\cos\theta$，以及 $\mathrm{d}x = -\dfrac{N}{2}kd\sin\theta\mathrm{d}\theta$。将新变量 x 代入式 (4.29) 得到

$$D_0 = \frac{Nkd}{\int_{-Nkd/2}^{Nkd/2}\left(\dfrac{\sin(x)}{x}\right)^2\mathrm{d}x} \tag{4.30}$$

由于 $Nkd/2 >> \pi$，这些限制可以扩展到无穷大，而不会造成准确度的显著损失。积分解可以在积分表中查到。因此，

$$D_0 = 2N\frac{d}{\lambda} \tag{4.31}$$

2. 端射阵列最大方向性

当阵元之间的电相位为 $\delta = -kd$ 时，可实现端射辐射条件。这相当于将整个相位项写为 $\psi = kd(\cos\theta - 1)$。重写最大方向性，我们得到

$$D_0 = \frac{2}{\int_0^{\pi}\left(\frac{\sin\left(\frac{N}{2}kd(\cos\theta - 1)\right)}{\frac{N}{2}kd(\cos\theta - 1)}\right)^2 \sin\theta\mathrm{d}\theta} \tag{4.32}$$

我们可能会再次做出变量的改变，如 $x = \frac{N}{2}kd\ (\cos\theta - 1)$，则 $\mathrm{d}x = -\frac{N}{2}kd\sin\theta\mathrm{d}\theta$。将 x 代入式（4.32），我们有

$$D_0 = \frac{Nkd}{\int_0^{Nkd}\left(\frac{\sin(x)}{x}\right)^2 \mathrm{d}x} \tag{4.33}$$

由于 $Nkd/2 >> \pi$，上限可以扩展到无穷大，而不会造成精度的显著损失。因此，

$$D_0 = 4N\frac{d}{\lambda} \tag{4.34}$$

端射阵列具有边射阵列两倍的方向性，这是因为端射阵列只有一个主瓣，而边射阵列有两个对称的主瓣。

3. 波束导向阵列最大方向性

阵列方向性的最一般情况是通过以导向角 θ_0 定义阵元到阵元的相移 δ 来找到的。将 $\delta = -kd\cos\theta_0$ 代入式（4.27）得到

$$D(\theta,\theta_0) = \frac{4\pi\left(\frac{\sin\left(\frac{N}{2}(kd(\cos\theta - \cos\theta_0))\right)}{\frac{N}{2}(kd(\cos\theta - \cos\theta_0))}\right)^2}{\int_0^{2\pi}\int_0^{\pi}\left(\frac{\sin\left(\frac{N}{2}(kd(\cos\theta - \cos\theta_0))\right)}{\frac{N}{2}(kd(\cos\theta - \cos\theta_0))}\right)^2 \sin\theta\mathrm{d}\theta\mathrm{d}\phi} \tag{4.35}$$

使用 MATLAB 绘制几个不同导向角的线阵方向性与角度的关系图很有意义。我们预计在前面计算的端射阵列和边射阵列的最大方向性是更一般的式（4.35）图上的两点。允许 $N = 4$ 且 $d = 0.5\lambda$，方向性如图 4.9 所示。最大值稍高于式（4.31）和式（4.34）预测的值，因为没有近似值来简化积分限制。

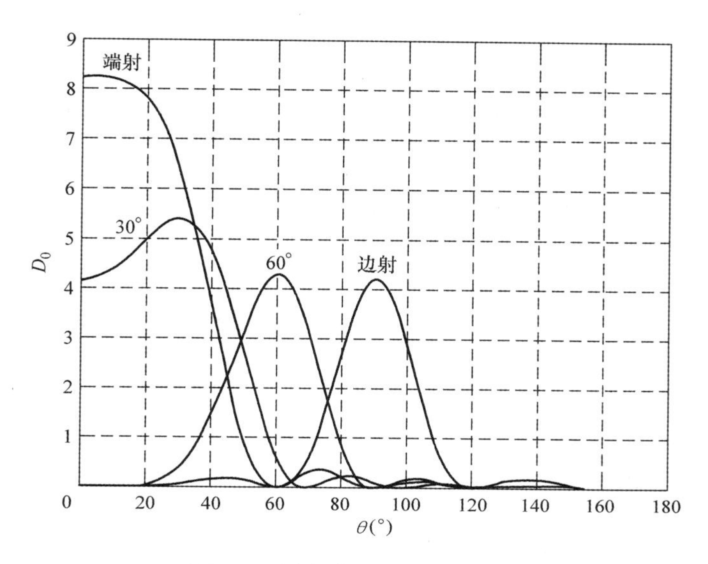

图4.9　导向阵列最大方向性图

4.2　阵列加权

先前的阵列因子推导假定所有各向同性元素都具有单位幅度。由于这个假设，AF 可以简化为一个简单的系列和简单的 $\sin(x)/x$ 近似。

从图4.5和图4.6明显可以看出，阵列因子有旁瓣。对于均匀加权的线阵，最大的旁瓣从峰值下降约24%。旁瓣的存在意味着该阵列在非预期的方向也辐射能量。另外，由于互易性，阵列从非预期方向也接收能量。在多径环境中，旁瓣可以从多个角度接收到相同的信号。这是通信经历衰落的基础。如果已知直接传输角度，最好将波束转向所需方向，并调整旁瓣以抑制不需要的信号。旁瓣可以通过对阵元进行加权、衰减或加窗限制来抑制。这些术语分别来自电磁学、水下声学和阵列信号处理领域。阵列单元权重在数字信号处理（DSP）、射电天文学、雷达、声呐和通信等领域具有众多应用。Harris[12] 和 Nuttall[13] 撰写了两篇关于阵列权重的优秀的基础性文章。图4.10显示了一个具有偶数个阵元 N 的对称线阵。该阵列用权重对称加权，如下所示：

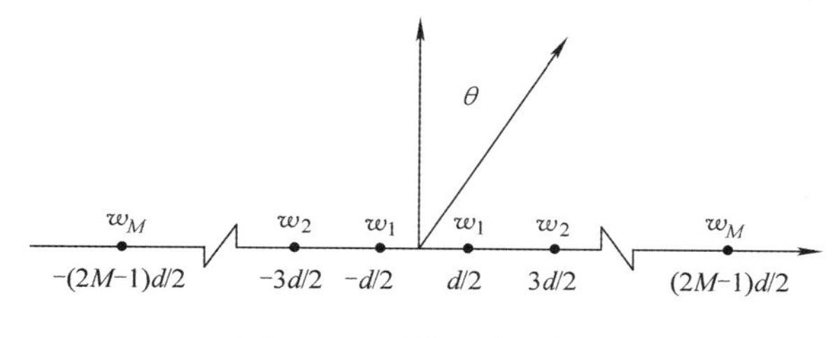

图4.10　偶数元阵列加权

阵列因子由每个阵元的加权输出求和得到：

$$AF_{even} = w_M e^{-j\frac{(2M-1)}{2}kd\sin\theta} + \cdots + w_1 e^{-j\frac{1}{2}kd\sin\theta} + w_1 e^{j\frac{1}{2}kd\sin\theta} + \cdots + w_M e^{j\frac{(2M-1)}{2}kd\sin\theta} \tag{4.36}$$

式中，$2M = N$ 为阵列阵元总数。

式（4.36）中每一对指数项形成复共轭，我们可以调用 Euler 恒等式的余弦来重写偶数项阵列因子，如下：

$$AF_{even} = 2\sum_{n=1}^{M} w_n \cos\left(\frac{(2n-1)}{2}kd\sin\theta\right) \tag{4.37}$$

不失一般性，可以将式（4.37）中的 2 消掉，从而产生一个准归一化：

$$AF_{even} = \sum_{n=1}^{M} w_n \cos((2n-1)u) \tag{4.38}$$

式中，$u = \frac{\pi d}{\lambda}\sin\theta$。

当参数为 0 时，阵列因子是最大的，意味着 $\theta = 0$。最大值是所有数组权重的总和。因此，我们可能会完全归一化AF_{even}为

$$AF_{even} = \frac{\sum_{n=1}^{M} w_n \cos((2n-1)u)}{\sum_{n=1}^{M} w_n} \tag{4.39}$$

式（4.38）是最简单的表达阵列因子的形式。但是，出于绘图的目的，最好使用式（4.39）中给出的归一化阵列因子。图 4.11 描绘了奇数元阵列，阵列中心位于原点。

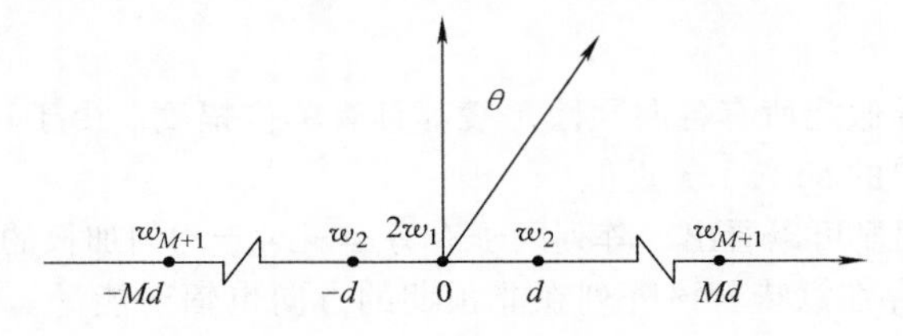

图 4.11　奇数元阵列加权

我们可以再次求和来自每个阵元的所有指数项，以获得准归一化奇数元阵列因子。

$$AF_{odd} = 2\sum_{n=1}^{M+1} w_n \cos(2(n-1)u) \tag{4.40}$$

式中，$2M+1 = N$。

为了归一化式（4.40），我们必须再除以阵列权重的总和得到

$$AF_{odd} = \frac{\sum_{n=1}^{M+1} w_n \cos(2(n-1)u)}{\sum_{n=1}^{M+1} w_n} \tag{4.41}$$

我们也可以使用式（4.8）中的阵列向量命名法来表示式（4.38）和式（4.40），则阵列因子可以用向量表示为

$$AF = \bar{w}^{T} \cdot \bar{a}(\theta) \tag{4.42}$$

权重 w_n 可以选择满足任何具体的标准。一般来说，标准是尽量减少旁瓣，或者将零点置于某些角度。然而，对称标量权重只能用来形成旁瓣。有大量可用的窗口函数可以提供用于线阵的

权重。下面将解释一些更常见的窗口函数以及相应的方向图。除非另有说明，否则我们假设绘制的阵列具有 $N=8$ 个加权且各向同性的阵元。

1. 二项式

二项式权值产生一个没有旁瓣的阵列因子，前提是元素间距 $d \leqslant \frac{\lambda}{2}$。二项式权值由杨辉三角（帕斯卡三角）的行产生，表 4.1 中显示了前 9 行。

表 4.1　杨辉三角（帕斯卡三角）

$N=1$									1								
$N=2$								1		1							
$N=3$							1		2		1						
$N=4$						1		3		3		1					
$N=5$					1		4		6		4		1				
$N=6$				1		5		10		10		5		1			
$N=7$			1		6		15		20		15		6		1		
$N=8$		1		7		21		35		35		21		7		1	
$N=9$	1		8		28		56		70		56		28		8		1

如果我们选择一个 $N=8$ 个阵元的阵列，则从第 8 行获得的阵列权重为 $w_1=35$，$w_2=21$，$w_3=7$，$w_4=1$。归一化的二项式分量为 $w_1=1$，$w_2=6$，$w_3=0.2$，$w_4=0.0286$。使用 MATLAB 命令 diag(rot90(pascal（N)))可以更方便地找到 8 个阵列权重。归一化的阵列权重使用 stem 命令显示在图 4.12 中。如图 4.13 所示，加权阵列因子叠加在未加权的阵列因子上。压缩旁瓣的代价是主波束宽度的扩大。

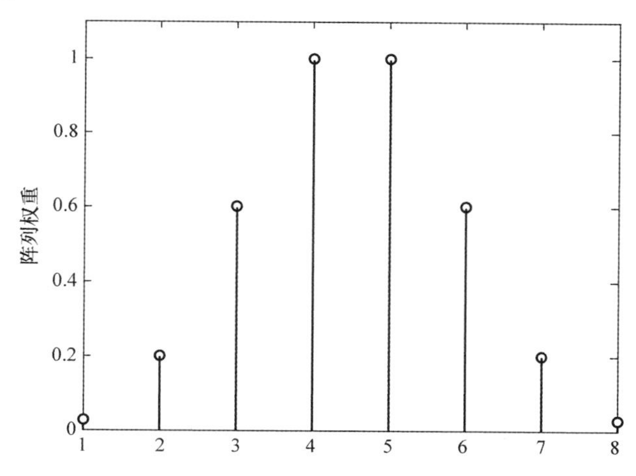

图 4.12　二项式阵列权值

2. 布莱克曼

布莱克曼权重定义为

$$w(k+1)=0.42-0.5\cos\left(\frac{2\pi k}{(N-1)}\right)+0.08\cos\left(\frac{4\pi k}{(N-1)}\right), k=0,1,\cdots,N-1 \tag{4.43}$$

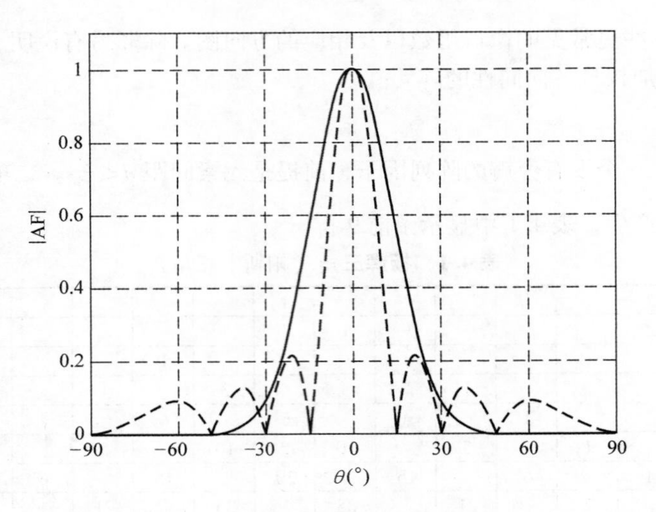

图 4.13 二项式加权的阵列因子

对于 $N=8$ 阵元阵列，归一化布莱克曼权重为 $w_1=1$，$w_2=0.4989$，$w_3=0.0983$，$w_4=0$。8 个阵列权重可以使用 MATLAB 中的 Blackman（N）命令找到。归一化的阵列权重使用 stem 命令显示在图 4.14 中，加权阵列因子如图 4.15 所示。

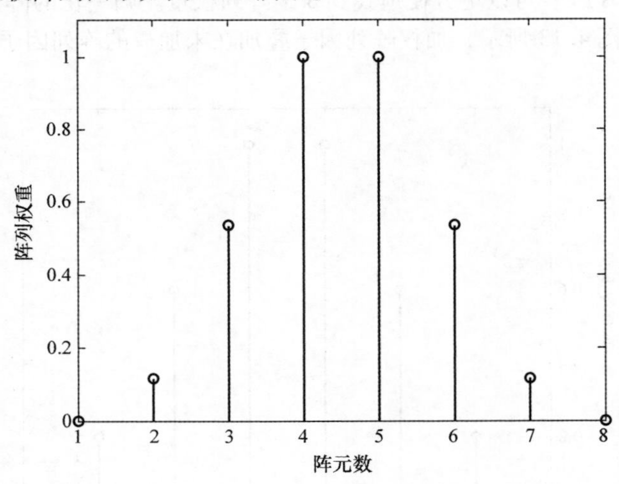

图 4.14 布莱克曼阵列加权

3. 汉明

汉明权重由下式给出：

$$w(k+1)=0.54-0.46\cos\left[\frac{2\pi k}{(N-1)}\right],k=0,1,\cdots,N-1 \tag{4.44}$$

归一化的汉明权重是 $w_1=1$，$w_2=0.673$，$w_3=0.2653$，$w_4=0.0838$。8 个阵列权重可以使用 MATLAB 中的 hamming（N）命令找到。归一化的阵列权重使用 stem 命令显示在图 4.16 中，加权阵列因子如图 4.17 所示。

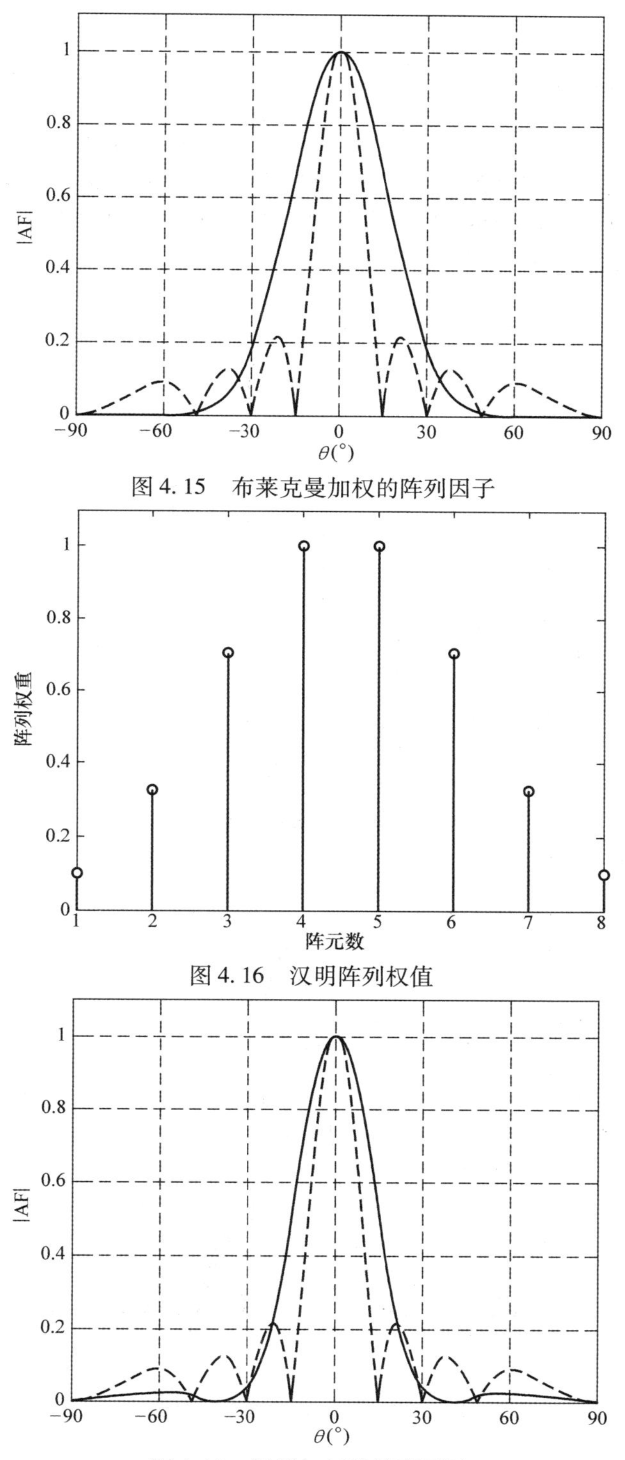

图4.15　布莱克曼加权的阵列因子

图4.16　汉明阵列权值

图4.17　汉明加权的阵列因子

4. 高斯

高斯权重由高斯函数确定为

$$w(k+1)=\mathrm{e}^{-\frac{1}{2}\left(\alpha\frac{k-\frac{N}{2}}{\frac{N}{2}}\right)^2},k=0,1,\cdots,N,\alpha\geqslant 2 \tag{4.45}$$

式中，$\alpha=2.5$ 的归一化高斯权重为$w_1=1$，$w_2=0.6766$，$w_3=0.3098$，$w_4=0.0960$。8 个阵列权重可以使用 MATLAB 中的 gausswin(N)命令找到。归一化的阵列权重使用 stem 命令显示在图 4.18 中，加权阵列因子如图 4.19 所示。

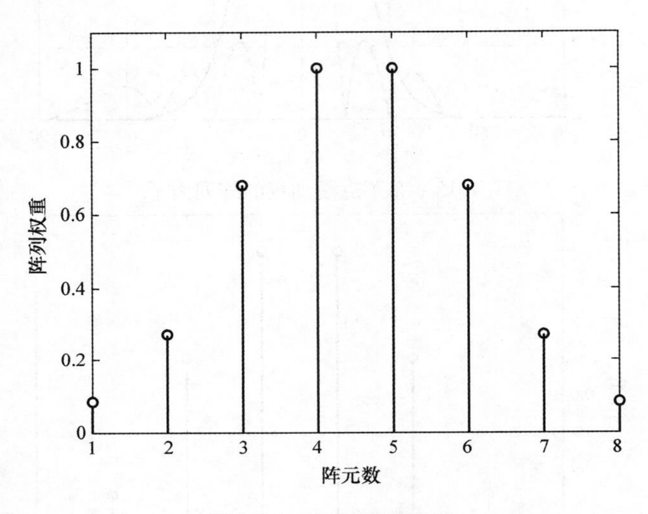

图 4.18　高斯阵列权值

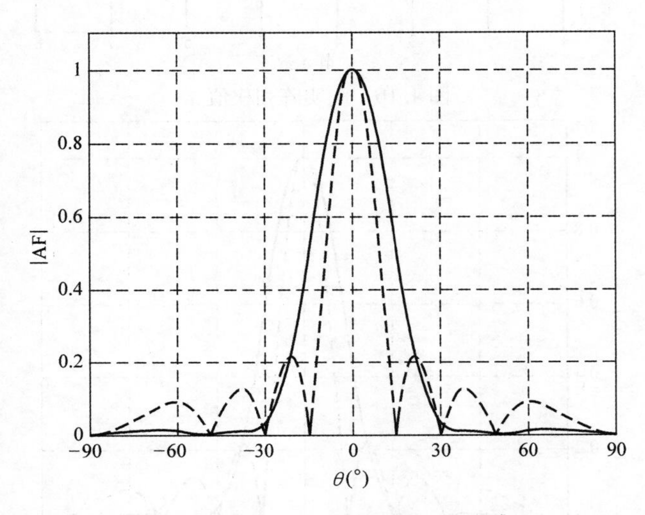

图 4.19　高斯加权的阵列因子

5. 凯泽－贝塞尔

凯泽－贝塞尔权重由下式确定：

$$w(k)=\frac{I_0\left[\pi\alpha\sqrt{1-\left(\frac{k}{N/2}\right)^2}\right]}{I_0[\pi\alpha]},\ k=0,1,\cdots,\frac{N}{2},\alpha>1 \tag{4.46}$$

式中，$\alpha=3$ 的归一化凯泽－贝塞尔权重为 $w_1=1$，$w_2=0.8136$，$w_3=0.5137$，$w_4=0.210$。8 个阵列权重可以使用 MATLAB 中的 Kaiser（N，α）命令找到。归一化的阵列权重使用 stem 命令显示在图 4.20 中，加权阵列因子如图 4.21 所示。

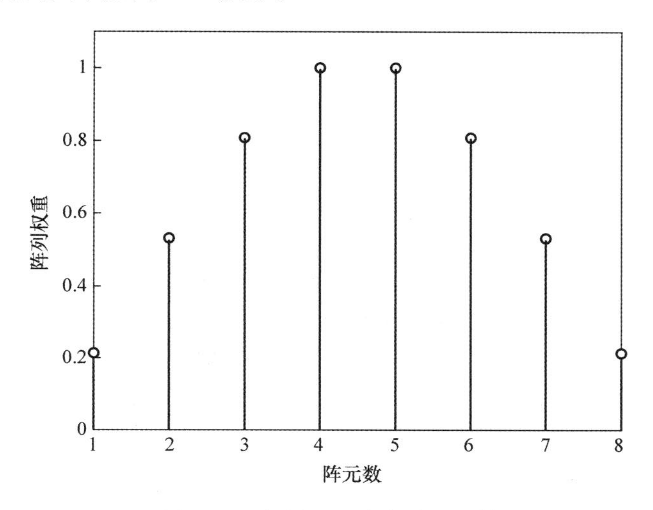

图 4.20 凯泽－贝塞尔阵列权值

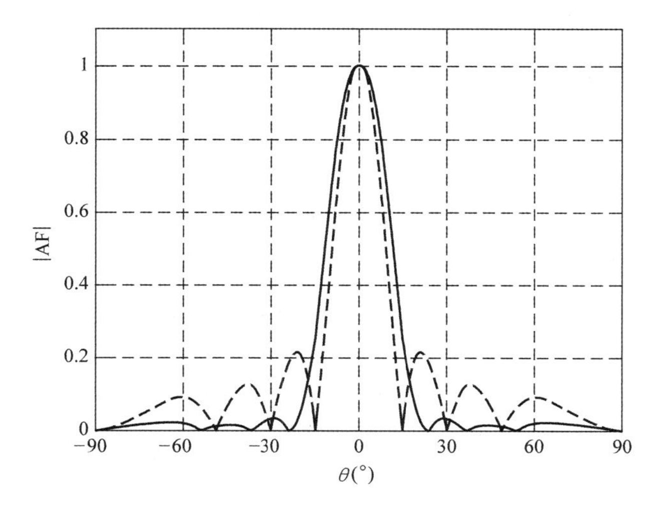

图 4.21 凯泽－贝塞尔加权的阵列因子

应该指出的是，凯泽－贝塞尔权重提供了最低的阵列旁瓣电平之一，同时仍然保持与归一化权重几乎相同的波束宽度。此外，$\alpha=1$ 的凯泽－贝塞尔权重是一组均匀的权重。

其他潜在的权重函数是 Blackman－Harris、Bohman、Hanning、Bartlett、Dolph－Chebyshev 和 Nuttall。这些函数的详细描述可以在参考文献［12，13］中找到。此外，这些函数在 MATLAB 中都可以找到。

4.2.1　波束导向和加权阵列

在 4.1.3 节中，我们讨论了波束导向均匀加权阵列。我们可以将主瓣引向任何方向，但仍然遇到相对较大的小旁瓣的问题。非均匀加权阵列也可以进行修改，以便将波束控制到所需的任何方向并抑制旁瓣电平。我们可以参考式（4.38）和式（4.40），但是可以修改它们以包含波束导向：

$$\mathrm{AF}_{\mathrm{even}}=\sum_{n=1}^{M} w_n\cos((2n-1)u) \tag{4.47}$$

$$\mathrm{AF}_{\mathrm{odd}}=\sum_{n=1}^{M+1} w_n\cos(2(n-1)u) \tag{4.48}$$

式中，$u=\dfrac{\pi d}{\lambda}(\sin\theta-\sin\theta_0)$。

例如，我们可以使用凯泽－贝塞尔权重并将主瓣指向 3 个不同的角度。设 $N=8$，$d=\lambda/2$，$\alpha=3$，$w_1=1$，$w_2=0.8136$，$w_3=0.5137$，$w_4=0.210$。有波束导向的阵列因子如图 4.22 所示。

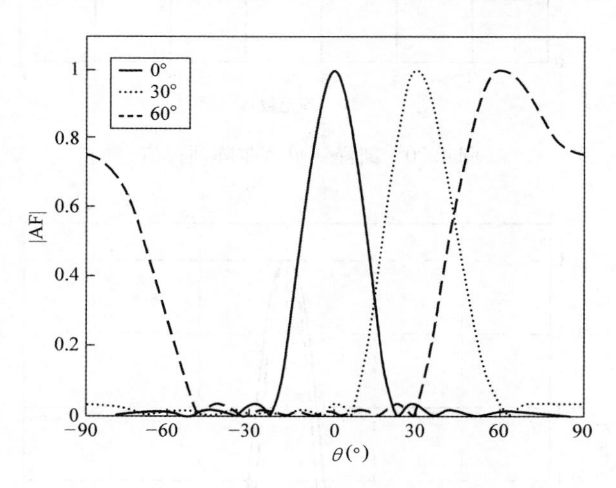

图 4.22　有波束导向的凯泽－贝塞尔加权的阵列因子

一般来说，任何阵列都可以通过在硬件中使用移相器或通过在接收器后端对数据进行数字相移来引导到任何方向。如果接收到的信号被数字化和处理，这种信号处理通常称为数字波束赋形（DBF）[8]。目前的技术使得执行 DBF 变得更加可行，因此阵列设计人员可以绕过硬件移相器的需求。所执行的 DBF 可以根据用户指定的任何标准来操纵天线波束。

4.3 环阵

线阵非常有用且具有启发性，但有时线阵不适用于安装它的建筑物或车辆。其他阵列几何形状可能需要适合给定的场景。这样的附加阵列可以包括环阵。正如线阵用于提高增益和波束导向一样，环阵也可以。图4.23显示了$x-y$平面中的N个阵元的环阵。该阵列有N个元素，阵列半径为a。

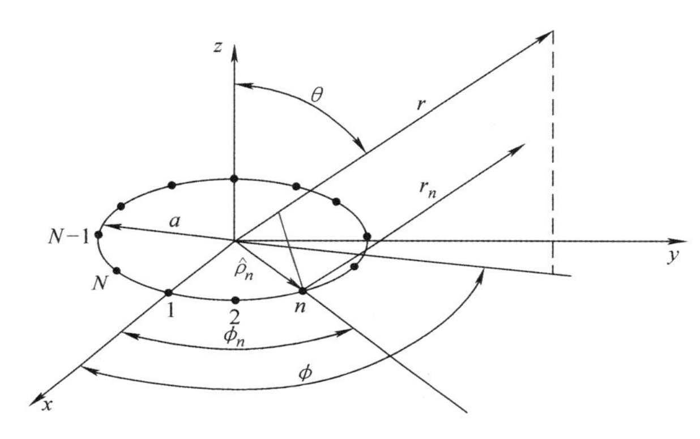

图4.23 N元环阵

第n个阵元位于半径为a的一个圆上，相位角为ϕ_n。另外，每个阵元可以有一个相关联的权重w_n和相位δ_n。如前所述，对于线阵，我们假定远场条件，并假定观测点的位置矢量$\bar{r}$和$\bar{r}_n$是平行的。现在我们可以在每个阵元n的方向上定义单位向量：

$$\hat{\rho}_n = \cos\phi_n\hat{x} + \sin\phi_n\hat{y} \tag{4.49}$$

我们也可以在现场点的方向定义单位向量：

$$\hat{r} = \sin\theta\cos\phi\,\hat{x} + \sin\theta\sin\phi\,\hat{y} + \cos\theta\,\hat{z} \tag{4.50}$$

可以看出，距离r_n小于由$\hat{\rho}_n$投影到$\hat{r}$的标量距离r（这由图4.23的虚线表示）。因此，

$$r_n = r - a\hat{\rho}_n \cdot \hat{r} \tag{4.51}$$

同时，

$$\hat{\rho}_n \cdot \hat{r} = \sin\theta\cos\phi\cos\phi_n + \sin\theta\sin\phi\sin\phi_n = \sin\theta\cos(\phi-\phi_n)$$

阵列因子现在可以以线阵类似的方式分析：

$$\mathrm{AF} = \sum_{n=1}^{N} w_n \mathrm{e}^{-\mathrm{j}(ka\hat{\rho}\cdot\hat{r}+\delta_n)} = \sum_{n=1}^{N} w_n \mathrm{e}^{-\mathrm{j}(ka\sin\theta\cos(\phi-\phi_n)+\delta_n)} \tag{4.52}$$

式中，$\phi_n = \frac{2\pi}{N}(n-1)$为每个阵元的角度位置。

4.3.1 波束导向环阵

环阵的波束导向与线阵的波束导向形式相同。如果将环阵导向到角度（θ_0，ϕ_0），我们可以确定阵元到阵元的相位角为$\delta_n = -ka\sin\theta_0\cos(\phi_0-\phi_n)$。因此我们可以将阵列因子重写为

$$AF = \sum_{n=1}^{N} w_n e^{-j\{ka[\sin\theta\cos(\phi-\phi_n)-\sin\theta_0\cos(\phi_0-\phi_n)]\}} \tag{4.53}$$

环阵 AF 可在 2 个或 3 个维度上作图。让我们假设所有的权重是均匀的，并且阵列被导向角度 $\theta_0=30°$ 和 $\phi_0=0°$。在 $N=10$ 和 $a=\lambda$ 的情况下，我们可以在 $\phi=0°$ 平面绘制仰角图，如图 4.24 所示。

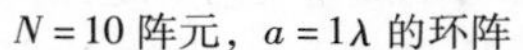

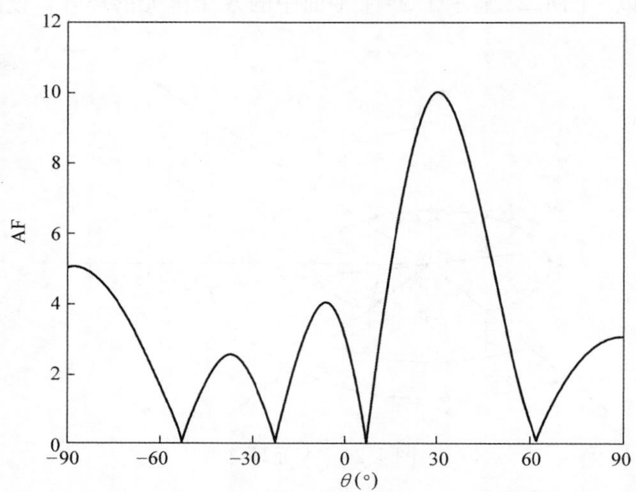

图 4.24 波束导向环阵的 AF 仰角图（$\theta_0=30°$、$\phi_0=0°$）

我们也可以绘制在三维空间中的网格图阵列因子。使用与上面相同的参数，我们可以看到图 4.25 中的波束导向环阵 AF 图。

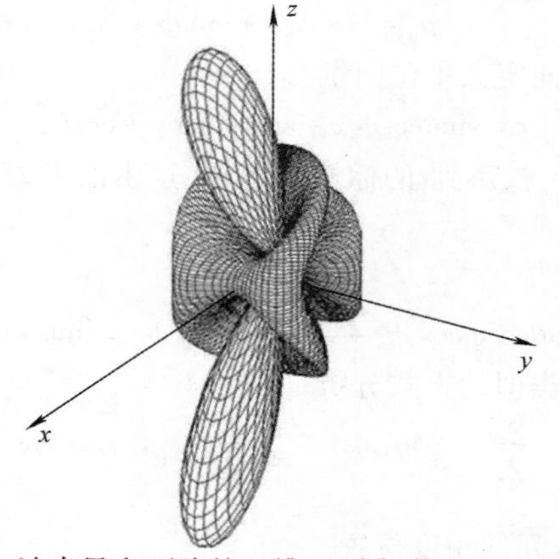

图 4.25 波束导向环阵的三维 AF 图（$\theta_0=30°$、$\phi_0=0°$）

4.4 直角面阵

在探索了线阵和环阵之后，我们可以通过推导出直角面阵的方向图来转向更复杂的天线阵列。以下的分析与 Balanis[6] 以及 Johnson 和 Jasik[14] 中的发现类似。

图 4.26 示出了在 $x-y$ 平面的直角阵列。在 x 方向上有 M 个阵元，在 y 方向上有 N 个阵元，由此可以创建一个 $M\times N$ 的阵列。第 m 个元素的权重为 w_m。x 方向的阵元相距 d_x，y 方向的阵元相距 d_y。面阵可以看作 M 个 N 阵元的线阵或者 N 个 M 阵元的线阵。因为我们已经知道单独作用的 M 或 N 阵元阵列的阵列因子，我们可以使用方向图乘法来找到整个 $M\times N$ 元阵列的方向图。使用方向图乘法，我们有

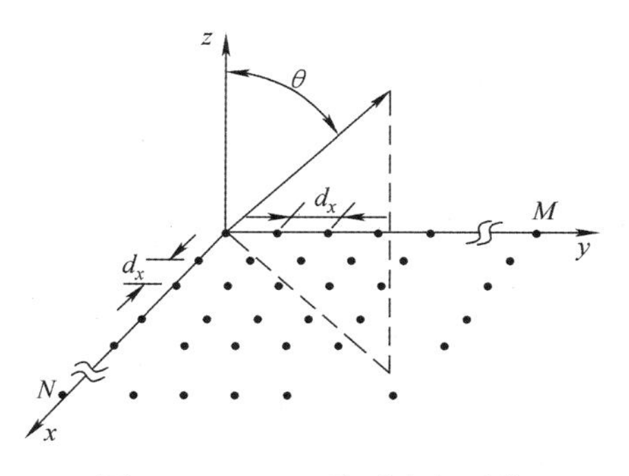

图 4.26　$N\times M$ 阵元直角面阵

$$\begin{aligned}\mathrm{AF}&=\mathrm{AF}_x\cdot\mathrm{AF}_y=\sum_{m=1}^{M}a_m\mathrm{e}^{\mathrm{j}(m-1)(kd_x\sin\theta\cos\phi+\beta_x)}\sum_{m=1}^{M}b_n\mathrm{e}^{\mathrm{j}(n-1)(kd_y\sin\theta\cos\phi+\beta_y)}\\&=\sum_{m=1}^{M}\sum_{n=1}^{N}w_{mn}\mathrm{e}^{\mathrm{j}[(m-1)(kd_x\sin\theta\cos\phi+\beta_x)+(n-1)(kd_y\sin\theta\cos\phi+\beta_y)]}\end{aligned}\tag{4.54}$$

式中，$w_{mn}=a_m\cdot b_n$。权重 a_m 和 b_n 可以是均匀的，或者可以根据设计者的需要以任何形式产生。这可能包括 4.2 节中讨论的如二项式、凯泽 - 贝塞尔、汉明或高斯权重。a_m 权重不一定和 b_n 权重相同。因此，我们可以选择 a_m 权重为二项式权重，而 b_n 权重为高斯权重。可以使用任何权重组合，w_{mn} 仅仅是 a_m 和 b_n 的乘积。如果期望进行波束控制，上述相位延迟 β_x 和 β_y 由下式给出：

$$\beta_x=-kd_x\sin\theta_0\cos\phi_0,\ \beta_y=-kd_y\sin\theta_0\sin\phi_0\tag{4.55}$$

例 4.4　设计和画出一个 8×8 的等间距阵列，$d_x=d_y=0.5\lambda$。让阵列波束导向到 $\theta_0=45°$ 和 $\phi_0=45°$。阵列权重选择为 4.2 节给出的凯泽 - 贝塞尔权重。绘制方向图的范围为 $0\leqslant\theta\leqslant\pi/2$ 和 $0\leqslant\phi\leqslant2\pi$。

解：参照 4.2 节的权重，我们有 $a_1=a_4=b_1=b_4=0.2352$、$a_2=a_3=b_2=b_3=1$。因此，$w_{1n}=w_{m1}=0.0055$，其他 $w_{mn}=1$。我们将权值代入式（4.51）来计算阵列因子，MATLAB 可以用来绘制图 4.27。

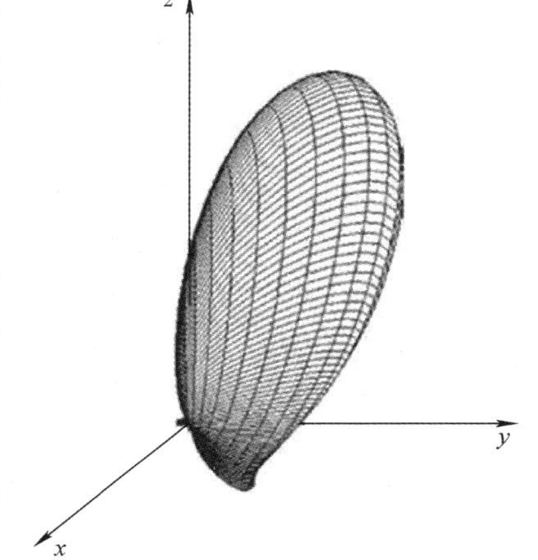

图 4.27　波束导向面阵方向图

4.5　固定波束阵列

固定波束阵列被设计成使得阵列方向图由多个同时发射的固定角度方向的点波束组成。通常这些方向以相等的角度增量，以确保空间区域的相对均匀覆盖。然而，这不是一个必要的限制。这些固定波束可用于卫星通信，以创建朝向固定地面位置的点波束。例如，铱星（低地球轨道）卫星星座系统，每颗卫星有 48 个点波束。点波束有时也被称为针形波束，因为它与针垫中的针脚相似。图 4.28 显示了一个创建 3 个点波束的面阵的例子。

固定波束也可用于移动通信基站以提供空分多址（SDMA）能力，Mailloux[15]、Hansen[16] 和 Pattan[17] 等已经研究了固定波束系统的问题。

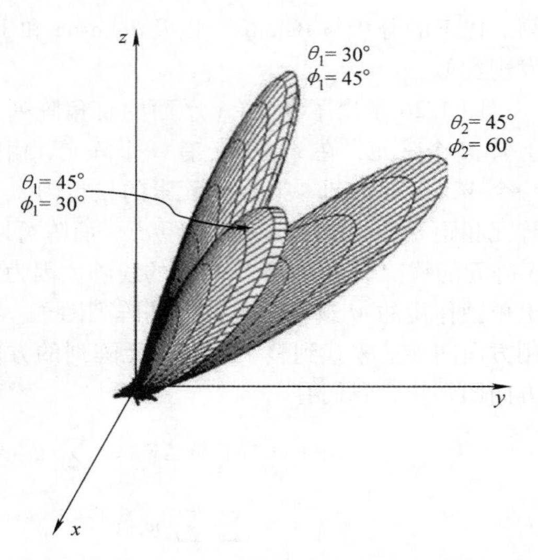

图 4.28　由 16×16 面阵产生的 3 个点波束

4.5.1　Butler 矩阵

一种容易创建固定波束的方法是通过使用 Butler 矩阵。推导的细节可以在 Butler 和 Lowe[18] 以及 Shelton 和 Kelleher[19] 的文献中找到。Butler 矩阵是通过使用移相器产生几个同时固定波束的模拟手段。作为一个例子，我们假设一个 N 个阵元的线阵。如果 $N=2^n$ 个阵元，阵列因子可以给定为

$$\mathrm{AF}(\theta)=\frac{\sin\left(N\pi\dfrac{d}{\lambda}\sin\theta-\beta_\ell\right)}{N\pi\dfrac{d}{\lambda}\sin\theta-\beta_\ell}=\frac{\sin\left[N\pi\dfrac{d}{\lambda}(\sin\theta-\sin\theta_\ell)\right]}{N\pi\dfrac{d}{\lambda}(\sin\theta-\sin\theta_\ell)}\tag{4.56}$$

式中，$\sin\theta_\ell=\dfrac{\ell\lambda}{Nd}$；$\beta_\ell=\ell\pi$；$\ell=\pm\dfrac{1}{2},\ \pm\dfrac{3}{2},\ \cdots,\ \pm\dfrac{(N-1)}{2}$。

ℓ 个值创建 $\theta=0°$ 的均匀间隔的连续波束。如果阵元间距为 $d=\lambda/2$，则波束均匀分布在 180°的范围内。如果 $d>\lambda/2$，则波束跨越不断减小的角度范围。由于使用的相移是由β_ℓ 定义的，栅瓣并不产生。作为一个例子，我们选择 $d=\lambda/2$ 和 $N=4$ 的阵列。我们可以用式（4.56）产生 N 个固定波束，并用 MATLAB 绘制结果。由于与扇贝壳的相似性，这些波束有时被称为扇形波束。因为 $N=4$，$\ell=-\dfrac{3}{2},\ -\dfrac{1}{2},\ \dfrac{1}{2},\ \dfrac{3}{2}$。将这些值代入 $\sin\theta_\ell$ 的等式中，我们得到如图 4.29 所示的极坐标图。

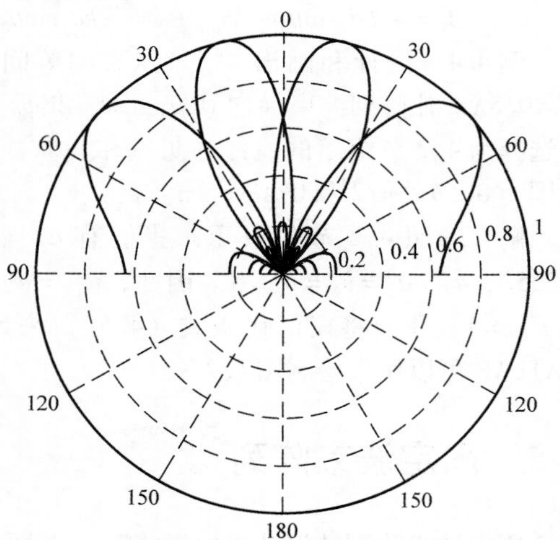

图 4.29　使用 Butler 方法产生的扇形波束

这些波束可以通过使用固定移相器来创建，$\beta_\ell=\ell\pi=\pm\dfrac{\pi}{2},\ \pm\dfrac{3\pi}{2}$。图 4.30 描绘了 $N=4$ 个阵元的移相器的 Butler 矩阵连线。

从图中可以看到，$1R$ 端口将产生阵列右侧的第 1 个波束，$2R$ 端口将产生阵列右侧的第 2 个波束，等等。因此，通过使用 Butler 矩阵连线，可以同时用 N 元阵列在 N 个方向上产生波束。

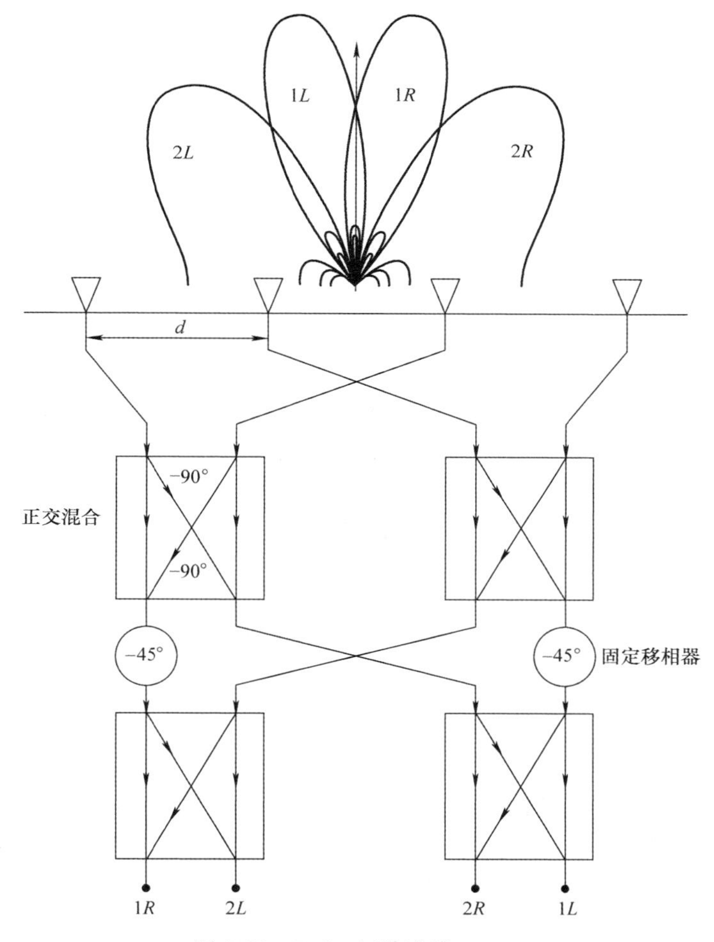

图 4.30　Butler 矩阵连线，$N=4$

4.6　固定旁瓣消除

固定旁瓣消除器（SLC）的基本目标是选择阵列权重，使得在干扰方向上放置零点，而主瓣最大值在感兴趣的方向上。一个 SLC 的概念最早由 Howells 在 1965 年[20]给出。因为那时自适应 SLC 已被广泛研究。自适应 SLC 的详细描述将在第 8 章给出。在目前的讨论中，我们讨论了一个固定的已知期望信号源的固定旁瓣消除和两个固定的不期望的干扰信号。假定所有信号都以相同的载波频率工作。让我们假设一个具有所需信号和干扰信号的三元阵列，如图 4.31 所示。

阵列向量由下式给出：

$$\bar{a}(\theta)=[\mathrm{e}^{-\mathrm{j}kd\sin\theta}\quad 1\quad \mathrm{e}^{\mathrm{j}kd\sin\theta}]^{\mathrm{T}} \tag{4.57}$$

需要确定的阵列权重由下式给出：

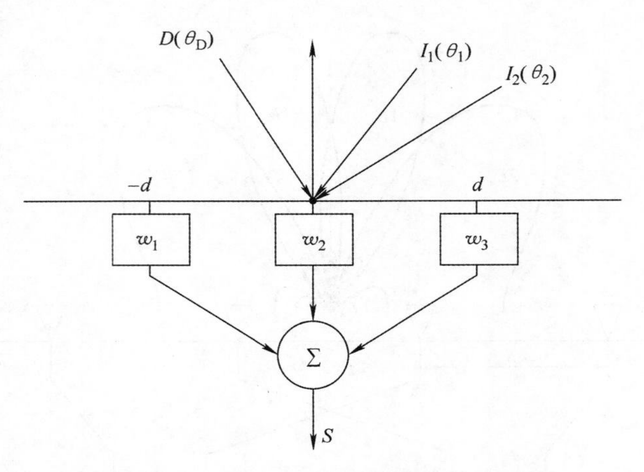

图 4.31　三元阵列的期望信号和干扰消除

$$\bar{w}^{T}=[w_1\quad w_2\quad w_3] \tag{4.58}$$

因此，从加法器输出的总阵列被给定为

$$S=\bar{w}^{T}\cdot\bar{a}=w_1\mathrm{e}^{-\mathrm{j}kd\sin\theta}+w_2+w_3\mathrm{e}^{\mathrm{j}kd\sin\theta} \tag{4.59}$$

所需信号的阵列输出将由 S_D 指定，而干扰信号的阵列输出将由 S_1 和 S_2 指定。因为有 3 个未知权重，所以必须满足 3 个条件：

条件 1：$S_D=w_1\mathrm{e}^{-\mathrm{j}kd\sin\theta_D}+w_2+w_3\mathrm{e}^{\mathrm{j}kd\sin\theta_D}=1$

条件 2：$S_1=w_1\mathrm{e}^{-\mathrm{j}kd\sin\theta_1}+w_2+w_3\mathrm{e}^{\mathrm{j}kd\sin\theta_1}=0$

条件 3：$S_2=w_1\mathrm{e}^{-\mathrm{j}kd\sin\theta_2}+w_2+w_3\mathrm{e}^{\mathrm{j}kd\sin\theta_2}=0$

条件 1 要求 $S_D=1$ 用于所需信号，从而允许接收所需信号而不加修改。条件 2 和条件 3 拒绝不期望的信号。这些条件可以以矩阵形式重新表示为

$$\begin{bmatrix}\mathrm{e}^{-\mathrm{j}kd\sin\theta_D} & 1 & \mathrm{e}^{\mathrm{j}kd\sin\theta_D}\\ \mathrm{e}^{-\mathrm{j}kd\sin\theta_1} & 1 & \mathrm{e}^{\mathrm{j}kd\sin\theta_1}\\ \mathrm{e}^{-\mathrm{j}kd\sin\theta_2} & 1 & \mathrm{e}^{\mathrm{j}kd\sin\theta_2}\end{bmatrix}\cdot\begin{bmatrix}w_1\\ w_2\\ w_3\end{bmatrix}=\begin{bmatrix}1\\ 0\\ 0\end{bmatrix} \tag{4.60}$$

可以反转矩阵找到所需的复权重 w_1、w_2 和 w_3。例如，如果期望的信号从 $\theta_D=0°$到达，而 $\theta_1=-45°$和 $\theta_2=60°$，则必要的权重可以计算为

$$\begin{bmatrix}w_1\\ w_2\\ w_3\end{bmatrix}=\begin{bmatrix}0.748+0.094\mathrm{i}\\ -0.496\\ 0.748-0.094\mathrm{i}\end{bmatrix} \tag{4.61}$$

阵列因子绘制在图 4.32 中。

这个方案有一定的局限性，零点的数量不能超过阵元的数量。另外，阵元的最大值不能比允许的阵元分辨率更接近 0。阵列分辨率与阵列长度成反比。

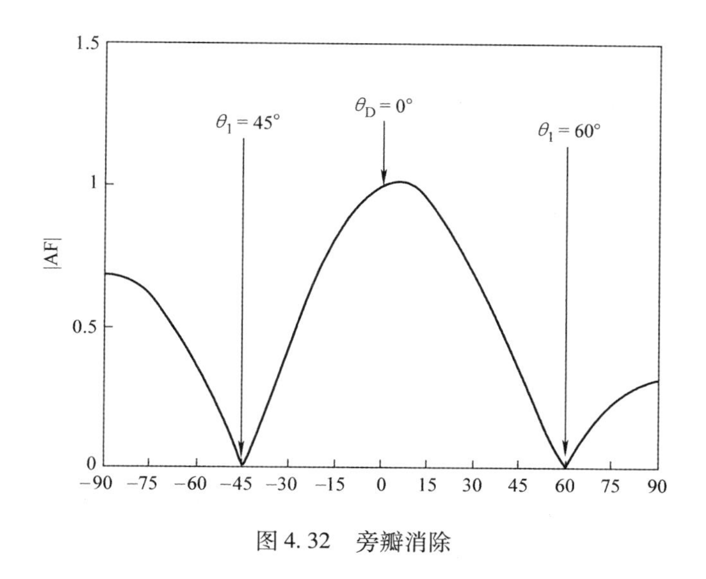

图 4.32 旁瓣消除

4.7 逆向阵列

逆向阵列等效于角反射器，角反射器在任何标准天线教科书中都可以找到。Van Atta[21,22]发明了一种将线阵转换为反射器的方案。在这种情况下，阵列重定向入射方向的入射场。因此，使用术语“逆向”是适当的。逆向阵列有时也被称为自相位阵列、自聚焦阵列、共轭匹配阵列或时间反转镜[23-25]。共轭匹配阵列是反向的，因为它重新传递了信号的相位共轭。如果相位是共轭的，则它与时域中的反转时间相同。这就是为什么逆向阵列有时被称为“时间反转”阵列的原因。声学界在水下声学中积极追求时间反转方法，作为解决多径挑战的手段[26]。为了实现阵列的逆向，阵列没有必要是线性的。实际上，Van Atta 阵列是普通自相位阵列的特例。然而，在这方面的发展，我们仅限于线阵的讨论。逆向阵列的一个明显的优点是，如果阵列能够在到达方向上重定向能量，那么该阵列在多径环境中将非常好地工作。Fusco 和 Karode[24]给出了在移动通信中使用逆向阵列的一些建议方法。如果相同的信号从多个方向到达，则反向阵列将以相同的角度重新传输，并且信号将返回到源，就好像多径不存在一样。图 4.33 显示了多径环境中的线性逆向阵列。

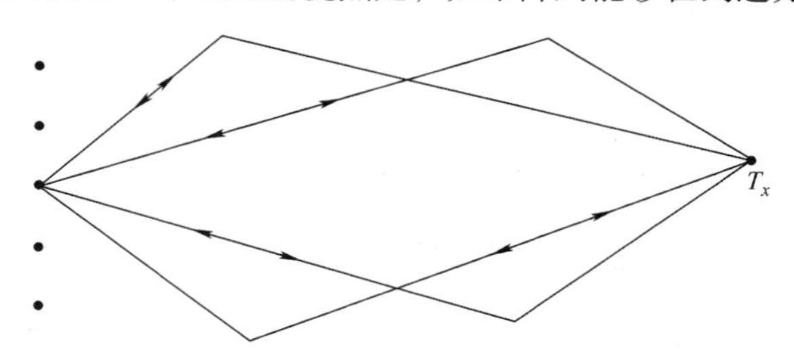

图 4.33 多径环境中的逆向阵列

如果逆向阵列确实可以沿着到达角重发，则重发的信号将把多条路径回溯到发射机。

4.7.1 无源逆向阵列

对于一个 $N=6$ 阵元的阵列，一个实现逆向阵列的可能方式如图 4.34 所示。平面波入射在角度 θ_0 的阵列上。

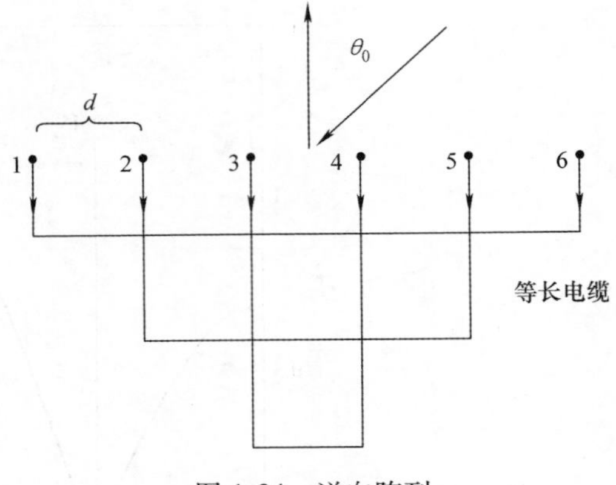

图 4.34 逆向阵列

对于该 N 元阵列的阵列向量被给定为

$$\bar{a}=\left[\mathrm{e}^{-\mathrm{j}\frac{5}{2}kd\sin\theta}\quad \mathrm{e}^{-\mathrm{j}\frac{3}{2}kd\sin\theta}\quad \cdots\quad \mathrm{e}^{\mathrm{j}\frac{3}{2}kd\sin\theta}\quad \mathrm{e}^{\mathrm{j}\frac{5}{2}kd\sin\theta}\right]^{\mathrm{T}} \tag{4.62}$$

所接收到的阵列向量，在角度 θ_0 被给定为

$$\bar{a}_{\mathrm{rec}}=\left[\mathrm{e}^{-\mathrm{j}\frac{5}{2}kd\sin\theta_0}\quad \mathrm{e}^{-\mathrm{j}\frac{3}{2}kd\sin\theta_0}\quad \cdots\quad \mathrm{e}^{\mathrm{j}\frac{3}{2}kd\sin\theta_0}\quad \mathrm{e}^{\mathrm{j}\frac{5}{2}kd\sin\theta_0}\right]^{\mathrm{T}} \tag{4.63}$$

阵元 6 的输入 $\mathrm{e}^{\mathrm{j}\frac{5}{2}kd\sin\theta_0}$ 沿传输线传播到阵元 1 并被重新传输。同样的过程重复所有阵元。因此，阵元 i 的发射信号是阵元 $N-i$ 的接收信号。这可以被证明是与将式（4.62）的阵列向量 $\bar{a}$ 乘以式（4.63）的阵列向量 $\bar{a}_{\mathrm{rec}}$ 反转相同的。反转式（4.63）的向量与反转单个元素相同。反转向量元素的一种方法是使用置换矩阵。在 MATLAB 中，这个功能可以通过使用“fliplr（）”命令来完成。阵列传输现在可以计算为

$$\mathrm{AF}=\left[\mathrm{e}^{-\mathrm{j}\frac{5}{2}kd\sin\theta}\quad \mathrm{e}^{-\mathrm{j}\frac{3}{2}kd\sin\theta}\quad \cdots\quad \mathrm{e}^{\mathrm{j}\frac{3}{2}kd\sin\theta}\quad \mathrm{e}^{\mathrm{j}\frac{5}{2}kd\sin\theta}\right]^{\mathrm{T}}\cdot\begin{bmatrix}\mathrm{e}^{\mathrm{j}\frac{5}{2}kd\sin\theta_0}\\ \mathrm{e}^{\mathrm{j}\frac{3}{2}kd\sin\theta_0}\\ \vdots\\ \mathrm{e}^{-\mathrm{j}\frac{3}{2}kd\sin\theta_0}\\ \mathrm{e}^{-\mathrm{j}\frac{5}{2}kd\sin\theta_0}\end{bmatrix} \tag{4.64}$$

基于我们在式（4.13）的推导，这相当于一个波束导向阵列因子。

$$\mathrm{AF}=\frac{\sin\left(\frac{Nkd}{2}(\sin\theta-\sin\theta_0)\right)}{\sin\left(\frac{kd}{2}(\sin\theta-\sin\theta_0)\right)} \tag{4.65}$$

因此，这个逆向阵列已经成功地将信号转发回 θ_0 方向。这个过程的工作与到达角（AOA）无关。因此，反向阵列用于将反射信号聚焦在源处。

4.7.2 有源逆向阵列

第 2 种自相位或相位共轭的方法是通过将接收信号与本地振荡器混合来实现的。在这种情况下，本地振荡器将是载频的两倍。尽管没有必要进行这种限制，但对于这种情况来说分析是最简单的。每个天线输出都有自己的混频器，如图 4.35 所示。

第 n 个天线的输出为 $R_n(t,\theta_n)$，由下式给出：

$$R_n(t,\theta_n)=\cos(\omega_0 t+\theta_n) \tag{4.66}$$

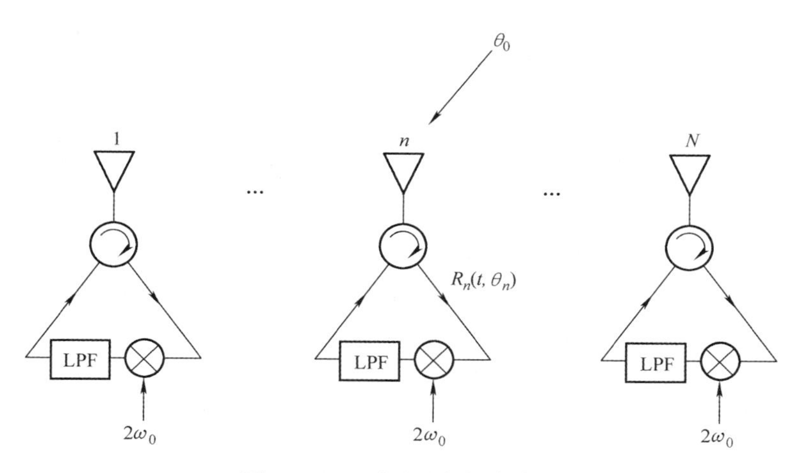

图4.35 通过差混频相位共轭

混频器的输出由下式给出：

$$S_{\text{mix}} = \cos(\omega_0 t + \theta_n) \cdot \cos(2\omega_0 t) = \frac{1}{2}[\cos(-\omega_0 t + \theta_n) + \cos(3\omega_0 t + \theta_n)] \tag{4.67}$$

在通过低通滤波器并选择下边带之后，对于阵元 n 的发射信号由下式给出：

$$T_n(t, \theta_n) = \cos(\omega_0 t - \theta_n) \tag{4.68}$$

因此，相位已经从到达的相位实现了相位共轭。然后该阵列将信号重定向回 AOAθ_0。由于在式（4.68）中的项可以写成 $\cos(-\omega_0 t + \theta_n)$，因此可以看出这个过程如何被称为时间反转以及该阵列如何被称为时间反转镜。如果我们选择不同的本地振荡器频率，选择下边带进行重传就足够了。

4.8 参考文献

1. Haykin, S., ed., *Array Signal Processing*, Prentice Hall, New York, 1985.
2. Johnson, D., and D. Dudgeon, *Array Signal Processing—Concepts and Techniques*, Prentice Hall, New Jersey, 1993.
3. Trees, H. V., *Optimum Array Processing—Part IV of Detection, Estimation, and Modulation Theory*, Wiley Interscience, New York, 2002.
4. Brookner, E., *Practical Phased–Array Antenna Systems*, Artech House, Boston, MA, 1991.
5. Dudgeon, D. E., “Fundamentals of Digital Array Processing,” *Proceedings of IEEE*, Vol. 65, pp. 898–904, June 1977.
6. Balanis, C., *Antenna Theory: Analysis and Design*, 2d ed., Wiley, New York, 1997.
7. Kraus, J. D., and R. J. Marhefka, *Antennas for All Applications*, 3d ed., McGraw-Hill, New York, 2002.
8. Litva, J., and T. K-Y. Lo, *Digital Beamforming in Wireless Communications*, Artech House, 1996.
9. Monzingo, R. A., and T. W. Miller, *Introduction to Adaptive Arrays*, Wiley, New York, 1980.

10. Ertel, R. B., P. Cardieri, K. W. Sowerby, et al., “Overview of Spatial Channel Models for Antenna Array Communication Systems,” *IEEE Personal Commun. Mag.*, Vol. 5, No. 1, pp. 10–22, Feb. 1998.

11. Hansen, W. W., and J. R.Woodyard, “A New Principle in Directional Antenna Design,” *Proceedings IRE*, Vol. 26, No. 3, pp. 333–345, March 1938.

12. Harris, F. J. “On the Use of Windows for Harmonic Analysis with the DFT,” *IEEE Proceedings*, pp. 51–83, Jan. 1978.

13. Nuttall, A. H., in “Some Windows with Very Good Sidelobe Behavior,” *IEEE Transactions on Acoustics, Speech, and Signal Processing*, Vol. ASSP-29, No. 1, Feb. 1981.

14. Johnson, R. C., and H. Jasik, *Antenna Engineering Handbook*, 2d ed., McGraw-Hill, New York, pp. 20–16, 1984.

15. Mailloux, R. J., *Phased Array Antenna Handbook*, Artech House, Norwood, MA, 1994.

16. Hansen, R. C., *Phased Array Antennas*, Wiley, New York, 1998.

17. Pattan, B., *Robust Modulation Methods and Smart Antennas in Wireless Communications*, Prentice Hall, New York, 2000.

18. Butler, J., and R. Lowe, “Beam-Forming Matrix Simplifies Design of Electrically Scanned Antennas,” *Electronic Design*, April 12, 1961.

19. Shelton, J. P., and K. S. Kelleher, “Multiple Beams from Linear Arrays,” *IRE Transactions on Antennas and Propagation*, March 1961.

20. Howells, P. W., “Intermediate Frequency Sidelobe Canceller,” U.S. Patent 3202990, Aug. 24, 1965.

21. Van Atta, L. C., “Electromagnetic Reflector,” U.S. Patent 2908002, Oct. 6, 1959.

22. Sharp, E. D., and M. A. Diab, “Van Atta Reflector Array,” *IRE Transactions on Antennas and Propagation Communications*,” Vol. AP-8, pp. 436–438, July 1960.

23. Skolnik, M. I., and D. D. King, “Self-Phasing Array Antennas,” *IEEE Transactions on Antennas and Propagation*, Vol. AP-12, No. 2, pp. 142–149, March 1964.

24. Fusco, V. F., and S. L. Karode, “Self-Phasing Antenna Array Techniques for Mobile Communications Applications,” *Electronics and Communication Engineering Journal*, Dec. 1999.

25. Blomgren, P., G. Papanicolaou, and H. Zhao, “Super-Resolution in Time-Reversal Acoustics,” *Journal Acoustical Society of America*, Vol. 111, No. 1, Pt. 1, Jan. 2002.

26. Fink, M., “Time-Reversed Acoustics,” *Scientific American*, pp. 91–97, Nov. 1999.

4.9 习题

1. 运用式（4.14）和 MATLAB，并在直角坐标的形式下，绘制边射阵列的阵列因子：

（a）$N=4$，$d=\lambda/2$

（b）$N=8$，$d=\dfrac{\lambda}{2}$

（c）$N=8$，$d=\lambda$

2. 对于习题 1 中给出的 3 个阵列，计算 θ_{null} 和 θ_{s}。

3. 对于端射阵列重复习题 1。

4. 使用 MATLAB 和命令 trapz( ) 计算以下两个阵列的最大方向性：

（a）边射，$N=8$，$d=\lambda/2$

（b）端射，$N=8$，$d=\lambda/2$

5. 使用 MATLAB 和命令 trapz( )，计算波束导向阵列的最大方向性，$d=\lambda/2$，$N=8$：

（a）$\theta_0=30°$

（b）$\theta_0=45°$

6. 以下阵列参数的波束宽度是多少？

（a）$\theta_0=0°$，$N=8$，$d=\lambda/2$

（b）$\theta_0=45°$，$N=8$，$d=\lambda/2$

（c）$\theta_0=90°$，$N=8$，$d=\lambda/2$

7. 对于 $N=6$，$d=\lambda/2$ 的均匀加权边射阵列，画出阵列因子。使用下面权重叠加相同阵列的图（为每组新权重创建一个新图）

（a）使用 Kaiser(N，α) 的 Kaiser - Bessel，$\alpha=2$。

（b）使用 blackmanharris(N) 的 Blackman - Harris。

（c）使用 nuttallwin(N) 的 Nuttall。

（d）使用 chebwin(N，R) 的 Chebyshev 窗口，$R=30\text{dB}$。

8. 重复习题7，$N=9$，$d=\lambda/2$。

9. 使用 MATLAB 的 chebwin( ) 函数为 $R=20\text{dB}$、40dB 和 60dB 创建并叠加 3 个归一化阵列因子图，$N=9$，$d=\lambda/2$。

10. 使用 MATLAB 的 chebwin( ) 函数，为 $R=40\text{dB}$ 创建并叠加 3 个归一化阵列因子图，并将该阵列导向 3 个角度，使得 $\theta_0=0°$、30°、60°，$N=9$，$d=\lambda/2$。

11. 对于 $d=\lambda/2$，使用 MATLAB 绘制边射阵列波束宽度与阵元数的关系，$2<N<20$。

12. 对于 $d=\lambda/2$，使用 MATLAB 绘制阵列波束宽度，$N=8$ 个阵元，波束导向角 $0°<\theta_0<90°$。

13. 对于 $N=40$，半径为 $a=2\lambda$ 的环阵，使用 MATLAB 绘制 $x-z$ 平面中的垂直面的方向图（$0°<\theta<180°$），波束导向角 $\theta_0=20°$、40°和 60°，$\phi_0=0°$。

14. 对于 $N=40$，半径为 $a=2\lambda$ 的环阵，当阵列被导向到 $\theta_0=90°$，$\phi_0=0°$、40°和60°时，使用 MATLAB 绘制 $x-y$ 平面中 $-90°<\phi<90°$的方向图。

15. 设计一个 5×5 的阵列，具有相等阵元间距 $d_x=d_y=0.5\lambda$。假设阵列被波束导向到 $\theta_0=45°$和$\phi_0=90°$。阵列权重被选择为 Blackman - Harris，使用 MATLAB 命令 blackmanharris( )，绘制范围为 $0\leqslant\theta\leqslant\pi/2$ 和 $0\leqslant\phi\leqslant2\pi$ 的方向图。

16. 使用式（4.56），创建 $d=\lambda/2$ 和 $N=6$ 阵元的阵列扇形波束。

（a）l 值是多少？

（b）扇形波束的角度是多少？

（c）类似于图 4.29，在极坐标图上叠加所有的波束。

17. 对于 4.6 节中的固定波束旁瓣消除器，$N=3$ 个天线阵元，计算阵列权重，$\theta_D=30°$，并抑制干扰信号到达方向 $\theta_1=-30°$和 $\theta_2=-60°$。

第 5 章　随机变量和随机过程原理

每一种无线通信系统或者雷达系统除了要考虑系统的内部噪声，还需要考虑到达信号的类噪声性质。到达的智能信号通常会因为传播、球面扩展、各种物体的吸收、衍射、散射或反射发生改变。这种情况下，了解传播信道和系统内部噪声的统计学特性就十分重要了。第 6 章研究了多径传播，它将被看作是一个随机过程。第 7 章和第 8 章介绍了系统噪声以及到达信号的统计特性。另外，在剩余章节中使用的方法都是基于信号和噪声是随机的这一假设来计算的。

学习本书的学生或研究人员都需要非常熟悉随机过程。一般情况下，本科的统计或通信课程都会讲解相关知识。但是，为了本书的一致性，我们对随机过程的一些基本原理做了简要的回顾。随后的章节将这些原理应用在了具体的问题上。

有很多书都致力于研究随机过程，包括 Papoulis[1]、Peebles[2]、Thomas[3]、Schwartz[4] 和 Haykin[5] 等人的研究。本章中的内容是深入讨论这些参考文献中的原理。

5.1　随机变量的定义

在通信系统中，接收电压、电流、相位、时延和到达角往往都是随机变量。例如，如果每一次在接收机打开的时候都对接收机的相位进行测量，测出的数值会服从 $0\sim2\pi$ 间的随机分布。人们无法确定下一次测量的具体数值，但是可以得到获得某个测量值的概率。随机变量是描述实验所有可能结果的函数。通常，随机变量的某些值比其他值更有可能被测量出来。扔骰子时得到一个特定的数字的概率和得到其他数字的概率相等。但是，大多数通信问题中遇到的随机变量都不是等概率的。随机变量既可以是离散的，也可以是连续的。如果一个变量在一定的观察时间内只能得到有限的数值，那么这个随机变量是离散的。室内多径传播的到达角就是一个离散随机变量。如果一个变量在一定的观察时间内能得到连续的数值，那么这个变量就是连续随机变量，例如接收机噪声的电压或者到达信号的相位。由于随机变量是随机现象的结果，因此最好用概率密度函数来描述随机变量。

5.2　概率密度函数

每个随机变量 x 都可以通过概率密度函数 $p(x)$ 来描述。概率密度函数（probability density function，pdf）是在大量的测量之后建立的，它决定了 x 所有可能取值的可能性。离散随机变量的 pdf 是离散的。连续随机变量的 pdf 是连续的。图 5.1 展示了一个典型的离散随机变量的 pdf。图 5.2 展示了一个典型的连续随机变量的 pdf。

x 在两个极限 x_1 和 x_2 中取值的概率为

$$P(x_1 \leqslant x \leqslant x_2) = \int_{x_1}^{x_2} p(x)\,\mathrm{d}x \tag{5.1}$$

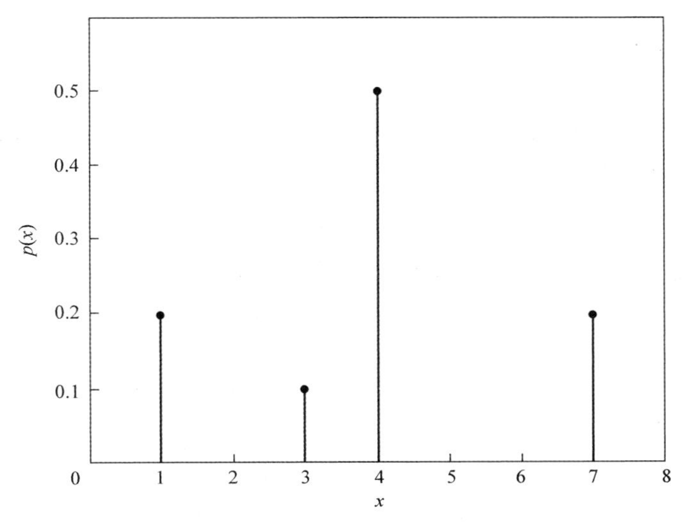

图 5.1　离散变量 x 的 pdf

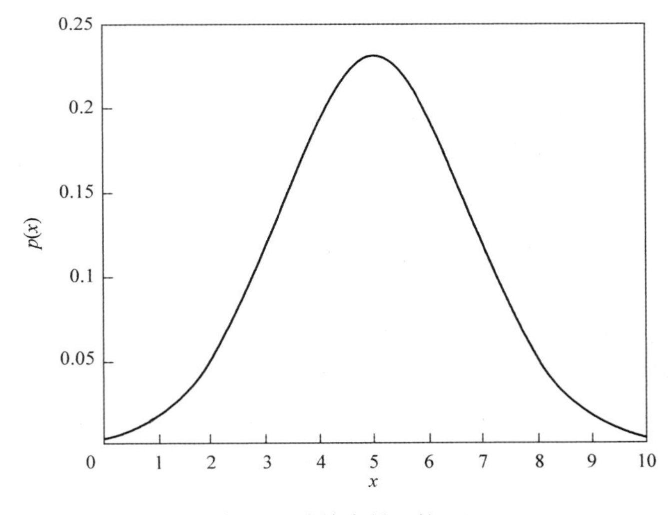

图 5.2　连续变量 x 的 pdf

pdf 有两个很重要的性质。首先，负概率不会出现，所以，

$$p(x) \geqslant 0 \tag{5.2}$$

其次，x 在它取值范围内的某一处取值的概率是一定的，所以，

$$\int_{-\infty}^{+\infty} p(x)\,\mathrm{d}x = 1 \tag{5.3}$$

任何 pdf 都需要满足这两个性质。因为整个概率密度曲线包裹的面积为 1，x 在一段特定范围内取值的概率总是小于 1。

5.3 期望和阶矩

了解随机变量 x 和 x 的函数的各种性质是很重要的。其中最明显的性质是统计中值。统计中值定义为 E 所表示的期望值。所以，x 的期望定义为

$$E[x] = \int_{-\infty}^{+\infty} xp(x)\,\mathrm{d}x \tag{5.4}$$

我们不仅可以找到 x 的期望，还可以算出任何关于 x 的函数的期望，

$$E[f(x)] = \int_{-\infty}^{+\infty} f(x)p(x)\,\mathrm{d}x \tag{5.5}$$

x 的函数可以是 x^2、x^3、$\cos(x)$ 或者其他对于随机变量 x 的操作，x 的期望通常还叫作 x 的一阶矩，用 m_1 表示，即

$$m_1 = \int_{-\infty}^{+\infty} xp(x)\,\mathrm{d}x \tag{5.6}$$

x 的 n 阶矩定义为 x^n 的期望，所以，

$$m_n = \int_{-\infty}^{+\infty} x^n p(x)\,\mathrm{d}x \tag{5.7}$$

阶矩的概念借用了力学中矩的术语。

如果一个随机变量以 V 为单位，那么它的一阶矩会与它的算术平均、几何平均或者直流电压有关。它的二阶矩会与它的平均功率有关。

描述一阶矩的散布程度叫作方差，定义为

$$E[(x-m_1)^2] = \mu_2 = \int_{-\infty}^{+\infty} (x-m_1)^2 p(x)\,\mathrm{d}x \tag{5.8}$$

标准差用 σ 来表示，定义为均值的散布，因此，

$$\sigma = \sqrt{\mu_2} \tag{5.9}$$

通过展开式（5.8）中的 2 次方项，可以得到 $\sigma = m_2 - m_1^2$。

一阶矩和标准差是描述一个随机变量行为最有效的两个工具。当然，计算其他阶矩可以更好地理解随机变量 x 的行为。因为每计算一个新阶矩都需要重新计算式（5.7），所以很多时候用矩母函数可以很大程度降低运算量。矩母函数定义为

$$E[\mathrm{e}^{sx}] = \int_{-\infty}^{+\infty} \mathrm{e}^{sx} p(x)\,\mathrm{d}x = F(s) \tag{5.10}$$

矩母函数类似于对 pdf 进行了拉普拉斯变换。于是我们可以进一步得到矩定理：如果我们把式（5.10）关于 s 微分 n 次，可以得到

$$F^n(s) = E[x^n \mathrm{e}^{sx}] \tag{5.11}$$

因此，当 $s=0$ 时，我们可以得到 n 阶矩如下：

$$F^n(0) = E[x^n] = m_n \tag{5.12}$$

例 5.1 如果一个随机变量的离散 pdf 为 $p(x) = 0.5[\delta(x+1) + \delta(x-1)]$，用矩母函数 $F(s)$ 计算它的前 3 阶矩。

解：根据矩母函数，可以得到

$$F(s) = \int_{-\infty}^{+\infty} e^{sx}(0.5)[\delta(x+1)+\delta(x-1)]dx = 0.5[e^{-s}+e^{s}]$$
$$= \cosh(s)$$

一阶矩为

$$m_1 = F^1(s)|_{s=0} = \left.\frac{d\cosh(s)}{ds}\right|_{s=0} = \sinh(0) = 0$$

二阶矩为

$$m_2 = F^2(s)|_{s=0} = \cosh(0) = 1$$

三阶矩为

$$m_3 = F^3(s)|_{s=0} = \sinh(0) = 0$$

5.4　常见的概率密度函数

在雷达、声呐和通信中有许多常用的 pdf。这些 pdf 描述了接收噪声，从多径到达的信号，到达信号相位、包络、功率的分布。这里简要总结了一些常用的 pdf 和它们的性质，这些对于第 6 ~ 8 章的学习十分有用。

5.4.1　高斯密度

高斯，或者叫正态概率密度应该是最常见的 pdf。高斯分布一般定义了接收机中的噪声行为，以及到达的多径信号的随机幅度性质。根据中心极限定理，许多连续随机变量之和随着随机变量数目的增加而趋于高斯分布。高斯密度定义为

$$p(x) = \frac{1}{\sqrt{2\pi\sigma^2}} e^{-\frac{(x-x_0)^2}{2\sigma^2}}, \quad -\infty \leqslant x \leqslant \infty \tag{5.13}$$

这是一个关于平均值 x_0 对称的钟形曲线，并有一个标准差 σ。图 5.3 展示了一个典型的高斯分布图。

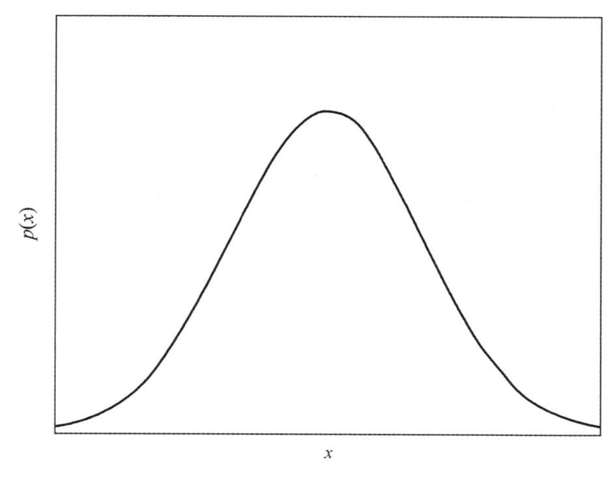

图 5.3　高斯密度函数

例 5.2 对于 $x_0=0$，$\sigma=2$ 的高斯 pdf，计算 x 存在于范围 $0\leqslant x\leqslant 4$ 的概率。

解：根据式（5.1）和式（5.13），可以算出概率为

$$P(0\leqslant x\leqslant 4)=\int_0^4 \frac{1}{\sqrt{8\pi}}\mathrm{e}^{-\frac{x^2}{8}}\mathrm{d}x=0.477$$

5.4.2 瑞利密度

当发现两个独立的高斯过程的包络时，瑞利概率密度通常会产生。此包络线可在输入高斯随机变量的线性滤波器的输出处找到。瑞利分布通常产生于没有直达路径时多径信号的包络。瑞利分布被定义为

$$p(x)=\frac{x}{\sigma^2}\mathrm{e}^{-x^2/2\sigma^2},\quad x\geqslant 0 \tag{5.14}$$

很容易看出，标准差是 σ。图 5.4 展示了一个典型的瑞利分布。

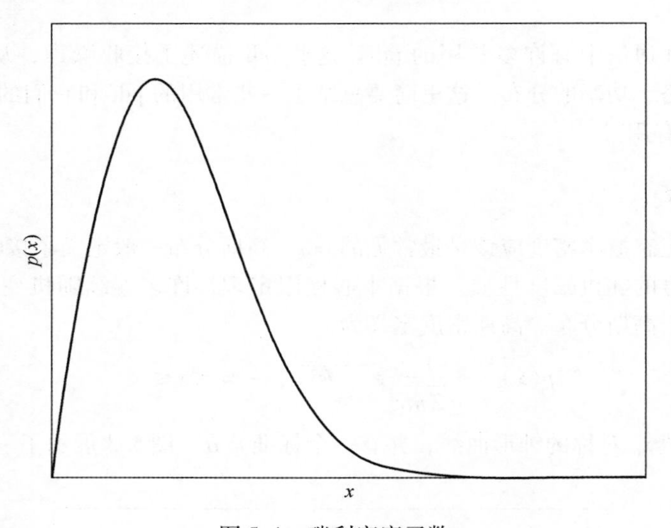

图 5.4 瑞利密度函数

例 5.3 $\sigma=2$ 的瑞利 pdf，计算 x 存在于范围 $0\leqslant x\leqslant 4$ 的概率。

解：根据式（5.1）和式（5.14），可以算出概率为

$$P(0\leqslant x\leqslant 4)=\int_0^4 \frac{x}{4}\mathrm{e}^{-\frac{x^2}{8}}\mathrm{d}x=0.865$$

5.4.3 均匀密度

均匀分布通常是由传播信号的随机相位分布而产生的。不仅相位延迟会产生均匀分布，不同传播波的到达角往往也具有均匀分布。均匀分布被定义为

$$P(x)=\frac{1}{b-a}[u(x-a)-u(x-b)]\quad a\leqslant x\leqslant b \tag{5.15}$$

它的中值可被证明是$\frac{a+b}{2}$，图 5.5 展示了一个典型的均匀分布。

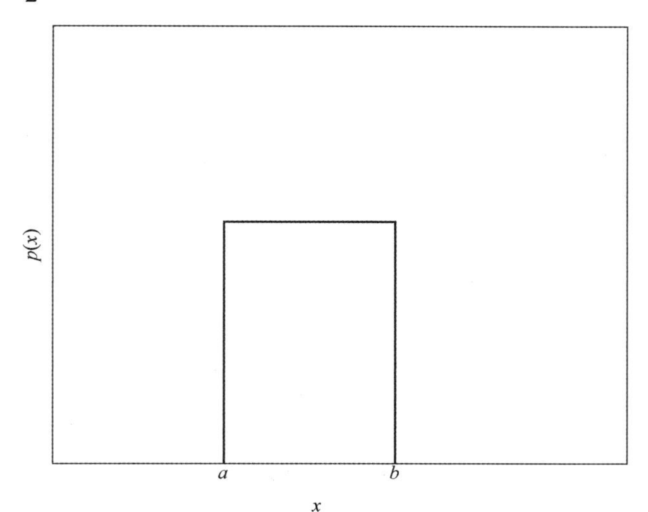

图 5.5　均匀密度函数

例 5.4　$a=-2$、$b=2$ 的均匀分布，用矩母函数找到它的前 3 阶矩。

解：将式（5.15）代入式（5.10），我们可以得到

$$F(s) = \frac{1}{4}\int_{-\infty}^{\infty}[u(x+2)-u(x-2)]\mathrm{e}^{sx}\mathrm{d}x = \frac{1}{4}\int_{-2}^{2}\mathrm{e}^{sx}\mathrm{d}x$$

$$= \frac{1}{2s}\sinh(2s)$$

所以一阶矩为

$$m_1 = F^1(s)\big|_{s=0} = \frac{\cosh(2s)}{s} - \frac{\sinh(2s)}{2s^2} = 0$$

二阶矩为

$$m_2 = F^2(s)\big|_{s=0} = \sinh(2s)\left[\frac{2}{s}+\frac{1}{s^3}\right] - \frac{2\cosh(2s)}{s^2} = \frac{4}{3}$$

三阶矩为

$$m_3 = F^3(s)\big|_{s=0} = \cosh(2s)\left[\frac{4}{s}+\frac{6}{s^3}\right] - \sinh(2s)\left[\frac{6}{s^2}+\frac{3}{s^4}\right] = 0$$

5.4.4　指数密度

指数密度函数有时用来描述入射信号的到达角。它也可以用来描述瑞利过程的功率分布。指数密度是 $n=1$（见参考文献［1］）时的 Eralang 密度，定义为

$$P(x) = \frac{1}{\sigma}\mathrm{e}^{-x/\sigma} \quad x \geqslant 0 \tag{5.16}$$

可以证明平均值是 σ，标准差也是 σ。文献中有时将式（5.16）中的 σ 用 $2\sigma^2$ 代替。图 5.6

展示了一个典型的指数分布图。

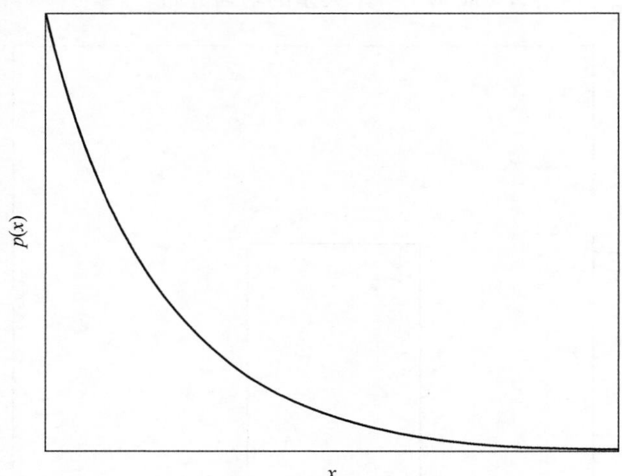

图 5.6　指数密度函数

例 5.5　在指数密度函数中，$\sigma=2$，计算 $2\leqslant x\leqslant 4$ 的概率并用矩母函数计算出它的前 2 阶矩。

解：概率为

$$P(2\leqslant x\leqslant 4)=\int_2^4\frac{1}{\sigma}\mathrm{e}^{-x(1/\sigma)}\mathrm{d}x=0.233$$

矩母函数可以推导出为

$$F(s)=\int_0^\infty\frac{1}{\sigma}\mathrm{e}^{-x(\frac{1}{\sigma}-s)}\mathrm{d}x=\frac{1}{1-\sigma s}$$

一阶矩为

$$F^1(s)=\left.\frac{\sigma}{(1-\sigma s)^2}\right|_{s=0}=\sigma=2$$

二阶矩为

$$F^2(s)=\left.\frac{2\sigma^2}{(1-\sigma s)^3}\right|_{s=0}=2\sigma^2=8$$

5.4.5　莱斯密度

在传播信道中，当多径信号中有直接路径信号加入时，很容易产生莱斯分布。直接路径插入一个非随机的载体，从而修正瑞利分布。对莱斯分布的推导的细节可以见参考文献［1，4］。莱斯分布定义为

$$p(x)=\frac{x}{\sigma^2}\mathrm{e}^{-\frac{(x2+A2)}{2\sigma^2}}I_0\left(\frac{xA}{\sigma^2}\right)\qquad x\geqslant 0,A\geqslant 0 \tag{5.17}$$

式中，$I_0()$是第 1 类零阶修正贝塞尔函数。

一个典型的莱斯分布如图 5.7 所示。

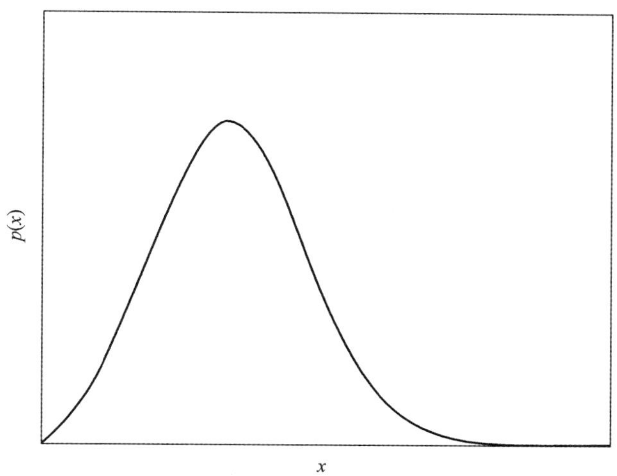

图 5.7　莱斯密度函数

例 5.6　$\sigma=2$、$A=2$ 的莱斯分布，$x\geqslant5$ 的概率是多少？

解：根据式（5.17）和式（5.1），可以得到

$$P(x\geqslant5)=\int_5^{\infty}\frac{x}{4}e^{-\frac{(x^2+4)}{8}}I_0\left(\frac{x}{2}\right)dx=0.121$$

5.4.6　拉普拉斯密度

拉普拉斯密度函数通常用来表示室内或拥挤的城市到达角的分布。拉普拉斯分布定义为

$$P(x)=\frac{1}{\sqrt{2}\sigma}e^{-\left|\frac{\sqrt{2}x}{\sigma}\right|},\quad -\infty\leqslant x\leqslant\infty \tag{5.18}$$

由于拉普拉斯分布是关于原点对称的，所以一阶矩是 0，可以证明二阶矩是 σ^2。拉普拉斯分布如图 5.8 所示。

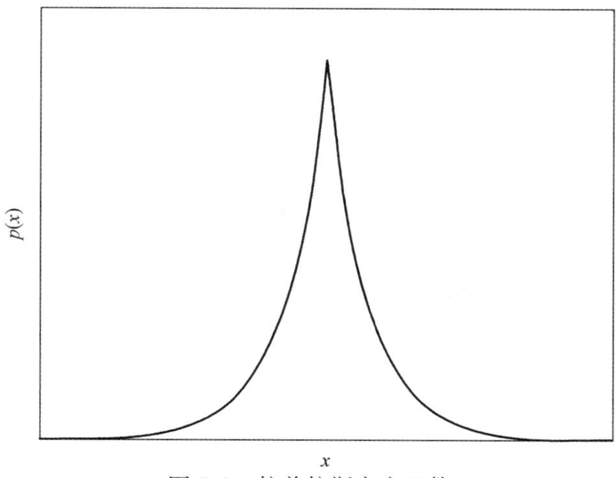

图 5.8　拉普拉斯密度函数

文献中还描述了许多其他的 pdf，但本章提到的 6 个函数是应用于无线通信问题中最常见的分布函数。

5.5 平稳性和遍历性

在实际应用中，我们可能知道信号和噪声的统计特性，但我们经常面临在有限的采样数据上执行操作的挑战。如果统计均值 m_1 是随机变量 x 的平均值，我们可以直观地假设时间均值等于统计均值。我们可以通过使用块长度 T 的时间均值来估计统计均值。随机变量 x 的时间均值可以被定义为

$$\hat{x} = \frac{1}{T}\int_0^T x(t)\,\mathrm{d}t \tag{5.19}$$

式中，$\hat{x}$是 x 统计均值的估计。

如果数据是采样数据，那么式（5.19）可以被写为一串序列：

$$\hat{x} = \frac{1}{K}\sum_{k=1}^{K} x(k) \tag{5.20}$$

因为随机变量 $x(t)$ 随时间变化，我们可以推断 $\hat{x}$ 同样随时间变化，视块长度 T 而定。由于在随机变量 x 上执行一个线性运算，所以我们创造了一个新的随机变量。人们会希望时间均值和统计均值就算不相同也将是相似的。我们取式（5.19）两边的期望值：

$$E(\hat{x}) = \frac{1}{T}\int_0^T E[x(t)]\,\mathrm{d}t \tag{5.21}$$

如果随机变量 x 的所有统计量不随时间变化，则随机过程被称为狭义平稳[1]。狭义平稳过程是指统计性质在对时间原点的移位过程中是不变的。如果随机变量的平均值不随时间变化，则该过程称为广义平稳。如果 x 是广义平稳的，则式（5.21）可以简化为

$$E[\hat{x}] = E[x(t)] = m_1 \tag{5.22}$$

事实上，统计数据可能会在短时间 T 内变化，但会在经历较长时间后稳定下来。如果通过增加 T（或 K）可以使时间均值估计收敛到统计均值，则该过程被称为在均值中遍历或均值遍历，可以写成

$$\lim_{T\to\infty}\hat{x} = \lim_{T\to\infty}\frac{1}{T}\int_0^T x(t)\,\mathrm{d}t = m_1 \tag{5.23}$$

或者

$$\lim_{T\to\infty}\hat{x} = \lim_{T\to\infty}\frac{1}{K}\sum_{k=1}^{K} x(k) = m_1 \tag{5.24}$$

同样，我们也可以用时间均值来估计 x 的方差为

$$\hat{\sigma}_x^2 = \frac{1}{T}\int_0^T (x(t) - \hat{x})^2\,\mathrm{d}t \tag{5.25}$$

如果数据是采样数据，则式（5.25）可以表示为

$$\hat{\sigma}_x^2 = \frac{1}{K}\sum_{k=1}^{K} (x(k) - \hat{x})^2 \tag{5.26}$$

如果通过增加 T（或 K）可以迫使方差估计收敛到统计方差，那么这个过程在方差中遍历或者叫作方差遍历，可以写成

$$\lim_{T\to\infty}\hat{\sigma}_x^2 = \lim_{T\to\infty}\frac{1}{T}\int_0^T (x(t)-\hat{x})^2\mathrm{d}t = \sigma_x^2 \tag{5.27}$$

或者

$$\lim_{T\to\infty}\hat{\sigma}_x^2 = \lim_{T\to\infty}\frac{1}{K}\sum_{k=1}^{K}(x(k)-\hat{x})^2 = \sigma_x^2 \tag{5.28}$$

总之，平稳过程是一种随机变量的统计特性不随时间变化的过程。遍历过程是可以通过不同时间的测量值估计统计信息，如均值、方差、自相关等性质的过程。在实际通信系统中，平稳性和遍历性非常有价值，因为在一定条件下，可以通过计算时间均值，准确地估计均值、方差和其他参数。

5.6　自相关和功率谱密度

知道随机变量在不同时间点与自己的关联度是很有价值的。也就是说，x 在 t_1 时与 x 在 t_2 时有什么关系？我们把这种相关性定义为自相关，因为我们把 x 与它本身联系在一起。自相关通常写为

$$R_x(t_1,t_2) = E[x(t_1)x(t_2)] \tag{5.29}$$

如果随机变量 x 是广义平稳的，t_1 和 t_2 的具体数值就不如这两个时间的间隔 τ 重要了。因此，对于广义平稳过程，自相关也可以写为

$$R_x(t) = E[x(t)x(t+\tau)] \tag{5.30}$$

应该指出的是，在 $\tau=0$ 时的自相关值等于 x 的二阶矩。因此，

$$R_x(0) = E[x^2] = m_2$$

同样地，在实际系统中，我们处理的总是有限的数据块，于是我们用时间均值估计自相关。因此，对自相关的估计可以定义为

$$\hat{R}_x(\tau) = \frac{1}{T}\int_0^T x(t)x(t+\tau)\mathrm{d}t \tag{5.31}$$

如果数据是采样数据，则式（5.31）可以表示为

$$\hat{R}_x(n) = \frac{1}{K}\sum_{k=1}^{K}x(k)x(k+n) \tag{5.32}$$

如果通过增加 T（或 K）可以使自相关估计收敛到统计自相关，则该过程在自相关中遍历或叫作自相关遍历，可以写成

$$\lim_{T\to\infty}\hat{R}_x(\tau) = \lim_{T\to\infty}\frac{1}{T}\int_0^T x(t)x(t+\tau)\mathrm{d}t = R_x(\tau) \tag{5.33}$$

需要注意的是，电子系统的自相关函数的单位通常用 W 表示。因此，$R_x(0)$表示随机变量 x 的平均功率。

与一般的信号和线性系统一样，了解随机变量 x 的频谱行为具有重要的指导意义。例如带宽和中心频率等参数，有助于系统设计者了解如何对所需信号进行最佳处理。自相关是关于不同

时间的两个随机变量之间的时间延迟的函数，因此，自相关可以使用傅里叶分析。我们把功率谱密度定义为自相关函数的傅里叶变换。

$$S_x(f) = \int_{-\infty}^{\infty} R_x(\tau) \mathrm{e}^{-\mathrm{j}2\pi f\tau} \mathrm{d}\tau \tag{5.34}$$

$$R_x(f) = \int_{-\infty}^{\infty} S_x(\tau) \mathrm{e}^{\mathrm{j}2\pi f\tau} \mathrm{d}f \tag{5.35}$$

式（5.34）和式（5.35）的傅里叶变换对常被称为维纳－辛钦对[6]。

5.7 协方差矩阵

在以往对随机变量的处理中，我们假设只有一个随机变量 x 存在，并对这些标量值进行期望运算。当随机变量集合存在时会出现多种情况。一个简单的例子是天线阵列的每个阵元的输出。如果入射平面波对所有阵元都是随机电压，则接收到的信号 x 是一个向量。利用第4章中的符号，我们可以描述一个入射平面波阵元的输出电压为

$$\bar{x}(t) = \bar{a}(\theta) \cdot s(t) \tag{5.36}$$

式中，$s(t)$表示 t 时入射的单色信号；$\bar{a}(\theta)$表示 θ 方向到达的 M 阵元阵列导向向量。

现在让我们定义 $M \times M$ 阵列协方差矩阵 $\bar{R}_{xx}$：

$$\begin{aligned}\bar{R}_{xx} &= E[\bar{x} \cdot \bar{x}^{\mathrm{H}}] = E[(\bar{a}s)(s^* \bar{a}^{\mathrm{H}})] \\ &= \bar{a}E[|s|^2]\bar{a}^{\mathrm{H}} \\ &= S\bar{a} \cdot \bar{a}^{\mathrm{H}}\end{aligned} \tag{5.37}$$

式中，$(\ )^{\mathrm{H}}$ 表示共轭转置，$S = E[|s|^2]$。

式（5.37）中的协方差矩阵假定我们使用期望算子 $E[\ ]$来计算集合平均。需要注意的是，这不是向量自相关，因为我们没有在向量 $\bar{x}$ 中引入时间延迟。有时相关矩阵称为协方差矩阵。

对于实际系统，由于有限的数据块，我们必须利用时间均值来估计协方差矩阵。因此，我们可以以另一种方式表达式（5.37）。

$$\hat{R}_{xx} = \frac{1}{T}\int_0^T \bar{x}(t) \cdot \bar{x}(t)^{\mathrm{H}} \mathrm{d}t = \frac{\bar{a} \cdot \bar{a}^{\mathrm{H}}}{T}\int_0^T |s(t)|^2 \mathrm{d}t \tag{5.38}$$

如果数据是采样数据，式（5.38）可以被写为

$$\hat{R}_{xx} = \frac{\bar{a} \cdot \bar{a}^{\mathrm{H}}}{K}\sum_{k=1}^{K} |s(k)|^2 \tag{5.39}$$

如果通过增加 T（或 K）可以使协方差矩阵估计收敛到统计相关矩阵，那么这个过程可以说在协方差矩阵中遍历，可以被写为

$$\lim_{T\to\infty} \hat{R}_{xx}(\tau) = \lim_{T\to\infty} \frac{1}{T}\int_0^T x(t)x(t)^{\mathrm{H}} \mathrm{d}t = \bar{R}_{xx} \tag{5.40}$$

协方差矩阵将在第7章和第8章中被大量使用。

5.8 参考文献

1. Papoulis, A., *Probability, Random Variables, and Stochastic Processes*, 2d ed., McGraw-Hill, New York, 1984.
2. Peebles, P., *Probability, Random Variables, and Random Signal Principles*, McGraw-Hill, New York, 1980.
3. Thomas, J., *An Introduction to Statistical Communication Theory*, Wiley, New York, 1969.
4. Schwartz, M., *Information, Transmission, Modulation, and Noise*, McGraw-Hill, New York, 1970.
5. Haykin, S., *Communication Systems*, 2d ed., Wiley, New York, 1983.
6. Papoulis, A., and S. Pillai, *Probability, Random Variables, and Stochastic Processes*, 4th ed., McGraw-Hill, New York, 2002.

5.9 习题

1. 给出离散 pdf

$$p(x)=\frac{1}{3}[\delta(x)+\delta(x-1)+\delta(x-2)]$$

(a) 求矩母函数 $F(s)$。

(b) 用式（5.7）计算前 2 阶矩。

(c) 用矩母函数和式（5.12）计算前 2 阶矩。

2. 对于 $\delta=1$、$x_0=3$ 的高斯密度，

(a) 用 MATLAB 画出 $-10\leqslant x\leqslant 10$ 的函数图像。

(b) 概率 $P(x\geqslant 2)$是多少?

3. 对于 $\sigma=2$ 的瑞利密度，

(a) 用 MATLAB 画出 $0\leqslant x\leqslant 10$ 的函数图像。

(b) 概率 $P(x\geqslant 2)$是多少?

4. 对于 $a=0$、$b=5$ 的均匀分布，

(a) 用式（5.7）计算前 2 阶矩。

(b) 用式（5.12）计算前 2 阶矩。

5. 对于 $\sigma=2$ 的指数密度，

(a) 用 MATLAB 画出 $0\leqslant x\leqslant 5$ 的函数图像。

(b) 概率 $P(x\geqslant 2)$是多少?

6. 对于 $\sigma=3$、$A=5$ 的莱斯密度，

(a) 用 MATLAB 画出 $0\leqslant x\leqslant 10$ 的函数图像。

(b) 概率 $P(x\geqslant 5)$是多少?

7. 对于 $\sigma=2$ 的拉普拉斯密度，

(a) 用 MATLAB 画出 $-6\leqslant x\leqslant 6$ 的函数图像。

(b) 概率 $P(x\leqslant -2)$是多少?

8. 通过指令 $x=\sigma^{*}$ randn(1，30)，用 MATLAB 创建 $\sigma=2$、均值为 0 的 30 个高斯随机采样点。这是一个块长度 $K=30$ 的离散时间序列，

（a）用式（5.20）估计均值。

（b）用式（5.26）估计标准差 σ_x。

（c）这些估计值与真正高斯过程的平均值和标准差之间的百分比误差是多少？

9. 用习题 8 中的采样序列，

（a）用 MATLAB 的 xcorr( )指令计算并画出 x 的自相关函数 $R_x(n)$。

（b）使用 FFT 命令和 fftshift 来计算 $R_x(n)$的功率谱密度，并画出绝对值。

10. 对于阵元间隔$\frac{\lambda}{2}$，$N=2$ 阵元阵列，

（a）当 $\theta=30°$时，阵列导向向量是多少？

（b）定义阵列的时间信号为 $s(t)=2\exp(\mathrm{j}\pi t/T)$，通过式（5.38）计算阵列协方差矩阵。

第 6 章　传播信道特性

当接收信号完全是直接路径传播的结果时，会发生自由空间传输。在这种情况下，接收端不存在由多径信号引起的干扰。接收到的信号的强度计算是直接且确定的。自由空间传输模型是一个可用于理解基本传播行为的有用构造。然而，因为它无法解释多径传播的众多陆地影响，所以自由空间模型是不现实的。本章通常假定传播信道至少包含两条传播路径。

信道被定义为发射天线和接收天线之间的通信路径。它考虑所有可能的传播路径以及吸收、球面扩展、衰减、反射损耗、法拉第旋转、闪烁、极化关系、时延扩展、角度扩展、多普勒扩展、色散、干扰、运动和衰落等的影响。对于任何一个信道来说，它可能不会必须具备上述所有影响，但通常对通信波形都会产生多种影响。显然，随着可用的传播路径的数量增加，信道的复杂度也会提升。如果一个或多个变量是随时间变化的，比如接收机或发射机的位置，也会使信道变得更加复杂。目前已经存在一些描述信道特征的优秀参考文献[1-9]。

室内传播建模可能是一个艰巨的挑战。这在一定程度上是由于窗户、门、墙柱、天花板、电气导管和管道等结构的位置具有常规性和周期性，同时也由于散射物体相对于发射机或接收机非常接近。从 Sarkar 等人[5]、Shankar[3] 和 Rappaport [9] 的贡献中，可以找到一种对室内传播信道的有效处理。本章基于室外传播的条件，展示了信道特性的基础知识。

6.1　平地模型

我们在第 2 章对平地模型进行了讨论。尽管这种传播模型是简单的，但它展示了更复杂的传播场景的元素。我们复现图 2.17 为图 6.1。发射机高度为 h_1，而接收机高度为 h_2。直接路径项的路径长度为 r_1。由于地平面的存在，还有一个被称作间接路径的反射项。它的总路径长度为 r_2。

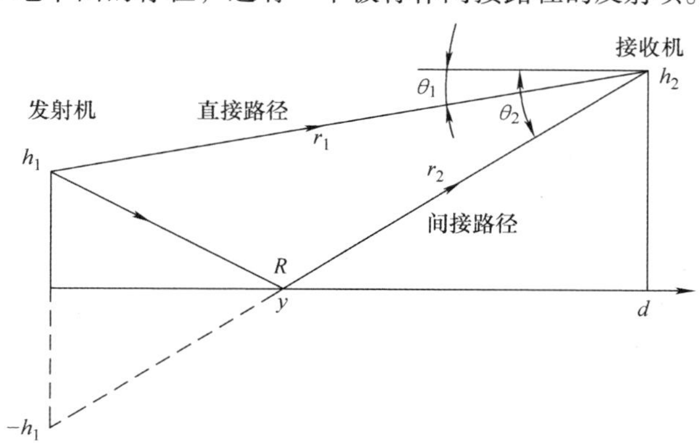

图 6.1　平地上的传播

地面在 y 点处的反射系数为 R。反射系数 R 通常是复杂的，并且可以选择表示为 $R=|R|\mathrm{e}^{\mathrm{j}\psi}$。反射系数可以从式（2.63）或式（2.69）中描述的菲涅尔反射系数中找到。反射系数取决于极化。一个表达式是用于电场 E 平行于入射面的平行极化（E 与地面垂直），另一个表达式用于电场 E 垂直于入射面的垂直极化（E 与地面平行）。

通过简单地代数运算，可以证明

$$r_1=\sqrt{d^2+(h_2-h_1)^2} \tag{6.1}$$

$$r_2=\sqrt{d^2+(h_2+h_1)^2} \tag{6.2}$$

总共接收到的相量场可以表示为

$$E_{\mathrm{rs}}=\frac{E_0\mathrm{e}^{-\mathrm{j}kr_1}}{r_1}+\frac{E_0R\mathrm{e}^{-\mathrm{j}kr_2}}{r_2} \tag{6.3}$$

式中，E_{rs}是接收到的电场 E_{r} 的相量表示。

反射点由 $y=dh_1/(h_1+h_2)$得到。因此，到达角可以表示为

$$\theta_1=\arctan\left(\frac{h_2-h_1}{d}\right) \tag{6.4}$$

$$\theta_2=\arctan\left(\frac{h_2+h_1}{d}\right) \tag{6.5}$$

最后，到达的时延为 $\tau_1=\dfrac{r_1}{c}$与 $\tau_2=\dfrac{r_2}{c}$，其中 c 为传播速度。

如果假设天线高度 h_1，$h_2\ll r_1$，r_2，我们可以对式（6.1）和式（6.2）使用二项式展开得到简化的距离表达式。

$$r_1=\sqrt{d^2+(h_2-h_1)^2}\approx d+\frac{(h_2-h_1)^2}{2d} \tag{6.6}$$

$$r_2=\sqrt{d^2+(h_2+h_1)^2}\approx d+\frac{(h_2+h_1)^2}{2d} \tag{6.7}$$

如果我们再假设 $r_1\approx r_2$，将式（6.6）和式（6.7）代入式（6.3）可得

$$\begin{aligned}E_{\mathrm{rs}}&=\frac{E_0\mathrm{e}^{-\mathrm{j}kr_1}}{r_1}\left[1+R\mathrm{e}^{-\mathrm{j}k(r_2-r_1)}\right]\\&=\frac{E_0\mathrm{e}^{-\mathrm{j}kr_1}}{r_1}\left[1+|R|\mathrm{e}^{-\mathrm{j}\left(k\frac{2h_1h_2}{d}-\psi\right)}\right]\\&=\frac{E_0\mathrm{e}^{-\mathrm{j}kr_1}}{r_1}\left[1+|R|\left(\cos\left(k\frac{2h_1h_2}{d}-\psi\right)-\mathrm{j}\sin\left(k\frac{2h_1h_2}{d}-\psi\right)\right)\right]\end{aligned} \tag{6.8}$$

式（6.8）为相量形式。我们可以通过 $\mathrm{Re}\{E_{\mathrm{rs}}\mathrm{e}^{\mathrm{j}\omega t}\}$将其转换为时域表达式，通过使用欧拉恒等式和一些处理，我们可以将时域表达式写为

$$\begin{aligned}E_{\mathrm{r}}(t)=\frac{E_0}{r_1}\Big[&\left(1+|R|\cos\left(k\frac{2h_1h_2}{d}-\psi\right)\right)\cos(\omega t-kr_1)+\\&|R|\sin\left(k\frac{2h_1h_2}{d}-\psi\right)\sin(\omega t-kr_1)\Big]\end{aligned} \tag{6.9}$$

这个解是由两个正交的正弦信号协调相互作用构成的。如果 $R=0$，式（6.9）回归到直接路径解。式（6.9）的一般形式为

$$X\cos(\omega t-kr_1)+Y\sin(\omega t-kr_1)=A\cos(\omega t-kr_1+\phi) \tag{6.10}$$

式中，

$$X=\frac{E_0}{r_1}\left(1+|R|\cos\left(k\frac{2h_1h_2}{d}-\psi\right)\right)$$

$$Y=\frac{E_0}{r_1}|R|\sin\left(k\frac{2h_1h_2}{d}-\psi\right)$$

$$A=\sqrt{X^2+Y^2}\text{为信号包络}$$

$$\phi=\arctan\left(\frac{Y}{X}\right)\text{为信号相位}$$

因此，式（6.9）的包络和相位为

$$A=\frac{E_0}{r_1}\sqrt{\left(1+|R|\cos\left(k\frac{2h_1h_2}{d}-\psi\right)\right)^2+\left(|R|\sin\left(k\frac{2h_1h_2}{d}-\psi\right)\right)^2} \tag{6.11}$$

$$\phi=\arctan\left(\frac{\frac{E_0}{r_1}|R|\sin\left(k\frac{2h_1h_2}{d}-\psi\right)}{\frac{E_0}{r_1}\left(1+|R|\cos\left(k\frac{2h_1h_2}{d}-\psi\right)\right)}\right) \tag{6.12}$$

式中，$\frac{E_0}{r_1}$为直接路径振幅。

例 6.1　假设以下值：$|R|=0.3$、0.6、0.9，$\psi=0$，$\frac{E_0}{r_1}=1$，$h_1=5\text{m}$，$h_2=20\text{m}$，$d=100\text{m}$。请问时延 τ_1 和 τ_2 是多少？同时，请做出$(2kh_1h_2)/d$ 的包络和相位的曲线族。

解：根据式（6.6）与式（6.7），计算得到距离 $r_1=101.12\text{m}$，$r_2=103.08\text{m}$。相应的时延为 $\tau_1=0.337\mu\text{s}$，$\tau_2=0.344\mu\text{s}$。所求包络与相位的曲线如图 6.2 和图 6.3 所示。

图6.2 与图6.3 表明，如果任何一个横坐标变量发生改变，不管是天线高度（h_1，h_2）、天线

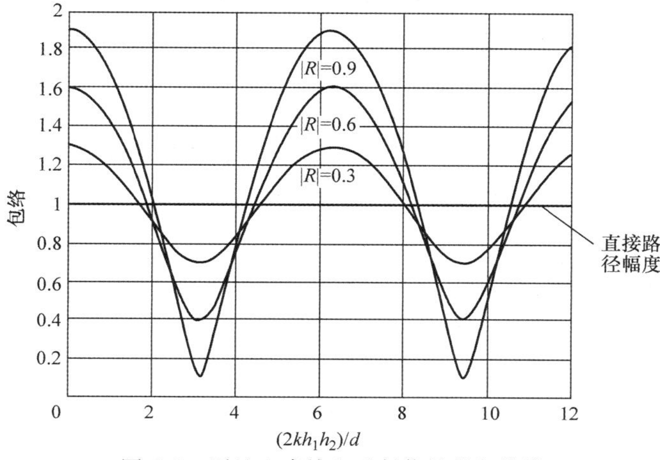

图 6.2　平地上直接和反射信号的包络线

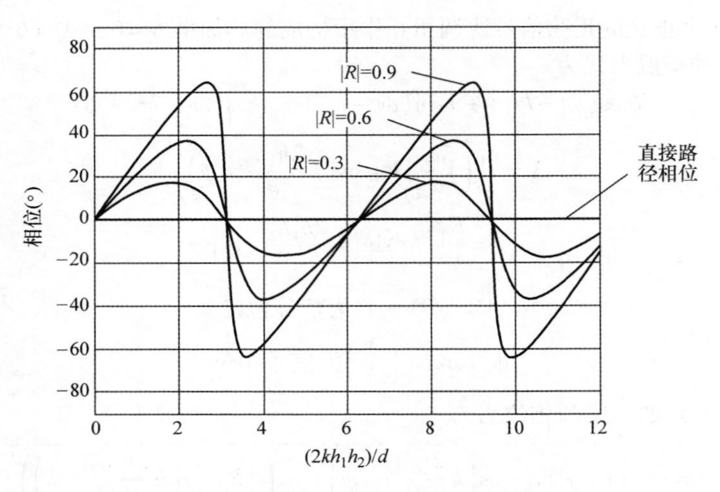

图 6.3　平地上直接和反射信号的相位

间的距离 d 还是波数 k，接收到的信号都将受到严重的干扰。一般来说，总的接收信号可以在 0～2 倍于直接路径成分的振幅之间波动，相位角可以在 $-90°$～$90°$之间变化。如果天线 1 代表一部在移动的车辆中的移动电话，你可以看到多径是如何产生干扰导致信号衰落的。衰落被定义为接收信号强度的波动。

6.2　多径传播机制

前面讨论的平地模型是一个确定性模型，对证明基本干扰的原理具有指导意义。在平地模型的情况下，我们始终知道接收信号的电压。在典型的多径/信道场景中，大量反射、衍射、折射和散射物体随机分布。在这种情况下，会产生多条多径，导致确定性地对信道进行建模变得非常困难。因此，我们必须研究估计信号和信道行为的统计模型。

图 6.4 显示了一个含有多种传输因素的传播信道，可以产生多个传播路径。让我们定义这些因素。

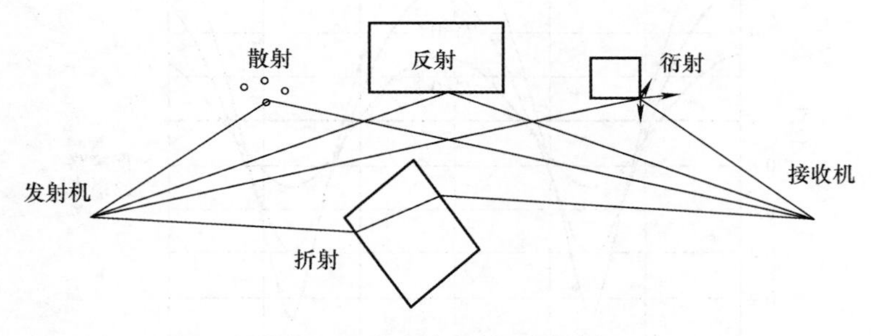

图 6.4　产生多径的不同因素

- 散射：当电磁信号触碰到尺寸比自身波长小得多的物体时，会发生散射。例如，这些物体可能是水滴、云或昆虫。在电磁领域中，通常称之为瑞利散射。（这不会与瑞利衰落产生混淆，尽管这两种现象是相互关联的。）

- 折射：当电磁信号穿过某种结构传播时，会发生折射。由于介质的电特性不同，传播路径被转移。边界条件有助于确定折射的程度。
- 反射：当电磁信号以一定的角度撞击光滑表面并向接收端传输时会产生反射。通常情况下反射角等于入射角。
- 衍射：衍射发生在电磁信号撞击波长较大的结构的边缘或角时，入射光依据凯勒衍射定律在光锥中衍射[10]。

诸如散射、折射、反射和衍射的各种机制产生交替的传播路径，使得接收到的信号是多个相位、幅度和时延都不相同的信号复制品的组合。因此，多径信号的幅度、相位和时延都成为随机变量。

6.3　传播信道基础

为了更好地理解在典型户外环境中传播的无线信号的性能，有必要定义一些术语。这些术语通常用于描述信道的性能或特征。

6.3.1　衰落

衰落是用于描述由于多径分量而导致接收信号波动的术语，一些到达接收端的多路信号，由于经过了不同的传播路径，产生了一定程度不同的失真。衰落可以分为快衰落和慢衰落。另外，衰落还可以被定义为平坦衰落或者频率选择性衰落。

快衰落是以极短距离快速波动为特征的传播。这种衰落是由于附近物体的散射造成的，因此被称为小尺度衰落。通常可以观察到长为半波长距离的快衰落。当没有直接路径（视线）时，瑞利分布最适用于这种衰落情景。因此，快衰落有时又被称为瑞利衰落。当存在直接路径或主路径时，快衰落可以用莱斯分布来建模。

慢衰落是以信号平均值的缓慢变化为特征的传播。这种衰落来源于更远更大的物体的散射，因此被称作大尺度衰落。通常，慢衰落是移动用户行进相对于波长大得多的距离时信号幅度的趋势。慢衰落的平均值一般通过对 10 ~ 30 个波长的信号求平均值所得[11]。对数正态分布最契合这种衰落情景，因此，慢衰落有时又被称为对数正态衰落。图 6.5 描述了快衰落和慢衰落。

平坦衰落是指信道的频率响应相对于发射信号的频率是平坦的，即信道带宽 B_C 大于信号带宽 B_S（$B_C > B_S$）。因此，信道的多径特性保持了接收机处的信号质量。

频率选择性衰落发生在信道带宽 B_C 小于信号带宽 B_S（$B_C < B_S$）时。在这种情况下，多径延迟开始成为传输信号持续时间内的重要部分并发生色散。

电气工程师应该特别关注快衰落，因为快衰落产生的波动会对通信的可靠性造成严重的问题。

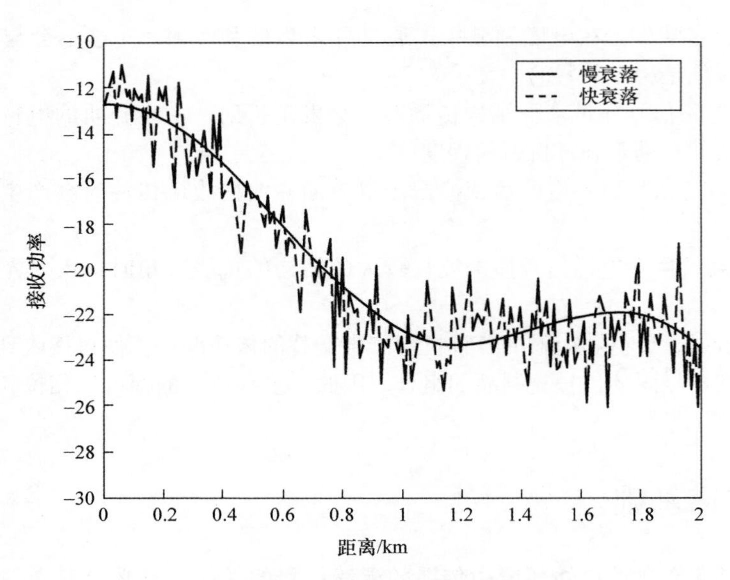

图 6.5　快衰落与慢衰落示例

6.3.2　快衰落建模

1. 没有直接路径的多径

基于图 6.4 的情景，我们假设不存在直接路径，但是整个接收电场基于多路径传播。我们可以将接收到的电压相量表示为接收机内所有可能的多径分量电压之和。

$$v_{rs} = \sum_{n=1}^{N} a_n e^{-j(kr_n - \alpha_n)} = \sum_{n=1}^{N} a_n e^{j\phi_n} \tag{6.13}$$

式中，a_n 为第 n 条路径的随机振幅；α_n 为与第 n 条路径相关联的随机相位；r_n 为第 n 条路径的长度；$\phi_n = -kr_n + \alpha_n$。

当设想有大量随机分布的散射结构 N，我们可以假设相位 ϕ_n 是均匀分布的，从而接收电压在时域上可以表示为

$$\begin{aligned} v_r &= \sum_{n=1}^{N} a_n \cos(\omega_0 t + \phi_n) \\ &= \sum_{n=1}^{N} a_n \cos(\phi_n)\cos(\omega_0 t) - \sum_{n=1}^{N} a_n \sin(\phi_n)\sin(\omega_0 t) \end{aligned} \tag{6.14}$$

我们可以像式（6.10）那样使用简单的三角恒等式进一步简化式（6.14）：

$$v_r = X\cos(\omega_0 t) - Y\sin(\omega_0 t) = r\cos(\omega_0 t + \phi) \tag{6.15}$$

式中，$X = \sum_{n=1}^{N} a_n \cos(\phi_n)$；$Y = \sum_{n=1}^{N} a_n \sin(\phi_n)$；$r = \sqrt{X^2 + Y^2}$为包络；$\phi = \arctan\left(\frac{Y}{X}\right)$。

当 $N \to \infty$ 时，由中心极限定理可知随机变量 X 和 Y 服从均值为 0、标准差为 σ 的高斯分布。相位 ϕ 也可以看作服从均匀分布 $p(\phi) = \frac{1}{2\pi}(0 \leqslant \phi \leqslant 2\pi)$，包络 r 是由随机变量 X 和 Y 变换而来，

可以证明它服从 Schwarz[12] 或 Papoulis[13] 给出的瑞利分布。瑞利分布的 pdf 为

$$p(r)=\frac{r}{\sigma^2}\mathrm{e}^{-\frac{r^2}{2\sigma^2}},\quad r\geqslant 0 \tag{6.16}$$

式中，σ^2 是高斯随机变量 X 或 Y 的方差。

图 6.6 展示了两种不同标准差的瑞利分布。虽然 X 和 Y 的均值是 0，但是瑞利分布的均值是 $\sigma\sqrt{\frac{\pi}{2}}$。

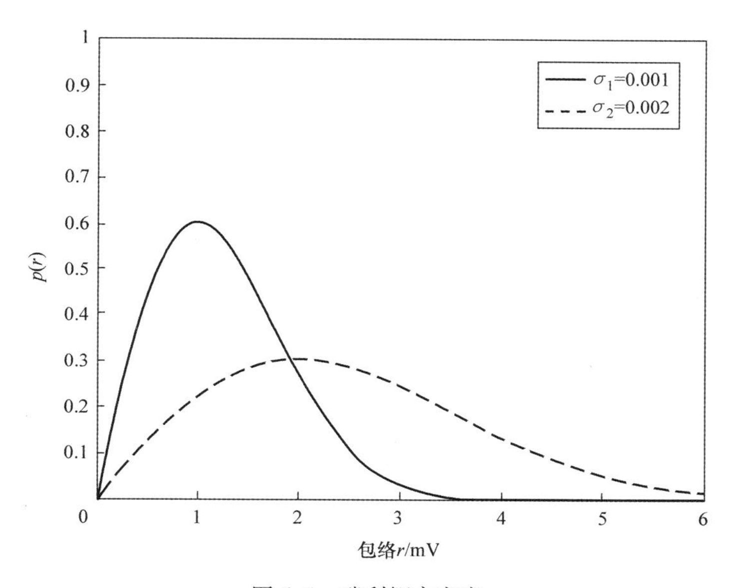

图 6.6　瑞利概率密度

例 6.2　对于 $\sigma=0.003\mathrm{V}$ 的瑞利衰落信道，接收电压的包络超过阈值 5mV 的概率是多少？

解：接收电压的包络超过阈值 5mV 的概率为

$$P(r\geqslant 0.005)=\int_{0.005}^{\infty}\frac{r}{\sigma^2}\mathrm{e}^{-\frac{r^2}{2\sigma^2}}\mathrm{d}r=0.249$$

这可以用图 6.7 中曲线下的阴影区域来表示。

可以证明，如果包络服从瑞利分布，则功率 $p(\mathrm{W})$ 将服从指数分布[3,13]（也称为 $n=1$ 的 Erlang分布）：

$$p(p)=\frac{1}{2\sigma^2}\mathrm{e}^{-\frac{p}{2\sigma^2}},\ p\geqslant 0 \tag{6.17}$$

功率的均值为

$$E[p]=p_0=\int_0^{\infty}p\cdot p(p)\,\mathrm{d}p$$

$$=\int_0^{\infty}\frac{p}{2\sigma^2}\mathrm{e}^{-\frac{p}{2\sigma^2}}\mathrm{d}p=2\sigma^2 \tag{6.18}$$

因此，$p_0=2\sigma^2$ 并且可以用式（6.17）代替。功率分布如图 6.8 所示，$p_0=2\mu\mathrm{W}$、$4\mu\mathrm{W}$。

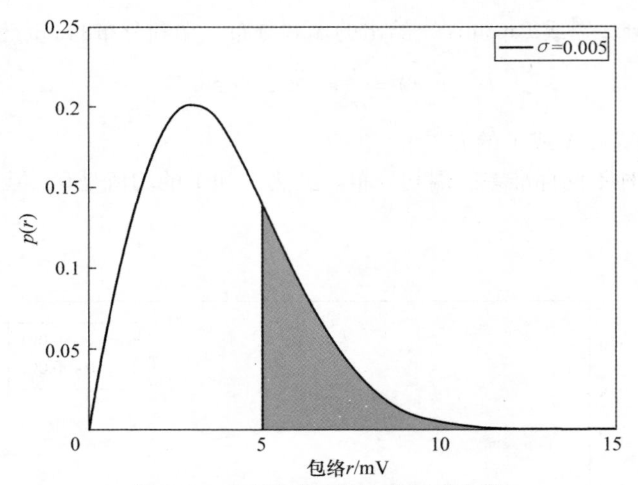

图 6.7　瑞利概率密度与指示的阈值

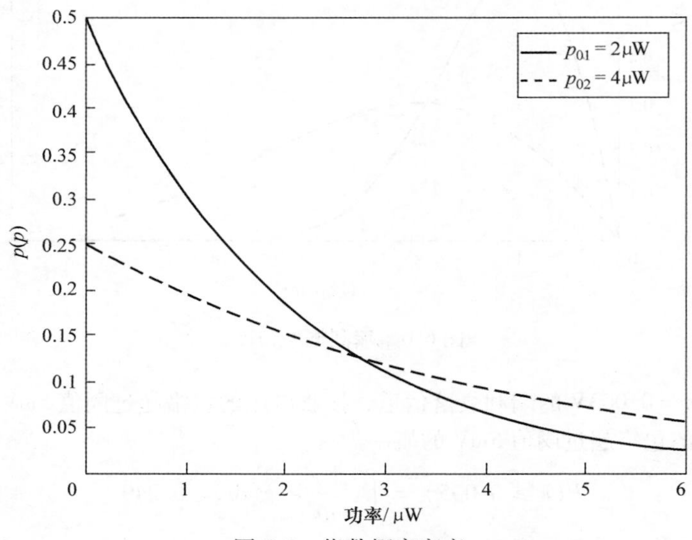

图 6.8　指数概率密度

接收机中可检测到的最小功率阈值为 P_{th}，它取决于接收机的噪声系数和检测器阈值。如果收到的功率降到该阈值以下，接收机会因为后端信噪比不足而进入“停机”状态。中断概率即为接收端功率太小以至于检测不到的概率。可以表示为

$$P(p \leqslant P_{th}) = \int_0^{P_{th}} \frac{1}{p_0} e^{-\frac{p}{p_0}} dp \tag{6.19}$$

例 6.3　如果平均功率为 $2\mu W$，阈值功率为 $1\mu W$，瑞利信道的中断概率是多少？

解：中断概率为

$$P(p \leqslant 1\mu W) = \int_0^{1\mu W} \frac{1}{2\mu W} e^{-\frac{p}{2\mu W}} dp = 0.393$$

如图6.9中曲线下的阴影部分所示。

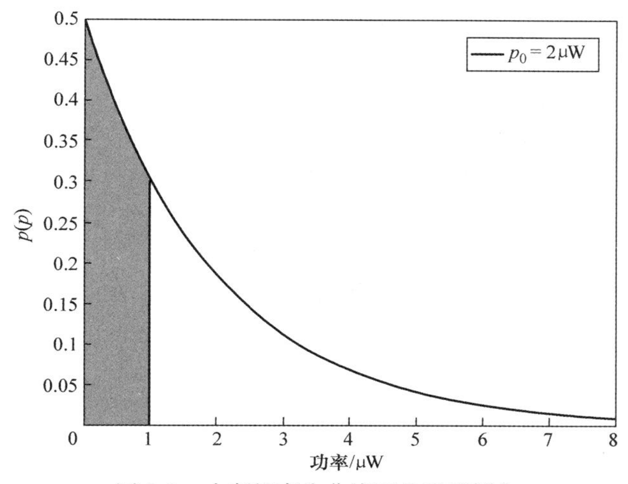

图6.9　中断概率为曲线下的阴影部分

2. 带有直接路径的多径传输

在图6.10中存在直接路径，如果在接收电压中存在直接路径的分量，式（6.14）和式（6.15）中必须加入带有直接路径幅度A(V)的直接路径分量。

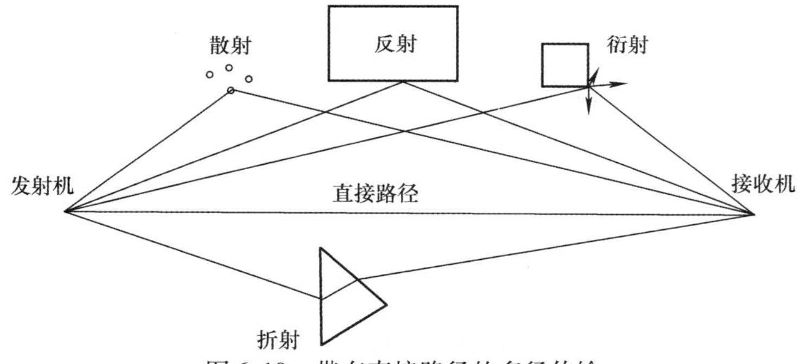

图6.10　带有直接路径的多径传输

$$
\begin{aligned}
v_r &= A\cos(\omega_0 t) + \sum_{n=1}^{N} a_n \cos(\omega_0 t + \phi_n) \\
&= \left[A + \sum_{n=1}^{N} a_n \cos(\phi_n)\right]\cos(\omega_0 t) - \sum_{n=1}^{N} a_n \sin(\phi_n)\sin(\omega_0 t)
\end{aligned}
\tag{6.20}
$$

包络大小$r = \sqrt{X^2 + Y^2}$。其中随机变量X和Y需要重新修改为

$$
\begin{aligned}
X &= A + \sum_{n=1}^{N} a_n \cos(\phi_n) \\
Y &= \sum_{n=1}^{N} a_n \sin(\phi_n)
\end{aligned}
\tag{6.21}
$$

式中，随机变量X是期望为A、标准差为σ的高斯随机变量。随机变量Y是期望为0、标准差为

σ 的高斯随机变量。包络的 pdf 现在是莱斯分布，如下所示：

$$p(r) = \frac{r}{\sigma^2} e^{-\frac{(r2+A2)}{2\sigma2}} I_0\left(\frac{rA}{\sigma^2}\right) \quad r \geqslant 0, A \geqslant 0 \tag{6.22}$$

式中，$I_0(\,)$为第 1 类零阶修正贝塞尔函数。

莱斯分布可以用参数 $K = A^2/(2\sigma^2)$ 来描述。其中 K 是直接路径信号功率与多径的方差比。K 又被称为莱斯因子，其 dB 形式可用式（6.23）表示，即

$$K(\mathrm{dB}) = 10\log_{10}\left(\frac{A^2}{2\sigma^2}\right) \tag{6.23}$$

当 $A = 0$ 时，莱斯分布将变为瑞利分布。不同的 K 值对应的莱斯分布如图 6.11 所示。

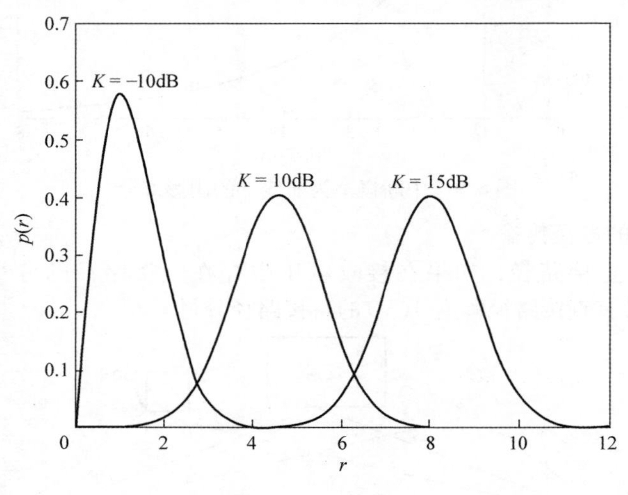

图 6.11　莱斯分布

例 6.4　在一个 $\sigma = 3\mathrm{mV}$ 的莱斯衰减信道中，直接路径的幅度为 $A = 5\mathrm{mV}$。求接收信号电压的包络大于 5mV 的概率。

解：接收信号电压的包络大于 5mV 的概率由以下公式可以求出：

$$p(r \geqslant 0.005) = \int_{0.005}^{\infty} \frac{r}{\sigma^2} e^{-\frac{(r2+A2)}{2\sigma2}} I_0\left(\frac{A^2}{2\sigma^2}\right) \mathrm{d}r = 0.627$$

图 6.12 中的阴影部分表示了上述结果。

与例 6.2（没有直接路径）相比，例 6.4 可以得出，在存在直接路径的情况下，能检测到的信号的概率有明显增大。

3. 快衰信道中的运动

上述例子在可视范围（line - of - sight，LOS）和不可视范围（non - line - of - sight，NLOS）内的传播，都是建立在发射端或接收端在信道内不发生位移的假设下。位移会通过改变接收端或发射端的位置改变信道的表现，并且会给接收信号引入多普勒频移。图 6.13 所示为发射端在发生位移的情况下，没有直接路径的多径传输环境。

如图 6.13 所示，当车辆以一个恒定速度发生位移时，很多参数会随着时间的变化而变化。

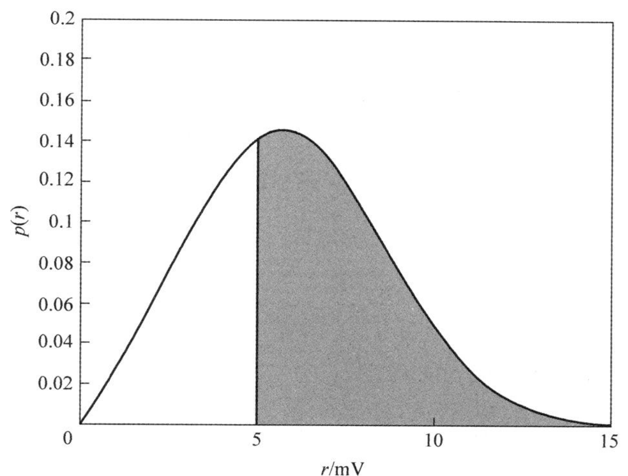

图 6.12　有明确阈值的莱斯分布概率密度

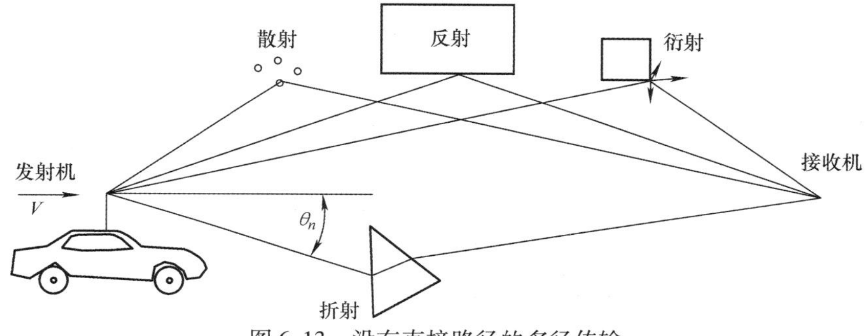

图 6.13　没有直接路径的多径传输

每一个多径传输的角度（θ_n）是和时间相关的。由于对于移动的车辆来说，散射角度对于每一个物体都不同，每一条多径传输路径都经历不同的多普勒频移。并且由于传播时延在发生变化，整体的相移也随着时间在变化。

有可能发生的最大多普勒频移如下：

$$f_{\mathrm{d}} = f_0 \frac{v}{c} \tag{6.24}$$

式中，f_{d} 为多普勒频率；f_0 为载频；v 为车辆速度；c 为光速。在第 n 条路径上，车辆移动的角度是 θ_n，所以多普勒频移公式做出如下改动。第 n 条路径上的多普勒频移如下：

$$f_n = f_{\mathrm{d}}\cos\theta_n = f_0 \frac{v}{c}\cos\theta_n \tag{6.25}$$

计算多普勒频移 f_n 的式（6.14）可以改写为式（6.26），即

$$\begin{aligned} v_{\mathrm{r}} &= \sum_{n=1}^{N} a_n \cos(2\pi f_n t + \phi_n)\cos(\omega_0 t) - \sum_{n=1}^{N} a_n \sin(2\pi f_n t + \phi_n)\sin(\omega_0 t) \\ &= \sum_{n=1}^{N} a_n \cos(2\pi f_{\mathrm{d}}\cos(\theta_n) t + \phi_n)\cos(\omega_0 t) \end{aligned} \tag{6.26}$$

$$- \sum_{n=1}^{N} a_n \sin(2\pi f_d \cos(\theta_n)t + \phi_n)\sin(\omega_0 t)$$

现在有 3 个随机变量 a_n、ϕ_n 以及 θ_n。幅度参数是高斯分布，相位参数假定为均匀分布，$0 \leqslant \phi_n$ 且 $\theta_n \leqslant 2\pi$。v_r 的包络再一次变为瑞利分布，包络 r 可以表示为

$$r = \sqrt{X^2 + Y^2} \tag{6.27}$$

式中，$X = \sum_{n=1}^{N} a_n \cos(2\pi f_d \cos(\theta_n)t + \phi_n)$

$Y = \sum_{n=1}^{N} a_n \sin(2\pi f_d \cos(\theta_n)t + \phi_n)$

该模型被称为 Clarke 平坦衰落模型[7,14]。

例 6.5 基于式（6.27）在 MATLAB 中画出载频为 2GHz 的包络，车辆的速度为 50mile/h，ϕ_n 和 θ_n 为均匀分布，参数 a_n 为期望为 0、标准差 $\sigma = 0.001$ 的高斯分布。令 $N = 10$。

解：先将速度单位转换为 m/s，50mile/h = 22.35m/s。由此可知，最大多普勒频移为

$$f_d = 2 \times 10^9 \times \frac{22.35}{3 \times 10^8} = 149\text{Hz}$$

运用如下的 MATLAB 程序可以得到如图 6.14 所示的结果。

```
N = 10;                 % number of scatterers
a=.001*randn(N,1);      % create Gaussian amplitude
                        coefficients
th=rand(N,1)*2*pi;      % create uniform phase angles
ph=rand(N,1)*2*pi;
fd=149;                 % Doppler
tmax = 10/fd;           % Maximum time
omega=2*pi*fd;
t=[0:1000]*tmax/1000;      % generate timeline
X=[zeros(1,length(t))];
Y=[zeros(1,length(t))];
for n=1:N               % generate the sums for X and
                          Y
X=X+a(n)*cos(omega*cos(th(n))*t+ph(n));
Y=Y+a(n)*sin(omega*cos(th(n))*t+ph(n));
end
r=sqrt(X.^2+Y.^2);      % Calculate the Rayleigh enve-
                          lope
rdb=20*log10(r);        % Calculate the envelope in dB
figure;
plot(t*1000,rdb,'k')% plot
xlabel('time (ms)')
ylabel('envelope')
axis([0 65 -30 10])
```

例 6.5 是多普勒衰落的典型，但是都是基于理想情况的假设，在现实中并不成立。在这个例子中，物体的散射是和角度有关的，所以变量 a_n 是关于时间的函数，并且相位角度 ϕ_n 和 θ_n 也随着时间变化。Clarke 模型可以修改成反映时间与 a_n、ϕ_n 以及 θ_n 的关系。

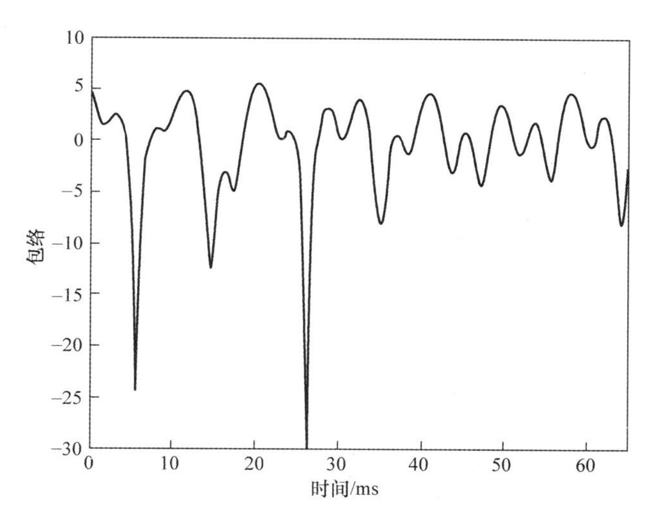

图 6. 14　路径数 $N=10$ 的多普勒衰落信道

假设如果有很多路径，成均匀分布的角度 θ_n 将会使多普勒频率 f_n 呈现正弦相关。这种随机变量的变换产生由 Gans[15] 和 Jakes[16] 导出的多普勒功率谱。

$$S_{\mathrm{d}}(f)=\frac{\sigma^2}{\pi f_{\mathrm{d}}\sqrt{1-\left(\frac{f}{f_{\mathrm{d}}}\right)}}\quad |f|\leqslant f_{\mathrm{d}} \tag{6.28}$$

式中，$\sigma^2=\sum_{n=1}^{N}E[a_n^2]$ 为信号的平均功率。

多普勒功率谱如图 6. 15 所示。

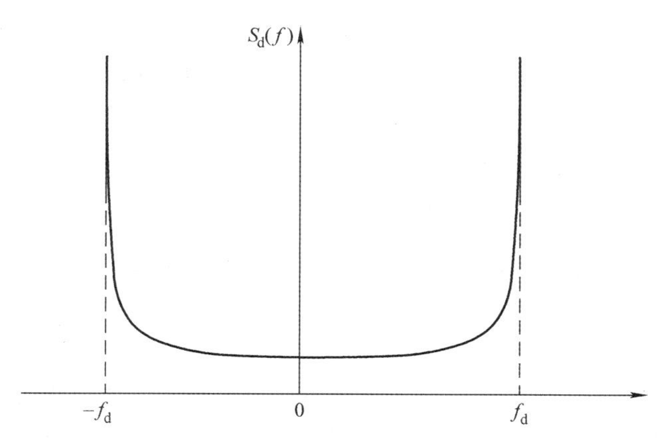

图 6. 15　多普勒功率谱（1）

为了验证式（6. 28）的有效性，在例 6. 5 的程序的基础上，我们增加散射值至 100，并在 X 的振幅中补零。最大多普勒频移为 149Hz。在经过 FFT（快速傅里叶变换）后，我们可以得到图 6. 16 的结果。得到的功率谱和理论的功率谱类似，但是由于理论的功率谱假设散射的数量足够大到能应用中心极限理论（Central Limit Theorem），那样的话就会在散射幅度上存在真正的高斯分布，在角度上存在真正的均匀分布。

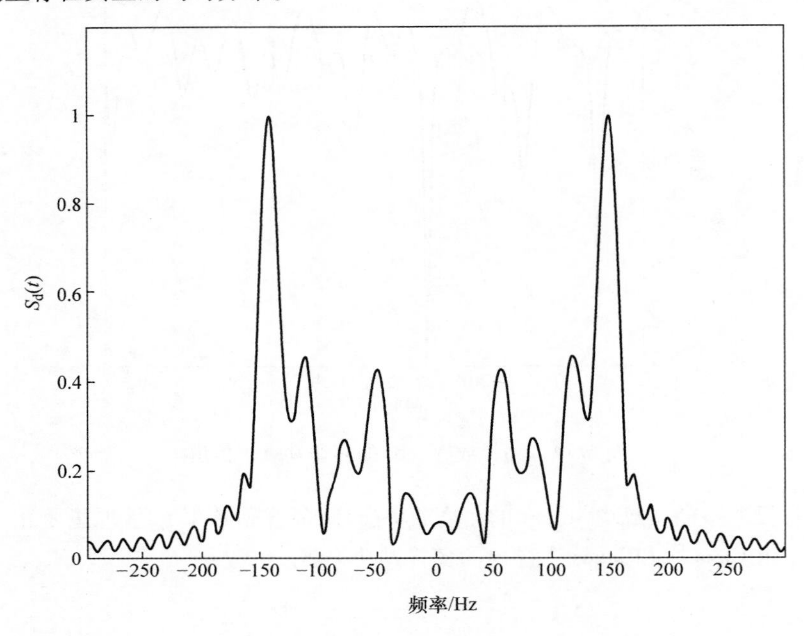

图 6.16　多普勒功率谱（2）

6.3.3　信道脉冲响应

如果假设无线信道可以被当作线性滤波器的模型，信道的特性可以根据脉冲响应得到。所以所有的信道信号响应都被规定为脉冲响应。脉冲响应同样可以表示多径通路的特征和数量。如果假设信道的特征随着时间的变化而变化（比如手机用户的移动），那么信道脉冲响应也会是随时间变化的函数。普适的信道脉冲响应如下：

$$h_c(t,\tau) = \sum_{n=1}^{N} a_n(t) e^{j\psi_n(t)} \delta(\tau - \tau_n(t)) \tag{6.29}$$

式中，$a_n(t)$为第 n 条路径的时变幅度；$\Psi_n(t)$为包括多普勒效应的第 n 条路径的时变相位；$\tau_n(t)$为第 n 条路径的时变延迟。

图 6.17 为一个脉冲响应的幅度图（幅度为$|h_c(t,\ \tau)|$），由于球面扩展与延迟成正比增大，幅度随着延迟的增加而减小。折射率的不同让相似的路径长度出现一些例外，因为稍远的发射源的散射会造成很大的折射率变化。离散的时延响应也被称为 fingers、taps 或者 returns。

如果再假设信道是短时间小距离的广义平稳过程，那么脉冲响应会在短时间/快衰中保持稳定。因此，我们更习惯将脉冲响应近似简化为

$$h_c(\tau) = \sum_{n=1}^{N} a_n e^{j\psi_n} \delta(\tau - \tau_n) \tag{6.30}$$

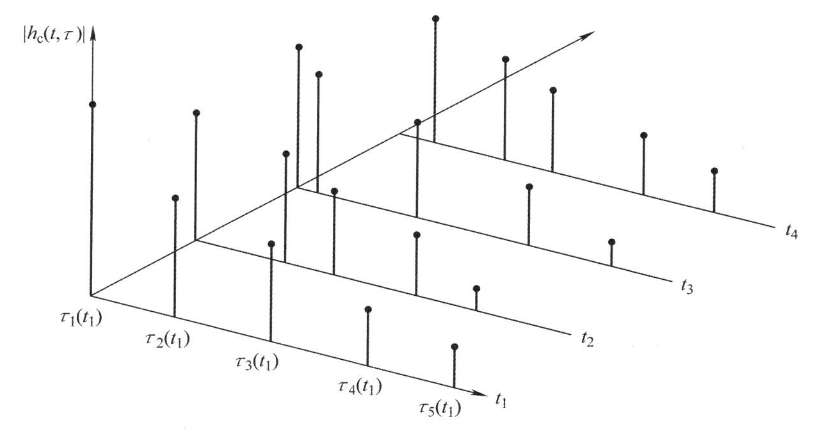

图 6.17　有 4 个采样点的信道脉冲响应

6.3.4　功率时延分布

在小范围衰落中，信道的衡量标准的制定有助于理解信道的表现。这样的衡量标准被称为功率时延分布（Power Delay Profile，PDP）。PDP 也可以称为多径密度分布（Multipath Intensity Profile，MIP）[17,18]。PDP 被定义为[8,9,19]

$$P(\tau) = E[\,|h_c(t,\tau)|^2\,] = \sum_{n=1}^{N} P_n\delta(\tau - \tau_n) \tag{6.31}$$

式中，$P_n = \langle |a_n(t)|^2 \rangle = a_n^2$；$\tau_n = \langle \tau_n(t) \rangle$；$\langle x \rangle$ 为随机变量 x 的估计。

其中一种典型的城市地区 PDP，如图 6.18 所示，其中 fingers 是建筑物的干扰所致。

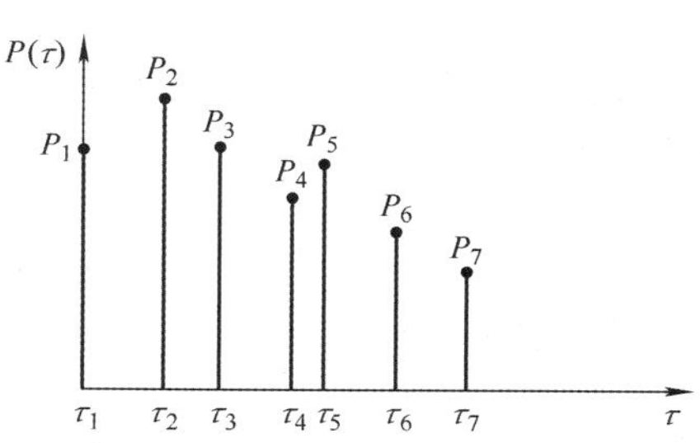

图 6.18　典型的城市 PDP

PDP 可以部分定义为传播时延（τ_n）。时延的特性能够很好地定义信道的性能。所以定义一些传播时延的概念。

- **第一到达时延**（τ_A）：衡量最早到达的信号的时延，最早到达的信号是最短的多径路程或者是直接路径，所有其他路径的时延可以用 τ_A 来衡量。在进行信道分析时，可以简化定义第一到达时延为 0（即 $\tau_A = 0$）。
- **附加时延**：附加时延是定义任意其他信号的时延和第一到达时延 τ_A 的关系。理论上所有时延都由附加时延定义的。
- **最大附加时延**（τ_M）：最大附加时延即附加时延的最大值，此时 PDP 达到一个特定的阈值，所以 $P(\tau_M) = P_{th}(\text{dB})$
- **平均附加时延**（τ_0）：平均附加时延是所有附加时延的期望，定义为

$$\tau_0 = \frac{\sum_{n=1}^{N} P_n \tau_n}{\sum_{n=1}^{N} P_n} = \frac{\sum_{n=1}^{N} P_n \tau_n}{P_\text{T}} \tag{6.32}$$

• **RMS 时延扩展**（σ_τ）：所有附加时延的标准差，定义为

$$\sigma_\tau = \sqrt{\langle \tau^2 \rangle - \tau_0^2} = \sqrt{\frac{\sum_{n=1}^{N} P_n \tau_n^2}{P_\text{T}} - \tau_0^2} \tag{6.33}$$

图 6.19 为上述变量的图示。

例 6.6　已知 PDP 如图 6.20 所示，计算多径功率增益（P_T）、平均附加时延（τ_0）和 RMS 时延扩展（σ_τ）。

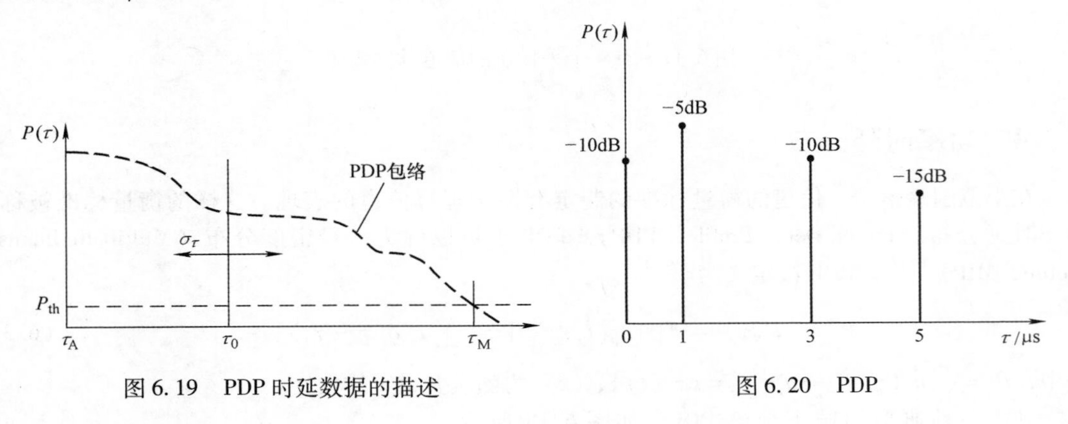

图 6.19　PDP 时延数据的描述　　　　图 6.20　PDP

解：首先将所有功率转换成线性。$P_1 = 0.1$，$P_2 = 0.32$，$P_3 = 0.1$，$P_4 = 0.032$，所以多径功率增益为

$$P_\text{T} = \sum_{n=1}^{N} P_n = 0.552 \quad \text{或} \ -2.58\text{dB}$$

平均附加时延为

$$\tau_0 = \frac{\sum_{n=1}^{4} P_n \tau_n}{P_\text{T}} = \frac{0.1 \times 0 + 0.32 \times 1 + 0.1 \times 3 + 0.032 \times 5}{0.552} = 1.41\mu\text{s}$$

RMS 时延扩展为

$$\begin{aligned}\sigma_\tau &= \sqrt{\frac{\sum_{n=1}^{N} P_n \tau_n^2}{P_\text{T}} - \tau_0^2} \\ &= \sqrt{\frac{0.1 \times 0^2 + 0.32 \times 1^2 + 0.1 \times 3^2 + 0.032 \times 5^2}{0.552} - (1.41)^2} \\ &= 1.29\mu\text{s}\end{aligned}$$

6.3.5　功率时延分布的预测

PDP 有以下功能：①理解信道的性能，②评估均衡器的性能，③估计误码率（Bit Error Rate，BER）。有很多测量方法可以评估室内外信道的性能，Chuang[20]、Feher[6] 提出了 3 种模型。如果总接收功率是 P_{T}，3 种模型如下：

单边指数分布：该分布最精确地描绘了室内以及城市信道。

$$P(\tau)=\frac{P_{\mathrm{T}}}{\sigma_\tau}\mathrm{e}^{-\frac{\tau}{\sigma\tau}}\quad \tau\geqslant 0 \tag{6.34}$$

高斯分布：

$$P(\tau)=\frac{P_{\mathrm{T}}}{\sqrt{2\pi}\sigma_\tau}\mathrm{e}^{-\frac{1}{2}\left(\frac{\tau}{\sigma\tau}\right)^2} \tag{6.35}$$

等幅度两径分布：

$$P(\tau)=\frac{P_{\mathrm{T}}}{2}[\delta(\tau)+\delta(\tau-2\sigma_\tau)] \tag{6.36}$$

6.3.6　功率角度分布

PDP 和路径延迟旨在帮助了解信道的色散特性，并计算信道带宽。PDP 和单入单出（SISO）信道相关性尤其强，因为可以将冲激响应用于 SISO 系统。然而，当一个阵列在接收机中使用，到达角（AOA）也尤为关键。因为阵列具有随 AOA 变化的增益（$G(\theta)$），所以了解 AOA 特性比如角度扩展和平均 AOA 将会很有帮助。每个信道具有角度统计以及延迟统计。建模 AOA 的基本概念已被 Rappaport[9]、Gans[15]、Fulghum、Molnar、Duel - Hallen[21-22]、Boujemaa 和 Marcos[23]、Klein 和 Mohr[24]解决。

本书将定义 PDP 的角当量作为功率角分布（PAP）。早先的参考文献讨论了功率角度密度（PAD）[23]或功率方位谱（PAS）[22]的概念。然而，PAD 或者 PAS 更类似于传统了功率谱密度（PSD），而不是以前使用的 PDP。PAP 的概念传递了角度冲激响应信息，用于显示信道特性。因此 PAP 可写作

$$P(\theta)=\sum_{n=1}^{N}P_n\delta(\theta-\theta_n) \tag{6.37}$$

根据 PAP，我们可以定义一些量作为传播路径的角度特征的指示。

- **最大到达角** θ_{M}：这是相对于接收天线阵列的瞄准线 θ_{B} 的最大角度。瞄准角通常是线性阵列的侧面方向。最大角度受限于 $|\theta_{\mathrm{M}}|-\theta_{\mathrm{B}}\leqslant 180°$。
- **平均到达角** θ_0：所有到达角的平均值或一阶矩，

$$\theta_0=\frac{\sum_{n=1}^{N}P_n\theta_n}{\sum_{n=1}^{N}P_n}=\frac{\sum_{n=1}^{N}P_n\theta_n}{P_{\mathrm{T}}} \tag{6.38}$$

式中，$P_{\mathrm{T}}=\sum_{n=1}^{N}P_n$ 为多径功率增益。

- **RMS 角度扩展** σ_θ：所有到达角的标准差，定义为

$$\sigma_\theta = \sqrt{\frac{\sum_{n=1}^{N} P_n \theta_n^2}{P_T} - \theta_0^2} \tag{6.39}$$

图 6.21 描述了代表性的 PAP。

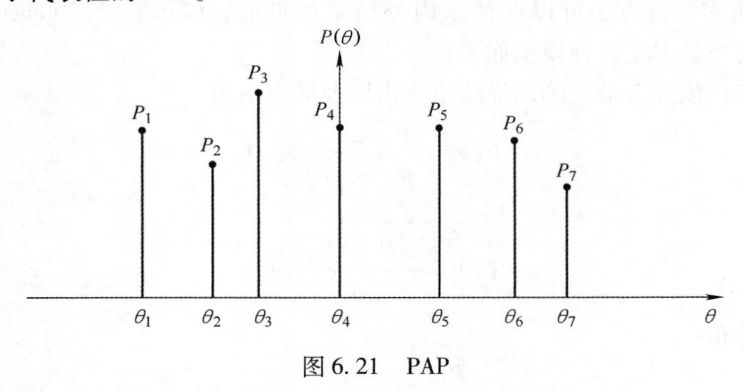

图 6.21　PAP

例 6.7　对图 6.22 中的 PAP 计算多径功率增益 P_T、平均到达角 θ_0 和 RMS 角度扩展 σ_θ。

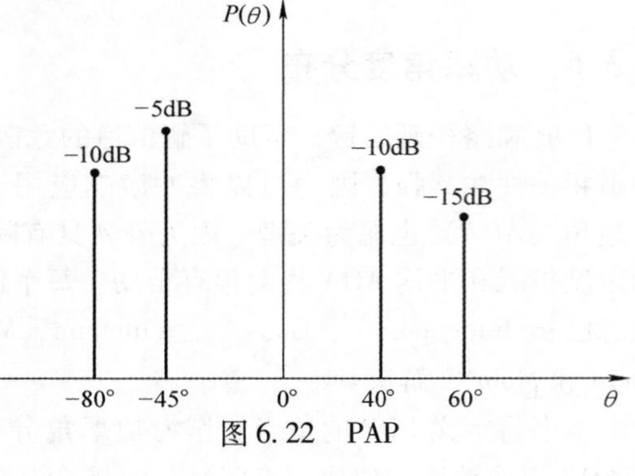

图 6.22　PAP

解：首先我们必须将所有的功率转化成线性刻度。因此 $P_1 = 0.1$，$P_2 = 0.32$，$P_3 = 0.1$，$P_4 = 0.032$，则多径功率增益为

$$P_T = \sum_{n=1}^{N} P_n = 0.552\text{W}$$

平均到达角为

$$\theta_0 = \frac{\sum_{n=1}^{4} P_n \theta_n}{P_T} = \frac{0.1 \times (-80) + 0.32 \times (-45) + 0.1 \times (40) + 0.032 \times (60)}{0.552} = -29.86°$$

RMS 角度扩展为

$$\sigma_\theta = \sqrt{\frac{\sum_{n=1}^{N} P_n \theta_n^2}{P_T} - \theta_0^2} = \sqrt{\frac{0.1 \times (-80)^2 + 0.32 \times (-45)^2 + 0.1 \times (40)^2 + 0.032 \times (60)^2}{0.052} - (-29.86)^2} = 44°$$

另一种定义角度扩展的方法由 Rappaport[9] 给出，其中角度扩展并不是通过一阶矩和二阶矩定义的，而是由傅里叶变换来确定的。这类似于在随机过程中矩生成函数的使用。下面的描述从原始的 Rappaport 定义稍作修改。我们必须首先找到 PAP 的复傅里叶变换。因此，

$$F_k = \int_0^{2\pi} P(\theta)\mathrm{e}^{-\mathrm{j}k\theta}\mathrm{d}\theta \tag{6.40}$$

式中，F_k为第 k 个复傅里叶系数。

现在角度扩展定义为

$$\sigma_\theta = \theta_{\text{width}}\sqrt{1 - \frac{|F_1|^2}{F_0^2}} \tag{6.41}$$

式中，θ_{width}为 PAP 的角度宽度。

如果使用式（6.34）定义的 PAP，那么我们可以利用δ函数的筛选性质得到傅里叶系数，即

$$F_k = \int_0^{2\pi} \sum_{n=1}^{N} P_n \delta(\theta - \theta_n)\mathrm{e}^{-\mathrm{j}k\theta}\mathrm{d}\theta = \sum_{n=1}^{N} P_n \mathrm{e}^{-\mathrm{j}k\theta_n} \tag{6.42}$$

式中，

$$F_0 = \sum\nolimits_{n=1}^{N} P_n = P_{\mathrm{T}}$$

$$F_1 = \sum\nolimits_{n=1}^{N} P_n \mathrm{e}^{-\mathrm{j}\theta_n}$$

例 6.8　重复例 6.7 使用 Rappaport 方法求出角度扩展

解：例 6.7 的总角度宽度为 140°。F_0 的值和总功率相同，因此 $F_0 = P_{\mathrm{T}} = 0.552$。$F_1$ 的值可以根据式（6.40）求出：

$$F_1 = \sum_{n=1}^{4} P_n \mathrm{e}^{-\mathrm{j}\theta_n} = 0.1\mathrm{e}^{\mathrm{j}80^\circ} + 0.32\mathrm{e}^{\mathrm{j}45^\circ} + 0.1\mathrm{e}^{-\mathrm{j}40^\circ} + 0.032\mathrm{e}^{-\mathrm{j}60^\circ}$$
$$= 0.34 + \mathrm{j}0.23$$

代入式（6.41）可以得到角度扩展为

$$\sigma_\theta = 94.3^\circ$$

该角度扩展差不多为例 6.7 中的角度扩展的 2 倍。

6.3.7　角度扩展预测

有许多潜在的模型来描述在各种条件下的角度扩展。Ertel 等人[25]给出了一个很好的描述。此外，Pedersen 等人[26]给出了环状散射体和盘状散射体的导数。接下来介绍的几种模型给出了环状散射体和盘状散射体的角度分布以及散射体的室内分布。

环状散射体：图 6.23 给出了发射端和接收端的图示，其中发射端被沿环均匀分布的环状散射体包围。

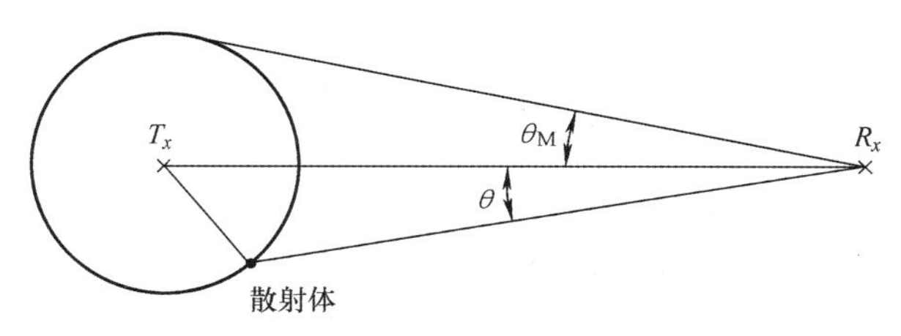

图 6.23　环状散射体

如果我们假设散射发生在一个环状散射体上，以恒定的半径，围绕发射天线，则可以将 PAP 建模为

$$P(\theta)=\frac{P_{\mathrm{T}}}{\pi\sqrt{\theta_{\mathrm{M}}^{2}-\theta^{2}}} \tag{6.43}$$

式中，θ_{M} 为最大到达角；P_{T} 为所有角路径的总功率。

图 6.24 显示了当 $P_{\mathrm{T}}=\pi$ 和 $\theta_{\mathrm{M}}=45°$ 时的分布。

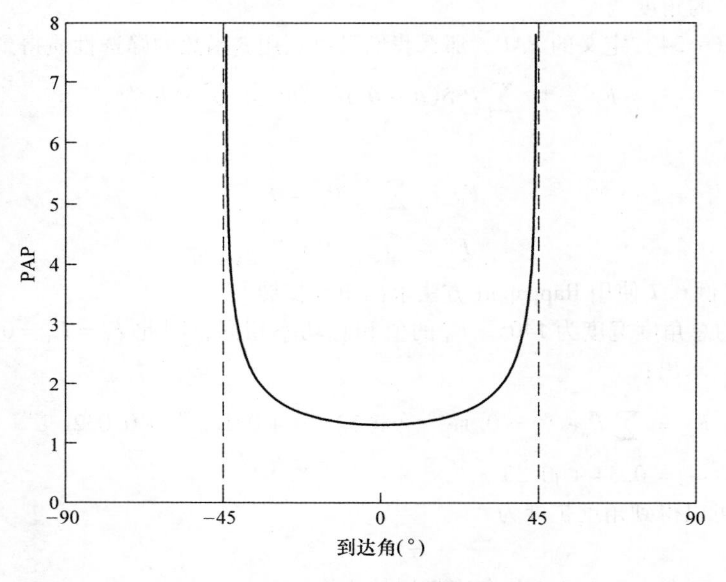

图 6.24　环状散射体的 PAP

盘状散射体：图 6.25 给出了发射端和接收端的图示，其中发射端被均匀分布的盘状散射体包围。

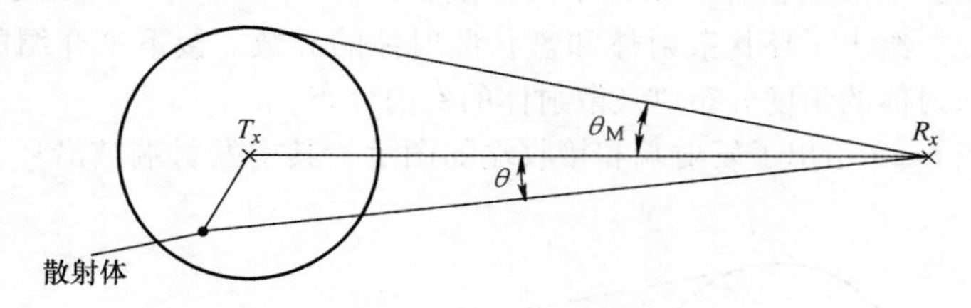

图 6.25　盘状散射体

可以通过选择圆盘半径决定影响范围的大小。也就是说，该区域的半径包含产生最大多径信号的重要散射体。由于散射体均匀分布在圆盘内，所有 PAP 给出为

$$P(\theta)=\frac{2P_{\mathrm{T}}}{\pi\theta_{\mathrm{M}}^{2}}\sqrt{\theta_{\mathrm{M}}^{2}-\theta^{2}} \tag{6.44}$$

图 6.26 给出了当 $P_{\mathrm{T}}=\pi$ 和 $\theta_{\mathrm{M}}=45°$ 时的分布。

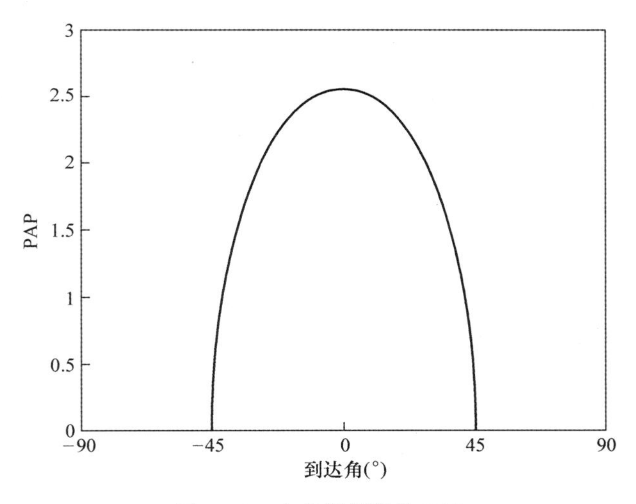

图 6.26　盘状散射体的 PAP

室内分布：图 6.27 给出了典型的室内发射端和接收端。

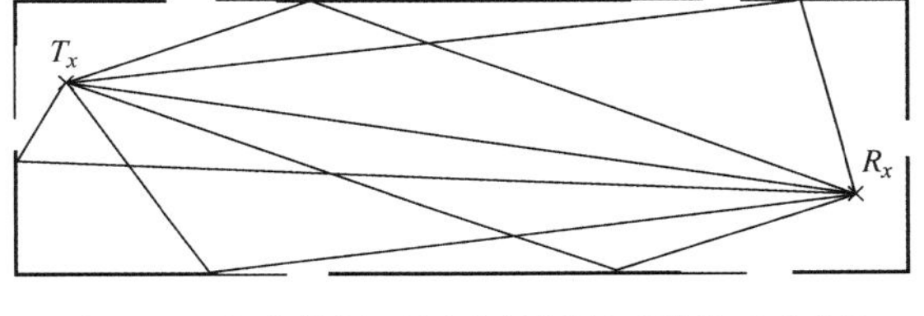

图 6.27　室内传播（图中外框断开处为 6 扇门）

广泛的现场测试已经表明，室内散射和拥挤的城市散射可以由拉普拉斯分布[22,26,27]准确地模拟出来。因此，PAP 可以被建模为

$$P(\theta) = \frac{P_{\mathrm{T}}}{\sqrt{2}\sigma_{\theta}} \mathrm{e}^{-\left|\frac{\sqrt{2}\theta}{\sigma_{\theta}}\right|} \tag{6.45}$$

图 6.28 给出了当 $P_{\mathrm{T}} = \pi$ 和 $\theta_{\mathrm{M}} = 30°$时的分布。

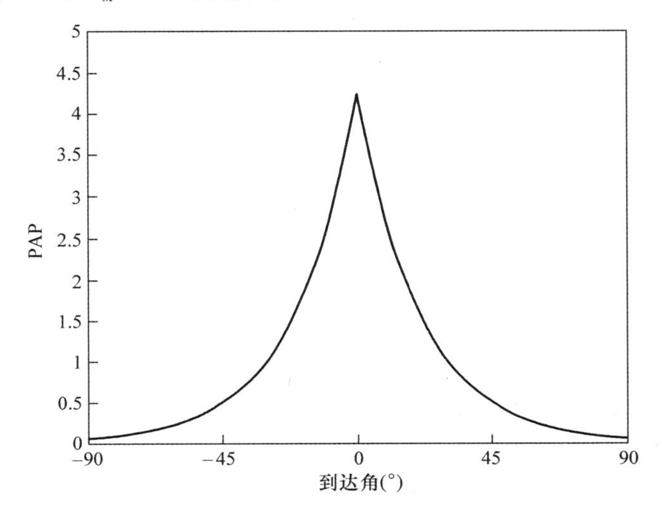

图 6.28　室内散射的 PAP

因为最大接收信号是0°的直射径，所以指数分布是直观的。因为最大的反射系数接近掠射角，最小到达角代表从最靠近的结构到直射径的掠射角反射的信号。随着角度的进一步增大，其他的路径更多的是衍射的结果，而较少的是反射的结果。衍射系数通常比反射系数小得多，因为衍射产生了附加的信号传播。更宽的到达角往往代表高阶散射机制。

6.3.8 功率时延－角度分布

PDP和PAP的下一个逻辑扩展是功率时延－角度分布（PDAP）。这是由Klein和Mohr[24]提出的扩展抽头时延线方法产生的功率分布，Liberti和Rappaport[28]进一步探讨了这个问题。这一概念也可以从Spencer等人[27]的工作中得出。因此，PDAP为

$$P(\tau,\theta) = \sum_{n=1}^{N} P_n\delta(\tau - \tau_n)\delta(\theta - \theta_n) \tag{6.46}$$

我们可以结合例6.7的时延扩展和例6.8的到达角来产生一个PDAP的三维示意图，如图6.29所示。

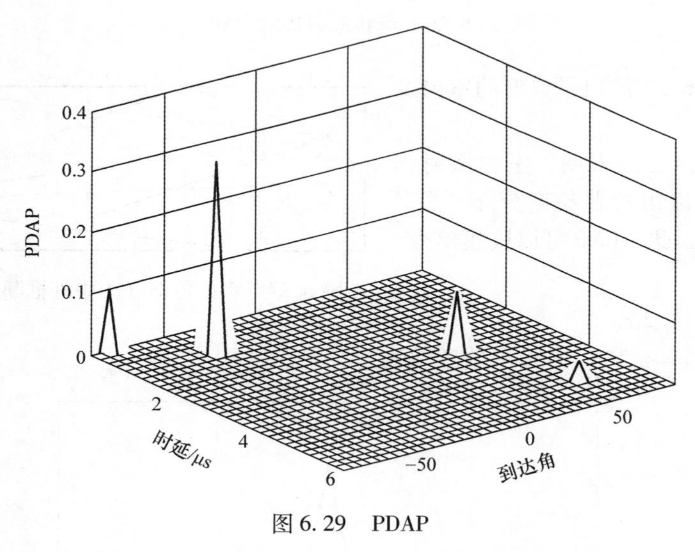

图6.29 PDAP

时延和到达角之间的相关性取决于信道中的散射障碍。如果大多数散射体位于发射端和接收端之间，则相关性会很高。如果发射端和接收端被散射体包围，则相关性可能很少或者没有。

6.3.9 信道色散

从电磁学的观点来看，色散通常发生在介质中，传播速度和频率相关。因此，发射信号的较高频率相对于低频将以不同的速度传播。即使没有多径存在，信号的高频分量和低频分量将会产生不同的传播时延。这导致了接收端的信号恶化。然而，由于多径分量的时延也是符号周期的一部分，也会降低接收信号质量。因此，接收信号被自身的时延恶化了信号。随着时延扩展的增大，额外的时延增加将会导致时间色散。图6.30给出了高斯脉冲的直射径和接收信号的3个递增时延扩展（σ_1、σ_2和σ_3）。所有的信号都是归一化的。很明显，原始的脉冲随着时延扩展的

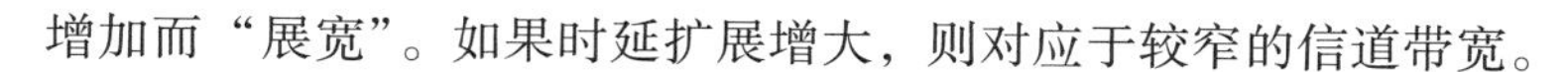
增加而“展宽”。如果时延扩展增大，则对应于较窄的信道带宽。

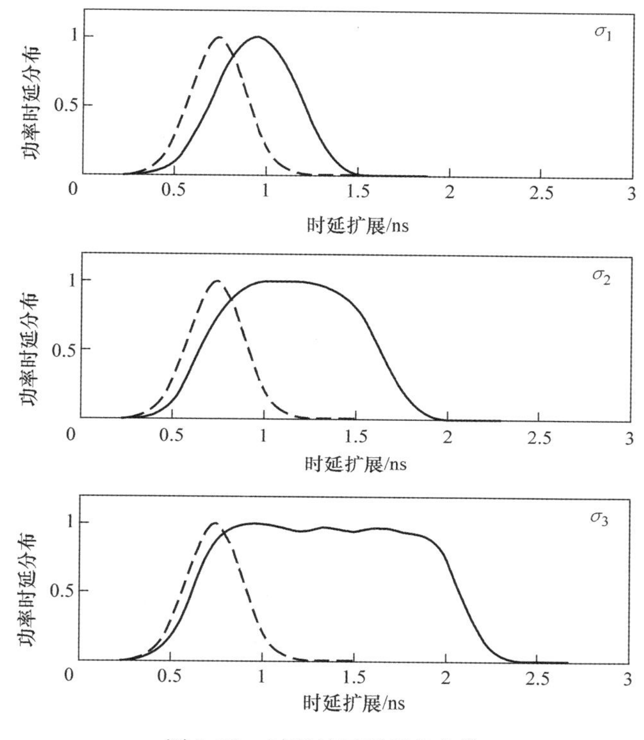

图 6.30　时延扩展引起的色散

由于信道可能会导致时间色散，因此需要定义信道带宽 B_C，也称为相干带宽。这将有助于指示信道带宽是否足以允许信号以最小的色散传输。信道带宽在 Shanker[3] 和 Stein[29] 的描述中大致定义为

$$B_C = \frac{1}{5\sigma_\tau} \tag{6.47}$$

式中，σ_τ 为时延扩展。

因此，如果信号码片速率或信号带宽（B_S）比信道带宽（B_C）小，信道经历平坦衰落。如果信号带宽大于信道带宽，则信道经历频率选择性衰落。这种情况下会出现色散。

6.3.10　慢衰落模型

图 6.5 给出了慢衰落（也称为阴影衰落）的变化趋势。这代表了快衰落发生的平均值。传输信号可以在到达接收端之前多次反射、折射、衍射和散射，而不是单一的散射机制。图 6.31 给出了慢衰落情况下的候选多径机制以及代表每个散射位置的系数。这里假设没有直射径存在。

接收信号可以表示为所有多径变量的和，即

$$v_r(t) = \sum_{n=1}^{N} a_n e^{j\phi_n t} \tag{6.48}$$

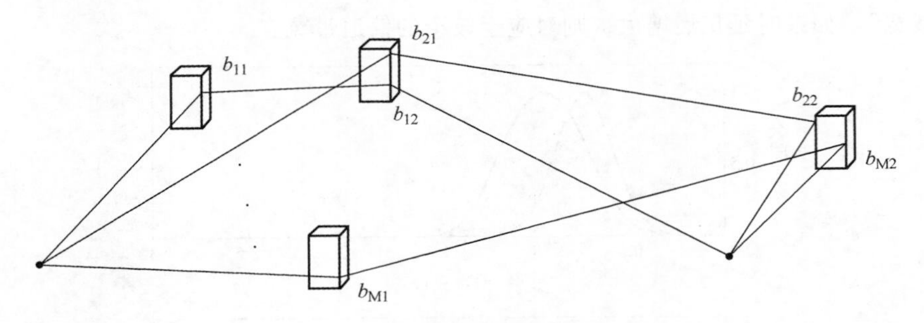

图 6.31　多径散射机制的慢衰落

式中，系数 a_n 表示沿着路径 n 的每个反射或衍射系数的级联积。因此，我们可以写出幅度系数的单独表达式为

$$a_n = \prod_{m=1}^{M} b_{mn} \tag{6.49}$$

式中，b_{mn}为瑞利分布随机变量；M 为沿着路径 n 的散射体的数量。

这些多重散射将影响接收功率的平均值。正如前面讨论的那样，接收到的总功率（多径功率增益）是系数 a_n 的平方和。但是这些系数 a_n 是 b_{mn}的乘积。功率的对数是这个随机变量的和。使用中心极限定理，这将形成高斯（正态）分布。因此称之为对数正态分布。有关对数正态分布的一些参考文献为 Shankar[3]、Agrawal 和 Zheng[4]、Saunders[8]、Rappaport[9]、Lee[30]以及 Suzuki[31]。以 dBm 为单位的功率的 pdf 为

$$p(P) = \frac{1}{\sqrt{2\pi}\sigma} \mathrm{e}^{-\frac{(P-P_0)^2}{2\sigma^2}} \tag{6.50}$$

式中，P 为功率 p 的 dBm 形式，即 10log10(p)；P_0 为信号平均功率（dBm）；σ 为标准差（dBm）。

利用随机变量 P 的变换，也可以用线性功率 p 表示 pdf，即

$$p(p) = \frac{1}{p\sqrt{2\pi}\sigma_0} \mathrm{e}^{-\frac{\log_{10}^2\left(\frac{p}{p_0}\right)}{2\sigma_0^2}} \tag{6.51}$$

式中，p 表示功率（mW）；p_0 表示接收信号的平均功率（mW）；$\sigma_0 = \frac{\log_{10}\sigma}{10}$。

根据式（6.51）得出的一种典型的对数正态分布图如图 6.32 所示。

6.4　提高信号质量

典型的多径信道带来的缺点之一就是信号质量受到多普勒扩展和色散的影响。色散带来的衰落在 6.3.9 节中简单讨论过。如果信号带宽大于信道带宽，则信道有频率选择性衰落。其结果是增大了符号间干扰（ISI），将会导致不能接受的误码率性能。因此，数据传输速率受限于信道的时延扩展。因为我们知道色散和多普勒扩展的性质，所以可以设计补偿的方法来提高接收端

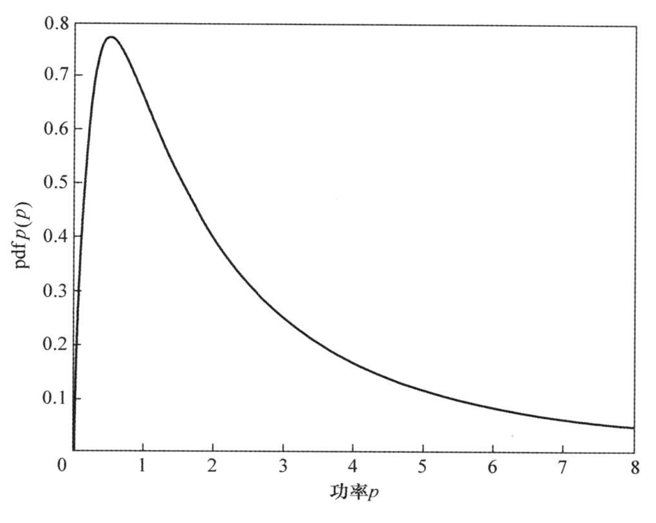

图 6.32　对数正态密度函数

的信号质量。Rappaport[9]对补偿技术进行了很好的讨论。补偿色散和多普勒扩展的 3 种基本方法是均衡、分集和信道编码。

6.4.1　均衡

信道均衡是降低信道对幅度、频率、时间和相位失真影响的一种方式。均衡器的目的是矫正信号带宽（B_S）超过信道的相关带宽（B_C）部分时带来的频率选择性衰落的影响。均衡器可以成为最小化符号间干扰的一种信号处理算法。除非信道特性随着时间而固定，否则均衡器必须是一个自适应均衡器，补偿信道特性随时间的变化。均衡器的最终目标是完全抵消信道带来的负面影响。图 6.33 给出了理想均衡器的示意图。均衡器冲激响应的目的是抵消信道冲激响应，使得接收信号和发射信号几乎完全相同。

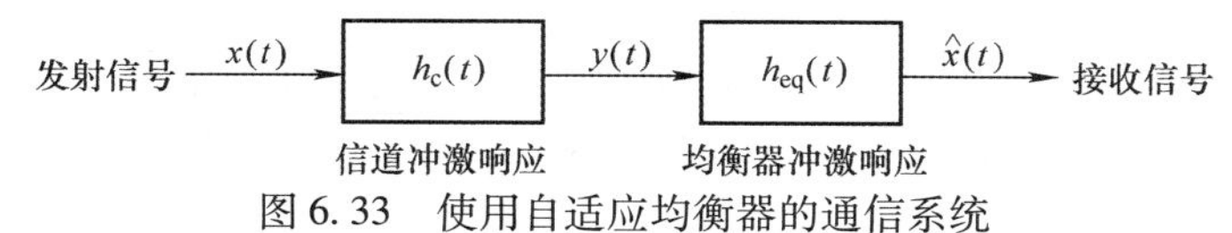

图 6.33　使用自适应均衡器的通信系统

理想均衡器的频率响应会抵消掉信道影响，理想均衡器的频率响应为

$$H_{eq}(f)=\frac{1}{H_c^*(-f)} \tag{6.52}$$

如果信道频率响应可以表示为 $H_c(f)=|H_c(f)|e^{j\phi_c(f)}$，则均衡器的频率响应应该为$H_{eq}(f)=\frac{e^{j\phi_c(-f)}}{|H_c(-f)|}$，这样两个滤波器的乘积为 1。信道频率响应和均衡器响应如图 6.34 所示。

例 6.9　如果信道冲激响应为 $h_c(t)=0.2\delta(t)+0.3\delta(t-\tau)$，求出信道频率响应和均衡器频率响应。求出对于$0\leqslant f\leqslant 1.5$，叠加 $H_c(f)$ 和 $H_{eq}(f)$ 的幅度图。

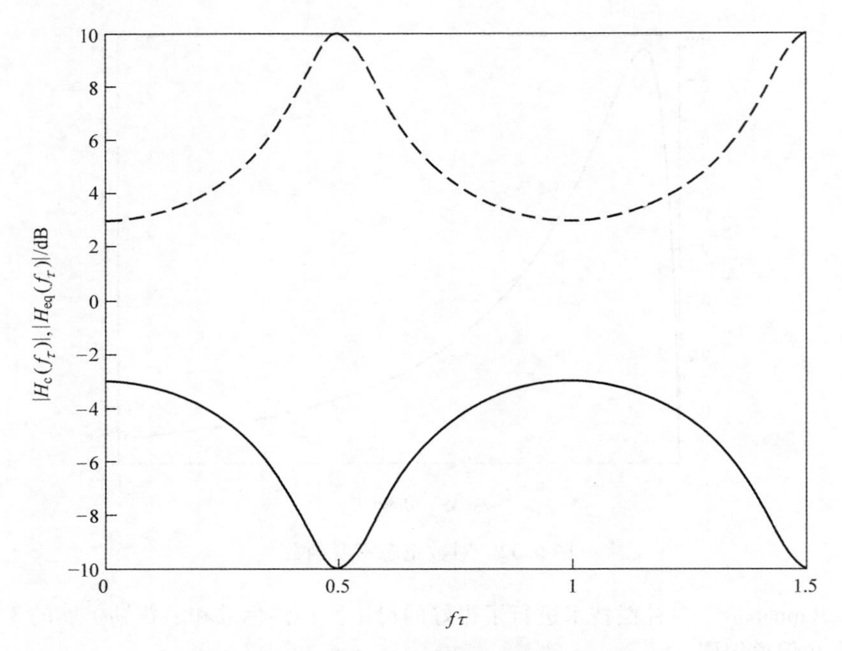

图 6.34　信道和均衡器的频率响应

解：信道频率响应是信道冲激响应的傅里叶变换，因此

$$H_c(f) = \int_{-\infty}^{\infty}(0.2\delta(t) + 0.3\delta(t-\tau))\mathrm{e}^{-\mathrm{j}2\pi ft}\mathrm{d}t$$
$$= 0.2 + 0.3\mathrm{e}^{-\mathrm{j}2\pi f\tau}$$

均衡器的频率响应为

$$H_{eq}(f) = \frac{1}{H_c^*(-f)} = \frac{1}{0.2+0.3\mathrm{e}^{-\mathrm{j}2\pi f\tau}} = \frac{0.2+0.3\mathrm{e}^{-\mathrm{j}2\pi f\tau}}{0.13+0.12\cos(2\pi f\tau)}$$

由于信道随时间而变化，所以设计自适应均衡器能够随着信道状态的变化做出响应。图 6.35 给出了自适应滤波器的框图。误差信号被用作反馈来调整滤波器权重直到误差最小。

自适应算法的缺点在于算法必须经过训练阶段才能跟踪接收到的信号。自适应均衡的细节讨论不在本书的范围内，读者可以在 Rappaport 的参考文献［9］中看到。

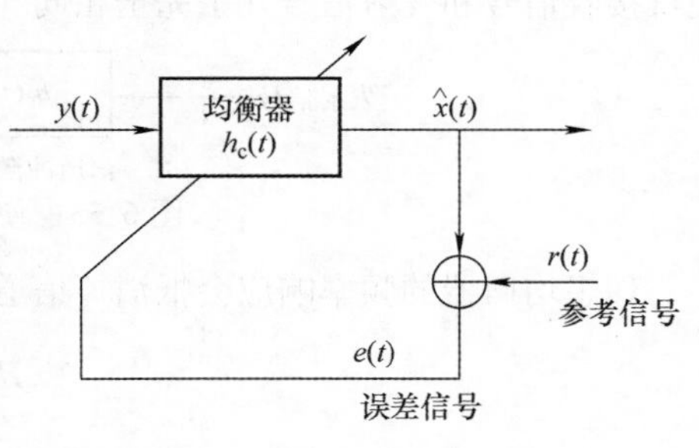

图 6.35　自适应均衡器

6.4.2　分集

分集是另一种可以减轻衰落影响的方法。分集意味着发射或接收同一信息的多个信号以减少衰落的深度和/或持续时间。多个信号可以通过具有多个接收天线元件（天线空间分集）、不

同的极化方式（极化分集）、不同的发射频率（频率分集）或不同的时间特性（例如码分多址（时间分集））来实现。因此，可以在接收信号的集合中选择衰落最不明显的信号。这可以通过选择最佳天线元件、最佳极化、最佳载波频率或最佳时间分集信号来实现。分集具有不需要适应或训练来优化接收机的优点。

空间分集可以通过以下 4 种基本方法之一来实现：选择分集（从天线输出中选择最大信号），反馈分集（扫描所有天线输出以找到第一个 SNR 满足要求的信号用于检测），最大比例组合（加权，同相，并对所有天线输出进行求和），以及等增益合并（对所有接收到的信号进行同相并采用单位权重进行合并）。

极化分集通常通过正交极化来实现。由于正交极化后的信号是不相关的，因此可以用一对极化接收天线接收两个极化信号。另外，可以使用左旋和右旋圆极化。极化时可以选择能得到最大接收 SNR 的极化方式。

频率分集可以通过使用多个载波频率来实现。如果在一个频率上发生深度衰落，可能在另一个频率上衰落不那么明显。建议频率间隔至少为信道相干带宽（B_C），以确保接收信号不相关。因此，传输频率集合可以设置为 $f_0 \pm nB_C$（$n=0, 1, 2, \cdots$）。

时间分集可以在时延超过相干时间（$T_C = 1/B_C$）时，通过多次传输相同的信息来实现。因此，传输的时间可以是 $T_0 \pm nT_C$（$n=0, 1, 2, \cdots$）。时间分集也可以通过用码分多址伪随机码调制传输来实现。通常，如果不同信号路径使得时延超过码片宽度，则这些 pn 码不相关。RAKE 接收机是一种典型的时间分集方案。

RAKE 接收机

信道化相关接收机可以应用于每个信道基于预期的路径延迟与接收信号相关的场景中。每个预期的 M 个最强的接收分配在一个信道中。时延 τ_m 与第 m 条路径的预期时延相关。对应的码分多址波形由 ϕ 给出。每个通道也可以有一个权重 W_n，以允许接收机进行最大比合并或等增益合并。图 6.36 展示了称为 RAKE 接收机的信道化接收机。RAKE 接收机的命名是因其结构与花园的耙子相似（Price and Green[32]）。

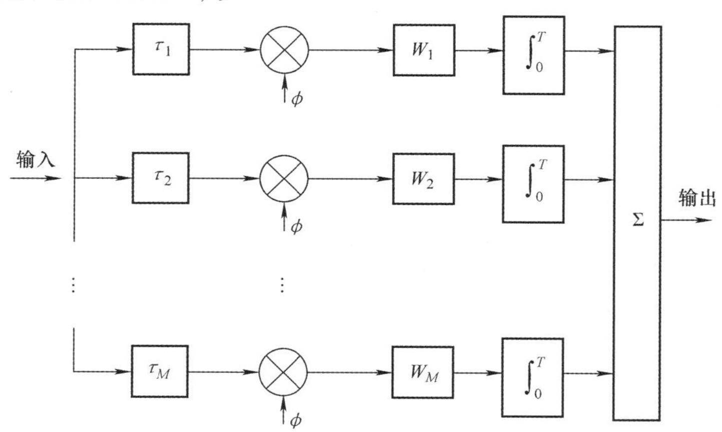

图 6.36　RAKE 接收机结构图

以一个 2 信道的 RAKA 接收机为例，我们能够传输一个时长为 $T=2\mu s$、长度为 32 码片的码分多址波形。假设到接收端只有两条信道。信道 1 的附加时延为 $0\mu s$，信道 2 的附加时延为 71.6ns 或码片宽度（$\tau_{chip}=T/32=62.5ns$）的 1.3 倍，接收到的波形如图 6.37 所示。第 1 个波形与其自身的相关性为其与延迟副本的相关性的 4 倍。因此，第 1 条信道与第 1 个到达的波形具有高相关性，并且第 2 条信道与第 2 个到达的波形具有高相关性。第 1 条信道的附加时延为 $\tau_1=0\mu s$，第 2 条信道的附加时延为 $\tau_2=71.6ns$。

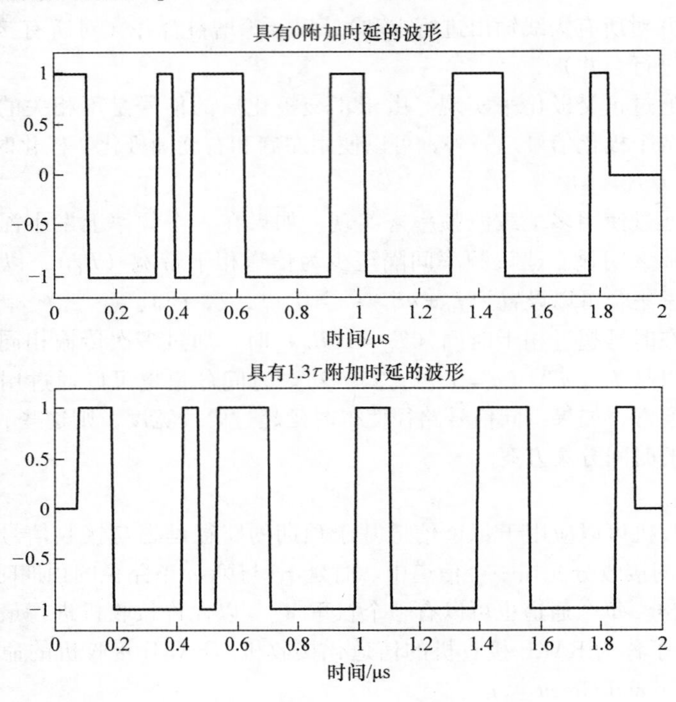

图 6.37　信道 1 和 2 的波形图

6.4.3　信道编码

由于信道衰落的不利影响，数字数据可以在接收端被破坏。信道编码通过将冗余引入数据中，以纠正由色散引起的错误。这些冗余符号可用于检测错误和/或纠正已损坏数据中的错误。因此，信道编码可以分为两种类型：检错码和纠错码。检错码被称为自动重复请求（ARQ）码。纠错码被称为前向纠错（FEC）码。两者的组合被称为混合 ARQ 码。可以使用两种基本类型的编码即分组码和卷积码，来完成错误检测和/或错误纠正。Turbo 码是一种卷积码。Rappaport[9]、Sklar[11]、Proakis[18] 和 Parsons[33] 很好地对这些编码方案进行了描述。

6.4.4　MIMO

MIMO 代表多输入多输出通信，表示发射和接收天线具有多个天线元，也被称为多对多通信或作为多发射多接收（Multiple – Transmit Multiple – Receive，MTMR）通信链路。MIMO 在宽带无线、WLAN、3G 和其他相关系统中都有应用。MIMO 与单输入单输出（SISO）系统形成鲜明对比。因为 MIMO 涉及多个天线，所以它可以被看作是空间分集方法来衰减信道衰落。可以在 IEEE Journal on Selected Areas in Communications：MIMO Systems and Applications 第 1 和第 2 部分[34,35]，Vucetic 和 Yuan[36]、Diggavi 等[37]、Haykin 和 Moher[38]中找到关于系统介绍 MIMO 的很好的数据。在图 6.38 中展示了一个基本的 MIMO 系统，其中，$\overline{H}$表示与 M 个输入与 N 个输出相关的复信道矩阵，$\overline{s}$为复发射向量，$\overline{x}$为复接收向量。

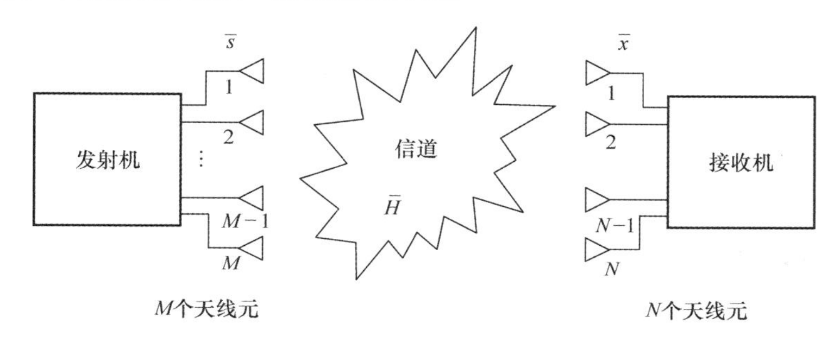

图 6.38　MIMO 系统

MIMO 的目标是在发射端和接收端对信号进行合并，从而提高数据速率并降低符号间干扰和误比特率。如前所述，SISO 系统的一个分集方案是时间分集。MIMO 使用户能够综合时间分集和空间分集。可以说，MIMO 不仅是一个空间分集选项，而且是一个用于信道衰落的时空信号处理解决方案。多径传播在 SISO 系统中被认为是一种麻烦，但它对于 MIMO 系统来说实际上是一个优势，因为多径信息可以被组合以产生更好的接收信号。因此 MIMO 的目标不是减轻信道衰落，而是利用衰落过程。

为了更好地理解 MIMO 系统的数学描述，可以参考 Haykin 和 Moher 的参考文献［38］。在平坦衰落条件下，定义由 M 元发射阵列创建的 M 元复发射向量为

$$\overline{s} = [s_1 \quad s_2 \quad s_3 \quad \cdots \quad s_M]^{\mathrm{T}} \tag{6.53}$$

假定元素 s_m 为数据流形式的编码波形，根据阵列配置进行相位调整。如果我们假设发射向量元素具有零均值和方差 σ_s^2，则总发射功率由下式给出：

$$P_t = M \cdot \sigma_s^2 \tag{6.54}$$

根据每个发射天线元 m 连接到接收元件 n 的路径（或多个路径），从而创建信道传递函数 h_{nm}。因此有 $N \cdot M$ 个信道传输功能连接发射和接收阵列元。因此，我们可以将 $N \times M$ 复数信道矩阵定义为

$$\overline{H} = \begin{bmatrix} h_{11} & h_{12} & \cdots & h_{1M} \\ h_{21} & h_{22} & \cdots & h_{2M} \\ \vdots & \vdots & \ddots & \vdots \\ h_{N1} & h_{N2} & \cdots & h_{NM} \end{bmatrix} \tag{6.55}$$

定义 N 维复接收向量，用 N 维列向量表示：

$$\bar{x} = [x_1 \quad x_2 \quad x_3 \quad \cdots \quad x_N]^{\mathrm{T}} \tag{6.56}$$

接下来定义 N 维复信道噪声向量：

$$\bar{n} = [n_1 \quad n_2 \quad n_3 \quad \cdots \quad n_N]^{\mathrm{T}} \tag{6.57}$$

接收向量可以用矩阵形式表示为

$$\bar{x} = \bar{H} \cdot \bar{s} + \bar{n} \tag{6.58}$$

假设发射信号、信道接收信号、噪声服从高斯分布，MIMO 信道容量很容易获取。发射信号的相关矩阵为

$$\begin{aligned}\bar{R}_{\mathrm{s}} &= E[\bar{s} \cdot \bar{s}^{\mathrm{H}}] \\ &= \sigma_{\mathrm{s}}^2 \bar{I}_{\mathrm{M}}\end{aligned} \tag{6.59}$$

式中，σ_{s}^2 为信号方差；$\bar{I}_{\mathrm{M}}$为 $M \times M$ 的单位矩阵；$\bar{s}^{\mathrm{H}}$为$\bar{s}$的厄米特转置。

噪声的相关矩阵为

$$\begin{aligned}\bar{R}_{\mathrm{n}} &= E[\bar{n} \cdot \bar{n}^{\mathrm{H}}] \\ &= \sigma_{\mathrm{n}}^2 \bar{I}_{\mathrm{N}}\end{aligned} \tag{6.60}$$

式中，σ_{n}^2 为噪声方差；$\bar{I}_{\mathrm{N}}$为 $N \times N$ 的单位矩阵。

MIMO 信道容量是一个随机变量。因为信道是随机的，因此我们可以定义遍历（平均）容量。假如我们假设信号源具有相同功率并且是不相干的，则遍历容量为[39-41]

$$C_{\mathrm{EP}} = E\left[\log_2\left[\det\left(\bar{I}_{\mathrm{N}} + \frac{\rho}{M}\bar{H} \cdot \bar{H}^{\mathrm{H}}\right)\right]\right] \quad \mathrm{bit/s/Hz} \tag{6.61}$$

式中，期望值基于随机信道矩阵$\bar{H}$；det 表示行列式；C_{EP}表示相同的功率容量；ρ 表示在每个接收天线的 $\mathrm{SNR} = \dfrac{P}{\sigma_{\mathrm{n}}^2}$。

由贝尔实验室开发的 V-BLAST 算法是一种可以用于 MIMO 系统的算法[42]。V-BLAST 算法是对其前身 D-BLAST 的改进。V 表示垂直分层的阻塞结构（V-BLAST，Vertically layered blocking structure，Bell Laboratories Layered Space-Time）。V-BLAST 算法将单个数据流解复用为进行比特-符号映射的 M 个子流。随后从 M 个发射天线发射所映射的子流。因此，所使用的总信道带宽是可实现平坦衰落的原始数据流带宽的一部分。可以通过传统的自适应波束赋形来实现接收端的检测。当一个子流被认为是所需信号时，所有其他子流被认为是干扰，因此被清空。因此，M 个同时传输的波束必须由 N 元接收阵列形成，同时使不需要的子流归零。接收到的子流可以被复用以恢复预期的传输。

对于 MIMO 概念的进一步探索可以见参考文献［34-42］。

6.5 参考文献

1. Liberti, J. C., and T. S. Rappaport, *Smart Antennas for Wireless Communications: IS-95 and Third Generation CDMA Applications*, Prentice Hall, New York, 1999.
2. Bertoni, H. L., *Radio Propagation for Modern Wireless Systems*, Prentice Hall, New York, 2000.
3. Shankar, P. M., *Introduction to Wireless Systems*, Wiley, New York, 2002.
4. Agrawal, D. P., and Q. A. Zeng, *Introduction to Wireless and Mobile Systems*, Thomson Brooks/Cole, Toronto, Canada, 2003.

5. Sarkar, T. K., M. C. Wicks, M. Salazar-Palma, et al., *Smart Antennas*, IEEE Press & Wiley Interscience, New York, 2003.
6. Feher, K., *Wireless Digital Communications: Modulation and Spread Spectrum Applications*, Prentice Hall, New York, 1995.
7. Haykin, S. and M. Moher, *Modern Wireless Communications*, Prentice Hall, New York, 2005.
8. Saunders, S. R., *Antennas and Propagation for Wireless Communication Systems*, Wiley, New York, 1999.
9. Rappaport, T. S., *Wireless Communications: Principles and Practice*, 2d ed., Prentice Hall, New York, 2002.
10. Keller, J. B., "Geometrical Theory of Diffraction," *J. Opt. Soc. Amer.*, Vol. 52, pp. 116–130, 1962.
11. Sklar, B., *Digital Communications: Fundamentals and Applications*, 2d ed., Prentice Hall, New York, 2001.
12. Schwartz, M., *Information Transmission, Modulation, and Noise*, 4th ed., McGraw-Hill, New York, 1990.
13. Papoulis, A., *Probability, Random Variables, and Stochastic Processes*, 2d ed., McGraw-Hill, New York, 1984.
14. Clarke, R. H., "A Statistical Theory of Mobile-Radio Reception," *Bell Syst. Tech. J.*, Vol. 47, pp. 957–1000, 1968.
15. Gans, M. J., "A Power Spectral Theory of Propagation in the Mobile Radio Environment," *IEEE Trans. Veh. Technol.*, Vol. VT-21, No. 1, pp. 27–38, Feb. 1972.
16. Jakes, W. C., (ed.), *Microwave Mobile Communications*, Wiley, New York, 1974.
17. Ghassemzadeh, S. S., L. J. Greenstein, T. Sveinsson, et al., "A Multipath Intensity Profile Model for Residential Environments," *IEEE Wireless Communications and Networking*, Vol. 1, pp. 150–155, March 2003.
18. Proakis, J. G., *Digital Communications*, 2d ed., McGraw-Hill, New York, 1989.
19. Wesolowski, K., *Mobile Communication Systems*, Wiley, New York, 2004.
20. Chuang, J., "The Effects of Time Delay Spread on Portable Radio Communications Channels with Digital Modulation," *IEEE Journal on Selected Areas in Communications*, Vol. SAC-5, No. 5, June 1987.
21. Fulghum, T., and K. Molnar, "The Jakes Fading Model Incorporating Angular Sspread for a Disk of Scatterers," *IEEE 48th Vehicular Technology Conference*, Vol. 1, pp. 489–493, 18–21 May 1998.
22. Fulghum, T., K. Molnar, and A. Duel-Hallen, "The Jakes Fading Model for Antenna Arrays Incorporating Azimuth Spread," *IEEE Transactions on Vehicular Technology*, Vol. 51, No. 5, pp. 968–977, Sept. 2002.
23. Boujemaa, H., and S. Marcos, "Joint Estimation of Direction of Arrival and Angular Spread Using the Knowledge of the Power Angle Density," *Personal, Indoor and Mobile Radio Communications, 13th IEEE International Symposium*, Vol. 4, pp. 1517–1521, 15–18 Sept. 2002.
24. Klein, A., and W. Mohr, "A StatisticalWideband Mobile Radio Channel Model Including the Directions-of-Arrival," *Spread Spectrum Techniques and Applications Proceedings, IEEE 4th International Symposium* on, Vol. 1, Sept. 1996.
25. Ertel, R., P. Cardieri, K. Sowerby, et al., "Overview of Spatial Channel Models for Antenna Array Communication Systems," *IEEE Personal Communications*, pp. 10–22, Feb. 1998.
26. Pedersen, K., P. Mogensen, and B. Fleury, "A Stochastic Model of the Temporal and Azimuthal Dispersion Seen at the Base Station in Outdoor Propagation Environments," *IEEE Transactions on Vehicular Technology*, Vol. 49, No. 2, March 2000.
27. Spencer, Q., M. Rice, B. Jeffs, et al., "A Statistical Model for Angle of Arrival in Indoor Multipath Propagation," Vehicular Technology Conference, 1997 IEEE 47th, Vol. 3, pp. 1415–1419, 4–7 May 1997.
28. Liberti, J. C., and T. S. Rappaport, "A Geometrically Based Model for Line-of-Sight Multipath Radio Channels," *IEEE 46th Vehicular Technology Conference*, 1996. 'Mobile Technology for the Human Race', Vol. 2, pp. 844–848, 28 April-1 May 1996.

29. Stein, S., "Fading Channel Issues in System Engineering," *IEEE Journal on Selected Areas in Communications*, Vol. SAC-5, No. 2, pp. 68–89, Feb. 1987.

30. Lee, W. C. Y., "Estimate of Local Average Power of a Mobile Radio Signal," *IEEE Transactions Vehicular Technology*, Vol. 29, pp. 93–104, May 1980.

31. Suzuki, H., "A Statistical Model for Urban Radio Propagation," *IEEE Transactions on Communications*, Vol. COM-25, No. 7, 1977.

32. Price, R., and P. Green, "A Communication Technique for Multipath Channels," Proceedings of IRE, Vol. 46, pp. 555–570, March 1958.

33. Parsons, J., *The Mobile Radio Propagation Channel*, 2d ed., Wiley, New York, 2000.

34. "MIMO Systems and Applications Part 1," *IEEE Journal on Selected Areas in Communications*, Vol. 21, No. 3, April 2003.

35. "MIMO Systems and Applications Part 2," *IEEE Journal on Selected Areas in Communications*, Vol. 21, No. 5, June 2003.

36. Vucetic, B., and J. Yuan, *Space-Time Coding*, Wiley, New York, 2003.

37. Diggavi, S., N. Al-Dhahir, A. Stamoulis, et al., "Great Expectations: The Value of Spatial Diversity in Wireless Networks," *Proceedings of the IEEE*, Vol. 92, No. 2, Feb. 2004.

38. Haykin, S., and M. Moher, *Modern Wireless Communications*, Prentice Hall, New York, 2005.

39. Foschini, G., and M. Gans, "On Limits of Wireless Communications in a Fading Environment When Using Multiple Antennas," *Wireless Personal Communications* 6, pp. 311–335, 1998.

40. Gesbert, D., M. Shafi, D. Shiu, et al., "From Theory to Practice: An Overview of MIMO Space-Time Coded Wireless Systems," *Journal on Selected Areas in Communication*, Vol. 21, No. 3, April 2003.

41. Telatar, E., "Capacity of Multiantenna Gaussian Channels," *AT&T Bell Labs Technology Journal*, pp. 41–59, 1996.

42. Golden, G., C. Foschini, R. Valenzuela, et al., "Detection Algorithm and Initial Laboratory Results Using V-BLAST Space-Time Communication Architecture," *Electronic Lett.*, Vol. 35, No. 1, Jan. 1999.

6.6 习题

1. 应用平地模型，假设数据：$|R| = 0.5$、0.7，$\psi = 0$，$\frac{E_0}{r_1} = 1$，$h_1 = 5\text{m}$，$h_2 = 20\text{m}$，$d = 100\text{m}$。

（a）求到达时延 τ_1 和 τ_2。

（b）绘制包络和相位 $-(2kh_1h_2)/d$ 的曲线族。

2. 使用平地模型。假设以下值：$|R| = 0.5$，$\psi = 0$，$h_1 = 5\text{m}$，$h_2 = 20\text{m}$，$d = 100\text{m}$。发射宽度为 10ns 的基带矩形脉冲。发射脉冲如图 6.39 所示。直接路径 $V_1 = 1\text{V}$ 的接收电压幅值与 E_0/r_1 成正比。

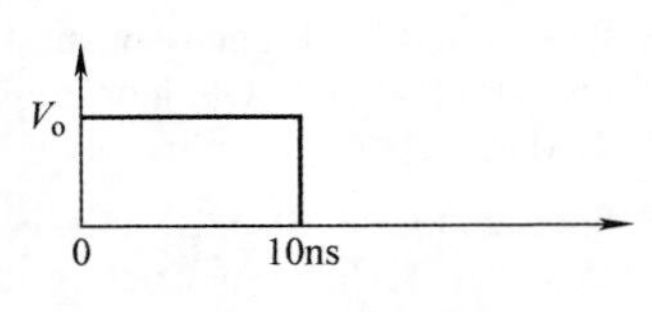

图 6.39　发射脉冲

（a）求到达时延 τ_1 和 τ_2。

（b）使用球面扩展和 $|R|$ 估算反射路径的接收幅值大小 V_2。

（c）绘制直接和间接路径的接收脉冲并标注脉冲幅度和时延。

3. 用 MATLAB 来建模一个城市环境，以产生振幅 a_n、相位 α_n 和距离 r_n 的 100 个值。使用式

(6.13) ~式 (6.15)。使用 randn 生成振幅值 a_n，并假设 $\sigma=1\text{mV}$。使用 rand 生成 a_n 的相位值，使其在 $0\sim2\pi$ 之间变化。使用 rand 来定义 $r_n=500+50\times\text{rand}(1,N)$。找到相位 ϕ_n。绘制 $100\text{kHz}<f<500\text{kHz}$ 的包络 $r(\text{mV})$。让 x 轴线性化，y 轴为 log10。

4. 计算瑞利过程的中断概率，其中 $\sigma=2\text{mV}$，阈值 $p_{\text{th}}=3\mu\text{W}$。

5. 绘制莱斯因子 $K=-5\text{dB}$、5dB 和 15dB 的莱斯分布的概率密度函数。将所有曲线叠加在同一图上。假设 $\sigma=2\text{mV}$。

6. 用莱斯信道重复习题 3，其中 $A=4\sigma$。

7. 对于 $\sigma=2\text{mV}$ 的莱斯衰落信道，直接路径幅度 $A=4\text{mV}$，接收电压包络将超过 6mV 阈值的概率是多少?

8. 使用 MATLAB 绘制式 (6.27) 中的包络。其中载波频率为 2GHz，车速为 30mile/h，相位角 ϕ_n 和 θ_n 均匀分布，系数 a_n 具有零均值的高斯分布，设 $N=5$，标准差 $\sigma=0.002$。

9. 计算图 6.40 给出的 PDP 的多径功率增益 P_{T}、平均附加时延 τ_0 和 RMS 时延扩展 σ_τ。

10. 计算图 6.41 给出的 PDP 的多径功率增益 P_{T}、平均附加时延 τ_0、RMS 时延扩展 σ_τ。

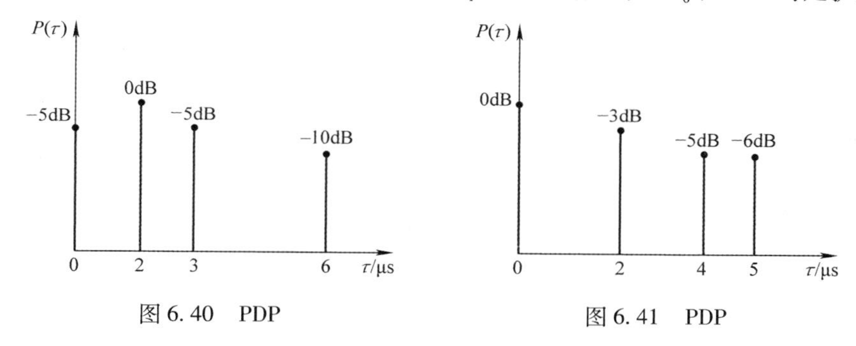

图 6.40　PDP　　　图 6.41　PDP

11. 计算图 6.42 给出的 PAP 的多径功率增益 P_{T}、平均到达角θ_0 和 RMS 角扩展 σ_θ。

12. 计算图 6.43 给出的 PAP 的多径功率增益 P_{T}、平均到达角 θ_0 和 RMS 角扩展 σ_θ。

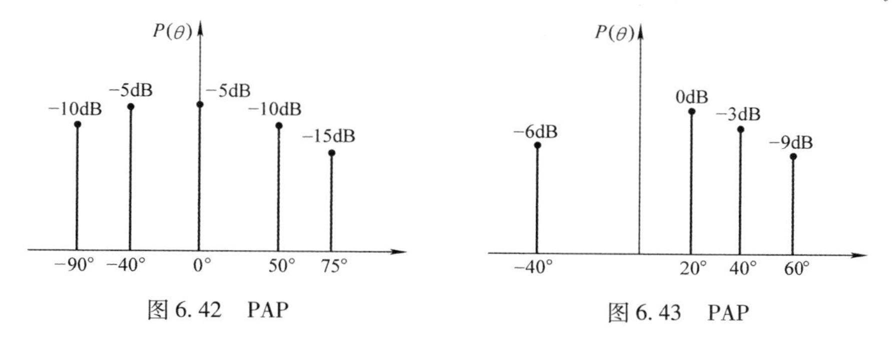

图 6.42　PAP　　　图 6.43　PAP

13. 对于习题 11 中的 $P(\theta)$，使用 Rapport 方法计算角扩展。

14. 对于习题 12 中的 $P(\theta)$，使用 Rapport 方法计算角扩展。

15. 对于在直角坐标 (0，250) 处发射 1MW 功率的发射机并且接收机位于 (1km，250) 处，5 个散射体位于 (200，400)、(300，150)、(500，100)、(600，400) 和 (800，100)。每

个各向同性散射体的反射系数为 0.7。考虑球面扩散，使功率与 r^2 成反比。

（a）导出与每条路径相关的时延和功率并绘制 PDP。

（b）导出与每条路径相关的到达角和功率并绘制 PAP。

（c）画出式（6.46）中给出的二维 PDAP。

16. 对于圆半径 $a=20\text{m}$，发射天线与接收天线之间的距离为 100m 的散射体圆环。令 $P_{\text{T}}=1\text{W}$。

（a）解出 PAP。

（b）绘制 PAP。

17. 对于圆半径 $a=20\text{m}$，发射天线与接收天线之间的距离为 100m 的散射体圆盘。令 $P_{\text{T}}=1\text{W}$。

（a）解出 PAP。

（b）绘制 PAP。

18. 如果信道冲激响应由 $h_{\text{c}}(t)=0.2\delta(t)+0.4\delta(t-\tau)+0.6\delta(t-2\tau)$ 给出，

（a）导出并绘制 $0.5<f\tau<1.5$ 的信道频率响应。

（b）导出并绘制 $0.5<f\tau<1.5$ 的均衡器频率响应。

（c）这两张图是否共轭互逆？

19. 如果信道冲激响应由 $h_{\text{c}}(t)=0.6\delta(t)+0.4\delta(t-2\tau)+0.2\delta(t-4\tau)$ 给出，

（a）导出并绘制 $0.5<f\tau<1.5$ 的信道频率响应。

（b）导出并绘制 $0.5<f\tau<1.5$ 的均衡器频率响应。

（c）这两张图是否共轭互逆？

第 7 章　到达角估计

第 6 章中讨论的传播信道中，非常明显，即使对于一个源，也会有很多可能的传播到达路径和角度。如果有几个发射端同时发送，每个源都可能潜在地在接收端处生成多条多径。因此，对于接收阵列来说，能够估计到达角（AOA）从而解码出当前的发射机以及它们可能的角度位置是重要的。为了获得更好的保真度，或抑制干扰源，或者两者，此信息能够被用来消除或组合信号。

AOA 估计也被称为谱估计、到达方向（DOA）估计、方位估计。一些最早的参考文献可以追溯到谱估计，也即作为从信号集中选择多样化的频率组成部分的能力。这个概念也被延伸到频率波数问题以及随后的 AOA 估计问题上。方位估计是声呐领域中更常使用的一个术语，AOA 估计是声学领域中更常使用的术语。AOA 估计中许多现有技术都有相应的根源方法，例如时间序列分析、频谱分析、周期图法、特征结构方法、参数化方法、线性预测方法、波束赋形、阵列处理以及自适应阵列方法。一些更有用的材料包括 Godara 的综述文章[1]、Capon 的频谱分析[2]、Johnson 的谱估计回顾[3]、Van Trees 的全面性文档[4]以及 Stoica 和 Moses 的文档[5]。

7.1　矩阵代数基础

在开始介绍 AOA（谱）估计方法之前，我们十分有必要来回顾一些矩阵代数的基础知识。例如，数组向量$\bar{a}$。我们使用上方带一条横线的大写字母表示所有的矩阵，比如$\bar{A}$。

7.1.1　向量基础

列向量：向量$\bar{a}$可以表示为一个列向量或者一个行向量。如果$\bar{a}$是一个列向量或者一个一维的列矩阵，它可以表示为

$$\bar{a}=\begin{bmatrix} a_1 \\ a_2 \\ \vdots \\ a_M \end{bmatrix} \tag{7.1}$$

行向量：如果$\bar{b}$是一个行向量或者一个一维的行矩阵，它可以表示为

$$\bar{b}=[b_1 \quad b_2 \quad \cdots \quad b_N] \tag{7.2}$$

向量转置：任何列向量通过转置操作可以变换成行向量，反之亦然。转置操作的结果如下：

$$\bar{a}^{\mathrm{T}}=[a_1 \quad a_2 \quad \cdots \quad a_M] \tag{7.3}$$

$$\bar{b}^{\mathrm{T}}=\begin{bmatrix} b_1 \\ b_2 \\ \vdots \\ b_N \end{bmatrix} \tag{7.4}$$

厄米特向量转置：厄米特转置是一个向量的共轭转置，用运算符 H 表示，因此向量$\bar{a}$的厄米特转置表示为

$$\bar{a}^{\mathrm{H}} = [a_1^* \quad a_2^* \quad \cdots \quad a_M^*] \tag{7.5}$$

$$\bar{b}^{\mathrm{H}} = \begin{bmatrix} b_1^* \\ b_2^* \\ \vdots \\ b_N^* \end{bmatrix} \tag{7.6}$$

向量点积（内积）：行向量与自身的点积通常表示为

$$\begin{aligned} \bar{b} \cdot \bar{b}^{\mathrm{T}} &= [b_1 \quad b_2 \quad \cdots b_N] \begin{bmatrix} b_1 \\ b_2 \\ \vdots \\ b_N \end{bmatrix} \\ &= b_1^2 + b_2^2 + \cdots + b_N^2 \end{aligned} \tag{7.7}$$

范德蒙德向量：一个范德蒙德向量有 M 个元素，表示为

$$\bar{a} = \begin{bmatrix} x^0 \\ x^1 \\ \vdots \\ x^{(M-1)} \end{bmatrix} \tag{7.8}$$

因此式（4.8）的阵列导向向量是一个范德蒙德向量。

7.1.2　矩阵基础

一个矩阵是一个有着 $M \times N$ 个元素的集合，表示为

$$\bar{A} = \begin{bmatrix} a_{11} & a_{12} & \cdots & a_{1N} \\ a_{21} & a_{22} & \cdots & a_{2N} \\ \vdots & \vdots & \ddots & \vdots \\ a_{M1} & a_{M2} & \cdots & a_{MN} \end{bmatrix} \tag{7.9}$$

式中，$M \times N$ 是矩阵的大小或者阶数。

矩阵行列式：一个方阵的行列式可以由拉普拉斯展开式来定义，表示为

$$\begin{aligned} |\bar{A}| &= \begin{bmatrix} a_{11} & a_{12} & \cdots & a_{1M} \\ a_{21} & a_{22} & \cdots & a_{2M} \\ \vdots & \vdots & \ddots & \vdots \\ a_{M1} & a_{M2} & \cdots & a_{MM} \end{bmatrix} \\ &= \sum_{j=1}^{M} a_{ij}\mathrm{cof}(a_{ij}) \quad \text{对于任何行 } i \\ &= \sum_{i=1}^{M} a_{ij}\mathrm{cof}(a_{ij}) \quad \text{对于任何列 } j \end{aligned} \tag{7.10}$$

式中，$\mathrm{cof}(a_{ij})$表示a_{ij}元素的余子式，定义为$\mathrm{cof}(a_{ij})=(-1)^{i+j}M_{ij}$，$M_{ij}$为$a_{ij}$的子式。子式为矩阵行列式划去第$i$行和第$j$列后剩下的。如果一个矩阵的任意两行或者两列相同，行列式的值为0。MATLAB中的行列式操作为命令det(A)。

例7.1　计算$\bar{A}=\begin{bmatrix}1 & 2 & 0\\3 & 2 & 1\\5 & 1 & -1\end{bmatrix}$的行列式。

解：使用第1行的索引来计算$|\bar{A}|=\sum_{j=1}^{M}a_{1j}\mathrm{cof}(a_{1j})$。因此有

$$|\bar{A}|=1\times(2\times(-1)-1\times1)-2\times(3\times(-1)-5\times1)+0\times(3\times1-5\times2)=13$$

使用MATLAB中的两条命令可以得到相同的结果：

```
>> A=[1 2 0;3 2 1;5 1 -1];
>> det(A)
ans =13
```

矩阵加法：矩阵能够通过相同位置的元素相加或相减进行加减法运算。因此有

$$\bar{C}=\bar{A}\pm\bar{B}\Rightarrow c_{ij}=a_{ij}\pm b_{ij} \tag{7.11}$$

矩阵乘法：当第1个矩阵的列数等于第2个矩阵的行数时，矩阵可以进行乘法运算。因此一个$M\times N$维的矩阵与一个$N\times L$维的矩阵相乘，得到一个$M\times L$维的矩阵。乘法运算表示为

$$\bar{C}=\bar{A}\cdot\bar{B}\Rightarrow c_{ij}=\sum_{k=1}^{N}a_{ik}b_{kj} \tag{7.12}$$

例7.2　两个矩阵$\bar{A}=\begin{bmatrix}1 & -2\\3 & 4\end{bmatrix}$　$\bar{B}=\begin{bmatrix}1 & -2\\3 & 4\end{bmatrix}$相乘。

解：$\bar{A}\cdot\bar{B}=\begin{bmatrix}9 & -7\\17 & 29\end{bmatrix}$。

同样可以使用MATLAB中如下的命令来解决此问题：

```
>> A=[1 -2;3 4];
>> B=[7 3;-1 5];
>> A*B
ans =
9      -7
17      29
```

单位阵：由$\bar{I}$表示的单位阵是一个$M\times M$维的矩阵，矩阵中对角元素全为1，其余元素全为0，由此有

$$\bar{I}=\begin{bmatrix}1 & 0 & \cdots & 0\\0 & 1 & \cdots & 0\\\vdots & \vdots & \ddots & \vdots\\0 & 0 & \cdots & 1\end{bmatrix} \tag{7.13}$$

式中，单位阵$\bar{I}$与任意方阵$\bar{A}$的乘积仍为方阵$\bar{A}$本身，即$\bar{I}\cdot\bar{A}=\bar{A}\cdot\bar{I}=\bar{A}$。单位阵在MATLAB中用命令eye(M)创建，得到一个$M\times M$维的单位阵。

笛卡儿基向量：单位阵$\bar{I}$的列称为笛卡儿基向量，表示为$\bar{u}_1$，$\bar{u}_2$，…，$\bar{u}_M$，即$\bar{u}_1 = [1 \quad 0 \quad \cdots \quad 0]^{\mathrm{T}}$，$\bar{u}_2 = [0 \quad 1 \quad \cdots \quad 0]^{\mathrm{T}}$，…，$\bar{u}_M = [0 \quad 0 \quad \cdots \quad 1]^{\mathrm{T}}$，因此单位阵可定义为$\bar{I} = [\bar{u}_1 \quad \bar{u}_2 \quad \cdots \quad \bar{u}_M]$。

矩阵的迹：方阵的迹为其对角元素的和，由此有

$$\mathrm{Tr}(\bar{A}) = \sum_{i=1}^{N} a_{ii} \tag{7.14}$$

MATLAB 中矩阵的迹由命令 trace（A）得到。

矩阵转置：矩阵转置是行和列元素的互换，表示为$\bar{A}^{\mathrm{T}}$。两个矩阵乘积的转置是每个矩阵分别转置，并以逆序做乘积，也即$(\bar{A}\cdot\bar{B})^{\mathrm{T}} = \bar{B}^{\mathrm{T}}\cdot\bar{A}^{\mathrm{T}}$。MATLAB 中转置由命令 transpose（A）或者A'得到。

矩阵厄米特转置：厄米特转置为矩阵中元素的共轭转置，表示为$\bar{A}^{\mathrm{H}}$。MATLAB 中厄米特转置由命令 ctranspose（A）或者A′得到。矩阵的行列式与矩阵转置的行列式相同，即$|\bar{A}| = |\bar{A}^{\mathrm{T}}|$。矩阵的行列式为矩阵厄米特转置行列式的共轭，即$|\bar{A}| = |\bar{A}^{\mathrm{H}}|^*$。两个矩阵乘积的厄米特转置为各自厄米特转置以逆序做乘积，即$(\bar{A}\cdot\bar{B})^{\mathrm{H}} = \bar{B}^{\mathrm{H}}\cdot\bar{A}^{\mathrm{H}}$。后面将会应用到这个重要的性质。

矩阵的逆：矩阵的逆定义为$\bar{A}\cdot\bar{A}^{-1} = \bar{I}$，其中$\bar{A}^{-1}$为$\bar{A}$的逆。当$|\bar{A}|\neq 0$时矩阵$\bar{A}$的逆才存在。我们定义矩阵的余子式为$\bar{C} = \mathrm{cof}(\bar{A}) = [(-1)^{i+j}|\bar{A}_{ij}|]$，$\bar{A}_{ij}$为划去第$i$行和第$j$列后剩下的矩阵。MATLAB 中矩阵的逆由命令 inv（A）获取。数学上，矩阵的逆表示为

$$\bar{A}^{-1} = \frac{\bar{C}^{\mathrm{T}}}{|\bar{A}|} \tag{7.15}$$

例 7.3　求矩阵$\bar{A} = \begin{bmatrix} 1 & 3 \\ -2 & 5 \end{bmatrix}$的逆。

解：首先求出矩阵$\bar{A}$的子式$\bar{C}$和行列式。

$$\bar{C} = \begin{bmatrix} 5 & 2 \\ -3 & 1 \end{bmatrix} \qquad |\bar{A}| = 11$$

然后可以得到矩阵$\bar{A}$的逆为

$$\bar{A}^{-1} = \frac{\begin{bmatrix} 5 & 2 \\ -3 & 1 \end{bmatrix}^{\mathrm{T}}}{11} = \begin{bmatrix} 0.4545 & -0.2727 \\ 0.1818 & 0.0909 \end{bmatrix}$$

同样使用 MATLAB 中如下的命令可以很方便地解决此问题：

```
>> A = [1 3; -2 5];
>> inv(A)
ans =
0.4545     -0.2727
0.1818     0.0909
```

矩阵的特征值和特征向量：一个矩阵的特征值和特征向量是能够满足齐次条件下的合适的或者特殊的值。数值λ为$N\times N$维方阵$\bar{A}$的特征值，必然满足下面的条件：

$$|\lambda\bar{I} - \bar{A}| = 0 \tag{7.16}$$

上式中的行列式称作特征行列式，在λ处有N个根的N阶多项式。也就是说，

$$|\lambda\bar{I} - \bar{A}| = (\lambda - \lambda_1)(\lambda - \lambda_2)\cdots(\lambda - \lambda_N) \tag{7.17}$$

每一个特征值（λ_1，λ_2，…，λ_N）均满足式（7.16）。我们也可同样定义矩阵$\overline{A}$的特征值向量。如果 $N\times N$ 维的矩阵$\overline{A}$有 N 个特征值λ_j，同样也会有 N 个特征向量$\overline{e}_j$满足下面的公式：

$$(\lambda_j\overline{I}-\overline{A})\overline{e}_j=0 \tag{7.18}$$

MATLAB 中通过命令[EV,V] = eig(A)来获取矩阵 A 的特征值和特征向量。特征向量为矩阵 EV 的列向量，相应的特征值为矩阵 V 的对角元素。MATLAB 中的命令 diag(V)可以得到矩阵 V 对角线的特征值向量。

例 7.4　使用 MATLAB 求解矩阵$\begin{bmatrix}1 & 2\\3 & 5\end{bmatrix}$的特征值和特征向量。

解：用下面的语句创建矩阵，并计算出其特征值和特征向量。

```
>> A = [1 2;3 5];
>> [EV,V] = eig(A);
>> EV
EV =
 -0.8646       -0.3613
0.5025       -0.9325
>> diag(V)
ans  =
 -0.1623
6.1623
```

矩阵 EV 的第 1 列为第 1 个特征向量，相应的特征值为 $\lambda_1=-0.1623$。第 2 列为第 2 个特征向量，相应的特征值为 $\lambda_2=6.1623$。

这些简单的向量和矩阵知识将会帮助我们使用 MATLAB 来解决 7.3 节描述的 AOA 估计算法问题。

7.2　阵列相关矩阵

许多 AOA 算法依靠阵列相关矩阵。为了理解阵列相关矩阵，我们先来了解阵列、接收信号以及加性噪声的描述。图 7.1 描述了一个有着多方向入射平面波的接收阵列。

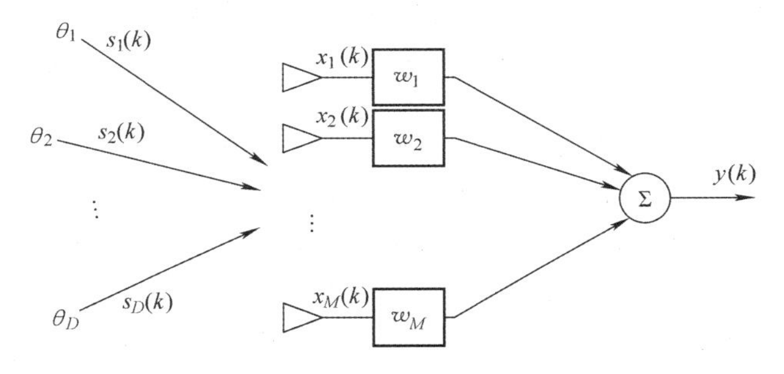

图 7.1　具有 M 个元素的到达信号阵列

图 7.1 中展示了来自 D 个方向的 D 个信号。它们由一个有 M 个元素的阵列接收。每个元素有一个潜在权重。每一个接收信号 $x_m(k)$ 包括了零均值的加性高斯白噪声。时间由第 k 个采样时间表示。因此，阵列输出 y 表示为以下的形式：

$$y(k) = \bar{w}^{\mathrm{T}} \cdot \bar{x}(k) \tag{7.19}$$

式中，

$$\begin{aligned}\bar{x}(k) &= [\bar{a}(\theta_1) \quad \bar{a}(\theta_2) \quad \cdots \quad \bar{a}(\theta_D)] \cdot \begin{bmatrix} s_1(k) \\ s_2(k) \\ \vdots \\ s_D(k) \end{bmatrix} + \bar{n}(k) \\ &= \bar{A} \cdot \bar{s}(k) + \bar{n}(k) \end{aligned} \tag{7.20}$$

并且，$\bar{w} = [w_1 \quad w_2 \cdots \quad w_M]^{\mathrm{T}}$ 表示阵列权重；$\bar{s}(k)$ 表示采样时间 k 下的入射复数单色光信号向量；$\bar{n}(k)$ 表示每一个阵列元素 m 下均值为 0、方差为 σ_{n}^2 的噪声向量；$\bar{a}(\theta_i)$ 表示第 θ_i 个到达方向下的有 M 个元素的阵列导向向量；$\bar{A} = [\bar{a}(\theta_1) \quad \bar{a}(\theta_2) \quad \cdots \quad \bar{a}(\theta_D)]$ 表示导向向量 $\bar{a}\theta_i$ 的 $M \times D$ 维矩阵。

因此，D 个复数信号中的每一个信号到达角 θ_i 时，会被 M 个天线元素拦截。最初假设到达信号是单色光信号，并且到达信号的数量 $D < M$。可以理解的是，信号在不同时间到达，并且我们的计算是基于输入信号的时间快慢。很明显，如果发射机在移动，导向向量矩阵会随着时间和相应的到达信号而改变。除非事先声明，否则式（7.19）和式（7.20）中时间具有依赖性。为了简化，我们定义 $M \times M$ 维的阵列相关矩阵 $\bar{R}_{xx}$ 表示如下：

$$\begin{aligned}\bar{R}_{xx} &= E[\bar{x} \cdot \bar{x}^{\mathrm{H}}] = E[(\bar{A}\ \bar{s} + \bar{n})(\bar{s}^{\mathrm{H}}\ \bar{A}^{\mathrm{H}} + \bar{n}^{\mathrm{H}})] \\ &= \bar{A}E[\bar{s} \cdot \bar{s}^{\mathrm{H}}]\bar{A}^{\mathrm{H}} + E[\bar{n} \cdot \bar{n}^{\mathrm{H}}] \\ &= \bar{A}\ \bar{R}_{ss}\bar{A}^{\mathrm{H}} + \bar{R}_{nn}\end{aligned} \tag{7.21}$$

式中，$\bar{R}_{ss}$ 表示 $D \times D$ 维的源相关矩阵；$\bar{R}_{nn} = \sigma_n^2\ \bar{I}$ 表示 $M \times M$ 维的噪声相关矩阵；$\bar{I}$ 表示 $N \times N$ 维的单位阵。

阵列相关矩阵 $\bar{R}_{xx}$ 和源相关矩阵 $\bar{R}_{ss}$ 由各自绝对值平方的期望得到（即 $\bar{R}_{xx} = E[\bar{x} \cdot \bar{x}^{\mathrm{H}}]$ 和 $\bar{R}_{ss} = E[\bar{s} \cdot \bar{s}^{\mathrm{H}}]$）。如果我们不能知道噪声和信号准确的统计值，但可以假设整个过程具有遍历性，通过时间平均相关我们可以大致获得相关。在这种情况下，相关矩阵定义为

$$\hat{R}_{xx} \approx \frac{1}{K}\sum_{k=1}^{K}\bar{x}(k)\ \bar{x}^{\mathrm{H}}(k) \qquad \hat{R}_{ss} \approx \frac{1}{K}\sum_{k=1}^{K}\bar{s}(k)\ \bar{s}^{\mathrm{H}}(k) \qquad \hat{R}_{nn} \approx \frac{1}{K}\sum_{k=1}^{K}\bar{n}(k)\ \bar{n}^{\mathrm{H}}(k)$$

当信号不相关时，很明显，$\bar{R}_{ss}$ 必须是一个对角阵，因为其非对角元素没有相关性。当信号部分相关时，$\bar{R}_{ss}$ 是非奇异的。当信号相关时，$\bar{R}_{ss}$ 变成奇异的，因为行元素为彼此的线性组合[5]。导向向量矩阵 $\bar{A}$ 是一个 $M \times D$ 维的所有列均不相同的矩阵。列元素的结构满足范德蒙德向量的形式，因此列之间相互独立[6,7]。参考文献中，阵列相关矩阵通常是指协方差矩阵，这只有在信号的均值和噪声均为 0 时才成立。在这种情况下，协方差矩阵和相关矩阵是相同的。到达信号的平均值必须为 0，因为天线不能接收直流信号。取决于接收端的噪声源，接收端的固有噪声可能有零均值也可能没有。

阵列相关矩阵的特征分析中可以发现很多有用的信息。特征结构的细节在 Godara[1] 中有描述，同时也在本书中给出。假设有着 D 个窄带信号源和不相关噪声的 M 个阵列元素，我们可对相关矩阵的值做出假设。首先，$\bar{R}_{xx}$是一个 $M\times M$ 维的厄米特矩阵。厄米特矩阵与其复数共轭转置相等，也即$\bar{R}_{xx}=\bar{R}_{xx}^{\mathrm{H}}$。阵列相关矩阵有 M 个特征值（λ_1，λ_2，…，λ_M）和 M 个相关的特征向量$\bar{E}=[\bar{e}_1\bar{e}_2\cdots\bar{e}_M]$。如果特征值从小到大排序，我们可以将矩阵$\bar{E}$分为两部分，$\bar{E}=[\bar{E}_N\quad \bar{E}_S]$。第 1 个子空间$\bar{E}_N$称作噪声子空间，由和噪声相关联的 $M-D$ 个特征向量组成。对于不相关的噪声，特征值为$\lambda_1=\lambda_2=\cdots=\lambda_{M-D}=\sigma_{\mathrm{n}}^2$。第 2 个子空间$\bar{E}_S$称作信号子空间，由和到达信号相关的 D 个特征向量组成。噪声子空间是一个 $M\times(M-D)$维的矩阵，信号子空间是一个 $M\times D$ 维的矩阵。

AOA 估计技术的目标是定义一个函数，该函数基于最大值与角度给出到达角的指示。传统称这个函数为伪谱 $P(\theta)$，其单位可以为能量或功率，有时也可能是能量或功率的 2 次方。借助波束赋形、阵列相关矩阵、特征分析、线性预测、最小方差、最大似然、最小模、MUSIC、root - MUSIC 等更多本章将要介绍的方法，可定义伪谱。Stoica 和 Moses[5] 以及 Van Trees[4] 都对其中许多可能的方法进行了深入的解释。我们将会在下一节中总结一些更常用的伪谱方法。

7.3　AOA 估计方法

7.3.1　Bartlett AOA 估计

如果天线阵列是均匀加权的，我们可以定义 Bartlett AOA 估计[8] 如下：

$$P_{\mathrm{B}}(\theta)=\bar{a}^{\mathrm{H}}(\theta)\bar{R}_{xx}\bar{a}(\theta) \tag{7.22}$$

Bartlett AOA 估计是空间版的平均周期图，也是一种波束赋形 AOA 估计方法。在$\bar{s}$表示非相关单色信号，且没有系统噪声的情况下，式（7.22）可以展开表示如下：

$$P_{\mathrm{B}}(\theta)=\left|\sum_{i=1}^{D}\sum_{m=1}^{M}\mathrm{e}^{\mathrm{j}(m-1)kd(\sin\theta-\sin\theta_i)}\right|^2 \tag{7.23}$$

因此，周期图等于所有到达信号的空间有限长傅里叶变换。这也等价于对所有 AOA 的波束导向阵列因子求和，再对和的绝对值求 2 次方。

例 7.5　使用 MATLAB 求出 $M=6$ 的天线阵列的 Bartlett 估计，并画出其伪谱。阵元间隔为 $d=\lambda/2$，信源为两个不相关的等幅值信源（s_1，s_2），且 $\sigma_{\mathrm{n}}^2=0.1$，两对不同的到达角分别为 $\pm10°$和 $\pm5°$，假设为遍历过程。

解：从给出的信息，可以得到如下等式：

$$\bar{s}=\begin{bmatrix}1\\1\end{bmatrix},\ \bar{a}(\theta)=[1\quad \mathrm{e}^{\mathrm{j}\pi\sin\theta}\quad\cdots\quad \mathrm{e}^{\mathrm{j}5\pi\sin\theta}]^{\mathrm{T}},$$

$$\bar{A}=[\bar{a}(\theta_1)\quad \bar{a}(\theta_2)],\bar{R}_{ss}=\begin{bmatrix}1&0\\0&1\end{bmatrix}$$

应用式（7.21），我们可以对两组角都求出$\bar{R}_{xx}$。把$\bar{R}_{xx}$代入式（7.22），并使用 MATLAB，我们可以画出伪谱，如图 7.2a、b 所示。

回顾第 4 章式（4.21）中给出的半功率波束宽度，我们可以估计出这个 $M=6$ 的天线阵列的

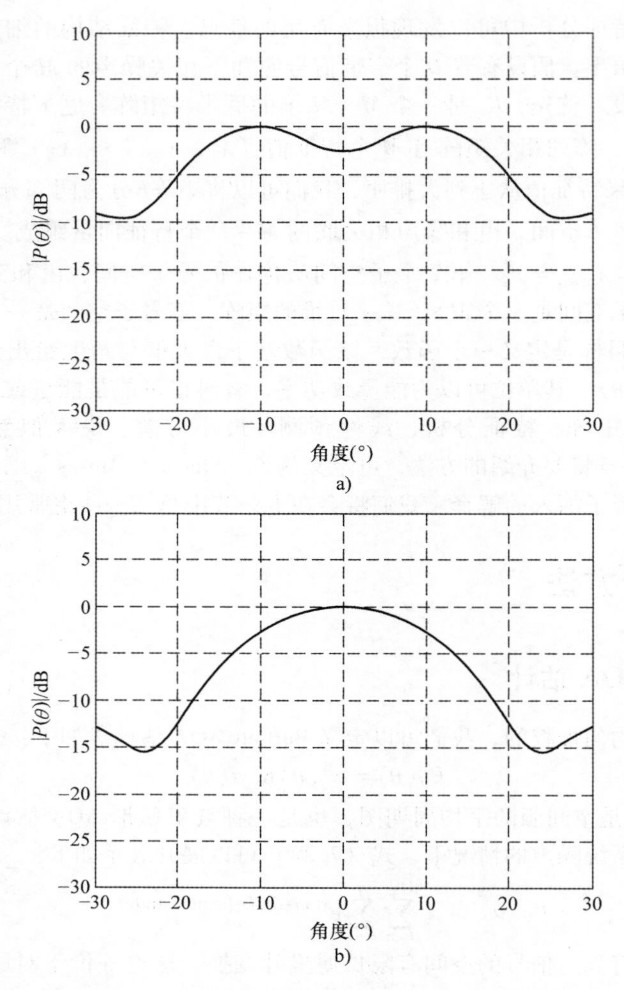

图 7.2　a）$\theta_1=-10°$、$\theta_2=10°$时的 Bartlett 伪谱　b）$\theta_1=-5°$、$\theta_2=5°$时的 Bartlett 伪谱

波束宽度约等于 8.5°。因此，两个相距 20°的源使用 Bartlett 方法是可以分辨的，而两个相距 10°的源是不可分辨的。因此，使用 Bartlett 方法进行 AOA 估计的一个局限性在于角度分辨率受到阵列的半功率带宽限制。增加分辨率就需要更大的阵列。对于一个阵元间隔为 $d=\lambda/2$ 的大阵列来说，AOA 精度约为 $1/M$。因此，$1/M$ 是 AOA 周期图的精度限，并且在上述情况下是 Bartlett 方法的精度指标。需要注意的是，当两个发射机相距的角度比阵列的分辨率大时，它们可以被分辨，但会引入偏差。这个偏差使峰值偏离了真实的 AOA。这个偏差随着天线长度的增加而减小。

7.3.2　Capon AOA 估计

Capon AOA 估计[2,4]作为一种最小方差无失真响应（MVDR）而为人熟知。如果要估计某一个方向的到达能量，而把其他源看成干扰，那么这种方法也可以被当作最大似然估计使用。因此，目标是在传输感兴趣的信号时，保证相位和幅值无失真，并最大化信干比（SIR）。假设源相关矩阵$\bar{R}_{ss}$是对角矩阵，如图 7.1 所示，最大化信干比可以通过一组阵列权重来实现，其中阵列权重可以表示为

$$\bar{w}=\frac{\bar{R}_{xx}^{-1}\bar{a}(\theta)}{\bar{a}^{\mathrm{H}}(\theta)\bar{R}_{xx}^{-1}\bar{a}(\theta)} \tag{7.24}$$

式中，$\bar{R}_{xx}$是未加权的阵列相关矩阵。

将式（7.24）中的权重代入图 7.1 的阵列中，可以得到伪谱如下：

$$P_{\mathrm{C}}(\theta)=\frac{1}{\bar{a}^{\mathrm{H}}(\theta)\bar{R}_{xx}^{-1}\bar{a}(\theta)} \tag{7.25}$$

例 7.6　使用 MATLAB 求出 $M=6$ 的天线阵列的 Capon 估计，并画出其伪谱。阵元间隔为 $d=\lambda/2$，信源为两个不相关的等幅值信源（s_1，s_2），且 $\sigma_n^2=0.1$，到达角为 $\pm 5°$，假设为遍历过程。

解：我们可以使用例 7.5 中相同的阵列相关矩阵。使用 MATLAB 画图可得图 7.3。

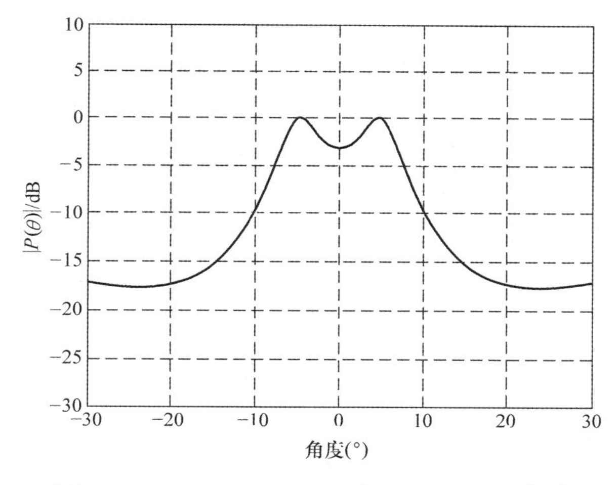

图 7.3　$\theta_1=-5°$、$\theta_2=5°$时的 Capon（ML）伪谱

显然，Capon AOA 估计的分辨率比 Bartlett AOA 估计好得多。但是在源高度相关的情况下，Capon 的分辨率确实会下降。Capon（ML）权重的推导过程给定的条件是将所有其他源视作干扰。如果多个信号可以被看作幅值瑞利分布、相位均匀分布的多路信号，那么不相关条件是符合的，Capon 算法可以正常工作。

Bartlett 方法和 Capon 方法的优势在于它们属于非参数估计，并且不需要有具体统计特性的先验信息。

7.3.3　线性预测 AOA 估计

线性预测算法的目标是最小化第 m 个传感器输出和实际输出之间的预测误差[3,9]。我们的目

标是找到可以使预测方均误差最小的权重。和式（7.24）类似，阵列权重可以写成

$$\bar{w}_m = \frac{\bar{R}_{xx}^{-1}\bar{u}_m}{\bar{u}_m^{\mathrm{T}}\bar{R}_{xx}^{-1}\bar{u}_m} \tag{7.26}$$

式中，$\bar{u}_m$ 是笛卡儿基向量，是 $M \times M$ 维单位矩阵的第 m 列。

将这些阵列权重代入伪谱的计算中，可以得到

$$P_{LP_m}(\theta) = \frac{\bar{u}_m^{\mathrm{T}}\bar{R}_{xx}^{-1}\bar{u}_m}{|\bar{u}_m^{\mathrm{T}}\bar{R}_{xx}^{-1}\bar{a}(\theta)|^2} \tag{7.27}$$

具体选择哪个阵元的输出作为预测是随机的，尽管这个选择可以动态地影响最终的精度。如果选择了阵列中心的阵元，剩下的传感器元素的线性组合可能提供更好的预测，因为其他阵元是围绕阵列的相位中心间隔的[3]。这也预示着长度为奇数的阵元会比长度为偶数的阵元得到更好的结果，因为其中心阵元正好在相位中心。

这种线性预测技术有时也被叫作自回归方法[4]。有人认为，线性预测的谱峰与信号功率的 2 次方成正比[3]。在例 7.7 中，确实是这样。

例 7.7　使用 MATLAB 求出 $M=6$ 的天线阵列的线性预测估计，并画出其伪谱。阵元间隔为 $d=\lambda/2$，信源为两个不相关的等幅值信源（s_1，s_2），且 $\sigma_n^2=0.1$，到达角为 $\pm 5°$，选择第 3 个阵列中的阵元作为参考阵元，其笛卡儿基向量是 $\bar{u}_3=[0\ 0\ 1\ 0\ 0\ 0]^{\mathrm{T}}$。假设为遍历过程。

解：伪谱为 $P_{LP_3}(\theta) = \dfrac{\bar{u}_3^{\mathrm{T}}\bar{R}_{xx}^{-1}\bar{u}_3}{|\bar{u}_3^{\mathrm{T}}\bar{R}_{xx}^{-1}\bar{a}(\theta)|^2}$，做图如图 7.4 所示。

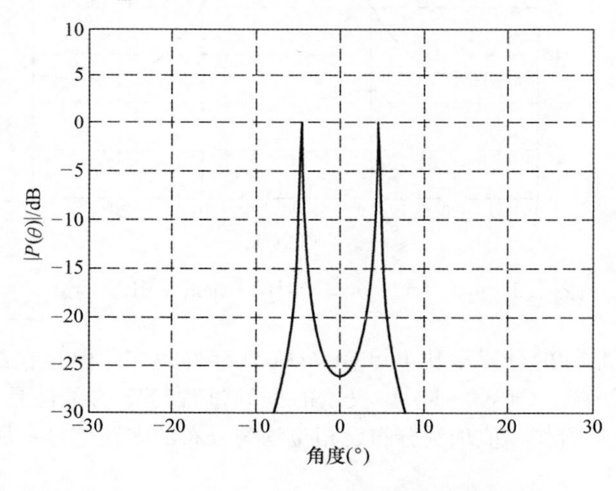

图 7.4　$\theta_1=-5°$、$\theta_2=5°$时的线性预测伪谱

从这些条件中可以很直观地看出，线性预测方法的性能比 Bartlett 方法和 Capon 方法都更好。如此高效的性能取决于阵元的选择和随之而来的 $\bar{u}_n$ 向量的选取。当所选择的信号有不同的幅值时，线性预测的谱峰反映了输入信号的相对强度。因此，线性预测方法不止给出了 AOA 信息，也给出了信号强度信息。

7.3.4　最大熵 AOA 估计

最大熵 AOA 估计的提出要归功于 Burg[10,11]。参考文献［1，12］给出了最大熵方法的进一步说明。目标是找到在约束条件下使熵函数最大的伪谱。Burg 推导熵函数法的细节见参考文献［10，11］。下面给出伪谱的表达式：

$$P_{ME_j}(\theta)=\frac{1}{\bar{a}(\theta)^{\mathrm{H}}\bar{c}_j\bar{c}_j^{\mathrm{H}}\bar{a}(\theta)} \tag{7.28}$$

式中，$\bar{c}_j$是阵列相关矩阵的逆矩阵（$\bar{R}_{xx}^{-1}$）的第 j 列。

例 7.8　使用 MATLAB 求出 $M=6$ 的天线阵列的最大熵估计，并画出其伪谱。阵元间隔为 $d=\lambda/2$，信源为两个不相关的等幅值信源（s_1，s_2），且$\sigma_n^2=0.1$，到达角为 ±5°。选择阵列相关矩阵的第 3 列（$\bar{c}_3$）以满足式（7.28）。假设为遍历过程。

解：伪谱由图 7.5 给出。

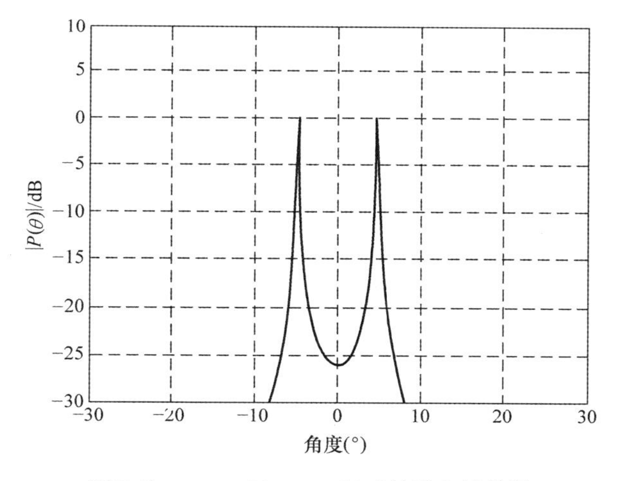

图 7.5　$\theta_1=-5°$、$\theta_2=5°$时的最大熵伪谱

注意到在最大熵方法中，我们从$\bar{R}_{xx}^{-1}$中选择$\bar{c}_3$列进行计算，得到了与线性预测方法相同的伪谱。$\bar{c}_j$的选择可以动态地影响可达到的精度。在本章假设的条件下，使用阵列相关矩阵逆矩阵的中心列可以得到更好的结果。

7.3.5　PHD AOA 估计

PHD（Pisarenko Harmonic Decomposition，Pisarenko 谐波分解）AOA 估计以提出这种最小方均误差算法的俄罗斯数学家的名字命名[13,14]。算法的目标是在权重向量的模等于单位值的约束下，最小化阵列输出的方均误差。最小化方均误差的特征向量对应于最小特征向量。对于 $M=6$ 的阵列，在两路到达信号的情况下，会有 2 个特征向量与信号有关，4 个特征向量与噪声有关。相应的 PHD 伪谱给出如下：

$$P_{\mathrm{PHD}}(\theta)=\frac{1}{|\bar{a}^{\mathrm{H}}(\theta)\bar{e}_1|^2} \tag{7.29}$$

式中，$\bar{e}_1$是对应最小特征值 λ_1的特征向量。

例 7.9　使用 MATLAB 求出 $M=6$ 的天线阵列的 PHD 估计，并画出其伪谱。阵元间隔为 $d=\lambda/2$，信源为两个不相关的等幅值信源（s_1，s_2），且 $\sigma_n^2=0.1$，到达角为 $\pm5°$。选择第 1 个噪声特征向量产生伪谱。

解：得出阵列相关矩阵后，我们使用 MATLAB 中的 eig（）命令得到特征值和特征向量。得到的特征值为 $\lambda_1=\lambda_2=\lambda_3=\lambda_4=\sigma_n^2=0.1$，$\lambda_5=2.95$，$\lambda_6=9.25$。

与 λ_1 对应的特征向量是

$$\bar{e}_1=\begin{bmatrix}-0.143\\-0.195\\0.065\\0.198\\0.612\\-0.723\end{bmatrix}$$

将这个特征向量代入式（7.29），我们可以画出图 7.6。

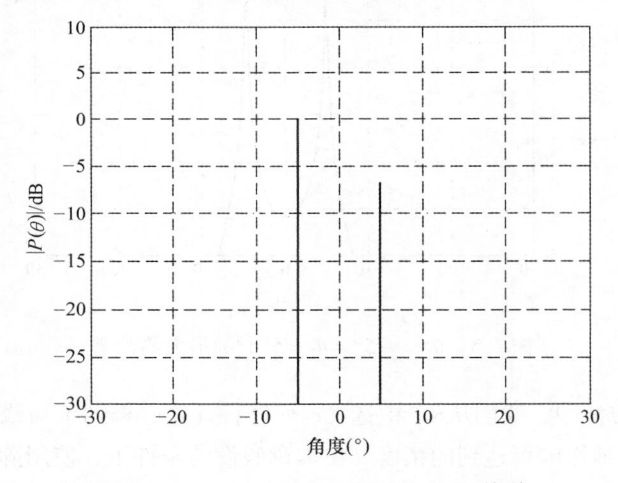

图 7.6　$\theta_1=-5°$、$\theta_2=5°$时的 PHD 伪谱

PHD 谱峰不能体现信号幅值。这些峰值是式（7.29）分母中多项式的根。显然，对于这个例子来说，PHD 方法有最好的精度。

7.3.6 最小模 AOA 估计

最小模（Min－Norm）方法由 Reddi[15]、Kumaresan 和 Tufts[16] 提出。这个方法也被 Ermolaev 和 Gershman[17] 清楚地阐释过。最小模方法只能应用在均匀线阵（Uniform Linear Array，ULA）中。最小模方法通过解如下优化问题优化了权重向量：

$$\min_{\bar{w}} \bar{w}^{\mathrm{H}}\bar{w} \quad \bar{E}_S^{\mathrm{H}}\bar{w}=0 \quad \bar{w}^{\mathrm{H}}\bar{u}_1=1 \tag{7.30}$$

式中，$\bar{w}$是阵列权重；$\bar{E}_S$是 D 个信号特征向量构成的子空间 $[\bar{e}_{M-D+1} \quad \bar{e}_{M-D+2} \quad \cdots \quad \bar{e}_M]$；$M$ 是阵元数量；D 是到达信号数量；$\bar{u}_1$是笛卡儿基向量，即$[1 \quad 0 \quad 0 \quad \cdots \quad 0]^{\mathrm{T}}$。

优化问题的解即是最小模伪谱：

$$P_{MN}(\theta)=\frac{(\bar{u}_1^{\mathrm{T}}\bar{E}_N\bar{E}_N^{\mathrm{H}}\bar{u}_1)^2}{|\bar{a}(\theta)^{\mathrm{H}}\bar{E}_N\bar{E}_N^{\mathrm{H}}\bar{u}_1|^2} \tag{7.31}$$

式中，$\bar{E}_N$是 $M-D$ 个噪声特征向量构成的子空间 $[\bar{e}_1 \quad \bar{e}_2 \quad \cdots \quad \bar{e}_{M-D}]$；$\bar{a}(\theta)$是阵列导向向量。

因为式（7.31）中的分子项是一个常量，我们可以得到归一化伪谱如下：

$$P_{MN}(\theta)=\frac{1}{|\bar{a}(\theta)^{\mathrm{H}}\bar{E}_N\bar{E}_N^{\mathrm{H}}\bar{u}_1|^2} \tag{7.32}$$

例 7.10　使用 MATLAB 求出 $M=6$ 的天线阵列的最小模估计，并画出其伪谱。阵元间隔为 $d=\lambda/2$，信源为两个不相关的等幅值信源（s_1，s_2），且$\sigma_n^2=0.1$，到达角为 ±5°。使用所有噪声特征向量构造噪声子空间$\bar{E}_N$。

解：得到阵列相关矩阵后，我们使用 MATLAB 中的 eig（）命令解出特征值和特征向量。得到的特征值分为两组。噪声特征值为 $\lambda_1=\lambda_2=\lambda_3=\lambda_4=\sigma_n^2=0.1$，对应噪声特征向量。信号特征值为 $\lambda_5=2.95$、$\lambda_6=9.25$，对应信号特征向量。由 $M-D=4$ 个噪声特征向量构造的子空间为

$$\bar{E}_N=\begin{bmatrix} -0.14 & -0.56 & -0.21 & 0.27 \\ -0.2 & 0.23 & 0.22 & -0.75 \\ 0.065 & 0.43 & 0.49 & 0.58 \\ 0.2 & 0.35 & -0.78 & 0.035 \\ 0.61 & -0.51 & 0.22 & -0.15 \\ -0.72 & -0.25 & 0 & 0.083 \end{bmatrix}$$

将其代入到式（7.32）中，我们可以画出角度谱，如图 7.7 所示。

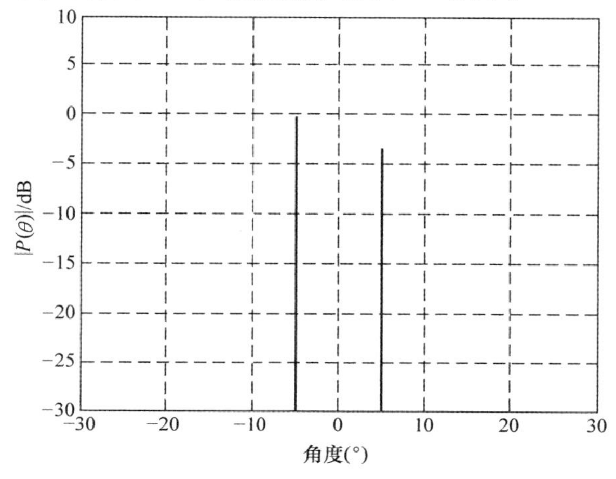

图 7.7　$\theta_1=-5°$、$\theta_2=5°$时的最小模伪谱

需要注意的是，最小模方法的伪谱几乎与PHD伪谱相同。最小模方法结合了所有噪声特征向量，而PHD方法只使用了第1个噪声特征向量。

7.3.7 MUSIC AOA 估计

MUSIC（MULtiple SIgnal Classification）算法意为多信号分类算法。这种方法首先由Schmidt[18]提出，是一种流行的高分辨率特征结构方法。MUSIC算法可以对信号数量、到达角和波形强度进行无偏估计。MUSIC算法假设每个信道的噪声是不相关的，这使得噪声的相关矩阵为对角矩阵。入射信号相关时生成非对角的相关矩阵。然而，在信号高相关性的条件下，传统的MUSIC算法出现故障，必须采用其他方法来纠正这一缺点。这些方法在本章后面讨论。

MUSIC算法必须预先知道输入信号的数量，或者必须通过搜索特征值来确定输入信号的数量。如果信号的个数为D，则信号特征值和特征向量的个数为D，噪声特征值和特征向量的个数为$M-D$（M是阵元的个数）。由于MUSIC算法利用噪声特征向量子空间，所以有时称为子空间方法。

如前所述，我们假设不相关的噪声具有相等的方差，计算阵列相关矩阵：

$$\bar{R}_{xx}=\bar{A}\ \bar{R}_{ss}\bar{A}^{\mathrm{H}}+\sigma_n^2\bar{I} \tag{7.33}$$

我们接下来找$\bar{R}_{xx}$特征值和特征向量。我们产生与信号相关的D个特征向量和与噪声相关的$M-D$个特征向量。我们选择与最小特征值相关的特征向量。对于不相关信号，最小特征值等于噪声方差。我们可以构造由噪声特征向量跨越的$M\times(M-D)$维子空间

$$\bar{E}_N=[\bar{e}_1\quad \bar{e}_2\quad \cdots\quad \bar{e}_{M-D}] \tag{7.34}$$

噪声子空间的特征向量在到达角为θ_1，θ_2，…，θ_D时正交于导向向量。由于这种正交性，对于每一个到达角θ_1，θ_2，…，θ_D，可以得出欧氏距离$d^2=\bar{a}(\theta)^{\mathrm{H}}\bar{E}_N\bar{E}_N^{\mathrm{H}}\bar{a}(\theta)=0$。将这个距离表达式放在分母中会在到达角产生尖锐的峰值。

现在给出MUSIC伪谱：

$$P_{\mathrm{MU}}(\theta)=\frac{1}{|\bar{a}(\theta)^{\mathrm{H}}\bar{E}_N\bar{E}_N^{\mathrm{H}}\bar{a}(\theta)|} \tag{7.35}$$

例7.11 使用MATLAB来绘制一个$M=6$的天线阵列的MUSIC算法到达角估计的伪谱。天线阵元间隔$d=\frac{\lambda}{2}$，不相关等幅信源（s_1，s_2），$\sigma_n^2=0.1$，且$\sigma_n^2=0.1$，到达角对给定为±5°。用所有的噪声特征向量来构造噪声子空间$\bar{E}_N$。

解：我们先找到阵列相关矩阵，之后调用MATLAB中的eig()函数来寻找特征向量和相应的特征值。特征值给定$\lambda_1=\lambda_2=\lambda_3=\lambda_4=\sigma_n^2=0.1$，$\lambda_5=2.95$，$\lambda_6=9.25$。在MATLAB中，通过下面的命令可以使特征值和特征向量从最小到最大排序：

```
[V,Dia] = eig(Rxx);
[Y,Index] = sort(diag(Dia));
EN = V(:,Index(1:M-D));
```

$M-D=4$个噪声特征向量所建立的子空间如下：

$$\bar{E}_N = \begin{bmatrix} -0.14 & -0.56 & -0.21 & 0.27 \\ -0.2 & 0.23 & 0.22 & -0.75 \\ 0.065 & 0.43 & 0.49 & 0.58 \\ 0.2 & 0.35 & -0.78 & 0.035 \\ 0.61 & -0.51 & 0.22 & -0.15 \\ -0.72 & -0.25 & 0 & 0.083 \end{bmatrix}$$

将这个结果代入式（7.35），我们能够绘制如图 7.8 所示的角度谱图。

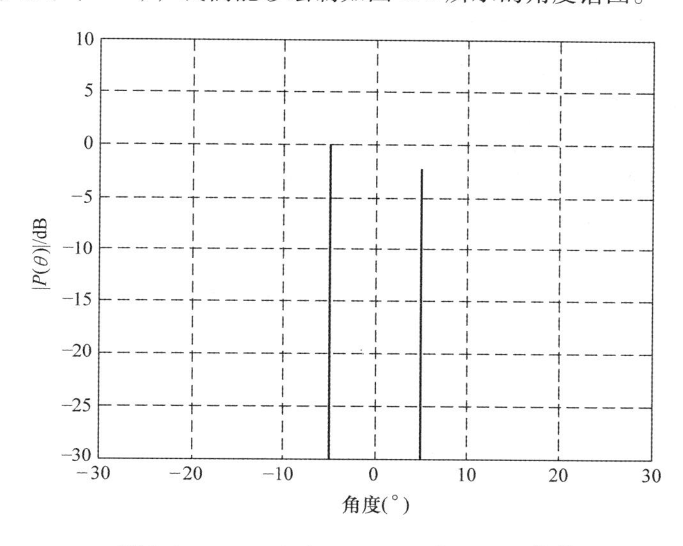

图 7.8　$\theta_1 = -5°$和 $\theta_2 = +5°$时 MUSIC 伪谱

在 PHD 的分析中，最小模估计法和 MUSIC 算法有着相近的分辨率。要注意，在前面所讨论的所有例子中，假定阵列相关矩阵在式（7.33）中给出。其中，所有元素的噪声方差相同，不同的信号完全不相关。在源相关矩阵不是对角的情况下，或者噪声方差不同的情况下，角度估计结果会发生剧烈的变化，分辨率会降低。

在更实际的应用中，我们必须收集含有噪声的接收信号的多个时间样本，假定它们是遍历性，并通过时间平均估计相关矩阵。我们能够在不知道信号统计量的条件下重复式（7.33）。

$$\begin{aligned} \hat{R}_{xx} &= E[\bar{x}(k) \cdot \bar{x}^{\mathrm{H}}(k)] \approx \frac{1}{K}\sum_{k=1}^{K}\bar{x}(k) \cdot \bar{x}^{\mathrm{H}}(k) \\ &\approx \bar{A}\hat{R}_{ss}\bar{A}^{\mathrm{H}} + \bar{A}\hat{R}_{sn} + \hat{R}_{ns}\bar{A}^{\mathrm{H}} + \hat{R}_{nn} \end{aligned} \tag{7.36}$$

式中，

$$\hat{R}_{ss} = \frac{1}{K}\sum_{k=1}^{K}\bar{s}(k)\bar{s}^{\mathrm{H}}(k) \qquad \hat{R}_{sn} = \frac{1}{K}\sum_{k=1}^{K}\bar{s}(k)\bar{n}^{\mathrm{H}}(k)$$

$$\hat{R}_{ns} = \frac{1}{K}\sum_{k=1}^{K}\bar{n}(k)\bar{s}^{\mathrm{H}}(k) \qquad \hat{R}_{nn} = \frac{1}{K}\sum_{k=1}^{K}\bar{n}(k)\bar{n}^{\mathrm{H}}(k)$$

例 7.12　使用 MATLAB 来绘制一个阵元数 $M=6$ 的阵列在利用 MUSIC 算法估计到达角时产

生的伪谱。设置阵元间隔为 $d=\frac{\lambda}{2}$，到达角对给定为 ±5°。假设振幅为1的二进制沃尔什信号只有 K 个有限信号采样。假设噪声服从高斯分布，方差 $\sigma_n^2=0.1$，但只有 K 个有限的噪声样本。另外，假设该过程是对信号 $s=\text{sign}(\text{randn}(M,K))$ 和噪声 $n=\text{sqrt}(\text{sig2})*\text{randn}(M,K)(\text{sig}^2=\sigma_n^2)$ 进行分析。遍历和收集 $K=100$ 个时间样本（$k=1,2,\cdots,K$）。利用式（7.36）通过时间平均计算所有相关矩阵。这可以用 MATLAB 实现：$R_{ss}=s*s'/K$，$R_{ns}=n*s'/K$，$R_{sn}=n*n'/K$，且 $R_{nn}=s*n'/K$。假设到达角是 ±5°，使用所有噪声特征向量去构造噪声子空间 $\overline{E}_N$ 并且找到伪谱。（重要提示：MATLAB 不会将特征值从最小到最大排序，所以必须先对它们进行排序再选择适当的噪声特征向量。在前面的示例中给出了排序的方法。噪声子空间由 EN = E(:,index(1:M - D)) 给出。这个例子的 MATLAB 代码演示了排序过程。）

解：如前所述，我们可以生成100个噪声和信号的时间样本。

找到阵列相关矩阵 $\overline{R}_{xx}$ 后，我们可以在 MATLAB 中使用 eig() 命令来得到特征向量和相应的特征值。特征值给定 $\lambda_1=0.08$，$\lambda_2=0.09$，$\lambda_3=0.12$，$\lambda_4=0.13$，$\lambda_5=2.97$，$\lambda_6=9$。

将此结果应用于式（7.35），我们可以绘制如图7.9所示的角度谱图。

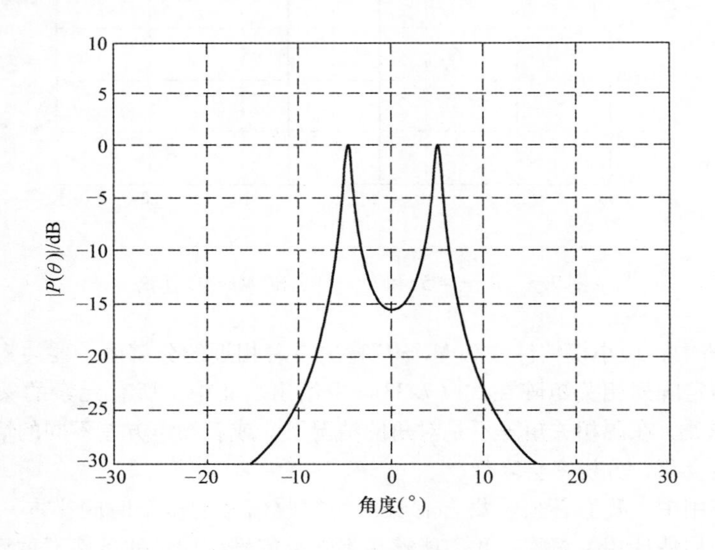

图 7.9 $\theta_1=-5°$ 和 $\theta_2=+5°$ 时使用时间平均的 MUSIC 伪谱

从最后一个例子可以清楚地看出，MUSIC 算法的分辨率开始减小，因为我们必须通过时间平均来估计相关矩阵，所以我们有 $\overline{R}_{xx}=\overline{A}\hat{R}_{ss}\overline{A}^{\mathrm{H}}+\overline{A}\hat{R}_{sn}+\hat{R}_{ns}\overline{A}^{\mathrm{H}}+\hat{R}_{nn}$。

7.3.8 Root - MUSIC AOA 估计

MUSIC 算法通常可以应用于任意阵列，而不管阵元的位置如何。Root - MUSIC 意味着 MUSIC 算法被简化为寻找多项式的根，而不仅是绘制伪谱或在伪谱中寻找峰值。Barabell[12] 简化了天线为线性阵列情况下的 MUSIC 算法。前面的 MUSIC 伪谱由下式给出：

$$P_{\mathrm{MU}}(\theta)=\frac{1}{|\bar{a}(\theta)^{\mathrm{H}}\bar{E}_N\bar{E}_N^{\mathrm{H}}\bar{a}(\theta)|} \tag{7.37}$$

人们可以通过定义厄米特矩阵 $\bar{C}=E_N\bar{E}_N^{\mathrm{H}}$ 来简化分母表达式。这导致 Root - MUSIC 表达式变为

$$P_{\mathrm{RMU}}(\theta)=\frac{1}{|\bar{a}(\theta)^{\mathrm{H}}\bar{C}\bar{a}(\theta)|} \tag{7.38}$$

假设我们使用均匀线阵，则阵列导向向量的第 m 个元素为

$$a_m(\theta)=\mathrm{e}^{jkd(m-1)\sin\theta}\quad m=1,2,\cdots,M \tag{7.39}$$

式（7.38）中的分母论证可以写成

$$\begin{aligned}\bar{a}(\theta)^{\mathrm{H}}\bar{C}\bar{a}(\theta) &= \sum_{m=1}^{M}\sum_{n=1}^{M}\mathrm{e}^{-jkd(m-1)\sin\theta}C_{mn}\mathrm{e}^{jkd(n-1)\sin\theta}\\ &= \sum_{\ell=-M+1}^{M-1}c_1\mathrm{e}^{-jkd\ell\sin\theta}\end{aligned} \tag{7.40}$$

式中，C_ℓ是 $\bar{C}$ 的沿对角线的 ℓ 个对角元素的总和：

$$c_\ell=\sum_{n-m=\ell}C_{mn} \tag{7.41}$$

需要注意的是，矩阵 $\bar{C}$ 具有非对角线的和，例如当 $\ell\neq0$ 时，$c_0>|c_\ell|$。因此，非对角元素的和总小于主对角元素的和。另外，$c_\ell=c_{-\ell}^*$。对于一个 6×6 矩阵，从对角线数字 $\ell=-5$，-4，…，0，…，4，5，我们有 11 个对角线范围。左下对角线使用 $\ell=-5$ 代表，右上对角线用 $\ell=5$ 代表。c_ℓ 的系数可以由 $c_{-5}=C_{61}$，$c_{-4}=C_{51}+C_{62}$，$c_{-3}=C_{41}+C_{52}+C_{63}$，以此类推。

我们可以将式（7.40）简化为一个多项式的形式，其系数为 c_ℓ。因此，

$$D(z)=\sum_{\ell=-M+1}^{M-1}c_\ell z^\ell \tag{7.42}$$

式中，$z=\mathrm{e}^{-jkd\sin\theta}$。

$D(z)$的根最靠近单位圆的是对应于 MUSIC 伪谱的极点。因此，这种技术被称为 root - MUSIC。式（7.42）的多项式是$2(M-1)$阶的，从而有 z_1，z_2，…，$z_{2(M-1)}$。每一个根都有可能是复数，可以在极化坐标系中写成

$$z_i=|z_i|\mathrm{e}^{j\arg(z_i)}\quad i=1,2,\cdots,2(M-1) \tag{7.43}$$

式中，$\arg(z_i)$是 z_i 的相角。

当$|z_i|=1$ 时，$D(z)$中存在精确的零点。通过比较 $\mathrm{e}^{j\arg(z_i)}$ 和 $\mathrm{e}^{jkd\sin\theta_i}$，我们可以估计出 AOA：

$$\theta_i=-\arcsin\left(\frac{1}{kd}\arg(z_i)\right) \tag{7.44}$$

例 7.13　将例 7.12 的噪声方差设为 $\sigma_n^2=0.3$。将到达角设为 $\theta_1=-4°$、$\theta_2=8°$。将阵元数减少到 4，对 $K=300$ 个数据点按平均的方法来估计相关矩阵。将伪谱的图和 root - MUSIC 的图重叠并进行比较。

解：可以用新变量修改 MATLAB 程序，以便 4 阵元阵列产生如前所定义的 4×4 矩阵 $\bar{C}$。矩阵 $\bar{C}$ 可以被定义为

$$\bar{C}=\begin{bmatrix} 0.305 & -0.388+0.033\text{i} & -0.092+0.028\text{i} & 0.216-0.064\text{i} \\ -0.388-0.033\text{i} & 0.6862 & -0.225+0.019\text{i} & -0.11+0.011\text{i} \\ -0.092-0.028\text{i} & -0.225-0.019\text{i} & 0.6732 & -0.396+0.046\text{i} \\ 0.216+0.046\text{i} & -0.11-0.011\text{i} & -0.396-0.046\text{i} & 0.335 \end{bmatrix}$$

通过 $2M-1$ 个对角线上的元素和可以给出 root - MUSIC 的多项式系数，如下：

$$c=0.216+0.065\text{i},\ -0.203-0.039\text{i},\ -1.01-0.099\text{i},\ 2.0,$$
$$-1.01+0.099\text{i},\ -0.203+0.039\text{i},\ 0.216-0.065\text{i}$$

我们在 MATLAB 中使用求根命令找到根，然后求解式 $2(M-1)=6$ 的根的大小和角度。我们可以绘制出所有 6 个根的位置，显示出最接近单位圆的那些根，如图 7.10 所示。很明显，y 轴右侧有 4 个根离单位圆最近，接近期望的到达角。

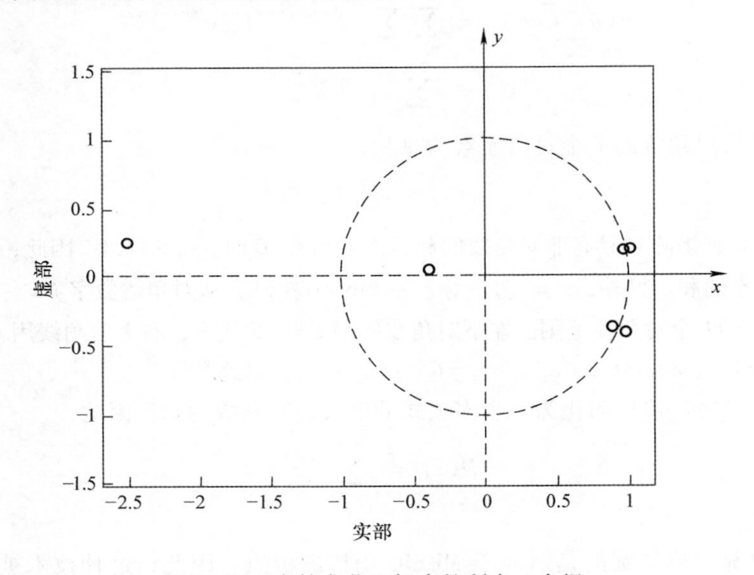

图 7.10　在笛卡儿坐标中的所有 6 个根

我们可以选择最接近单位圆的 4 个根，并将它们在 MUSIC 伪谱图中画出，如图 7.11 所示。

我们之前用 root - MUSIC 得到的根不能完全表示 $\theta_1=-4°$和 $\theta_2=8°$这两个到达角的实际位置。图中根位置图表明在 8°附近存在一个到达角，但这在 MUSIC 伪谱图中并不明显。MUSIC 伪谱图的误差归因于输入信号部分相关，这里我们通过时间平均来近似相关矩阵，同时 S/N 比相对较低。通过了解计算时所用的假设和条件，我们必须谨慎地使用 root - MUSIC 法。

值得注意的是，多项式 $D(z)$ 是一个自反多项式，即 $D(z)=D^*(z)$。多项式 $D(z)$ 的根是在倒数对中，这意味着 $z_1=\dfrac{1}{z_2^*}$，$z_3=\dfrac{1}{z_4^*}$，…，$z_{2M-3}=\dfrac{1}{z_{2M-2}^*}$。

因为 $D(z)$ 的自反对称性[4]，可以用下列方法分解 $D(z)$：

$$D(z)=p(z)p^*(1/z^*) \tag{7.45}$$

在这些条件下，求解 $M-1$ 次 $p(z)$ 多项式的根就足够了。$p(z)$ 的根在单位圆上或在单位圆

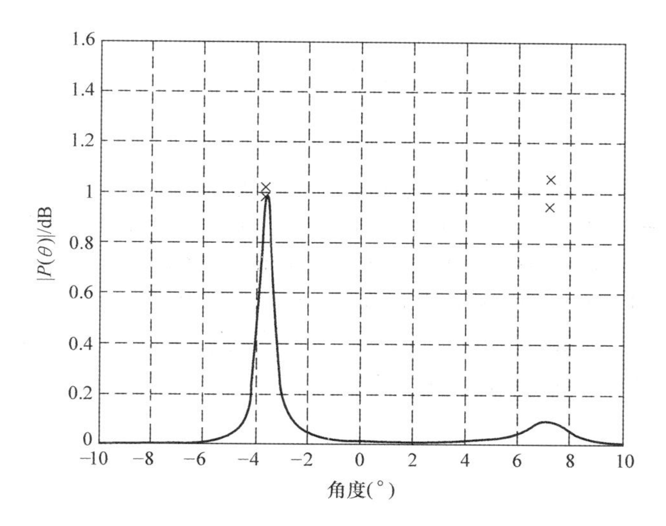

图7.11　$\theta_1=-4°$和$\theta_2=8°$时MUSIC伪谱图和使用root－MUSIC得到的根位置图

内，而$p^*(1/z^*)$的根或者在单位圆上或在单位圆外。

Ren和Willis[19]提出了一种降低多项式$D(z)$阶数的方法，从而减小了求根的计算量。

多项式根解法也可应用于Capon算法，即用$\bar{C}=\hat{R}_{rr}^{-1}$替代$\bar{C}=E_N\bar{E}_N^{\mathrm{H}}$。但由于Capon估计算法的准确性远低于MUSIC方法，所以寻找根的准确性也会受到损失。

应用于root－MUSIC的相同原理也可以应用于最小模方法，这样一来可以创建root－最小模解。我们可以重复式（7.32）：

$$P_{\mathrm{RMN}}(\theta)=\frac{1}{|\bar{a}(\theta)^{\mathrm{H}}\bar{C}\bar{u}_1|^2} \tag{7.46}$$

式中，$\bar{u}_1=[100\cdots0]^{\mathrm{T}}$为笛卡儿基向量（$M\times M$单位矩阵的第1列）；$\bar{C}=\bar{E}_{\mathrm{N}}\bar{E}_N^{\mathrm{H}}$为一个$M\times M$厄米特矩阵；$\bar{E}_N$为$M-D$噪声向量构成的子空间；$\bar{a}(\theta)$为阵列导向向量。

笛卡儿基向量与厄米特矩阵的乘积产生由矩阵$\bar{C}$的第1行组成的列向量。列向量基于$\bar{C}$的第1列$\bar{c}_1=[C_{11}C_{12}\cdots C_{1M}]^{\mathrm{T}}$，下标1代表第1列。我们可以把它代入式（7.46），得

$$P_{\mathrm{RMN}}(\theta)=\frac{1}{|\bar{a}(\theta)^{\mathrm{H}}\bar{c}_1|^2}=\frac{1}{\bar{a}(\theta)^{\mathrm{H}}\bar{c}_1\bar{c}_1^{\mathrm{H}}\bar{a}(\theta)} \tag{7.47}$$

用与式（7.42）相似的方式，我们可以从式（7.47）的分母中创建一个多项式：

$$D(z)=\sum_{\ell=-M+1}^{M-1}c_\ell z^\ell \tag{7.48}$$

相关系数c_ℓ是$2M-1$个矩阵$\bar{c}_1\bar{c}_1^{\mathrm{H}}$对角元素之和。

例7.14　将root－MUSIC方法应用于最小模方法，其中$\sigma_n^2=0.3$，$\theta_1=-2°$，$\theta_2=4°$，$M=4$。如例7.12中所做的那样，通过对$K=300$个数据点进行时间平均来近似相关矩阵。将最小模的伪谱图和root－最小模的根位置图叠加，并进行比较。

解：矩阵$\bar{C}$的第1列为

$$\bar{c}_1=\begin{bmatrix}0.19\\-0.33+0.02i\\-0.06+0.04i\\0.2-0.05i\end{bmatrix}$$

我们能计算矩阵$\bar{c}_1\ \bar{c}_1^{\mathrm{H}}$，并通过对角线求和找到多项式系数。

$$c=0.04-0.01i,\ -0.08+0.02i,\ -0.06-0.01i,\ 0.1937,\ -0.06+0.01i.\ -0.08-0.02i,\ 0.04+0.01i$$

我们可以使用 MATLAB 中的求根命令找到根，然后求解方程 $2(M-1)=6$ 的根，找出根的大小和角度。我们绘制所有根的位置，显示哪些根最接近单位圆，如图 7.12 所示。我们也可以将最接近的根叠加到最小模伪谱的曲线上，如图 7.13 所示。

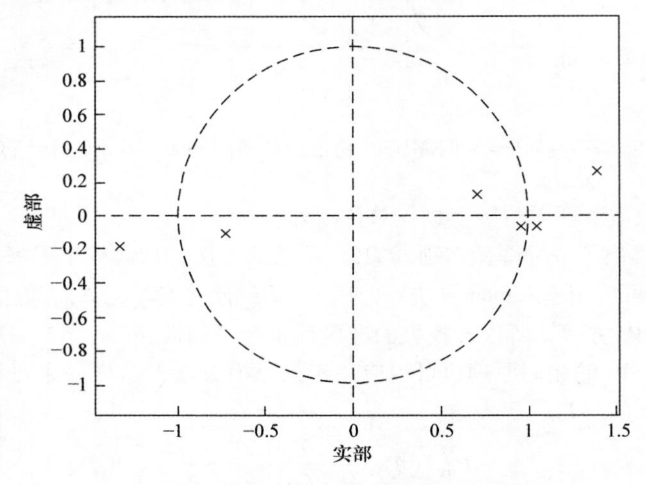

图 7.12 在笛卡儿坐标中的所有 6 个根

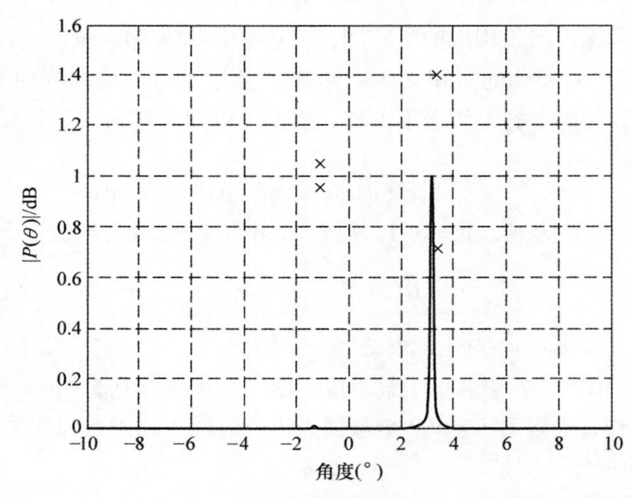

图 7.13 $\theta_1=-2°$和 $\theta_2=4°$时最小模的伪谱图和 root－最小模的根位置图

最小模伪谱比 MIUSIC 具有更清晰的分辨率，但最小模在角度为 $-2°$时检测不到 AOA。但是，root－最小模算法给出了对于两个到达角的位置的合理检测结果。

7.3.9　ESPRIT AOA 估计

ESPRIT（Estimation of Signal Parameters via Rotational Invariance Techniques）的意思是通过旋转不变性技术估计信号参数。该方法由 Roy 和 Kailath[20] 在 1989 年首次提出。Godara[1] 与 Liberti 和 Rappaport[21] 给出这种技术的用法总结。ESPRIT 技术的目标是通过具有平移不变结构的两个阵列建立信号子空间中的旋转不变性。ESPRIT 固有地假定窄带信号，以便知道使用的多个阵列之间的平移相位关系。与 MUSIC 一样，ESPRIT 假设有 $D<M$ 个窄带信号源以中心频率 f_0 为中心。假定这些信号源具有足够大的范围，使得入射传播场近似等于平面。源可以是随机或确定性的，并且假定噪声是随机的，具有零均值。ESPRIT 假定多个相同的阵列称为双线。这些可以是单独的阵列，也可以由一个较大阵列的子阵列组成。重要的是，这些阵列是平移得到的而不是通过旋转得到的。图 7.14 给出了一个例子，其中一个 4 阵元线阵由两个相同的 3 阵元子阵列或两个双线组成，这两个子阵列平移距离 d。让我们将这些阵列标记为阵列 1 和阵列 2。

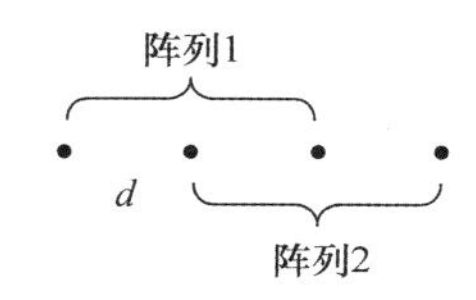

图 7.14　双线由两个相同的位移阵列组成

每个阵列所产生的信号可以由下式给出：

$$
\begin{aligned}
\bar{x}_1(k) &= [\bar{a}_1(\theta_1) \quad \bar{a}_1(\theta_2)\cdots\bar{a}_1(\theta_D)] \cdot \begin{bmatrix} s_1(k) \\ s_2(k) \\ \vdots \\ s_D(k) \end{bmatrix} + \bar{n}_1(k) \\
&= \bar{A}_1 \cdot \bar{s}(k) + \bar{n}_1(k)
\end{aligned} \tag{7.49}
$$

且

$$
\begin{aligned}
\bar{x}_2(k) &= \bar{A}_2 \cdot \bar{s}(k) + \bar{n}_2(k) \\
&= \bar{A}_1 \cdot \bar{\Phi} \cdot \bar{s}(k) + \bar{n}_2(k)
\end{aligned} \tag{7.50}
$$

式中，$\bar{\Phi} = \mathrm{diag}\ \{e^{jkd\sin\theta_1},\ e^{jkd\sin\theta_2},\ \cdots,\ e^{jkd\sin\theta_D}\}$ 为对角酉矩阵，在每个 AOA 的双线之间具有相移；$\bar{A}_i$ 为子阵列导向向量的范德蒙矩阵，$i=1$、2。

考虑到两个子阵列贡献的完整接收信号给出如下：

$$
\bar{x}(k) = \begin{bmatrix} \bar{x}_1(k) \\ \bar{x}_2(k) \end{bmatrix} = \begin{bmatrix} \bar{A}_1 \\ \bar{A}_1 \cdot \bar{\Phi} \end{bmatrix} \cdot \bar{s}(k) + \begin{bmatrix} \bar{n}_1(k) \\ \bar{n}_2(k) \end{bmatrix} \tag{7.51}
$$

现在我们可以计算完整阵列或两个子阵列的相关矩阵。整个阵列的相关矩阵由下式给出：

$$
\bar{R}_{xx} = E[\bar{x} \cdot \bar{x}^{\mathrm{H}}] = \bar{A}\ \bar{R}_{ss}\bar{A}^{\mathrm{H}} + \sigma_n^2\bar{I} \tag{7.52}
$$

而两个子阵列的相关矩阵由下式给出：

$$
\bar{R}_{11} = E[\bar{x}_1 \cdot \bar{x}_1^{\mathrm{H}}] = \bar{A}\ \bar{R}_{ss}\bar{A}^{\mathrm{H}} + \sigma_n^2\bar{I} \tag{7.53}
$$

和

$$
\bar{R}_{22} = E[\bar{x}_2 \cdot \bar{x}_2^{\mathrm{H}}] = \bar{A}\ \bar{\Phi}\ \bar{R}_{ss}\bar{\Phi}^{\mathrm{H}}\bar{A}^{\mathrm{H}} + \sigma_n^2\bar{I} \tag{7.54}
$$

式（7.53）和式（7.54）给出的每个满秩相关矩阵都存在一组对应于 D 信号的特征向量。两个子阵列创建的信号子空间用两个矩阵$\overline{E}_1$ 和$\overline{E}_2$ 表示。全部阵列创建的信号子空间用矩阵$\overline{E}_x$ 表示。由于阵列的不变结构，$\overline{E}_x$ 可以分解成子空间$\overline{E}_1$ 和$\overline{E}_2$。

$\overline{E}_1$ 和$\overline{E}_2$ 都是 $M\times D$ 矩阵，其列由$\overline{R}_{11}$和$\overline{R}_{22}$的最大特征值对应的 D 个特征向量组成。由于阵列是平移相关的，特征向量的子空间通过独特的非奇异变换矩阵$\overline{\Psi}$相关：

$$\overline{E}_1\overline{\Psi}=\overline{E}_2 \tag{7.55}$$

还必须存在一个唯一的非奇异变换矩阵 $\overline{T}$：

$$\overline{E}_1=\overline{A}\ \overline{T} \tag{7.56}$$

和

$$\overline{E}_2=\overline{A}\ \overline{\Phi}\ \overline{T} \tag{7.57}$$

将式（7.55）和式（7.56）代入式（7.57），并假设 $\overline{A}$ 是满秩的，我们可以推导出这种关系，即

$$\overline{T}\ \overline{\Psi}\ \overline{T}^{-1}=\overline{\Phi} \tag{7.58}$$

这样，$\overline{\Psi}$的特征值必须等于$\overline{\Phi}$的对角阵元，例如 $\lambda_1=\mathrm{e}^{\mathrm{j}kd\sin\theta_1}$，$\lambda_2=\mathrm{e}^{\mathrm{j}kd\sin\theta_2}$，…，$\lambda_D=\mathrm{e}^{\mathrm{j}kd\sin\theta_D}$，且矩阵 $\overline{T}$ 的列必须等于$\overline{\Psi}$的特征向量。$\overline{\Psi}$是将信号子空间$\overline{E}_1$ 映射到信号子空间$\overline{E}_2$ 的旋转算子。现在剩下一个估计子空间旋转算子$\overline{\Psi}$，并找到$\overline{\Psi}$的特征值的问题。

如果我们只限于有限数量的测量，并且我们还假设子空间$\overline{E}_1$ 和$\overline{E}_2$ 具有相同的噪声，那么我们可以使用总体最小二乘（TLS）标准来估计旋转算子$\overline{\Psi}$。TLS 标准的细节可以在 van Huffel 和 Vandewalle[22] 中找到。这个程序概述如下（见 Roy 和 Kailath[20]）：

- 根据数据样本估计阵列相关矩阵$\overline{R}_{11}$、$\overline{R}_{22}$。
- 知道这两个子阵列的阵列相关矩阵，可以用$\overline{R}_{11}$或$\overline{R}_{22}$中的大特征值的数量来估计源的总数。
- 根据$\overline{R}_{11}$或$\overline{R}_{22}$的信号特征向量计算信号子空间$\overline{E}_1$ 或$\overline{E}_2$。对于线性天线阵列，可以替代地从整个阵列信号子空间构造信号子空间$\overline{E}_x$。$\overline{E}_x$ 是由信号特征向量组成的 $M\times D$ 矩阵。$\overline{E}_1$ 可以通过选择$\overline{E}_x$ 的前 $M/2+1$ 行（奇数阵列的$(M+1)/2+1$)来构造。$\overline{E}_2$ 可以通过选择$\overline{E}_x$ 的后$M/2+1$ 行（奇数阵列的$(M+1)/2+1$）来构造。
- 接下来使用信号子空间形成 $2D\times 2D$ 矩阵：

$$\overline{C}=\begin{bmatrix}\overline{E}_1^{\mathrm{H}}\\ \overline{E}_2^{\mathrm{H}}\end{bmatrix}\ \begin{bmatrix}\overline{E}_1 & \overline{E}_2\end{bmatrix}=\overline{E}_C\overline{\Lambda}\ \overline{E}_C^{\mathrm{H}} \tag{7.59}$$

式中，矩阵$\overline{E}_C$ 是对 $\overline{C}$ 进行特征值分解（EVD）得到的，$\lambda_1\geqslant\lambda_2\geqslant\cdots\geqslant\lambda_{2D}$且$\overline{\Lambda}=\mathrm{diag}\{\lambda_1,\lambda_2,\cdots,\lambda_{2D}\}$。

- $\overline{E}_C$ 分成 4 个 $D\times D$ 子矩阵：

$$\overline{E}_C=\begin{bmatrix}\overline{E}_{11} & \overline{E}_{12}\\ \overline{E}_{21} & \overline{E}_{22}\end{bmatrix} \tag{7.60}$$

- 估计旋转算子$\overline{\Psi}$：

$$\overline{\boldsymbol{\Psi}} = -\overline{E}_{12}\overline{E}_{22}^{-1} \tag{7.61}$$

- 计算$\overline{\boldsymbol{\Psi}}$的特征值 λ_1，λ_2，…，λ_D。
- 现在估计到达角，给出 $\lambda_i = |\lambda_i| e^{j\arg(\lambda_i)}$，得

$$\theta_i = \arcsin\left(\frac{\arg(\lambda_i)}{kd}\right) \quad i = 1,2,\cdots,D \tag{7.62}$$

如果需要，可以从信号子空间$\overline{E}_s$ 和由$\overline{E}_\Psi$给出的$\overline{\boldsymbol{\Psi}}$的特征向量估计导向向量的矩阵，使得$\hat{A} = \overline{E}_s \overline{E}_\Psi$。

例 7.15　阵元数 $M = 4$，噪声方差 $\sigma_n^2 = 0.1$，使用 ESPRIT 算法预测到达角。如例 7.12 中所做的那样，再次通过对 $K = 300$ 个数据点进行时间平均来近似相关矩阵。到达角为 $\theta_1 = -5°$、$\theta_2 = 10°$。

解：整个理想均匀线阵阵列相关矩阵的信号子空间由下式给出：

$$\overline{E}_x = \begin{bmatrix} 0.78 & 0.41+0.1i \\ 0.12-0.02i & 0.56 \\ -0.22+0.07i & 0.54-0.05i \\ -0.51+0.25i & 0.46-0.1i \end{bmatrix}$$

现在可以通过取$\overline{E}_x$ 的前 3 行来定义$\overline{E}_1$ 来找到两个子阵列信号子空间，取$\overline{E}_x$ 的后 3 行来定义$\overline{E}_2$：

$$\overline{E}_1 = \begin{bmatrix} 0.78 & 0.41+0.1i \\ 0.12-0.02i & 0.56 \\ -0.22+0.07i & 0.54-0.05i \end{bmatrix} \quad \overline{E}_2 = \begin{bmatrix} 0.12-0.02i & 0.56 \\ -0.22+0.07i & 0.54-0.05i \\ -0.51+0.25i & 0.46-0.1i \end{bmatrix}$$

构造信号子空间的矩阵，我们得到

$$\overline{C} = \begin{bmatrix} \overline{E}_1^{H} \\ \overline{E}_2^{H} \end{bmatrix} [\overline{E}_1 \quad \overline{E}_2] = \begin{bmatrix} 0.67 & 0.26+0.06i & 0.2-0.03i & 0.39 \\ 0.26-0.06i & 0.78 & -0.37+0.12i & 0.78-0.11i \\ 0.2+0.03i & -0.37-0.12i & 0.4 & -0.32-0.08i \\ 0.39 & 0.78+0.11i & -0.32+0.08i & 0.82 \end{bmatrix}$$

进行特征分解，我们可以构造矩阵$\overline{E}_C$：

$$\overline{E}_C = \begin{bmatrix} \overline{E}_{11} & \overline{E}_{12} \\ \overline{E}_{21} & \overline{E}_{22} \end{bmatrix} = \begin{bmatrix} 0.31 & 0.8 & -0.44+0.1i & -22+0.11i \\ 0.63-0.09i & -0.16 & 0.45 & 0.61-0.03i \\ -26+0.05i & 0.57+0.1i & 0.75 & 0.15-0.11i \\ 0.66 & 0.01+0.02i & -0.07-0.17i & 0.73 \end{bmatrix}$$

现在我们可以计算给定旋转矩阵的旋转算子$\overline{\boldsymbol{\Psi}} = -\overline{E}_{12}\overline{E}_{22}^{-1}$为

$$\overline{\boldsymbol{\Psi}} = -\overline{E}_{12}\overline{E}_{22}^{-1} = \begin{bmatrix} 0.58-0.079i & 0.2-0.05i \\ -0.67+0.23i & 0.94-0.11i \end{bmatrix}$$

现在我们可以计算$\overline{\boldsymbol{\Psi}}$的特征值并求解出到达角：

$$\theta_1 = \arcsin\left(\frac{\arg(\lambda_1)}{kd}\right) = -4.82°$$

$$\theta_1 = \arcsin\left(\frac{\arg(\lambda_2)}{kd}\right) = 9.85°$$

7.4 参考文献

1. Godara, L., “Application of Antenna Arrays to Mobile Communications, Part II: Beam-Forming and Direction-of-Arrival Considerations,” *Proceedings of the IEEE*, Vol. 85, No. 8, pp. 1195–1245, Aug. 1997.
2. Capon, J., “High-Resolution Frequency-Wavenumber Spectrum Analysis,” *Proceedings of the IEEE*, Vol. 57, No. 8, pp. 1408–1418, Aug. 1969.
3. Johnson, D., “The Application of Spectral Estimation Methods to Bearing Estimation Probems,” *Proceedings of the IEEE*, Vol. 70, No. 9, pp. 1018–1028, Sept. 1982.
4. Van Trees, H., Optimum Array Processing: Part IV of Detection, Estimation, and Modulation Theory, Wiley Interscience, New York, 2002.
5. Stoica, P., and R. Moses, *Introduction to Spectral Analysis*, Prentice Hall, New York, 1997.
6. Shan, T. J., M. Wax, and T. Kailath, “Spatial Smoothing for Direction-of-Arrival Estimation of Coherent Signals,” *IEEE Transactions on Acoustics, Speech, and Signal Processing*, Vol. ASSP-33, No. 4, pp. 806–811, Aug. 1985.
7. Minasyan, G., “Application of High Resolution Methods to Underwater Data Processing,” Ph.D. Dissertation, N.N. Andreyev Acoustics Institute, Moscow, Oct. 1994 (In Russian).
8. Bartlett, M., *An Introduction to Stochastic Processes with Special References to Methods and Applications*, Cambridge University Press, New York, 1961.
9. Makhoul, J., “Linear Prediction: A Tutorial Review,” *Proceedings of IEEE*, Vol. 63, pp. 561–580, 1975.
10. Burg, J. P., “Maximum Entropy Spectrum Analysis,” Ph.D. dissertation, Dept. of Geophysics, Stanford University, Stanford CA, 1975.
11. Burg, J. P., “The Relationship between Maximum Entropy Spectra and Maximum Likelihood Spectra,” *Geophysics*, Vol. 37, pp. 375–376, April 1972.
12. Barabell, A., “Improving the Resolution of Eigenstructure-Based Direction-Finding Algorithms,” *Proceedings of ICASSP*, Boston, MA, pp. 336–339, 1983.
13. Pisarenko, V. F., “The Retrieval of Harmonics from a Covariance Function,” *Geophysical Journal of the Royal Astronomical Society*, Vol. 33, pp. 347–366, 1973.
14. Johnson, D., and D. Dudgeon, *Array Signal Processing Concepts and Techniques*, Prentice Hall Signal Processing Series, New York, 1993.
15. Reddi, S. S., “Multiple Source Location—A Digital Approach,” *IEEE Transactions on AES*, Vol. 15, No. 1, Jan. 1979.
16. Kumaresan, R., and D. Tufts, “Estimating the Angles of Arrival of Multiple Plane Waves,” *IEEE Transactions on AES*, Vol. AES-19, pp. 134–139, 1983.
17. Ermolaev, V., and A. Gershman, “Fast Algorithm for Minimum-Norm Direction-of-Arrival Estimation,” *IEEE Transactions on Signal Processing*, Vol. 42, No. 9, Sept. 1994.
18. Schmidt, R., “Multiple Emitter Location and Signal Parameter Estimation,” *IEEE Transactions on Antenna Propogation*, Vol. AP-34, No. 2, pp. 276–280, March 1986.
19. Ren, Q., and A. Willis, “Fast Root-MUSIC Algorithm,” *IEE Electronics Letters*, Vol. 33, No. 6, pp. 450–451, March 1997.
20. Roy, R., and T. Kailath, “ESPRIT—Estimation of Signal Parameters via Rotational Invariance Techniques,” *IEEE Transactions on ASSP*, Vol. 37, No. 7, pp. 984–995, July 1989.
21. Liberti, J., and T. Rappaport, *Smart Antennas for Wireless Communications*, Prentice Hall, New York, 1999.
22. van Huffel, S., and J. Vandewalle, “The Total Least Squares Problem: Computational Aspects and Analysis,” SIAM, Philadelphia, PA, 1991.

7.5　习题

1. 对于两个矩阵$\overline{A}=\begin{bmatrix}1 & 2\\3 & 4\end{bmatrix}$，$\overline{B}=\begin{bmatrix}1 & 1\\5 & 2\end{bmatrix}$

（a）矩阵的迹 Trace（$\overline{A}$）、Trace（$\overline{B}$）为多少？

（b）求解$(\overline{A}\cdot\overline{B})^{\mathrm{T}}=\overline{B}^{\mathrm{T}}\cdot\overline{A}^{\mathrm{T}}$。

2. 对于两个矩阵$\overline{A}=\begin{bmatrix}1 & 2\mathrm{j}\\2\mathrm{j} & 2\end{bmatrix}$，$\overline{B}=\begin{bmatrix}\mathrm{j} & 1\\1 & 2\mathrm{j}\end{bmatrix}$，求解$(\overline{A}\cdot\overline{B})^{\mathrm{H}}=\overline{B}^{\mathrm{H}}\cdot\overline{A}^{\mathrm{H}}$。

3. 对于矩阵 $\overline{A}=\begin{bmatrix}1 & 2\\3 & 4\end{bmatrix}$

(a)手动计算 $\overline{A}^{-1}$。

(b)使用 MATLAB 计算 $\overline{A}^{-1}$。

4. 对于两个矩阵 $\overline{A}=\begin{bmatrix}1 & 2\\3 & 1\end{bmatrix}$

(a)使用式(7.16)手动计算出特征值。

(b)使用式(7.17)手动计算出特征向量。

(c)使用 MATLAB 计算特征值和特征向量。

5. 对于矩阵$\overline{A}=\begin{bmatrix}2 & 4\\0.25 & 2\end{bmatrix}$,重新解习题 4 中的问题。

6. 对于矩阵$\overline{A}=\begin{bmatrix}1 & 2 & 3\\4 & 5 & 6\\7 & 8 & 9\end{bmatrix}$

(a)使用 MATLAB 计算特征值和特征向量。

(b)哪个特征值和哪个特征向量相对应？

(c)手动证明第 1 个特征值和第 1 个特征向量满足式（7.17）。

7. 一个有着 3 个阵元的阵列，阵元间距为 $d=\lambda/2$。一个到达信号 $s_1(k)=0.1$、0.2、0.3($k=1$、2、3)在角度 $\theta_1=0°$时到达，另一个信号 $s_2(k)=0.3$、0.4、0.5($k=1$、2、3)在角度 $\theta_2=30°$时到达。噪声的标准差为 $\sigma=1$。借助式（7.15）、式（7.16）和式（7.17），使用 MATLAB 求解以下问题。

（a）阵列导向向量 $\overline{a}(\theta_1)$、$\overline{a}(\theta_2)$是多少？

（b）导向向量矩阵$\overline{A}$是多少？

（c）相关矩阵$\overline{R}_{ss}$、$\overline{R}_{nn}$、$\overline{R}_{xx}$是多少？

（d）$\overline{R}_{xx}$的特征值和特征向量是多少？

8. 使用协方差矩阵的估计$\hat{R}_{ss}$、$\hat{R}_{nn}$、$\hat{R}_{xx}$，重新解习题 7 中的问题（c）、(d)。在 MATLAB 中定义噪声 $n=0.1*\mathrm{randn}(3,3)$。因此噪声服从高斯分布，但是我们仅处理 3 个时间样本。求解出的特征值和特征向量与习题 7 中的结果相似吗？为什么相似或者不相似？

9. 在 $M=7$，$d=\frac{\lambda}{2}$，$\sigma_n^2=0.2$，$\theta_1=3°$，$\theta_2=-3°$的情况下，使用 MATLAB 画出标准 Bartlett 伪谱 $P_B(\theta)$。其中纵坐标范围设置为 -30 ~ 5dB，横坐标范围设置为 -15° ~ 15°。假设信号 s_1 和 s_2 不相关，此时$\bar{R}_{ss}=\begin{bmatrix}1 & 0\\0 & 1\end{bmatrix}$。

10. 在 $M=7$，$d=\frac{\lambda}{2}$，$\sigma_n^2=0.2$，$\theta_1=3°$，$\theta_2=-3°$的情况下，使用 MATLAB 画出标准 Capon 伪谱 $P_C(\theta)$。其中纵坐标范围设置为 -30 ~ 5dB，横坐标范围设置为 -15° ~ 15°。假设信号 s_1 和 s_2 不相关，此时$\bar{R}_{ss}=\begin{bmatrix}1 & 0\\0 & 1\end{bmatrix}$。

11. 在 $M=7$，$d=\frac{\lambda}{2}$，$\sigma_n^2=0.2$，$\theta_1=3°$，$\theta_2=-3°$的情况下，使用 MATLAB 画出标准线性预测伪谱 $P_{LP4}(\theta)$。其中纵坐标范围设置为 -30 ~ 5dB，横坐标范围设置为 -15° ~ 15°。假设信号 s_1 和 s_2 不相关，此时$\bar{R}_{ss}=\begin{bmatrix}1 & 0\\0 & 1\end{bmatrix}$。

12. 在 $M=7$，$d=\frac{\lambda}{2}$，$\sigma_n^2=0.2$，$\theta_1=3°$，$\theta_2=-3°$的情况下，使用 MATLAB 画出标准最大熵伪谱 $P_{ME4}(\theta)$。其中纵坐标范围设置为 -30 ~ 5dB，横坐标范围设置为 -15° ~ 15°。假设信号 s_1 和 s_2 不相关，此时$\bar{R}_{ss}=\begin{bmatrix}1 & 0\\0 & 1\end{bmatrix}$。

13. 设置纵坐标范围为 -30 ~ 5dB，横坐标范围为 -15° ~ 15°。假设信号 s_1 和 s_2 不相关，此时$\bar{R}_{ss}=\begin{bmatrix}1 & 0\\0 & 1\end{bmatrix}$。在 $M=7$，$d=\frac{\lambda}{2}$，$\sigma_n^2=0.2$，$\theta_1=3°$，$\theta_2=-3°$的情况下，对于 PHD 伪谱 $P_{PHD}(\theta)$

（a）最小的特征值是多少？

（b）和特征值相关的特征向量是什么？

（c）使用 MATLAB 画出标准伪谱。

14. 设置纵坐标范围为 -30 ~ 5dB，横坐标范围为 -15° ~ 15°。假设信号 s_1 和 s_2 不相关，此时$\bar{R}_{ss}=\begin{bmatrix}1 & 0\\0 & 1\end{bmatrix}$。在 $M=7$，$d=\frac{\lambda}{2}$，$\sigma_n^2=0.2$，$\theta_1=3°$，$\theta_2=-3°$的情况下，对于最小模伪谱 $P_{MN}(\theta)$

（a）信号子空间$\bar{E}_S$是什么？

（b）噪声子空间$\bar{E}_N$是什么？

（c）使用 MATLAB 画出标准伪谱。

15. 设置纵坐标范围为 -30 ~ 5dB，横坐标范围为 -15° ~ 15°。假设信号 s_1 和 s_2 不相关，此时$\bar{R}_{ss}=\begin{bmatrix}1 & 0\\0 & 1\end{bmatrix}$。在 $M=7$，$d=\frac{\lambda}{2}$，$\sigma_n^2=0.2$，$\theta_1=3°$，$\theta_2=-3°$的情况下，对于 MUSIC 分解伪谱 $P_{MUSIC}(\theta)$

（a）信号子空间$\bar{E}_S$是什么？

（b）噪声子空间$\bar{E}_N$是什么？

（c）使用 MATLAB 画出标准伪谱。

16. 设置纵坐标范围为 $-30\sim5$dB，横坐标范围为 $-15^\circ\sim15^\circ$。在 $M=7$，$d=\dfrac{\lambda}{2}$，$\sigma_n^2=0.2$，$\theta_1=3^\circ$，$\theta_2=-3^\circ$的情况下，重新求解例 7.12。

17. 对于一个有着 3 个阵元的阵列，其中 $d=\lambda/2$，$\sigma_n^2=0.2$，$\theta_1=3^\circ$，$\theta_2=-3^\circ$。假设信号 s_1 和 s_2 不相关，使用 root-MUSIC 的方法。

（a）矩阵 $\bar{C}$ 是多少？

（b）使用式（7.47）求解得到的系数 c_ℓ是多少？

（c）使用式（7.49）求解得到的根 z_i 是多少？

（d）使用式（7.50）求解得到的角度 θ_i 是多少？

18. 对于一个有着 3 个阵元的阵列，其中 $d=\lambda/2$，$\sigma_n^2=0.2$，$\theta_1=3^\circ$，$\theta_2=-3^\circ$。假设信号 s_1 和 s_2 不相关，使用 root-最小模的方法。

（a）矩阵 $\bar{C}$ 是多少？

（b）第 1 列$\bar{c}_1$ 是多少？

（c）使用式（7.47）求解得到的系数 c_ℓ是多少？

（d）使用式（7.49）求解得到的根 z_i 是多少？

（e）使用式（7.50）求解得到的角度 θ_i 是多少？

19. 对于一个有着 4 个阵元的阵列，其中 $d=\lambda/2$，$\sigma_n^2=0.2$，$\theta_1=3^\circ$，$\theta_2=-3^\circ$，假设信号 s_1 和 s_2 不相关，仿照例 7.12，通过 300 个数据点的时间平均近似计算相关矩阵。使用 ESPRIT 方法。

（a）相关矩阵$\bar{R}_{11}$、$\bar{R}_{22}$是多少？

（b）求解信号子空间$\bar{E}_1$、$\bar{E}_2$。

（c）矩阵$\bar{E}_C$ 是多少？

（d）旋转算子$\bar{\psi}=-\bar{E}_{12}\bar{E}_{22}^{-1}$是多少？

（e）$\bar{\psi}$的特征值是多少？

（f）预测到达角是多少？

第8章 智能天线

8.1 概述

传统的阵列天线中的主瓣会导向我们感兴趣的方向，这样的阵列天线被称为相位阵、波束导向阵或扫描阵。波束是通过移相器来控制导向的，在以前，这些移相器经常工作在射频频段。这种普遍的移相方法被称为电子波束导向，简单来说这种方法是通过直接改变每个天线阵元来实现移相的。

现如今，按一定最优准则形成方向图的波束导向阵列天线被称为智能天线。智能天线也被称为数字波束导向阵或自适应阵（当采用自适应算法时）。"智能"一词表明使用信号处理技术来根据特定条件形成方向图。对于阵列来说，智能不仅意味着能够导向我们感兴趣的方向，还意味着复杂精密。智能本质上意味着计算机可以控制天线性能。智能天线有望改进雷达系统，提升移动无线网络的系统容量，并通过实施空分多址来改善无线通信系统的性能。

智能天线方向图是通过基于特定准则算法来控制的。这些准则可以是信干比的最大化、方差的最小化、方均误差的最小化、控制转向感兴趣的信号、干扰置零，或跟踪移动发射机等。这些算法的实现可以通过模拟电子设备来实现，但通常利用数字信号处理技术更容易实现，这要求使用 A－D 转换器来数字化阵列输出。这种数字化可以在中频或基带上实现。由于天线方向图是通过数字信号处理的方式形成的，这个过程通常被称为数字波束赋形。图 8.1 对比了传统电子控制阵列与数字波束赋形阵列（或智能天线）。

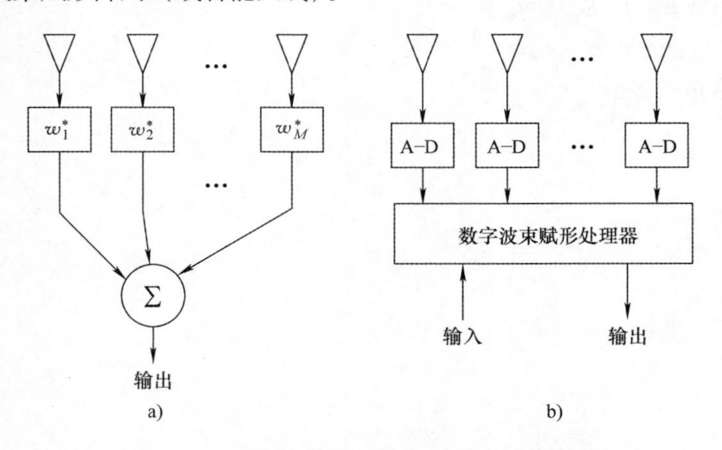

图 8.1　a）模拟波束赋形　b）数字波束赋形

当使用的算法是自适应算法时，这个过程被称为自适应波束赋形。自适应波束赋形是数字波束赋形下的子类别。数字波束赋形已经被应用于雷达系统[1-5]、声呐系统[6]和通信系统[7]等系统中。数字波束赋形的主要优点是可以直接对数字化数据进行移相和阵列加权操作，而不是通过硬件来实现。在接收时，波束在数据处理中形成，而不是在空间中形成。数字波束赋形方法不能严格地称为电子导向，因为没有直接改变天线阵元电流的相位。相反，移相是对数字化数据通过计算来实现的。如果改变操作参数或探测准则，波束赋形就可以通过简单地改变算法而不是替换硬件来改变。

自适应波束赋形通常是更有效的波束赋形方法，因为数字波束赋形只包含根据变化的电磁环境动态优化阵列方向图的算法。

传统的阵列静态处理系统由于各种原因而退化。由于不需要的干扰信号、电子对抗、杂波返回、混响返回（声学中）或多径干扰以及衰落的存在，阵列 SNR 可能会严重降低。自适应阵列系统由天线阵元组成，阵元终端所在的自适应处理器专门用于最大化某些标准。随着发射机的移动或变更，自适应阵列会迭代更新并补偿以跟踪不断变化的环境。许多现代雷达系统仍依靠老式的电子扫描技术，最近人们正致力于修改雷达系统来包含数字波束赋形和自适应波束赋形技术[4]。尽管目前现代移动基站倾向于使用以前的固定波束技术来满足 SDMA，但它们也能从使用现代自适应方法中获益，从而提升系统容量[8]。

本章回顾了数字波束赋形和自适应阵列的发展历程，解释了一些基本数字波束赋形原理，并介绍了更受欢迎的包含自适应方法的数字波束赋形方法。

8.2 智能天线的发展历程

“自适应阵列的发展始于20世纪50年代后期，并且有超过40年的发展历史”。1959年，自适应阵列一词最先由 Van Atta[9]提出，用来描述自相位阵列。自相位阵列仅仅通过使用基于相位共轭的巧妙定向方法来将所有入射信号反射到到达方向。由于入射平面波的重定向，这些阵列被称为反向阵列（见4.9节对反向阵列的深入解释）。自相位阵列是瞬时自适应阵列，因为它们本质上以与传统角反射器类似的方式反射入射信号。

锁相环（PLL）系统在20世纪60年代被整合到阵列中，以试图构建更好的反向导向性阵列，因为它假定反向导向是最好的方法[10]。锁相环系统目前仍用于单波束扫描系统[11]中。

自适应旁瓣消除（SLC）于1959年被 Howells[12,13]首次提出。这项技术可以将干扰置零，从而提升信噪比。Howells 的自适应旁瓣消除技术是第一个实现自动干扰置零的自适应方案。通过最大化广义信噪比（SNR），Applebaum 开发了控制自适应干扰消除的算法[14,15]。其算法被称为 Howells - Applebaum 算法。同时，通过使用最小方均准则，Widrow 等人将自我训练应用于自适应阵列[16,17]。Howells - Applebaum 算法和 Widrow 算法都是最陡下降/梯度搜索方法。Howells - Applebaum 算法与 Widrow 算法都收敛到最优维纳解。这些方法的收敛取决于特征值扩散[18]，因此更大的扩散需要更长的收敛时间。收敛时间常数如下[19]

$$\tau_i = \frac{1}{2\mu\lambda_i} \tag{8.1}$$

式中，μ 为梯度步进大小；λ_i 为第 i 个特征值。

特征值是通过相关矩阵得到的，其中最大特征值对应最强信号，最小特征值对应最弱信号或噪声。特征值差别越大，收敛时间越长。在 SLC 的情况下，最弱的干扰信号会在最后被消除，如式（8.1）所示。

由于对于大的特征值扩散，SLC 算法的收敛时间较慢，Reed 等人在 1974 年开发了直接样本矩阵求逆（SMI）技术[20]。

自适应阵列的下一个重要优势是谱估计方法在阵列处理中的应用。（这些谱估计方法中有很多在第7章中进行了详细讨论）能够达到更高角分辨率的谱估计方法被称为超分辨率算法[18]。Capon 于 1969 年用最大似然（ML）方法来求解阵列的最小方差无失真响应（MVDR）。它的解最大化了 SIR[21]。另外，线性预测方法被用来最小化方均预测误差，以得到最佳阵列权重。阵列权重取决于阵列相关矩阵，并在式（7.22）中给出[22]。在 1972 年，Burg 将最大熵方法应用于谱估计，他的技术很快适用于阵列信号处理[23,24]。1973 年，Pisarenko 开发了基于最小化 MSE 的谐波分解技术，其约束条件是权重向量的范数等于 1[25]。最小范数（Min - Norm）方法于 1979 年由 Reddi 开发[26]，于 1983 年由 Kumaresan 与 Tufts 提出[27]。Min - Norm 方法通过求解权重向量正交于信号特征向量子空间的优化问题来优化权重向量。这也是应用于阵列信号处理的谱估计问题。现在著名的 MUSIC 算法[28]是于 1986 年由 Schmidt 提出的。MUSIC 是一种基于谱估计的算法，其利用了噪声子空间与阵列相关矩阵的正交性。通过旋转无方差（ESPRIT）技术估计信号参数最早是由 Roy 和 Kailath 在 1989 年提出的[29]。ESPRIT 的目标是利用信号子空间的旋转不变性，该信号子空间由两个具有平移不变结构的阵列产生。

后面一组自适应方法可以被认为是阵列超分辨率方法的一部分，其允许用户获得比阵列波束宽度所允许的更高的分辨率。提高分辨率的代价是需要更高的计算强度。

让我们回顾一下固定算法和自适应算法的一些基础知识。

8.3　固定权重波束赋形基础

8.3.1　最大化信干比

一条可以用来增强接收信号并最小化干扰信号的准则是基于最大化 SIR 的[7,30]。在我们进行 SIR 优化的严格推导之前，让我们回顾一下在第 4 章中用到的启发式方法。直观的是，如果我们可以通过将零点置于其到达角度来消除所有干扰，我们将自动最大化 SIR。

重新回顾一下第 4 章的内容，首先假设一个 $M=3$ 个阵元的阵列，有一个固定的已知有用信号源和两个固定的无用干扰。假定所有信号都在相同的载波频率上工作。让我们假设一个带有有用信号和干扰信号的 3 元阵列，如图 8.2 所示。

阵列向量写作

$$\bar{a} = [\, e^{-jkd\sin\theta} \quad 1 \quad e^{jkd\sin\theta} \,]^{\mathrm{T}} \tag{8.2}$$

尽管仍待确定，将用于优化的阵列权重写作

$$\bar{w}^{\mathrm{H}} = [\, w_1 \quad w_2 \quad w_3 \,] \tag{8.3}$$

因此，一般形式的整体阵列输出可以写作

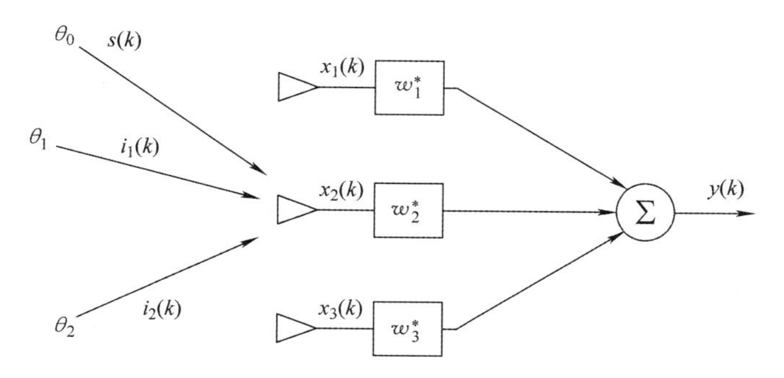

图 8.2　接收有用信号和干扰信号的 3 元阵列

$$y = \overline{w}^{\mathrm{H}} \cdot \overline{a} = w_1 \mathrm{e}^{-\mathrm{j}kd\sin\theta} + w_2 + w_3 \mathrm{e}^{\mathrm{j}kd\sin\theta} \tag{8.4}$$

阵列输出的有用信号表示为 y_{s}，而阵列输出的干扰信号表示为 y_1 和 y_2。由于有 3 个未知的权重，所以必须满足 3 个条件。

$$\text{条件 1：} y_{\mathrm{s}} = \overline{w}^{\mathrm{H}} \cdot \overline{a_0} = w_1 \mathrm{e}^{-\mathrm{j}kd\sin\theta_0} + w_2 + w_3 \mathrm{e}^{\mathrm{j}kd\sin\theta_0} = 1$$

$$\text{条件 2：} y_1 = \overline{w}^{\mathrm{H}} \cdot \overline{a_1} = w_1 \mathrm{e}^{-\mathrm{j}kd\sin\theta_1} + w_2 + w_3 \mathrm{e}^{\mathrm{j}kd\sin\theta_1} = 0$$

$$\text{条件 3：} y = \overline{w}^{\mathrm{H}} \cdot \overline{a_2} = w_1 \mathrm{e}^{-\mathrm{j}kd\sin\theta_2} + w_2 + w_3 \mathrm{e}^{\mathrm{j}kd\sin\theta_2} = 0$$

条件 1 要求对于有用信号满足 $y_{\mathrm{s}} = 1$，从而使接收到的有用信号与原始信号一致。条件 2 与条件 3 则要求丢弃掉干扰信号。这些条件可以重写成矩阵形式如下，

$$\overline{w}^{\mathrm{H}} \cdot \overline{A} = \overline{u}_1^{\mathrm{T}} \tag{8.5}$$

式中，$\overline{A} = [\overline{a_0}\ \overline{a_1}\ \overline{a_2}]$ 为导向向量矩阵；$\overline{u_1} = [10\cdots0]^{\mathrm{T}}$ 为笛卡儿基向量。

我们可以通过式（8.6）反转矩阵来找到所需的复权重 w_1、w_2 与 w_3。

$$\overline{w}^{\mathrm{H}} = \overline{u}_1^{\mathrm{T}} \cdot \overline{A}^{-1} \tag{8.6}$$

例如，如果有用信号从 $\theta_0 = 0°$到达，而 $\theta_1 = -45°$，$\theta_2 = 60°$，则所需的权重可以计算得到

$$\begin{bmatrix} w_1^* \\ w_2^* \\ w_3^* \end{bmatrix} = \begin{bmatrix} 0.28 - 0.07\mathrm{i} \\ 0.45 \\ 0.28 + 0.07\mathrm{i} \end{bmatrix} \tag{8.7}$$

阵列因子如图 8.3 所示。

式（8.6）中的笛卡儿基向量表示阵列权重是从$\overline{A}^{-1}$的第一行取得的。

之前的发展是基于这样的事实，即有用信号和所有干扰信号构成可逆方阵 $\overline{A}$。$\overline{A}$ 必须是 $M \times M$ 的矩阵，有 M 个阵元和 M 个到达信号。在干扰信号数量少于 $M-1$ 的情况，Godara[19] 提供了一个能够给出权重估计值的式子。然而他的式子需要有噪声叠加到系统，否则矩阵的转置会变为奇异矩阵。利用 Godara 方法，我们有

$$\overline{w}^{\mathrm{H}} = \overline{u}_1^{\mathrm{T}} \cdot \overline{A}^{\mathrm{H}} (\overline{A} \cdot \overline{A}^{\mathrm{H}} + \sigma_{\mathrm{n}}^2 \overline{I})^{-1} \tag{8.8}$$

式中，$\overline{u}_1^{\mathrm{T}}$ 是笛卡儿基向量，其长度与源的总数目相等。

例 8.1　对于一个 $M=5$ 个阵元的阵列，阵元间隔为 $d = \lambda/2$，有用信号从 $\theta = 0°$到达，一个干扰信号从 $-15°$到达，另一个干扰信号从$25°$到达。如果噪声方差为 $\sigma_{\mathrm{n}}^2 = 0.001$，利用式（8.8）

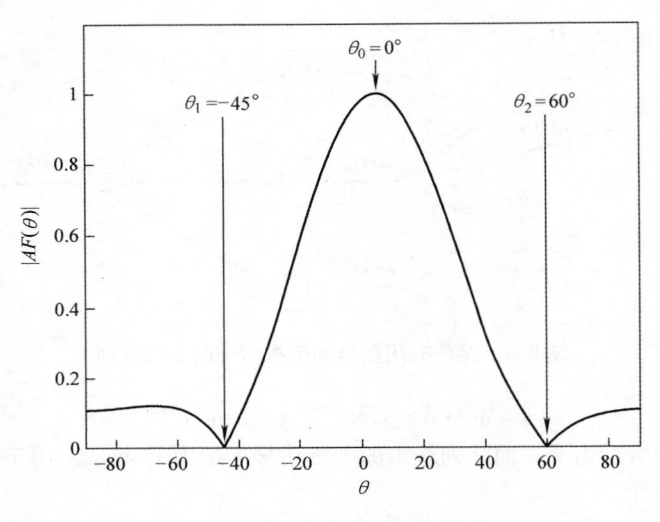

图 8.3　旁瓣消除[㊀]

给出的阵列权重估计来找出权重并绘制方向图。

解：这个问题可利用 sa_ex8_1. m 在 MATLAB 中求解。导向向量矩阵为

$$\bar{A}=[\bar{a}_0 \quad \bar{a}_1 \quad \bar{a}_2]$$

式中，

$$\bar{a}_0=[1 \quad 1 \quad 1 \quad 1 \quad 1]^{\mathrm{T}}$$

$$\bar{a}_n=[\mathrm{e}^{-\mathrm{j}2\pi\sin\theta_n} \quad \mathrm{e}^{-\mathrm{j}\pi\sin\theta_n} \quad 1 \quad \mathrm{e}^{\mathrm{j}\pi\sin\theta_n} \quad \mathrm{e}^{\mathrm{j}2\pi\sin\theta_n}]^{\mathrm{T}} \qquad n=1,2$$

由于仅有 3 个信号源，$\bar{u}_1=[1\ 0\ 0]^{\mathrm{T}}$。

代入式（8.8）得

$$\bar{w}^{\mathrm{H}}=\bar{u}_1^{\mathrm{T}}\cdot\bar{A}^{\mathrm{H}}(\bar{A}\cdot\bar{A}^{\mathrm{H}}+\sigma_{\mathrm{n}}^2\bar{I})^{-1}=\begin{bmatrix}0.26+0.11\mathrm{i}\\0.17+0.08\mathrm{i}\\0.13\\0.17-0.08\mathrm{i}\\0.26-0.11\mathrm{i}\end{bmatrix}^{\mathrm{T}}$$

阵列因子的绘制如图 8.4 所示。Godara 方法的优点在于信号源的总个数可以少于阵元数。

这一基本的旁瓣消除方法原理是对有用信号和干扰信号的阵列导向向量的直观应用。但是，通过使 SIR 最大化，我们可以推导出针对所有任意情况的分析解。我们将密切遵循本章参考文献［7，30］中的推导。

一般的非自适应传统窄带阵列如图 8.5 所示。

图 8.5 展示了一个有用信号从角度 θ_0 到达，N 个干扰信号从角度 θ_1，…，θ_N 到达的情况。信号和干扰由一个具有 M 个阵元的阵列接收。每个阵元 m 接收到的信号均包含额外的高斯噪声。

㊀　原书图中为 $\theta_1=60°$，有误，应为 $\theta_2=60°$。——译者注

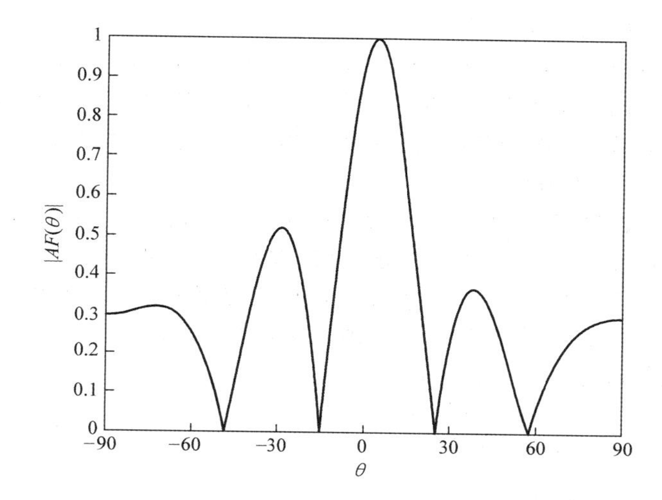

图 8.4　零点近似为 −15°和 25°的阵列方向图

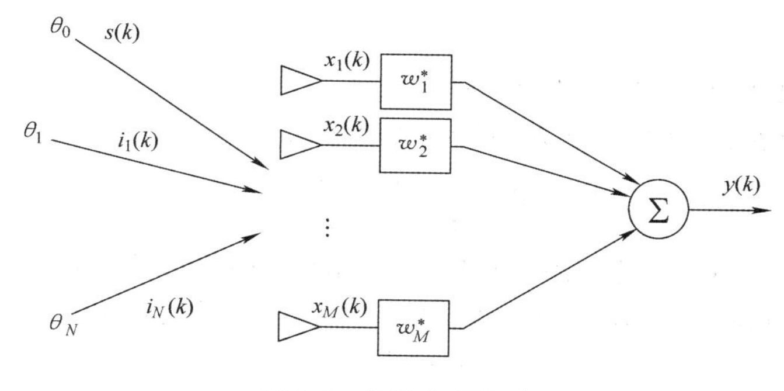

图 8.5　传统窄带阵列

时间由第 k 个时间采样表示。这样，加权阵列输出 y 可以由以下形式给出：

$$y(k)=\bar{w}^{\mathrm{H}}\cdot\bar{x}(k) \tag{8.9}$$

式中，

$$\begin{aligned}\bar{x}(k)&=\bar{a}_0 s(k)+[\bar{a}_1\quad \bar{a}_2\quad \cdots\quad \bar{a}_N]\cdot\begin{bmatrix}i_1(k)\\ i_2(k)\\ \vdots\\ i_N(k)\end{bmatrix}+\bar{n}(k)\\ &=\bar{x}_s(k)+\bar{x}_i(k)+\bar{n}(k)\end{aligned} \tag{8.10}$$

式中，$\bar{w}=[w_1\quad w_2\quad \cdots\quad w_M]^{\mathrm{T}}$ 为阵列权重；$\bar{x}_s(k)$ 为有用信号向量；$\bar{x}_i(k)$ 为干扰信号向量；$\bar{n}(k)$ 为零均值高斯噪声；$\bar{a}_i$ 为 M 阵元阵列导向向量对于到达方向为 θ_i 的导向向量。

我们可以利用式（8.10）的扩展符号重写式（8.9）如下

$$y(k)=\bar{w}^{\mathrm{H}}\cdot[\bar{x}_s(k)+\bar{x}_i(k)+\bar{n}(k)]=\bar{w}^{\mathrm{H}}\cdot[\bar{x}_s(k)+\bar{u}(k)] \tag{8.11}$$

式中，$\bar{u}(k)=\bar{x}_i(k)+\bar{n}(k)$，表示无用信号。

最初我们假定所有到达信号均为单频的，并且到达信号的总数 $N+1\leqslant M$。可以认为到达信号为时变信号，因此我们的计算是基于输入信号的 k 时的时间快照。显然，如果发射机正在移动，导向向量矩阵随时间变化，相应的到达角度也在变化，除非另有说明，式（8.9）~式（8.11）中的时间依赖性均被抑制。

我们可以计算有用信号和无用信号的阵列相关矩阵$\bar{R}_{ss}$和$\bar{R}_{uu}$。文献中常常称这些矩阵为阵列协方差矩阵。然而，协方差矩阵是去掉平均值的相关矩阵。由于我们通常不知道系统噪声或前端检测器输出的统计平均值，因此最好将所有矩阵均标记为相关矩阵。如果该过程是遍历的且使用了时间平均值，则相关矩阵可用时间平均得到，表示为$\hat{R}_{ss}$和$\hat{R}_{uu}$。

有用信号的加权阵列输出功率表示为

$$\sigma_s^2=E[\,|\bar{w}^{\mathrm{H}}\cdot\bar{x}_s|^2\,]=\bar{w}^{\mathrm{H}}\cdot\bar{R}_{ss}\cdot\bar{w} \tag{8.12}$$

式中，$\bar{R}_{ss}=E[\bar{x}_s\bar{x}_s^{\mathrm{H}}]$，为信号相关矩阵。

无用信号的加权阵列输出功率表示为

$$\sigma_u^2=E[\,|\bar{w}^{\mathrm{H}}\cdot\bar{u}|^2\,]=\bar{w}^{\mathrm{H}}\cdot\bar{R}_{uu}\cdot\bar{w} \tag{8.13}$$

式中，可以看出

$$\bar{R}_{uu}=\bar{R}_{ii}+\bar{R}_{nn} \tag{8.14}$$

式中，$\bar{R}_{ii}$为干扰的相关矩阵；$\bar{R}_{nn}$为噪声的相关矩阵。

SIR 定义为有用信号与无用信号功率的比值，即

$$\mathrm{SIR}=\frac{\sigma_s^2}{\sigma_{\mathrm{n}}^2}=\frac{\bar{w}^{\mathrm{H}}\cdot\bar{R}_{ss}\cdot\bar{w}}{\bar{w}^{\mathrm{H}}\cdot\bar{R}_{uu}\cdot\bar{w}} \tag{8.15}$$

通过将式（8.15）对$\bar{w}$求导，并令导数值为 0 可以使 SIR 最大化。这一优化过程在本章参考文献［31］中由 Harrington 进行了概述。将参量重排可以得到下述关系

$$\bar{R}_{ss}\cdot\bar{w}=\mathrm{SIR}\cdot\bar{R}_{uu}\cdot\bar{w} \tag{8.16}$$

$$\bar{R}_{uu}^{-1}\bar{R}_{uu}\cdot\bar{w}=\mathrm{SIR}\cdot\bar{w} \tag{8.17}$$

式（8.17）是一个特征向量等式，其中 SIR 是特征值。最大的 SIR（$\mathrm{SIR}_{\max}$）与 Hermitian 矩阵$\overline{R_{nn}^{-1}R_{nn}}$的最大特征值 $\lambda_{\max}$ 相等。与最大特征值对应的特征向量是最优的权重向量$\bar{w}_{\mathrm{opt}}$。从而

$$\bar{R}_{uu}^{-1}\bar{R}_{ss}\cdot\bar{w}_{\mathrm{SIR}}=\lambda_{\max}\cdot\bar{w}_{\mathrm{opt}}=\mathrm{SIR}_{\max}\cdot\bar{w}_{\mathrm{SIR}} \tag{8.18}$$

由于相关矩阵定义为 $\bar{R}_{ss}=E[\,|s|^2\,]\bar{a}_0\cdot\bar{a}_0^{\mathrm{H}}$，我们可以从最优维纳解的角度提出权重向量，即

$$\bar{w}_{\mathrm{SIR}}=\beta\cdot\bar{R}_{uu}^{-1}\cdot\bar{a}_0 \tag{8.19}$$

式中，

$$\beta=\frac{E[\,|s|^2\,]}{\mathrm{SIR}_{\max}}\bar{a}_0^{\mathrm{H}}\cdot\bar{w}_{\mathrm{SIR}} \tag{8.20}$$

尽管式（8.19）将权重向量转化为最优维纳解的形式，但权重向量已经根据式（8.18）中的特征向量计算得出。

例 8.2　一个 $M=3$ 个阵元的阵列，阵元间隔 $d=0.5\lambda$，噪声方差为 $\sigma_{\mathrm{n}}^2=0.001$，接收的有用信号达到角度为 $\theta_0=30°$，两个干扰信号到达角度分别为 $\theta_1=-30°$和 $\theta_2=45°$。假设有用信号与干扰的幅度恒定，利用 MATLAB 计算 $\mathrm{SIR}_{\max}$，根据式（8.18）计算归一化权重，并绘制得到方

向图。

解：基于有用信号和干扰的到达角，我们可以得到有用信号和无用信号的相关矩阵为

$$\overline{R}_{ss}=\begin{bmatrix}1 & \mathrm{i} & -1\\ -\mathrm{i} & 1 & \mathrm{i}\\ -1 & -\mathrm{i} & 1\end{bmatrix}$$

$$\overline{R}_{uu}=\begin{bmatrix}2.001 & -0.61-0.2\mathrm{i} & -1.27-0.96\mathrm{i}\\ -0.61+0.2\mathrm{i} & 2.001 & -0.61-0.2\mathrm{i}\\ -1.27+0.96\mathrm{i} & -0.61+0.2\mathrm{i} & 2.001\end{bmatrix}$$

根据 MATLAB 计算，式（8.18）中的最大特征值为

$$\mathrm{SIR}_{\max}=\lambda_{\max}=679$$

阵列权重用中心权重值进行任意归一化，

$$\overline{w}_{\mathrm{SIR}}=\begin{bmatrix}1.48+0.5\mathrm{i}\\ 1\\ 1.48-0.5\mathrm{i}\end{bmatrix}$$

得到的方向图绘制如图 8.6 所示。

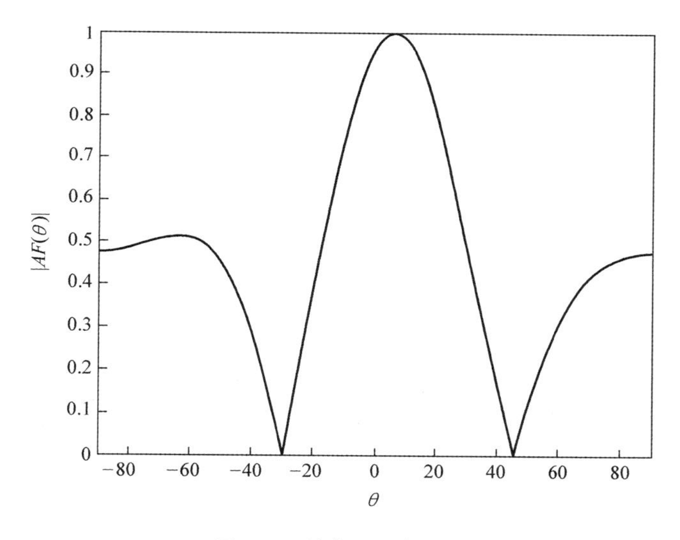

图 8.6　最大 SIR 方向图

8.3.2　最小方均误差

另外一种优化阵列权重的方法是通过最小化 MSE 来找到。图 8.5 必须进行修改，以最小化迭代阵列权重时的误差。修改后的阵列配置如图 8.7 所示。

信号 $d(k)$ 是参考信号。参考信号最好与有用信号 $s(k)$ 相同，或与 $s(k)$ 高度相关，且与干扰信号 $i_n(k)$ 不相关。如果 $s(k)$ 与干扰信号没有明显差异，则最小方均技术将无法正常工作。误差信号 $\varepsilon(k)$ 定义为

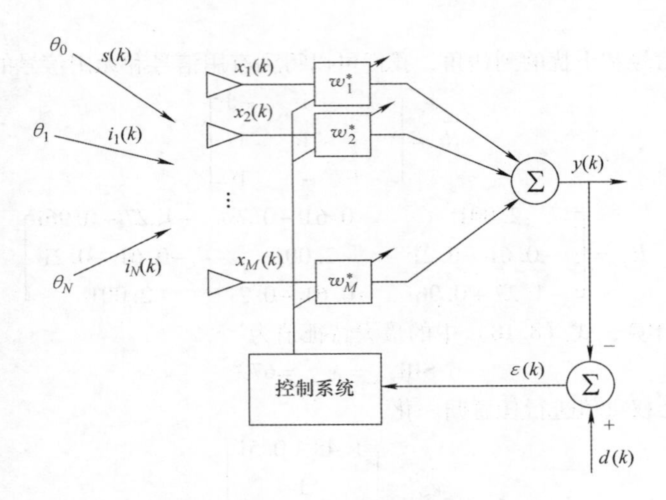

图 8.7 MSE 自适应系统

$$\varepsilon(k) = d(k) - \bar{w}^{\mathrm{H}}\bar{x}(k) \tag{8.21}$$

通过简单的代数运算，可以得到

$$|\varepsilon(k)|^2 = |d(k)|^2 - 2d(k)\bar{w}^{\mathrm{H}}\bar{x}(k) + \bar{w}^{\mathrm{H}}\bar{x}(k)\bar{x}^{\mathrm{H}}(k)\bar{w} \tag{8.22}$$

为了简化表示，我们将略去时间符号 k。对式（8.22）两边求期望并简化表示，可以得到

$$E[|\varepsilon|^2] = E[|d|^2] - 2\bar{\omega}^{\mathrm{H}}\bar{r} + \bar{\omega}^{\mathrm{H}}\bar{R}_{xx}\bar{\omega} \tag{8.23}$$

其中定义了如下的相关运算

$$\bar{r} = E[d^* \cdot \bar{x}] = E[d^* \cdot (\bar{x}_s + \bar{x}_i + \bar{n})] \tag{8.24}$$

$$\bar{R}_{xx} = E[\bar{x}\bar{x}^{\mathrm{H}}] = \bar{R}_{ss} + \bar{R}_{uu} \tag{8.25}$$

$$\bar{R}_{ss} = E[\bar{x}_s\bar{x}_s^{\mathrm{H}}] \tag{8.26}$$

$$\bar{R}_{uu} = \bar{R}_{ii} + \bar{R}_{nn} \tag{8.27}$$

式（8.23）中的表示形式是权重向量 $\bar{w}$ 的二次函数。该函数有时被称为性能曲面函数或成本函数 $J(\bar{w})$，并在 M 维空间中形成二次曲面。由于最佳权重提供了最小 MSE，所以极值是该函数的最小值。对于两阵元阵列的情况，图 8.8 给出了一个产生二维曲面的例子。随着到达角度随时间的变化，二次曲面的最小值在权重平面也随着时间变化。

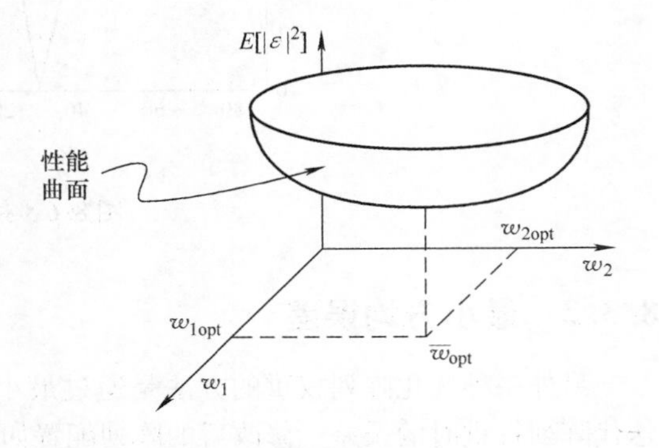

图 8.8 MSE 的二次曲面

整体上，对于任意数量的权重，我们均可以通过求 MSE 对权重向量的梯度并使其等于零来找到最小值。因此维纳－霍普夫方程写作

$$\nabla_{\bar{w}}(E[J(\bar{w})]) = 2\bar{R}_{xx}\bar{w} - 2\bar{r} = 0 \tag{8.28}$$

对式（8.28）应用简单的代数运算来得到最优维纳解，如下

$$\bar{w}_{\mathrm{MSE}} = \bar{R}_{xx}^{-1}\bar{r} \tag{8.29}$$

如果我们令参考信号 d 与有用信号 s 相等，则如果 s 与所有干扰无关，我们就可以简化相关函数 $\bar{r}$。利用式（8.10）和式（8.24），简化的相关函数 $\bar{r}$ 为

$$\bar{r} = E[s^* \cdot \bar{x}] = S \cdot \bar{a}_0 \tag{8.30}$$

式中，$S = E[|s|^2]$。

最优的权重可以定义为

$$\bar{w}_{\mathrm{MSE}} = S\ \bar{R}_{xx}^{-1}\bar{a}_0 \tag{8.31}$$

例 8.3 一个 $M=5$ 个阵元的阵列，阵元间隔为 $d=0.5\lambda$，接收到有用信号能量为 $S=1$，到达角度为 $\theta_0=20°$，两个干扰信号到达角度分别为 $\theta_1=-20°$和 $\theta_2=40°$，噪声方差为 $\sigma_{\mathrm{n}}^2=0.001$，利用 MATLAB 计算最优权重，并绘制得到的方向图。

解：MATLAB 代码见 sa_ex8_3. m。有用信号阵列向量和干扰信号的阵列向量如下，

$$\bar{a}_0 = \begin{bmatrix} -0.55-0.84\mathrm{i} \\ 0.48-0.88\mathrm{i} \\ 1.0 \\ 0.48+0.88\mathrm{i} \\ -0.55+0.84\mathrm{i} \end{bmatrix} \quad \bar{a}_1 = \begin{bmatrix} -0.55+0.84\mathrm{i} \\ 0.48+0.88\mathrm{i} \\ 1.0 \\ 0.48-0.88\mathrm{i} \\ -0.55-0.84\mathrm{i} \end{bmatrix} \quad \bar{a}_2 = \begin{bmatrix} -0.62+0.78\mathrm{i} \\ -0.43-0.90\mathrm{i} \\ 1.0 \\ -0.43+0.90\mathrm{i} \\ -0.62-0.78\mathrm{i} \end{bmatrix}$$

阵列相关函数如下

$$\bar{R}_{xx} = \begin{bmatrix} 3.0 & 0.51-0.90\mathrm{i} & -1.71+0.78\mathrm{i} & -1.01+0.22\mathrm{i} & -1.02-0.97\mathrm{i} \\ 0.51+0.90\mathrm{i} & 3.0 & 0.51-0.90\mathrm{i} & -1.71+0.78\mathrm{i} & -1.01+0.22\mathrm{i} \\ -1.71-0.78\mathrm{i} & 0.51+0.90\mathrm{i} & 3.0 & 0.51-0.90\mathrm{i} & -1.71+0.78\mathrm{i} \\ -1.01-0.22\mathrm{i} & -1.71-0.78\mathrm{i} & 0.51+0.90\mathrm{i} & 3.0 & 0.51-0.90\mathrm{i} \\ -1.02+0.97\mathrm{i} & -1.01-0.22\mathrm{i} & -1.71-0.78\mathrm{i} & 0.51+0.90\mathrm{i} & 3.0 \end{bmatrix}$$

利用式（8.31）即可计算得到权重如下

$$\bar{w}_{\mathrm{MSE}} = \begin{bmatrix} -0.11-0.21\mathrm{i} \\ 0.18-0.08\mathrm{i} \\ 0.21 \\ 0.18+0.08\mathrm{i} \\ -0.11+0.21\mathrm{i} \end{bmatrix}$$

将权重代入阵列向量，我们可以绘制得到最小 MSE 方向图，如图 8.9 所示。

8.3.3 最大似然

最大似然（ML）方法基于我们有未知的有用信号 $\bar{x}_s$，同时无用信号 $\bar{n}$ 服从零均值高斯分布的假设，其目标是定义一个似然函数，并对有用信号进行估计。ML 方法具体细节可以在 Van Trees 的著作[32,33]中找到。这个基本的解法属于一般的估计理论，见图 8.10。

需要注意的是在阵元处没有反馈。输入信号向量如下

$$\bar{x} = \bar{a}_0 s + \bar{n} = \bar{x}_s + \bar{n} \tag{8.32}$$

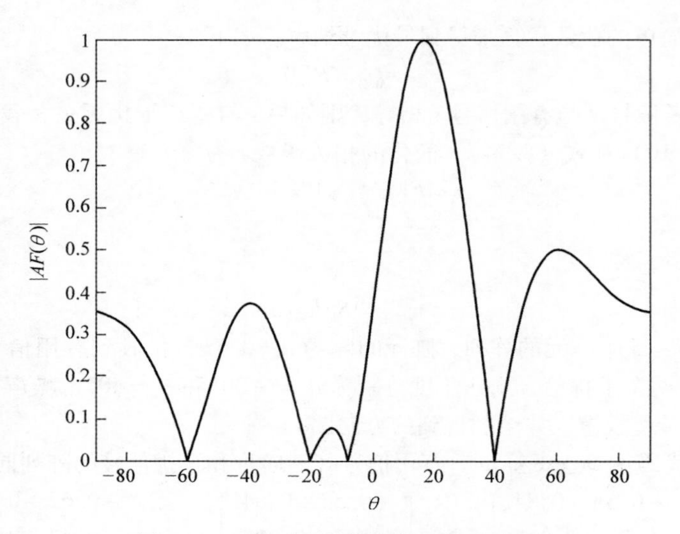

图 8.9　5 阵元阵列的最小 MSE 方向图

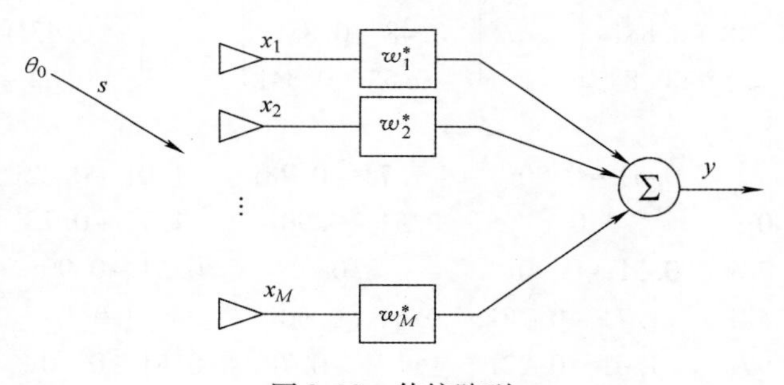

图 8.10　传统阵列

整体分布假设为高斯分布，但其平均值由有用信号 $\bar{x}_s$ 控制。概率密度函数可以描述为联合概率密度 $p(\bar{x}|\bar{x}_s)$。这个密度可以看作是用于估计参数 $\bar{x}_s$ 的似然函数（见 HayKin[34]、Monzingo 和 Miller[30]）。概率密度可以描述为

$$p(\bar{x}|\bar{x}_s)=\frac{1}{\sqrt{2\pi\sigma_{\mathrm{n}}^2}}\mathrm{e}^{-[(\bar{x}-\bar{a}_0s)^{\mathrm{H}}\bar{R}_{nn}^{-1}(\bar{x}-\bar{a}_0s)]} \tag{8.33}$$

式中，σ_{n} 为噪声标准差；$\bar{R}_{nn}=\sigma_{\mathrm{n}}^2I$ 为噪声相关矩阵。

由于我们感兴趣的参数在指数部分，所以利用概率密度函数的负对数来进行处理更容易，我们称之为对数似然函数。我们将对数似然函数定义为

$$L(\bar{x})=-\ln[p(\bar{x}|\bar{x}_s)]=C(\bar{x}-\bar{a}_0s)^{\mathrm{H}}\bar{R}_{nn}^{-1}(\bar{x}-\bar{a}_0s) \tag{8.34}$$

式中，C 为常数；$\bar{R}_{nn}=E[\bar{n}\ \bar{n}^{\mathrm{H}}]$。

有用信号的估计量定义为使对数似然函数最大的量，记为 $\hat{s}$。$L(\bar{x})$ 的最大值可以通过对 s 求偏导并使导数值为零求得。

从而，

$$\frac{\partial L[\bar{x}]}{\partial s}=0=-2\bar{a}_0^{\mathrm{H}}\bar{R}_{nn}^{-1}\bar{x}+2\hat{s}\bar{a}_0^{\mathrm{H}}\bar{R}_{nn}^{-1}\bar{a}_0 \tag{8.35}$$

求解 $\hat{s}$ 得到

$$\hat{s}=\frac{\bar{a}_0^{\mathrm{H}}\bar{R}_{nn}^{-1}}{\bar{a}_0^{\mathrm{H}}\bar{R}_{nn}^{-1}\bar{a}_0}\bar{x}=\bar{w}_{\mathrm{ML}}^{\mathrm{H}}\bar{x} \tag{8.36}$$

从而得到

$$\bar{w}_{\mathrm{ML}}=\frac{\bar{R}_{nn}^{-1}\bar{a}_0}{\bar{a}_0^{\mathrm{H}}\bar{R}_{nn}^{-1}\bar{a}_0} \tag{8.37}$$

例 8.4　一个 $M=5$ 个阵元的阵列，阵元间隔为 $d=0.5\lambda$，接收到有用信号到达角度为 $\theta_0=30°$，噪声方差为 $\sigma_{\mathrm{n}}^2=0.001$。利用 MATLAB 计算最优权重，并绘制得到方向图。

解：由于我们假设噪声是零均值高斯噪声，噪声相关矩阵是单位阵

$$\bar{R}_{nn}=\sigma_{\mathrm{n}}^2\begin{bmatrix}1&0&0&0&0\\0&1&0&0&0\\0&0&1&0&0\\0&0&0&1&0\\0&0&0&0&1\end{bmatrix}$$

阵列导向向量为

$$\bar{a}_0=\begin{bmatrix}-1\\-1\mathrm{i}\\1\\1\mathrm{i}\\-1\end{bmatrix}$$

计算得到的阵列权重为

$$\bar{w}_{\mathrm{ML}}=\frac{\bar{R}_{nn}^{-1}\bar{a}_0}{\bar{a}_0^{\mathrm{H}}\bar{R}_{nn}^{-1}\bar{a}_0}=0.2\bar{a}_0$$

从而得到阵列方向图如图 8.11 所示。

8.3.4　最小方差

最小方差（MV）法也称为最小方差无失真响应（MVDR）或最小噪声方差性能估计。当在施加阵列权重之后接收的信号未失真时称作“无失真”。MV 方法的目标是最小化阵列输出噪声方差。假设期望信号和无用信号均为零均值，我们可以再次使用图 8.10 所示的阵列配置。加权数组输出由下式给出：

$$y=\bar{w}^{\mathrm{H}}\bar{x}=\bar{w}^{\mathrm{H}}\bar{a}_0 s+\bar{w}^{\mathrm{H}}\bar{u} \tag{8.38}$$

为了确保无失真响应，我们需要增加一个约束条件

$$\bar{w}^{\mathrm{H}}\bar{a}_0=1 \tag{8.39}$$

采用式（8.38）中的约束条件，矩阵输出为

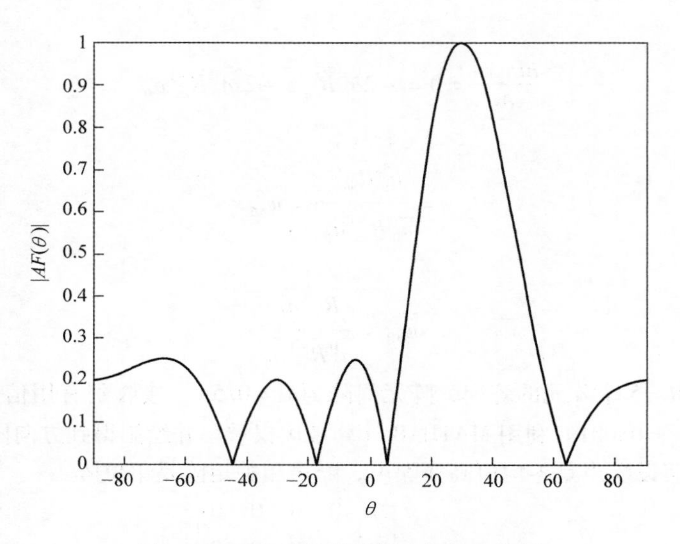

图 8.11　5 阵元阵列的最大似然方向图

$$y = s + \bar{w}^{\mathrm{H}}\bar{u} \tag{8.40}$$

另外，如果噪声是零均值的，那么矩阵输出的期望值为

$$E[y] = s \tag{8.41}$$

我们按照下式计算 y 的方差，得

$$\begin{aligned}\sigma_{\mathrm{MV}}^2 &= E[\,|\bar{w}^{\mathrm{H}}\bar{x}|^2\,] = E[\,|s + \bar{w}^{\mathrm{H}}\bar{u}|^2\,] \\ &= \bar{w}^{\mathrm{H}}\bar{R}_{uu}\bar{w}\end{aligned} \tag{8.42}$$

式中，

$$\bar{R}_{uu} = \bar{R}_{ii} + \bar{R}_{nn}$$

我们可以使用拉格朗日方法使得方差最小化。因为所有的矩阵权重都是相互独立的，所以我们可以在式(8.39)中加入约束条件来定义一个修改后的性能标准或成本函数，即方差和约束的线性组合，

$$\begin{aligned}J(\bar{w}) &= \frac{\sigma_{\mathrm{MV}}^2}{2} + \lambda(1 - \bar{w}^{\mathrm{H}}\bar{a}_0) \\ &= \frac{\bar{w}^{\mathrm{H}}\bar{R}_{uu}\bar{w}}{2} + \lambda(1 - \bar{w}^{\mathrm{H}}\bar{a}_0)\end{aligned} \tag{8.43}$$

式中，λ 是拉格朗日算子；$J(\bar{w})$是成本函数。

成本函数是一个二次函数，可以通过将梯度设置为零来最小化。因此

$$\nabla_{\bar{w}}J(\bar{w}) = \bar{R}_{uu}\bar{w}_{\mathrm{MV}} - \lambda\ \bar{a}_0 = 0 \tag{8.44}$$

求解权重我们可以得到

$$\bar{w}_{\mathrm{MV}} = \lambda\ \bar{R}_{uu}^{-1}\bar{a}_0 \tag{8.45}$$

为了求得拉格朗日算子（λ），我们可以将式（8.39）代入式（8.45），得到

$$\lambda = \frac{1}{\bar{a}_0^{\mathrm{H}}\bar{R}_{uu}^{-1}\bar{a}_0} \tag{8.46}$$

将式（8.46）代入到式（8.45）中，我们得到最小方差最优权重，即

$$\bar{w}_{\mathrm{MV}} = \frac{\bar{R}_{uu}^{-1}\bar{a}_0}{\bar{a}_0^{\mathrm{H}}\bar{R}_{uu}^{-1}\bar{a}_0} \tag{8.47}$$

需要说明的是，最小方差方法在形式上与 ML 方法相同。唯一的区别是 ML 方法要求所有无用信号组合为零均值并且具有高斯分布。然而，使用最小方差方法，无用信号可能包括从不需要的角度到达的干扰以及噪声。因此，最小方差解决方案在其应用中更为通用。

例 8.5　现有一 $M=5$ 个阵元的阵列，阵元间隔为 $d=0.5\lambda$。收到的信号角度为 $\theta=30°$，干扰的角度为 $-10°$，噪声方差为 $\sigma_{\mathrm{n}}^2=0.001$，适用 MATLAB 计算最优权重并绘制结果。

解：稍微修改例 8.3 的 MATLAB 代码以包含 $-10°$ 的干扰信号是一件简单的事情。所用的 MATLAB 代码是 sa_ex8_5. m，无用信号相关矩阵由下式给出

$$\bar{R}_{uu} = \begin{bmatrix} 1.0 & 0.85+0.52\mathrm{i} & 0.46+0.89\mathrm{i} & -0.07+0.99\mathrm{i} & -0.57+0.82\mathrm{i} \\ 0.85-0.52\mathrm{i} & 1.0 & 0.85+0.52\mathrm{i} & 0.46+0.89\mathrm{i} & -0.07+0.99\mathrm{i} \\ 0.46-0.89\mathrm{i} & 0.85-0.52\mathrm{i} & 1.0 & 0.85+0.52\mathrm{i} & 0.46+0.89\mathrm{i} \\ -0.07-0.99\mathrm{i} & 0.46-0.89\mathrm{i} & 0.85-0.52\mathrm{i} & 1.0 & 0.85+0.52\mathrm{i} \\ -0.57-0.82\mathrm{i} & -0.07-0.99\mathrm{i} & 0.46-0.89\mathrm{i} & 0.85-0.52\mathrm{i} & 1.0 \end{bmatrix}$$

要求的向量为

$$\bar{a}(\theta_0) = \begin{bmatrix} -1 \\ -1\mathrm{i} \\ 1 \\ 1\mathrm{i} \\ -1 \end{bmatrix}$$

利用式（8.40），最小方差权重为

$$\bar{w} = \begin{bmatrix} -0.19+0.04\mathrm{i} \\ 0.03-0.19\mathrm{i} \\ 0.25 \\ 0.03+0.19\mathrm{i} \\ -0.19-0.04\mathrm{i} \end{bmatrix}$$

有抵消干扰的阵列因子图如图 8.12 所示。需要注意的是，最小方差解决法允许消除干扰，并且在 $-10°$ 附近设置为空值。

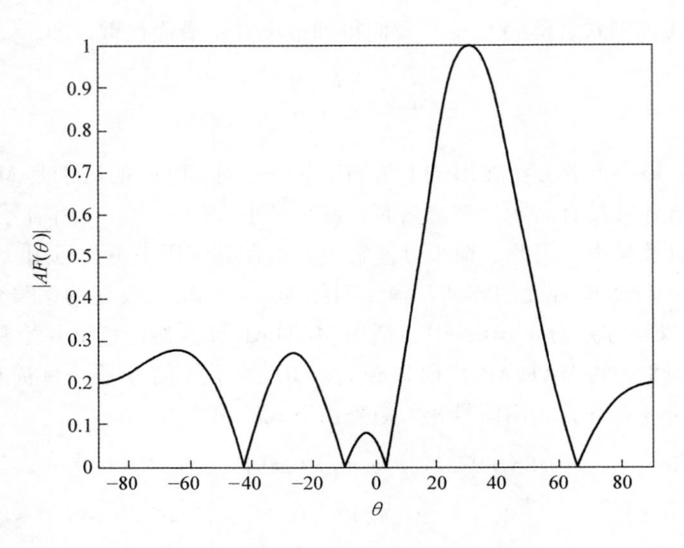

图 8.12　5 阵元阵列的最小方差图

8.4　自适应波束赋形

在 8.3 节中已经介绍了固定波束赋形方法，其中包括最大 SIR、ML 方法和 MV 方法，这些方法假定适用于固定到达角发射机。如果到达角度不随时间变化，则不需要调整最佳阵列权重。然而，如果期望的到达角度随时间变化，则有必要设计一种即时运行的优化方案，以便重新计算最佳阵列权重。接收机信号处理算法必须允许持续适应不断变化的电磁环境。自适应算法将固定波束赋形过程进一步推进，并允许计算连续更新的权重。适应过程必须满足特定的优化标准。较为普遍的优化技术包括 LMS、SMI、递归最小二乘（RLS）、恒模算法（CMA）、共轭梯度和波形多样化算法。我们在下面的章节中讨论和解释这些技术。

8.4.1　最小方均

最小方均（LMS）算法是基于梯度的方法。Monzingo 和 Miller[30] 给出了这种方法的一个很好的基本处理。基于梯度的算法假定已建立的二次性能曲面，如在 8.3.2 节中讨论的。当性能曲面 $J(\bar{w})$ 是阵列权重的二次函数时，性能曲面是具有最小值的椭圆抛物面。确定最小值的最佳方法之一是通过使用梯度方法。我们可以通过再次找到 MSE 来建立性能曲面（成本函数）。如图 8.7 所示，误差为

$$\varepsilon(k)=d(k)-\bar{w}^{\mathrm{H}}(k)\bar{x}(k) \tag{8.48}$$

方均误差为

$$|\varepsilon(k)|^2=|d(k)-\bar{w}^{\mathrm{H}}(k)\bar{x}(k)|^2 \tag{8.49}$$

我们暂时不考虑时间独立性，按照 8.3.2 节内容，成本函数为

$$J(\bar{w})=D-2\bar{w}^{\mathrm{H}}\bar{r}+\bar{w}^{\mathrm{H}}\bar{R}_{xx}\bar{w} \tag{8.50}$$

式中，

$$D=E[|d|^2]$$

我们可以适用梯度方法来确定式（8.50）的最小值。因此，

$$\nabla_{\bar{w}}(J(\bar{w}))=2\bar{R}_{xx}\bar{w}-2\bar{r} \tag{8.51}$$

最小值出现在梯度为 0 的点。因此，权重的解决方案就是最佳的维纳解决方案，

$$\bar{w}_{\text{opt}}=\bar{R}_{xx}^{-1}\bar{r} \tag{8.52}$$

式（8.52）中的方法是基于我们对所有信号统计量的知识以及计算相关矩阵而得出的。

一般来说，我们不知道信号统计量，因此必须求助于在一系列快照或每个时间瞬间估计的阵列相关矩阵（$\bar{R}_{xx}$）和信号相关向量（$\bar{r}$）。这些值的即时估计值为

$$\hat{R}_{xx}(k)\approx\bar{x}(k)\bar{x}^{\mathrm{H}}(k) \tag{8.53}$$

和

$$\hat{r}(k)\approx d^*(k)\bar{x}(k) \tag{8.54}$$

我们可以使用称为“最快下降法”的迭代技术来近似成本函数的梯度。最快下降的方向与梯度向量方向相反。最快下降的方法可以通过 Widrow[16,17] 提出的 LMS 方法用权重来近似。最快下降迭代近似为

$$\bar{w}(k+1)=\bar{w}(k)-\frac{1}{2}\mu\,\nabla_{\bar{w}}(J(\bar{w}(k))) \tag{8.55}$$

式中，μ 是步长参数；$\nabla_{\bar{w}}$为性能曲面的梯度。

性能曲面的梯度由式（8.51）给出。如果我们用瞬时相关近似来代替，就得到了 LMS，

$$\begin{aligned}\bar{w}(k+1)&=\bar{w}(k)-\mu[\hat{R}_{xx}\bar{w}-\hat{r}]\\&=\bar{w}(k)+\mu e^*(k)\bar{x}(k)\end{aligned} \tag{8.56}$$

式中，

$$e=d(k)-\bar{w}^{\mathrm{H}}(k)\bar{x}(k)=\text{error signal}$$

式（8.56）中的 LMS 算法的收敛性与步长参数 μ 成正比。如果步长太小，则收敛速度很慢，将会有过阻尼的情况发生。如果收敛速度比变化的到达角慢，则自适应阵列可能无法足够快地获取感兴趣的信号来跟踪变化的信号。如果步长过大，则 LMS 算法会超出最佳感兴趣的权重，这被称为欠阻尼的情况。如果尝试收敛速度太快，则权重将会围绕最佳权重摆动，但不会准确跟踪所需的解决方案。因此，在确保收敛的范围内选择步长是十分必要的。可以证明，只要满足以下条件，就能确保稳定[30]。

$$0\leqslant\mu\leqslant\frac{1}{2\lambda_{\max}} \tag{8.57}$$

式中，$\lambda_{\max}$是 $\hat{R}_{xx}$的最大特征值。

由于相关矩阵是正定的，所有特征值都是正的。如果所有干扰信号都是噪声，并且只有一个感兴趣的信号，我们可以将式（8.57）中的条件近似为

$$0\leqslant\mu\leqslant\frac{1}{2\operatorname{trace}[\hat{R}_{xx}]} \tag{8.58}$$

例 8.6　一个阵元间隔 $d=0.5\lambda$，阵元为 $M=8$ 的阵列。收到的信号角度为 $\theta=30°$，干扰的

角度为 $-60°$。使用 MATLAB 编写 LMS 例程来求解所需的权重。假设期望的接收信号向量为 $\bar{x}_s(k)=\bar{a}_0 s(k)$，其中 $s(k)=\cos[2\pi t(k)/T]$，其中 $T=1\text{ms}$，$t=(1:100)\times T/100$。假设干扰信号向量为 $\bar{x}_i(k)=\bar{a}_1 i(k)$，其中 $i(k)=\text{randn}(1,100)$。两个信号在时间间隔 T 内几乎是正交的。令期望信号 $d(k)=s(k)$。

使用式（8.56）中给出的 LMS 算法来求解最佳阵列权重。假设初始阵列权重全部为零，进行 100 次迭代。使用 MATLAB 具体步骤如下：

（1）令步长 $\mu=0.02$。

（2）计算 100 次迭代的 8 个阵列权重。

（3）绘制所得到的权重幅度与迭代次数的关系图。

（4）绘制期望信号 $s(k)$ 和阵列输出 $y(k)$。

（5）绘制 MSE $|e|^2$。

（6）使用计算得到的最终权重绘制阵列因子。

解：MATLAB 代码 sa_ex8_6. m 用于求解这个问题。权重与迭代次数的关系如图 8. 13 所示。图 8. 14 显示了阵列输出在约 60 次迭代后如何获取并跟踪期望信号。图 8. 15 显示了 60 次迭代后收敛到接近零的 MSE。图 8. 16 显示了最终的加权阵列，其在 30°的期望方向上具有峰值，并且在 $-60°$的干扰方向上具有零值。

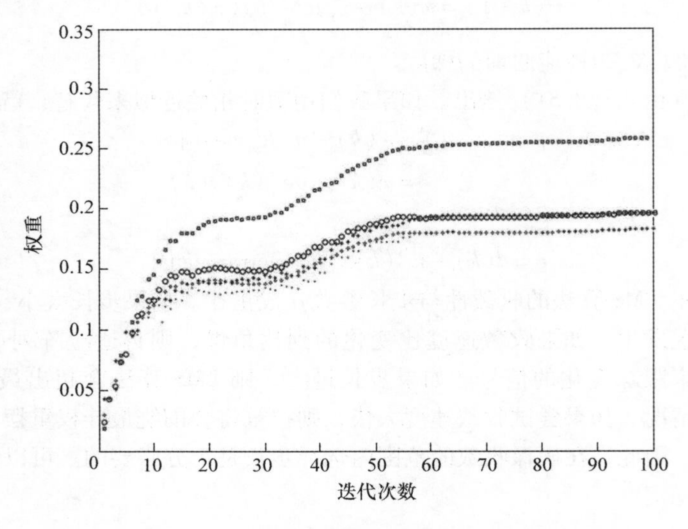

图 8. 13　阵列权重的大小

8. 4. 2　采样矩阵求逆

LMS 自适应方法的一个缺点是该算法必须经过许多次迭代才能达到满意的收敛效果。如果信号特征快速变化，则 LMS 自适应算法可能不能以令人满意的方式跟踪期望的信号。权重的收敛速度取决于阵列相关矩阵的特征值扩展。在例 8. 6 中，LMS 算法直到 70 次迭代后才收敛。70 次迭代相当于期望波形一半以上的时间。避免 LMS 收敛速度较慢的一种可能方法是使用 SMI 方法[7,23,36]。这种方法也被称为直接矩阵求逆（DMI）[30]。样本矩阵是使用 K 时间样本的协方差矩阵的时间平均估计。如果随机过程在协方差中是遍历的，则时间平均估计将等于实际协方差矩阵。

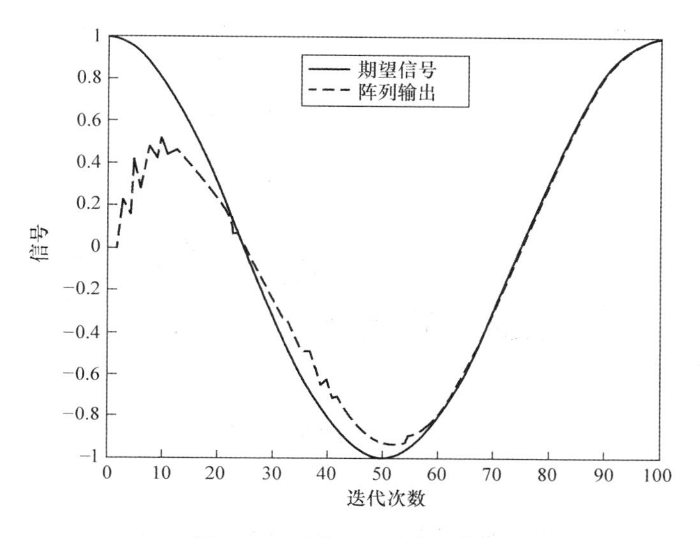

图 8.14　采集和跟踪期望信号

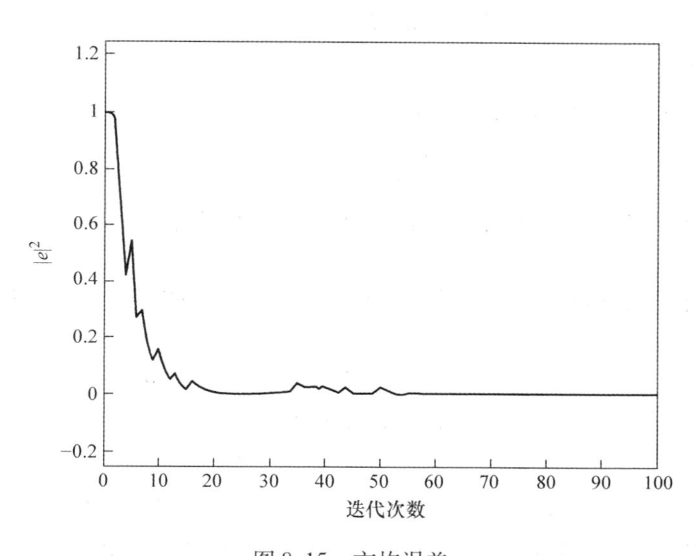

图 8.15　方均误差

回顾之前关于最小 MSE 的讨论（见 8.3.2 节），最佳阵列权重由最佳维纳求解方案给出：

$$\bar{w}_{\text{opt}} = \bar{R}_{xx}^{-1}\bar{r} \tag{8.59}$$

式中，

$$\bar{r} = E\lfloor d^* \cdot \bar{x} \rfloor$$

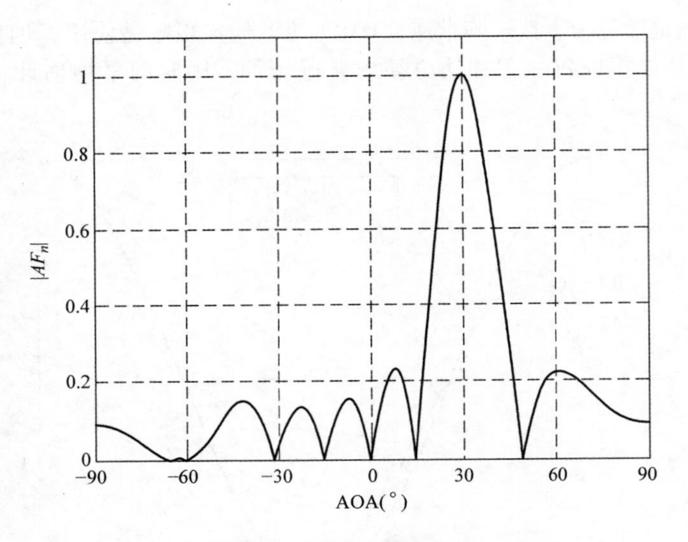

图 8.16　加权 LMS 阵列

$$\bar{R}_{xx} = \lfloor \bar{x}\bar{x}^{\mathrm{H}} \rfloor$$

如式（7.32）所示，我们可以通过计算时间平均来估计相关矩阵，

$$\hat{R}_{xx} = \frac{1}{K}\sum_{k=1}^{K}\bar{x}(k)\bar{x}^{\mathrm{H}}(k) \tag{8.60}$$

式中，K 为观察间隔。

相关向量 $\bar{r}$ 可以由式（8.61）进行估计，

$$\hat{r} = \frac{1}{K}\sum_{k=1}^{K}d^{*}(k)\bar{x}(k) \tag{8.61}$$

因为我们使用了 K 长度的数据块，所以这个方法称为块自适应方法。我们可以逐块调整权重。

在 MATLAB 中很容易通过以下过程来计算阵列相关矩阵和相关向量。将矩阵 $\bar{X}_K(k)$ 定义为 K 数据快照上的第 k 个向量块。

$$\bar{X}_K(k) = \begin{bmatrix} x_1(1+kK) & x_1(2+kK) & \cdots & x_1(K+kK) \\ x_2(1+kK) & x_2(1+kK) & & \vdots \\ \vdots & & \ddots & \\ x_M(1+kK) & \cdots & & x_M(K+kK) \end{bmatrix} \tag{8.62}$$

式中，k 是数据块序号；K 是数据块长度。因此，阵列相关矩阵可以由式（8.63）进行估计，

$$\hat{R}_{xx}(k) = \frac{1}{K}\bar{X}_K(k)\bar{X}_K^{\mathrm{H}}(k) \tag{8.63}$$

另外，期望的信号向量可以定义为

$$\bar{d}(k) = [\,d(1+kK) \quad d(2+kK) \quad \cdots \quad d(K+kK)\,] \tag{8.64}$$

因此，相关向量的估计为

$$\hat{r}(k)=\frac{1}{K}\bar{d}^{*}(k)\bar{X}_{K}(k) \tag{8.65}$$

然后，SMI 权重可以根据长度为 K 的第 k 个数据块来计算，

$$\begin{aligned}\bar{w}_{\mathrm{SMI}}(k)&=\hat{R}_{xx}^{-1}(k)\hat{r}(k)\\&=[\bar{X}_{K}(k)\bar{X}_{K}^{\mathrm{H}}(k)]^{-1}\bar{d}^{*}(k)\bar{X}_{K}(k)\end{aligned} \tag{8.66}$$

例 8.7　让我们来比较一下 SMI 算法和例 8.6 中的 LMS 算法。一个阵元间隔 $d=0.5\lambda$，阵元为 $M=8$ 的阵列。收到的信号角度为 $\theta=30°$，干扰的角度为 $-60°$。使用 MATLAB 编写 SMI 例程来求解所需的权重。假设期望的接收信号向量为 $\bar{x}_{i}(k)=\bar{a}_{0}s(k)$，其中 $s(k)=\cos[2\pi t(k)/T]$，其中 $T=1\mathrm{ms}$。令数据块长度 $K=30$。时间定义为 $t=(1:K)T/K$。假设干扰信号向量为 $\bar{x}_{i}(k)=\bar{a}_{1}i(k)$，其中 $i(k)=\mathrm{randn}(1,k)$，令期望信号 $d(k)=s(k)$。为了保持相关矩阵逆变为奇异，可以将噪声添加到具有方差 $\sigma_{\mathrm{n}}^{2}=0.01$ 的系统中。

解：MATLAB 代码 sa_ex8_7. m 用来求解这个问题。我们可以使用 MATLAB 命令 $n=\mathrm{randn}(N,K)\times\mathrm{sqrt}(\mathrm{sig2})$ 来计算阵列输入噪声，其中 sig2 = 噪声方差。在指定元素数量、接收信号角度和干扰角度后，我们计算接收到的向量。使用简单的 MATLAB 命令 $R_{xx}=X*X'/K$ 找到相关矩阵，使用 $r=X*S'/K$ 找到相关向量。找到最佳维纳权重，得到的阵列模式见图 8.17。SMI 模式类似于 LMS 模式，并且没有迭代生成。快照总数 K 小于 LMS 算法的收敛时间。

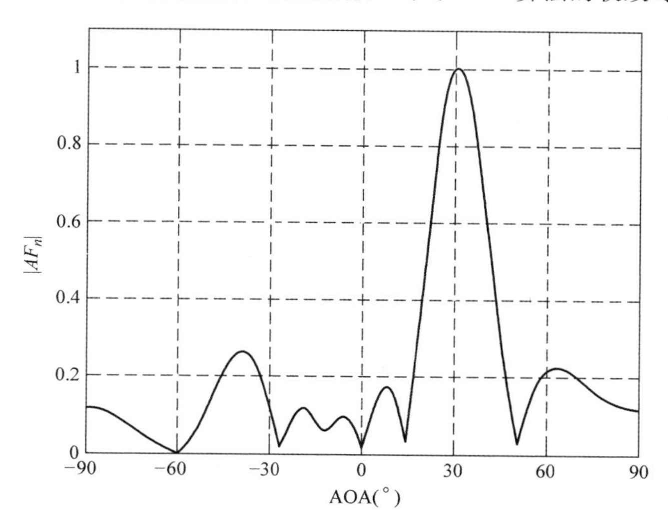

图 8.17　加权 SMI 阵列模式

SMI 算法虽然比 LMS 算法更快，但也存在几个缺点。相关矩阵可能会受到病态条件的影响，导致求逆时出现错误或奇点。另外，对于大型阵列来说，矩阵求逆计算量很大。为了求逆，相关矩阵需要 $N^3/2+N^2$ 的计算复杂度[20]。SMI 更新频率必然取决于信号频率和信道衰落条件。

8.4.3　递归最小二乘法

正如前一节所述，SMI 技术仍然存在几个缺点。即使 SMI 方法比 LMS 算法更快，计算复杂

度和潜在的奇点都会带来问题。但是，我们可以递归地计算所需的相关矩阵和所需的相关向量。回想一下，在式（8.60）和式（8.61）中，将相关矩阵和向量的估计值作为项除以块长度 K 的总和。当我们计算式（8.66），K 的划分被 $\hat{R}_{xx}^{-1}(k)\bar{r}(k)$ 抵消。因此，我们可以忽略 K，重写相关矩阵和相关向量，

$$\hat{R}_{xx} = \sum_{i=1}^{K} \bar{x}(i)\,\bar{x}^{\mathrm{H}}(i) \tag{8.67}$$

$$\hat{r} = \sum_{k=1}^{K} d^*(i)\bar{x}(i) \tag{8.68}$$

式中，k 是最近一次时间采样 k 的长度；$\hat{R}_{xx}^{-1}(k)$ 和 $\bar{r}(k)$ 是在时间采样 k 结束时的相关性估计。

两个式子的和［式（8.67）和式（8.68）］使用矩形窗口；因此它们同样考虑以前的所有时间样本。由于信号源可以随时间变化或缓慢移动，因此我们可能不想强调最早的数据样本而强调最近的数据样本。这可以通过调整式（8.67）和式（8.68）来完成。这样我们就忽略了最早的时间样本。这种方法被称为加权估计。

因此，

$$\hat{R}_{xx} = \sum_{i=1}^{K} \alpha^{k-i}\bar{x}(i)\,\bar{x}^{\mathrm{H}}(i) \tag{8.69}$$

$$\hat{r} = \sum_{k=1}^{K} \alpha^{k-i} d^*(i)\bar{x}(i) \tag{8.70}$$

式中，α 是遗忘因子。

遗忘因子有时也被称为指数加权因子[37]。α 是一个正常数，且 $0 \leqslant \alpha \leqslant 1$。当 $\alpha = 1$ 时，我们恢复普通最小二乘算法。$\alpha = 1$ 也表示无限的记忆。让我们将式（8.69）、式（8.70）的和分解为两项：前 $k-1$ 项的和与第 k 项。

$$\begin{aligned}\hat{R}_{xx}(k) &= \alpha \sum_{i=1}^{K-1} \alpha^{k-1-i}\bar{x}(i)\,\bar{x}^{\mathrm{H}}(i) + \bar{x}(k)\bar{x}^{\mathrm{H}}(k)\\ &= \alpha\hat{R}_{xx}(k-1) + \bar{x}(k)\bar{x}^{\mathrm{H}}(k)\end{aligned} \tag{8.71}$$

$$\begin{aligned}\hat{r}(k) &= \alpha \sum_{k=1}^{K-1} \alpha^{k-1-i} d^*(i)\bar{x}(i) + d^*(k)\bar{x}(k)\\ &= \alpha\hat{r}(k-1) + d^*(k)\bar{x}(k)\end{aligned} \tag{8.72}$$

因此，协方差估计和向量协方差估计的未来值可以使用先前的值来得到。

例 8.8 一个 $d = 0.5\lambda$，阵元为 $M = 4$ 的阵列。一个信号从 45°到达，并且 $s(k) = \cos[2\pi(k-1)/(K-1)]$。使用标准 SMI 算法和 $\alpha = 1$ 的递归算法计算长度 $K = 200$ 的块的阵列相关性。绘制 K 个数据点的 SMI 相关矩阵的迹线以及递归相关矩阵的迹线与块长度 k 的关系，$1 < k < K$。

解：使用 MATLAB 代码 sa_ex8 _8. m，我们可以构造 45°到达角度的阵列导向向量。在将导向向量乘以信号 $s(k)$ 之后，我们可以找到相关矩阵来开始式（8.71）中的递归关系。式（8.71）经过 K 次迭代后，我们可以重叠显示两个相关矩阵的轨迹，如图 8.18 所示。

可以看出，递归公式对于不同的块长度来说是振荡的，并且当 $k = K$ 时它与 SMI 相匹配。递归公式总是给出对于任何块长度 k 的相关矩阵估计，但是只有当遗忘因子是 1 时才匹配 SMI。递归方法的优点是不需要计算整个长度为 K 的块的相关性。相反，每次更新只需要一个长度为 1 的

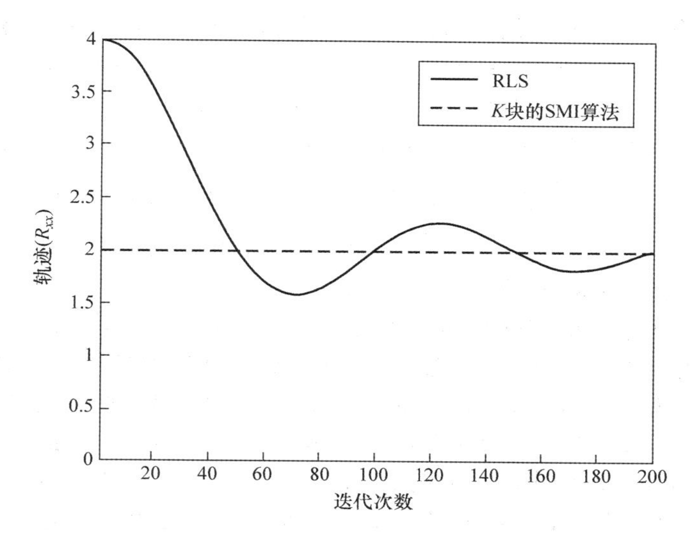

图 8.18　使用 SMI 和 RLS 的相关矩阵轨迹

块和前一个相关矩阵。

我们不仅可以递归地计算最近的相关估计值，还可以使用式（8.71）推导相关矩阵的逆的递推关系。接下来的步骤遵循参考文献［37］中的推导。我们可以引用 SMW（Sherman Morrison - Woodbury）定理[38]来找到式（8.71）。重复 SMW 定理

$$(\bar{A}+\bar{z}\bar{z}^{\mathrm{H}})^{-1}=\bar{A}^{-1}-\frac{\bar{A}^{-1}\bar{z}\bar{z}^{\mathrm{H}}\bar{A}^{-1}}{1+\bar{z}^{\mathrm{H}}\bar{A}^{-1}\bar{z}} \tag{8.73}$$

将式（8.73）代入式（8.71），我们可以的到下面的递归公式

$$\hat{R}_{xx}^{-1}(k)=\alpha^{-1}\hat{R}_{xx}^{-1}(k-1)-\frac{\alpha^{-2}\hat{R}_{xx}^{-1}(k-1)\bar{x}(k)\bar{x}^{\mathrm{H}}(k)\hat{R}_{xx}^{-1}(k-1)}{1+\alpha^{-1}\bar{x}^{\mathrm{H}}(k)\hat{R}_{xx}^{-1}(k-1)\bar{x}(k)} \tag{8.74}$$

我们可以通过定义增益向量 $\bar{g}(k)$ 来简化式（8.74），

$$\bar{g}(k)=\frac{\alpha^{-1}\hat{R}_{xx}^{-1}(k-1)\bar{x}(k)}{1+\alpha^{-1}\bar{x}^{\mathrm{H}}(k)\hat{R}_{xx}^{-1}(k-1)\bar{x}(k)} \tag{8.75}$$

因此

$$\hat{R}_{xx}^{-1}(k)=\alpha^{-1}\hat{R}_{xx}^{-1}(k-1)-\alpha^{-1}\bar{g}(k)\bar{x}^{\mathrm{H}}(k)\hat{R}_{xx}^{-1}(k-1) \tag{8.76}$$

式（8.76）被称为递归最小二乘（RLS）方法的 Riccati 方程。我们可以通过乘以等式两边的分母重新排列式（8.75），以得到

$$\bar{g}(k)=[\alpha^{-1}\hat{R}_{xx}^{-1}(k-1)-\alpha^{-1}\bar{g}(k)\bar{x}^{\mathrm{H}}(k)\hat{R}_{xx}^{-1}(k-1)]\bar{x}(k) \tag{8.77}$$

很明显，式（8.77）括号内的值等于式（8.76）。因此

$$\bar{g}(k)=\hat{R}_{xx}^{-1}(k)\bar{x}(k) \tag{8.78}$$

现在我们可以导出一个递归关系来更新权向量。根据迭代次数 k 重复最优维纳解，

$$\begin{aligned}\bar{w}(k)&=\hat{R}_{xx}^{-1}(k)\hat{r}(k)\\&=\alpha\hat{R}_{xx}^{-1}(k)\hat{r}(k-1)+\hat{R}_{xx}^{-1}(k)\bar{x}(k)d^{*}(k)\end{aligned} \tag{8.79}$$

我们现在可以将式（8.76）代入到式（8.79）中第一个相关矩阵的逆，得

$$\begin{aligned}\bar{w}(k) &= \hat{R}_{xx}^{-1}(k-1)\hat{r}(k-1) - \bar{g}(k)\bar{x}^{H}(k)\hat{R}_{xx}^{-1}(k-1)\hat{r}(k-1) + \hat{R}_{xx}^{-1}(k)\bar{x}(k)d^{*}(k) \\ &= \bar{w}(k-1) - \bar{g}(k)\bar{x}^{H}(k)\bar{w}(k-1) + \hat{R}_{xx}^{-1}(k)\bar{x}(k)d^{*}(k)\end{aligned} \tag{8.80}$$

最后我们将式（8.78）代入到式（8.80）中得到

$$\begin{aligned}\bar{w}(k) &= \bar{w}(k-1) - \bar{g}(k)\bar{x}^{H}(k)\bar{w}(k-1) + \bar{g}(k)d^{*}(k) \\ &= \bar{w}(k-1) + \bar{g}(k)\left[d^{*}(k) - \bar{x}^{H}(k)\bar{w}(k-1)\right]\end{aligned} \tag{8.81}$$

需要说明的是，式（8.81）等价于式（8.56）。

例 8.9　使用 RLS 方法求解阵列权重并绘制结果图。一个阵元间隔 $d=0.5\lambda$，阵元为 $M=8$ 的阵列。收到的信号角度为 $\theta=30°$，干扰的角度为 $-60°$。使用 MATLAB 编写 RLS 例程来求解所需的权重。使用式（8.71）、式（8.78）和式（8.81）。假设期望的接收信号向量为 $\bar{x}_s(k)=\bar{a}_0 s(k)$，其中 $s(k)=\cos[2\pi t(k)/T]$，其中 $T=1\text{ms}$。假设有 $K(=50)$ 个时间样本，时间定义为 $t=(1:K-1)\times T/(K-1)$。假设干扰信号向量为 $\bar{x}_i(k)=\bar{a}_1 i(k)$，其中 $i(k)=\sin[\pi t(k)/T]$，令期望信号 $d(k)=s(k)$。为了保持相关矩阵逆变为奇异，可以将噪声添加到具有方差 $\sigma_n^2=0.01$ 的系统中。从假设所有阵列权重都是零开始，即 $\bar{w}(1)=[0\ \ 0\ \ 0\ \ 0\ \ 0\ \ 0\ \ 0\ \ 0]^{T}$。设置遗忘因子 $\alpha=0.9$。

解：MATLAB 代码 sa_ex8_9. m 用于求解数组权重，并绘制如图 8.19 所示的结果。

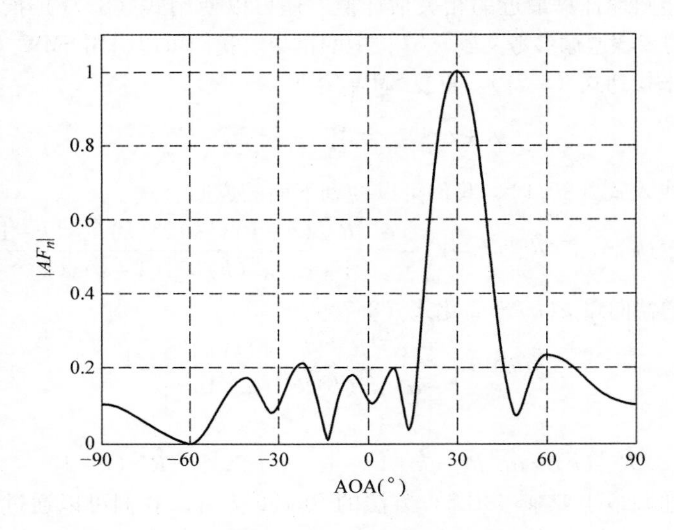

图 8.19　RLS 阵列图

RLS 算法优于 SMI 的优点是不再需要对一个大的相关矩阵求逆。递归方程可以很容易地更新相关矩阵的逆。而且，RLS 算法的收敛速度比 LMS 算法快得多。

8.4.4　恒模

许多自适应波束赋形算法都是基于最小化参考信号与阵列输出之间的误差实现的。参考信

号通常是用于训练自适应矩阵的训练序列或者基于到达信号性质的先验信息得到的期望信号。在参考信号不可用的情况下，必须要依赖于各种未知输入信号确切内容的优化技术。

许多无线通信和雷达信号都是频率或相位调制信号。频率和相位调制信号的例子有 FM、PSK、FSK、QAM 和多相。在这种情况下，信号的幅度理想情况下应该是一个常数，因此信号被认为具有恒定的量值或模量。然而，在存在多径的衰落信道中，接收信号是所有多径信号的组合。因此，信道造成了信号幅度的幅度变化。所定义的频率选择性信道破坏了信号恒定模量的性质。如果已知我们所关心的到达信号应该具有恒定的模量，那么我们可以设计恢复或均衡原始信号幅度的算法。

Godard[39]是首位利用恒模（Constant Modulus，CM）性质来创建一系列用于二维数据通信系统的盲均衡算法的学者。特别地，Godard 的算法适用于相位调制波形。Godard 使用了一种叫作弥散函数的 p 阶代价函数，并在最小化之后找到最优权值。Godard 代价函数由下式给出

$$J(k)=E[(|y(k)|^{p}-R_{p})^{q}] \tag{8.82}$$

式中，p 为正整数；q 为 1。

Godard 表明代价函数的梯度为 0，其中 R_p 由下式定义

$$R_{p}=\frac{E[|s(k)|^{2p}]}{E[|s(k)|^{p}]} \tag{8.83}$$

式中，$s(k)$是 $y(k)$的无记忆估计。

由此产生的误差信号由下式给出，

$$e(k)=y(k)|y(k)|^{p-2}(R_{p}-|y(k)|^{p}) \tag{8.84}$$

这个误差信号可以替代 LMS 算法中传统的误差信号，得到

$$\bar{w}(k+1)=\bar{w}(k)+\mu e^{*}(k)\bar{x}(k) \tag{8.85}$$

在 $p=1$ 的情况下可将代价函数简化至以下形式，

$$J(k)=E[(|y(k)|-R_{1})^{2}] \tag{8.86}$$

式中，

$$R_{1}=\frac{E[|s(k)|^{2}]}{E[|s(k)|]} \tag{8.87}$$

若将输出估计 $s(k)$收敛到 1，则可将式（8.84）中的误差信号写为

$$e(k)=\left(y(k)-\frac{y(k)}{|y(k)|}\right) \tag{8.88}$$

因此在 $p=1$ 的情况下的权值向量变为

$$\bar{w}(k+1)=\bar{w}(k)+\mu\left(1-\frac{1}{|y(k)|}\right)y^{*}(k)\bar{x}(k) \tag{8.89}$$

在 $p=2$ 的情况下可将代价函数简化至以下形式，

$$J(k)=E[(|y(k)|^{2}-R_{2})^{2}] \tag{8.90}$$

式中，

$$R_{2}=\frac{E[|s(k)|^{4}]}{E[|s(k)|^{2}]} \tag{8.91}$$

若使得输出估计 $s(k)$收敛到 1，则可将式（8.84）中的误差信号写为

$$e(k) = y(k)(1 - |y(k)|^2) \tag{8.92}$$

因此 $p=2$ 情况下的权值向量变为

$$\bar{w}(k+1) = \bar{w}(k) + \mu(1 - |y(k)|^2) y^*(k) \bar{x}(k) \tag{8.93}$$

$p=1$ 或 2 的情况就被称作恒模算法（Constant Modulus Algorithm，CMA）。已经证明 $p=1$ 的情况比 $p=2$ 的情况收敛得更快[40]。Treichler 和 Agee[41] 提出了一个类似的算法，与 $p=2$ 时的 Godard 算法相似。

例 8.10　已知相同的恒模信号通过一个直接路径和两个附加的多径到达接收机，并且假设信道是频率选择性的。将直接路径的到达信号定义为一个 32 码片的二进制序列，其中码片值为 ±1 并且采样率为每码片 4 次。直接路径的信号到达角为 45°。第一个多径信号到达角为 −30°，但幅度为直接路径信号的 30%。第二个多径信号到达角为 0°，但幅度为直接路径信号的 10%。由于多径的存在，二进制序列会有细微的时延而导致弥散。

这个时延可以通过为多径信号补零来实现。我们将使用 $p=1$ 的 CMA 来定义最优权值。设定 $\mu=0.5$，$M=8$，以及 $d=\lambda/2$。将初始权值 $\bar{w}(1)$ 定义为 0。绘制结果图。

解： 接收到的 3 个波形如图 8.20 所示。最后一个模块表示组合后的接收波形。可以看出，组合后的接收信号由于信道弥散而具有幅度变化。

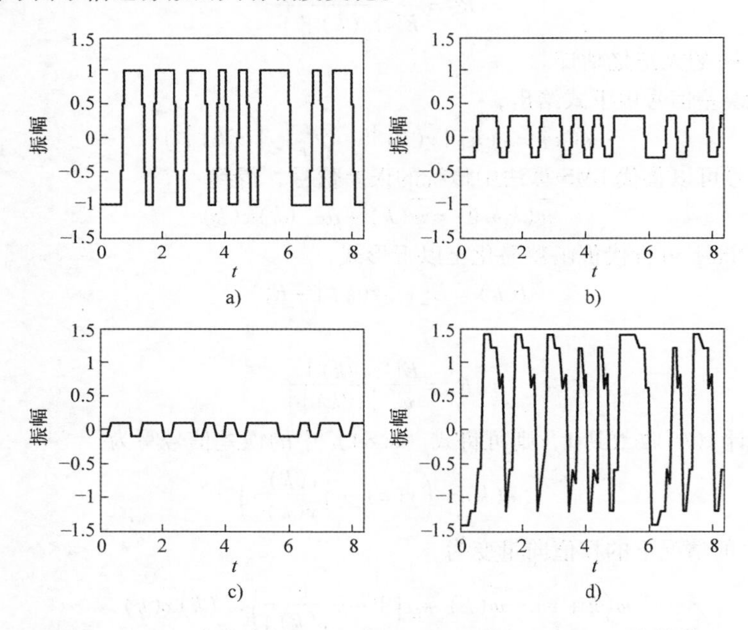

图 8.20　a）直接路径　b）路径 2　c）路径 3　d）组合信号

阵列输出被定义为 $y(k) = \bar{w}^{\mathrm{H}}(k)\bar{x}(k)$。阵列权值的递归关系在式（8.89）中给出。MATLAB 代码 sa_ex8_10.m 被用于计算权值。得到的结果图如图 8.21 所示。应该指出的是，CMA 可以抑制多径但不能将其消除。

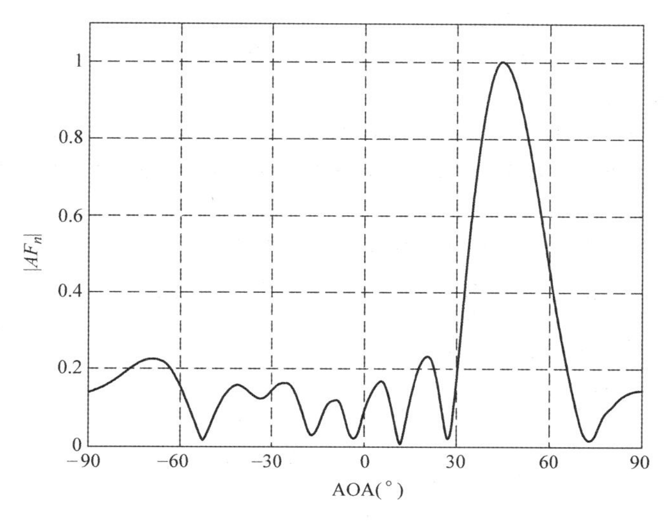

图 8.21　CMA 图

8.4.5　最小二乘恒模

Godard CMA 的一个严重缺点是收敛速度较慢。收敛速度慢会限制算法在需要快速捕获信号的动态环境中的可用性。这同样限制了算法在信道条件变化迅速情况下的可用性。以前的 CMA 是利用式（8.82）中代价函数的梯度基于最速下降方法来实现的。后来 Agee[42] 利用非线性最小二乘法发明了一种更快速的算法。最小二乘法也被称为高斯方法[43]，是基于高斯在 1795 年的研究实现的。这种算法被称为 LS－CMA 算法[44]，也被称为基于最小二乘最小化的自回归估计[45]。

以下推导直接摘自参考文献［42，44］。在最小二乘法中，定义了一个代价函数，它是误差二次方的加权和或总误差的能量。这个能量是有限样本集 K 的能量。代价函数通过下式定义

$$C(\bar{w}) = \sum_{k=1}^{K} |\phi_k(\bar{w})|^2 = \| \bar{\Phi}(\bar{w}) \|_2^2 \tag{8.94}$$

式中，$\phi_k(\bar{w})$等于第 k 个数据样本的误差

$$\Phi(\bar{w}) = [\phi_1(\bar{w}) \quad \phi_z(\bar{w})^{㊀} \quad \cdots \quad \phi_K(\bar{w})]^{\mathrm{T}}$$

式中，K＝一个数据块中的数据样本数量。

式（8.94）具有部分泰勒级数展开式，其二次方和形式为

$$C(\bar{w}+\bar{\Delta}) \approx \| \bar{\Phi}(\bar{\omega}) + \bar{J}^{\mathrm{H}}(\bar{\omega})\bar{\Delta} \|_2^2 \tag{8.95}$$

式中，$\bar{\Phi}(\bar{w})$的复雅可比矩阵被定义为

$$\bar{J} \ \bar{w} = [\nabla\phi_1(\bar{w}) \quad \nabla\phi_2(\bar{w}) \quad \cdots \quad \nabla\phi_K(\bar{w})] \tag{8.96}$$

式中，$\bar{\Delta}$ 是更新权值的偏移量。

我们期望找到最小化二次方和误差的偏移量 $\bar{\Delta}$。将式（8.95）的梯度设置为零，我们可以找

㊀　原书为 $\phi_1(\bar{w})$，有误。——译者注

到定义为式（8.97）的最优偏移向量，

$$\bar{\Delta} = -[\bar{J}(\bar{w})\bar{J}^{\mathrm{H}}(\bar{w})]^{-1}\bar{J}(\bar{w})\bar{\Phi}(\bar{w}) \tag{8.97}$$

然后，新的被更新的权值向量为

$$\bar{w}(n+1) = \bar{w}(n) - [\bar{J}(\bar{w}(n))\bar{J}^{\mathrm{H}}(\bar{w}(n))]^{-1}\bar{J}(\bar{w}(n))\bar{\Phi}(\bar{w}(n)) \tag{8.98}$$

新的权值向量是由偏移量 $\bar{\Delta}$ 调整的先前的权值向量。数字 n 是不与时间样本数 k 混淆的迭代次数。

现在让我们使用代价函数[8]将最小二乘法应用于 CMA。

$$C(\bar{w}) = \sum_{k=1}^{K} |\phi_k(\bar{w})|^2 = \sum_{k=1}^{K} ||y(k)|-1|^2 \tag{8.99}$$

式中，$y(k) = \bar{w}^{\mathrm{H}}\bar{x}(k)$ 为 k 时刻的阵列输出。

我们可以把 ϕ_k 写作向量，

$$\bar{\phi}(\bar{w}) = \begin{bmatrix} |y(1)|-1 \\ |y(2)|-1 \\ \vdots \\ |y(K)|-1 \end{bmatrix} \tag{8.100}$$

我们现在可以定义误差向量 $\bar{\phi}(\bar{w})$ 的雅可比矩阵为

$$\begin{aligned}\bar{J}(\bar{w}) &= [\nabla\phi_1(\bar{w}) \quad \nabla\phi_2(\bar{w}) \quad \cdots \quad \nabla\phi_K(\bar{w})] \\ &= \left[\bar{x}(1)\frac{y^*(1)}{|y(1)|} \quad \bar{x}(2)\frac{y^*(2)}{|y(2)|} \quad \cdots \quad \bar{x}(K)\frac{y^*(K)}{|y(K)|}\right] \\ &= \bar{X}\ \bar{Y}_{\mathrm{CM}}\end{aligned} \tag{8.101}$$

式中，

$$\bar{X} = [\bar{x}(1) \quad \bar{x}(2) \quad \cdots \quad \bar{x}(K)] \tag{8.102}$$

以及，

$$\bar{Y}_{\mathrm{CM}} = \begin{bmatrix} \frac{y^*(1)}{|y(1)|} & 0 & \cdots & 0 \\ 0 & \frac{y^*(2)}{|y(2)|} & & 0 \\ \vdots & & \ddots & \vdots \\ 0 & 0 & \cdots & \frac{y^*(K)}{|y(K)|} \end{bmatrix} \tag{8.103}$$

使这个雅可比矩阵乘以它的 Hermitian 转置，我们得到

$$\bar{J}(\bar{w})\bar{J}^{\mathrm{H}}(\bar{w}) = \bar{X}\ \bar{Y}_{\mathrm{CM}}\bar{Y}_{\mathrm{CM}}^{\mathrm{H}}\bar{X}^{\mathrm{H}} = \bar{X}\ \bar{X}^{\mathrm{H}} \tag{8.104}$$

雅可比矩阵乘以能量矩阵的结果由式(8.105)给出，

$$\bar{J}(\bar{w})\bar{\Phi}(\bar{w}) = \bar{X}\ \bar{Y}_{\mathrm{CM}}\begin{bmatrix} |y(1)|-1 \\ |y(2)|-1 \\ \vdots \\ |y(K)|-1 \end{bmatrix} = \bar{X}\begin{bmatrix} y^*(1) - \frac{y^*(1)}{|y(1)|} \\ y^*(2) - \frac{y^*(2)}{|y(2)|} \\ \vdots \\ y^*(K) - \frac{y^*(K)}{|y(K)|} \end{bmatrix} = \bar{X}(\bar{y}-\bar{r})^* \tag{8.105}$$

式中，

$$\bar{y}=[y(1)\quad y(2)\quad \cdots \quad y(K)]^{\mathrm{T}} \tag{8.106}$$

以及，

$$\bar{r}=\left[\frac{y(1)}{|y(1)|}\quad \frac{y(2)}{|y(2)|}\quad \cdots \quad \frac{y(K)}{|y(K)|}\right]^{\mathrm{T}}=L(\bar{y}) \tag{8.107}$$

式中，$L(\bar{y})$是作用于$\bar{y}$的硬限幅器。

将式（8.103）和式（8.105）代入式（8.98）可得

$$\begin{aligned}\bar{w}(n+1)&=\bar{w}(n)-[\bar{X}\ \bar{X}^{\mathrm{H}}]^{-1}\bar{X}(\bar{y}(n)-\bar{r}(n))^{*}\\&=\bar{w}(n)-[\bar{X}\ \bar{X}^{\mathrm{H}}]^{-1}\bar{X}\ \bar{X}^{\mathrm{H}}\bar{w}(n)+[\bar{X}\ \bar{X}^{\mathrm{H}}]^{-1}\bar{X}\ \bar{r}^{*}(n)\\&=[\bar{X}\ \bar{X}^{\mathrm{H}}]^{-1}\bar{X}\ \bar{r}^{*}(n)\end{aligned} \tag{8.108}$$

式中，

$$\bar{r}^{*}(n)=\left[\frac{\bar{w}^{\mathrm{H}}(n)\bar{x}(1)}{|\bar{w}^{\mathrm{H}}(n)\bar{x}(1)|}\quad \frac{\bar{w}^{\mathrm{H}}(n)\bar{x}(2)}{|\bar{w}^{\mathrm{H}}(n)\bar{x}(2)|}\quad \cdots \quad \frac{\bar{w}^{\mathrm{H}}(n)\bar{x}(K)}{|\bar{w}^{\mathrm{H}}(n)\bar{x}(K)|}\right]^{\mathrm{H}} \tag{8.109}$$

尽管只有数据的一个分块被用于实现 LS - CMA，但该算法通过 n 个值迭代直至收敛。首先选择初始权值$\bar{\omega}(1)$，计算有限复杂度的输出数据向量$\bar{r}^{*}(1)$，然后计算下一个权值$\bar{\omega}(2)$，并且继续迭代至满足满意的收敛为止。这被称为静态 LS - CMA，因为只有一个长度为 K 的静态数据块被用于迭代过程。LS - CMA 与式（8.66）中的 SMI 算法有惊人的相似之处。

例 8.11 已知相同的恒模信号通过一个直接路径和一个附加的多径到达接收机，并且假设信道是频率选择性的。将直接路径的到达信号定义为一个 32 码片的二进制序列，其中码片值为 ±1，并且采样率为每码片四次。令数据块长度 $K=132$。直接路径的信号到达角为 45°。多径信号到达角为 -30°，但幅度为直接路径信号的 30%。由于多径的存在，二进制序列会有细微的时延而导致弥散。这个弥散可以通过两信号的补零来实现。通过在信号之后添加 4 位零实现直接路径的补零，通过在信号前后分别添加 2 位零来实现多径信号的补零。使用 LS - CMA 找出最优权值。$M=8$ 个阵元，$d=\lambda/2$。为阵列中的每个单元添加零均值高斯噪声，并使噪声的方差为 $\sigma_{\mathrm{n}}^{2}=0.01$。将初始权值$\bar{w}(1)$定义为 1，迭代 3 次，绘制结果图。

解：MATLAB 代码 sa_ex8_ 11. m 可被用于计算权值。CM 波形的生成与例 8.10 相同。得到的结果图如图 8.22 所示。

应该注意的是，从消除多径的角度看，LS - CMA 比上一个例子中的 CMA 更好。

静态 LS - CMA 的主要优点是它可以收敛得比传统的 CMA 快至 100 倍。事实上，在这个例子中，权值只在几次迭代后就有效地收敛了。

静态 LS - CMA 仅根据固定的采样数据块计算权值。为了在动态信号环境中保持最新的适应性，最好为每次迭代更新数据块。因此动态 LS - CMA 更合适。动态 LS - CMA 是对之前静态版本的改进。在应用算法之前让我们先定义一个动态数据块作为阵列输出。对于第 n 次迭代，长度为 K 的第 n 个数据块由式（8.110）给出

$$\bar{X}(n)=[\bar{x}(1+nK)\quad \bar{x}(2+nK)\quad \cdots \quad \bar{x}(K+nK)] \tag{8.110}$$

第 n 次迭代的加权阵列输出现在定义为

$$\bar{y}(n)=[y(1+nK)\quad y(1+2K)\quad \cdots \quad y(K+nK)]^{\mathrm{T}}=[\bar{w}^{\mathrm{H}}(n)\bar{X}(n)]^{\mathrm{T}} \tag{8.111}$$

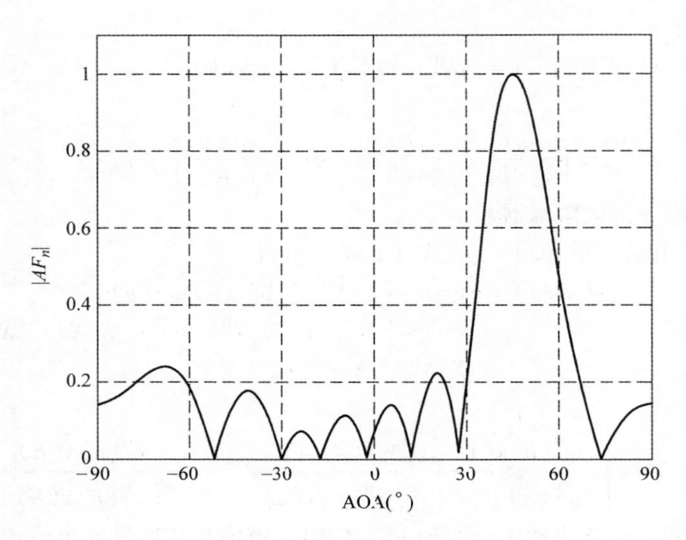

图 8.22 静态 LS－CMA

复数的有限输出数据向量由式（8.112）给出，

$$\bar{r}(n)=\left[\frac{y(1+nK)}{|y(1+nK)|}\quad\frac{y(2+nK)}{|y(2+nK)|}\quad\cdots\quad\frac{y(K+nK)}{|y(K+nK)|}\right]^{\mathrm{T}}\tag{8.112}$$

将动态形式代入式（8.108），我们得到

$$\bar{w}(n+1)=[\bar{X}(n)\bar{X}^{\mathrm{H}}(n)]^{-1}\bar{X}(n)\bar{r}^{*}(n)\tag{8.113}$$

式中，

$$\bar{r}^{*}(n)=\left[\frac{\bar{w}^{\mathrm{H}}(n)\bar{x}(1+nK)}{|\bar{w}^{\mathrm{H}}(n)\bar{x}(1+nK)|}\quad\frac{\bar{w}^{\mathrm{H}}(n)\bar{x}(2+nK)}{|\bar{w}^{\mathrm{H}}(n)\bar{x}(2+nK)|}\quad\cdots\quad\frac{\bar{w}^{\mathrm{H}}(n)\bar{x}(K+nK)}{|\bar{w}^{\mathrm{H}}(n)\bar{x}(K+nK)|}\right]^{\mathrm{H}}\tag{8.114}$$

我们可以进一步简化式（8.113），通过定义阵列相关矩阵和相关向量为

$$\hat{R}_{xx}(n)=\frac{\bar{X}(n)\bar{X}^{\mathrm{H}}(n)}{K}\tag{8.115}$$

以及，

$$\hat{\rho}_{xr}(n)=\frac{\bar{X}(n)\bar{r}^{*}(n)}{K}\tag{8.116}$$

现在动态 LS－CMA 被定义为

$$\bar{w}(n+1)=\hat{R}_{xx}^{-1}(n)\hat{\rho}_{xr}(n)\tag{8.117}$$

例 8.12 用动态 LS－CMA 重复例 8.11。定义长度为 $K=22$ 的数据点。允许块在每次迭代时更新。$M=8$ 个阵元，$d=\lambda/2$。将初始权值 $\bar{w}(1)$ 定义为 1。6 次迭代后求解权值，并绘制结果图。

解：MATLAB 代码 sa_ex8_12.m 被用于实现此算法。除了 K 点的数据块随迭代次数变化而移动之外，CM 波形的生成过程与例 8.10 相同。最终结果图如图 8.23 所示。

8.4.6 共轭梯度法

最速下降法的问题是收敛速度对相关矩阵的特征值扩展的敏感性。更大的扩展将导致更慢

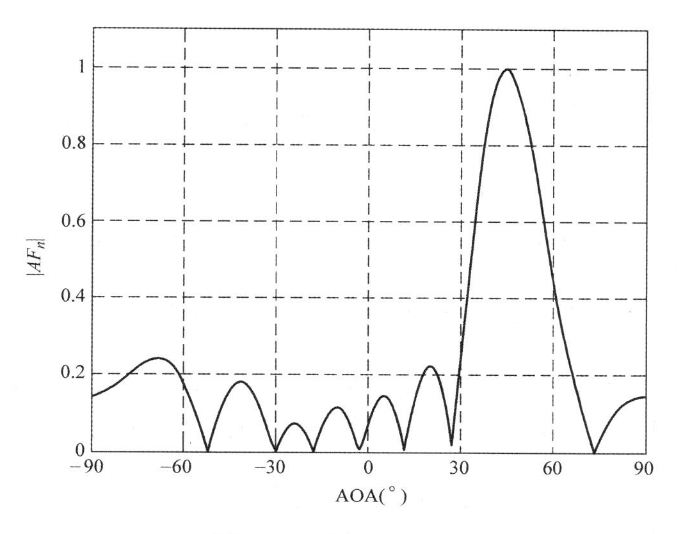

图 8.23　动态 LS－CMA

的收敛速度。通过使用共轭梯度法（Conjugate Gradient Method，CGM）可以加速收敛速度。CGM 的目标是通过为每个新迭代选择共轭（垂直）路径来迭代搜索最优解。在这一节中，共轭旨在表示正交。CGM 产生正交搜索方向，从而产生最快的收敛。图 8.24 绘制了一个二维性能曲面的俯视图，其中共轭梯级显示了向最优解的收敛过程。要注意的是，第 $n+1$ 次迭代所采用的路径与前一次迭代 n 所采用的路径垂直。

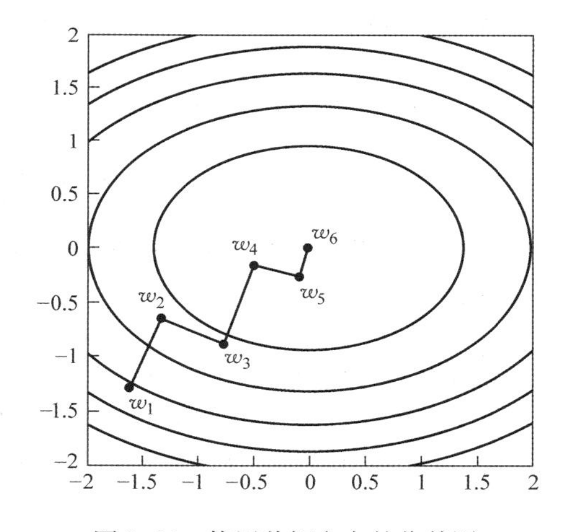

图 8.24　使用共轭方向的收敛图

CGM 在早期时意在解决线性方程组的问题。关于 CGM 最早的参考文献之一出现在 1952 年 Hestenes 和 Stiefel[46] 所写的文章中。此外，早期的工作由 Fletcher 和 Powell 于 1963 年[47] 以及 Fletcher 和 Reeves[48] 于 1964 年完成。CGM 也被 Monzingo 和 Miller[30] 称为加速梯度法（Accelerated Gradient approach，AG）。梯度加速是凭借选择共轭方向来实现的。CGM 被 Choi[49,50] 修正用于预测阵列权值。这种方法的报告由 Godara[51] 撰写，关于该方法的简要总结可以在 Sadiku[52] 中找到。以下总结摘自参考文献［51，52］。

CGM 是一种迭代方法，其目标是最小化二次代价函数

$$J(\overline{w}) = \frac{1}{2}\overline{w}^{\mathrm{H}}\overline{A}\ \overline{w} - \overline{d}^{\mathrm{H}}\overline{w} \tag{8.118}$$

式中，

$$\bar{A}=\begin{bmatrix} x_1(1) & x_2(1) & \cdots & x_M(1) \\ x_1(2) & x_2(2) & \cdots & x_M(2) \\ \vdots & \vdots & \ddots & \vdots \\ x_1(K) & x_2(K) & \cdots & x_M(K) \end{bmatrix}$$ 阵列快照的 $K\times M$ 矩阵

式中，K 是快照数目；M 是阵列元素数目；$\bar{w}$ 是未知的权重向量；$\bar{d}=[d(1)\quad d(2)\quad\cdots\quad d(K)]^{\mathrm{T}}$,是 K 次快照所得信号向量。

为了找到最小值，我们可以求得代价函数的梯度并使其为零，可以证明

$$\nabla_{\bar{w}}J(\bar{w})=\bar{A}\ \bar{w}-\bar{d} \tag{8.119}$$

我们可以使用最速下降的方法来迭代以最小化式（8.119），希望选择最少的迭代次数滑动到二次代价函数的底部。我们可以从权值 $\bar{w}(1)$ 的初始猜想开始，并找到残差 $\bar{r}(1)$。初始猜想的第一个残差值为

$$\bar{r}(1)=-J'(\bar{w}(1))=\bar{d}-\bar{A}\ \bar{w}(1) \tag{8.120}$$

接下来我们可以选择一个方向向量 $\bar{D}$，它给我们提供新的共轭方向以迭代到最佳权值。因而有

$$\bar{D}(1)=\bar{A}^{\mathrm{H}}\bar{r}(1) \tag{8.121}$$

一般的权值更新方程由式（8.122）给出

$$\bar{w}(n+1)=\bar{w}(n)-\mu(n)\bar{D}(n) \tag{8.122}$$

式中，步长由式（8.123）决定，

$$\mu(n)=\frac{\bar{r}^{\mathrm{H}}(n)\bar{A}\ \bar{A}^{\mathrm{H}}\bar{r}(n)}{\bar{D}^{\mathrm{H}}(n)\bar{A}^{\mathrm{H}}\bar{A}\ \bar{D}(n)} \tag{8.123}$$

现在我们可以继续更新残差和方向向量，可以使式（8.122）左乘 $-\bar{A}$，并加上 $\bar{d}$ 来导出残差的更新值，

$$\bar{r}(n+1)=\bar{r}(n)+\mu(n)\bar{A}\ \bar{D}(n) \tag{8.124}$$

方向向量的更新由式（8.125）给出，

$$\bar{D}(n+1)=\bar{A}^{\mathrm{H}}\bar{r}(n+1)-\alpha(n)\bar{D}(n) \tag{8.125}$$

我们可以利用线性搜索来确定最小化 $J(\bar{w}(n))$ 的 $\alpha(n)$。

因此，

$$\alpha(n)=\frac{\bar{r}^{\mathrm{H}}(n+1)\bar{A}\ \bar{A}^{\mathrm{H}}\bar{r}(n+1)}{\bar{r}^{\mathrm{H}}(n)\bar{A}\ \bar{A}^{\mathrm{H}}\bar{r}(n)} \tag{8.126}$$

因此，使用 CGM 的过程是找到残差和相应的权值并更新，直到收敛满足要求。可以证明，真正的解可以在不超过 K 次的迭代中找到。这种情况被称为二次收敛。

例 8.13　对于阵元间距为半个波长的 $M=8$ 个阵元的阵列，在下列条件下求出最优权值：所关心的到达信号为 $s=\cos(\pi k/K)$，以 45°角到达；一个干扰信号被定义为 $I_1=\mathrm{randn}(1,K)$，到达角为 −30°；另一个干扰信号被定义为 $I_2=\mathrm{randn}(1,K)$；到达角为 0°；噪声的方差为 $\sigma_{\mathrm{n}}^2=0.001$，因此，$n=\sigma_{\mathrm{n}}*\mathrm{randn}(1,K)$。当使用大小为 $K=20$ 的块时，利用 CGM 找出最优权值。绘制所有迭代的残差范数，并绘制结果图。

解：使用 MATLAB 代码 sa_ex8_13.m 来利用 CGM 计算最优权值。图 8.25 给出了残差范数的

图。可以看出，残差在 14 次迭代后下降到了非常小的水平。

图 8.26 显示了最终的结果图。可以看出，两个零点位于干涉的两个到达角度。

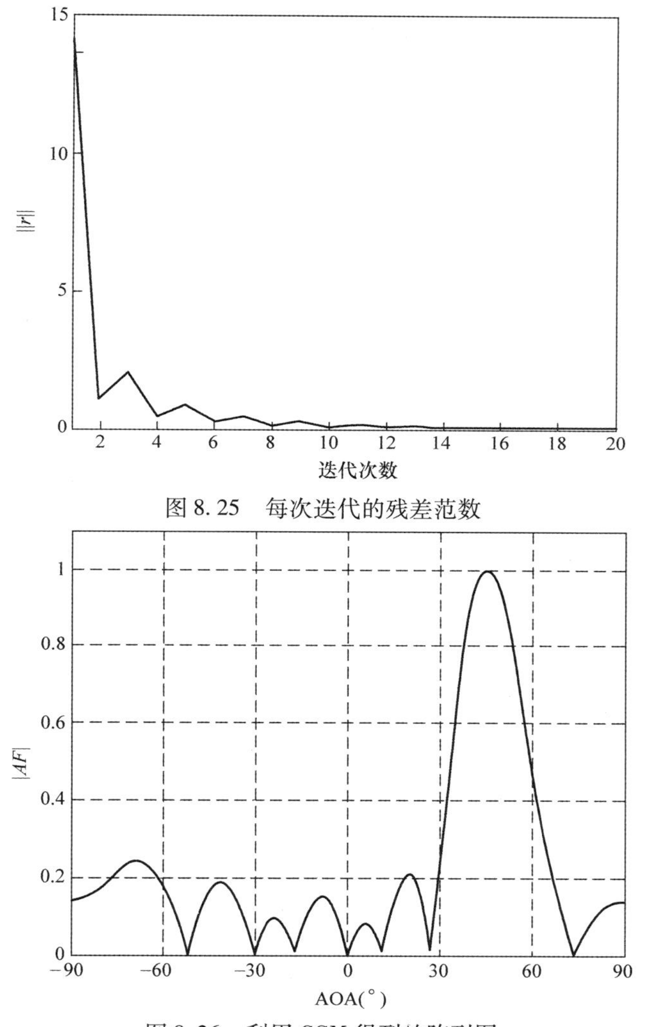

图 8.25　每次迭代的残差范数

图 8.26　利用 CGM 得到的阵列图

应特别指出的是，MATLAB 提供了一个可以计算最优权重的共轭梯度函数。该函数是 CG 的最小二乘实现，由 $\omega=\mathrm{lsqr}(A,d)$ 给出；A 是前面定义的矩阵，d 是包含 K 个数据样本的期望信号向量。使用例 8.12 中的参数，我们可以使用 MATLAB 函数 $\mathrm{lsqr}(A,d)$ 产生图 8.27 中的阵列因子图。MATLAB 函数在正确的位置产生零点，但旁瓣电平高于代码 sa_ex8_12. m 产生的值。

8.4.7　扩展序列阵列权值

完全不同的无线波束赋形方法已经被提出，其可以扩展或取代传统的 DBF 或自适应阵列方

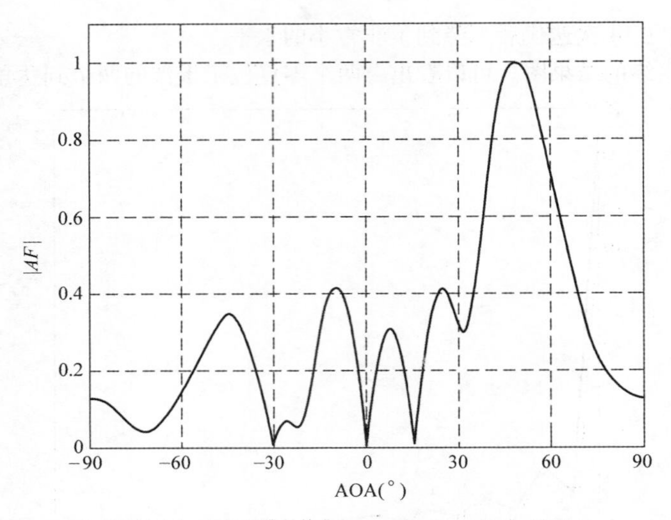

图 8.27　使用 MATLAB CGM 产生的阵列图

法。这种新方法不施行电子或数字的相移。它不依赖于自适应方法；然而，接收波束是在所感兴趣的方向上产生的。不计算阵列相关矩阵，不调整阵列权值，不需要信号环境的先验知识，并且不使用期望或导频信号。相反地，使用巧妙的扩展技术来独特地定义所有接收到的感兴趣的方向。这种算法可以创建像 Butler 矩阵的虚拟连续波束，或选择性地查看任何特定的感兴趣方向。

这种新的 DBF 接收机是基于传统 DBF 方法的根本性转变实现的。这种开箱即用的方法融合了波束转换和自适应阵列技术的优点，同时避免了各自的缺点。这种解决方案并不通过任何以前已知的方法来指导波束，尽管这种方法属于波形分集的一般题材。这种新方法在向所有期望的感兴趣的方向寻找的同时，还提供了与传统阵列相同的空间分辨率。

为了提供反馈来控制阵列权重，以前讨论的自适应方法多依赖于子空间方法、最速下降方法、梯度、盲自适应算法、信号相干性、恒模和其他已知信号的属性。但先前的方法存在诸多缺点，包括计算复杂度、对信号统计知识的需求、信号独立性和慢收敛速率。

这种全新的方法是基于 Elam[53] 的专利。在这种新方法中，自适应不是必需的，并且跟踪也不被执行，同时还能获得优异的结果。这种方法可以使用任何天线配置，并且在天线几何分辨率内，可以同时接收各种角度的不同强度的大量信号。这种新方法可以使用任意二维阵列来产生瞬时枕形（即 3D）阵列。

这种新技术本质上是通过将阵列权值设计为时变随机相位函数来工作的。权值用于调制每个阵列元素的输出。具体而言，阵列输出用一组统计独立的多相码片序列加权或调制。每个天线输出使用不同的独立调制波形。这些码片与传统通信意义上定义的码片相同。相位调制波形通过以比消息信号的基带频率高得多的速率进行切片来有意减小每个天线输出的相位。这种削减过程打破了所有阵列单元之间的相位关系，从而有意地消除了阵列相位的相关性。这与实现特定视角的相位相关性的传统目标相反。然后接收端可以同时看到所有输入信号，而不需要进行转向或调整，因为目前阵列单元在统计上是相互独立的。切片的输入波形在正交接收机中被处理，随后与存储器中存储的类似切片波形进行比较。存储器波形是根据预期的到达角度创建的。

理论空间容量就是所关心的角度空间除以天线阵列波束立体角。

8.4.8　新 SDMA 接收机的描述

图 8.28 描述了新型的 DBF 接收机。这种新方法的新颖性取决于信号 $\beta_n(t)$ 的性质、独特的阵列信号存储器和基于相关性的检测。

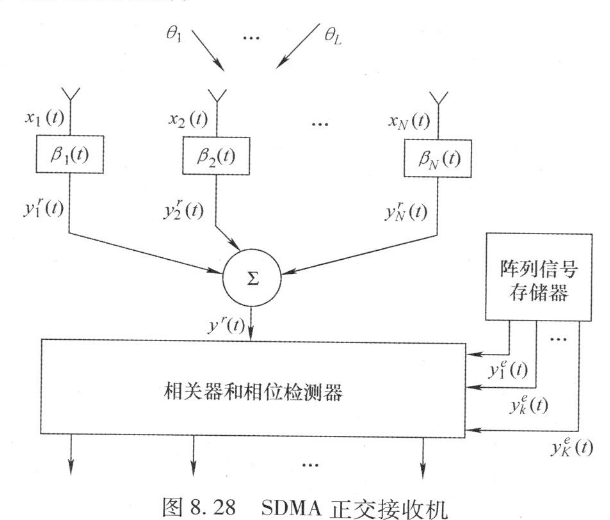

图 8.28　SDMA 正交接收机

新的 SDMA 数字波束赋形器可以与任意 N 元素天线阵列一起使用。它可以是一个线性阵列，但应该最好是一个二维或三维随机阵列，这样天线的几何形状和单元相位对每个入射角都是唯一的。理想情况下，接收阵列应该在所有参与的接收角度上具有相等的角分辨率。出于说明的目的，本讨论中使用的阵列将是 N 元线性阵列。

输入信号以角度 θ_l 到达，其中 $l=1，2，\cdots，L$。每个不同的到达角度产生一个唯一的阵列元素输出，每个元素之间具有唯一的相位关系。这些相位关系将与调制信号 $\beta_n(t)$ 一起使用以产生唯一的求和信号 $y^r(t)$。

对应于实际的 N 元天线阵列是在存储器中建模的第二虚拟阵列。虚拟阵列是在使用实际物理阵列之后建模的。存储器阵列对于每个预期方向 $\theta_k(k=1,2,\cdots,K)$ 具有 K 个可能的虚拟输出。预期方向 K 的总数应当小于或等于天线元 N 的数量。基于对天线阵列几何形状的知识和针对每个特定感兴趣方向计算的相位延迟来生成这些存储器的信号。预期的方向通常由用户选择为不比阵列允许的角分辨率更近。可以考虑局部地形和潜在的多路径方向，以消除可能不需要的预期方向。如果希望阻止来自已知方向的干扰信号，则可能不会使用所有可能的输入方向。

N 元阵列输出和 N 天线阵列存储器输出均由相同设置的 N 个伪噪声（pn）相位调制序列进行相位调制（PM）。第 n 个相位调制序列将被指定为 $\beta_n(t)$。$\beta_n(t)$ 由 M 个多相码片组成。每个码片的长度为 τ_c，整个序列的长度为 $T=M_{\tau_c}$。码片速率选择为远大于输入基带信号调制的奈奎斯特速率。这种过采样的目的是使输入信号的相位调制在整个 M 组码片上几乎保持恒定。通常，目标应该是 $T\leqslant 1/(4B_m)$，其中 B_m 是消息信号带宽。

每个相位调制波形 $\beta_n(t)$ 用于利用独特的标记或识别波形对每个阵列输出进行调制或标记。$\beta_n(t)$ 有意地在数组元素 n 处对信号的相位进行分割或加扰。这个分割过程暂时扰动所有其他数组元素之间的相位关系。如果输入信号与存储器信号之一相关，则在相关器中恢复期望的元素相位。

一些可用的 pn 调制序列的例子是 Gold、Kasami、Welti、Golay 或具有相似统计和正交特性的任何其他序列[54-56]。这些属性将有助于识别 L 个输入信号的确切到达方向。图 8.29 显示了应用于 N 元阵列的 N 个双相序列的前两个序列的典型例子。总码片长度 $TB_m = 0.25$。

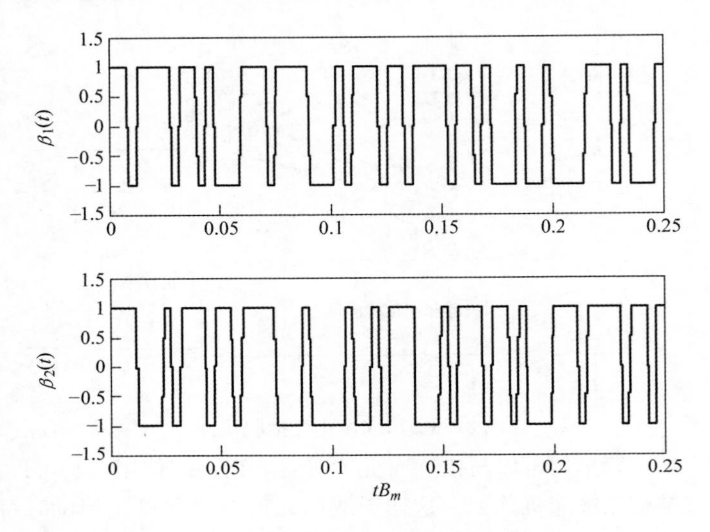

图 8.29　两个样本 pn 双相序列

因为每个天线元的相位被调制序列故意加扰，所以在序列中的每个码片中，阵列图案是随机的。瞬间扰乱的图案每 τ_c 秒变化一次。作为一个例子，如图 8.30 所示，对于 $N=10$元阵列的前四个码片绘制阵列图案。由于所有元素之间的相位关系被加扰，所以每个新的一组码片的阵列模式是随机的。在极限中，随着码片数量的增加，所有码片上的平均阵列图案变得均匀。

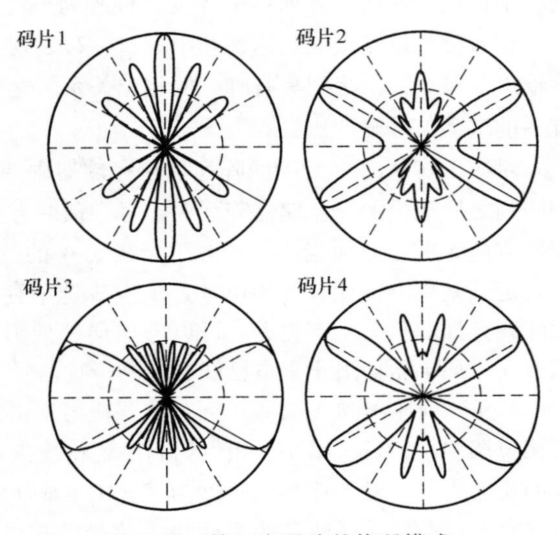

图 8.30　前四个码片的扰码模式

接收阵列的每个基带输出将具有复数电压波形，其相位将由每个发射机的消息信号 $m_l(t)$ 和唯一的接收天线元件相位组成。

忽略空间损耗和极化失配，接收到的基带阵列输出以向量形式给出

$$\bar{x}^r(t)=\begin{bmatrix}1 & \cdots & 1\\ e^{jkd\sin(\theta_1)} & \cdots & e^{jkd\sin(\theta_L)}\\ \vdots & \cdots & \vdots\\ e^{j(n-1)kd\sin(\theta_1)} & \cdots & e^{j(n-1)kd\sin(\theta_L)}\end{bmatrix}\begin{bmatrix}e^{jm_1(t)}\\ \vdots\\ e^{jm_L(t)}\end{bmatrix}$$
$$=\bar{A}^r\cdot\bar{s}^r(t) \tag{8.127}$$

式中，在 $m_l(t)$ 是第 l 个发射机的相位调制；d 是数组元素间距；k 是波数；θ_l 是第 l 个输入信号的到达角度；$\bar{a}_l^r=[1,e^{jkd\sin(\theta_l)},\cdots,e^{j(n-1)kd\sin(\theta_l)}]^{\mathrm{T}}$，是方向 θ_l 的导向向量；$\bar{A}^r$ 是所有到达角度 θ_l 的导向向量矩阵；$\bar{s}^r$ 是到达信号基带相位的向量。

对于每个阵列输出，所接收的信号利用如前所述的码片序列进行相位调制。码片波形可被视为仅相位阵列权重。这些阵列权重可以被描述为向量 $\bar{\beta}(t)$。总加权或码片阵列输出被称为接收信号向量，由式（8.128）给出

$$y^r(t)=\bar{\beta}(t)^{\mathrm{T}}\cdot\bar{x}^r(t) \tag{8.128}$$

以类似的方式，基于 M 个预期的到达角度 θ_m 创建阵列信号存储器导向向量，

$$\bar{A}^e=\begin{bmatrix}1 & \cdots & 1\\ e^{jkd\sin(\theta_1)} & \cdots & e^{jkd\sin(\theta_K)}\\ \vdots & \cdots & \vdots\\ e^{j(n-1)kd\sin(\theta_1)} & \cdots & e^{j(n-1)kd\sin(\theta_K)}\end{bmatrix}$$
$$=[\bar{a}_1^e\ \cdots\ \bar{a}_K^e] \tag{8.129}$$

式中，$\bar{a}_k^e$ 是预期方向 θ_k 的导向向量；$\bar{A}^e$ 是预期方向 θ_k 的导向向量的矩阵。

存储器具有 K 个输出，每个预期方向 θ_k 一个。对于预期角度 θ_k，每个存储器输出由式（8.130）给出

$$y_k^e(t)=\bar{\beta}(t)^{\mathrm{T}}\cdot\bar{a}_k^e \tag{8.130}$$

信号相关器被设计成将实际接收信号与各种预期方向存储器信号的共轭相关。这与匹配的过滤器检测类似。当实际的 AOA 与预期的 AOA 匹配时，有最好的相关性。相关性可以用作检测的判别。由于到达信号具有随机到达相位延迟，所以应采用正交相关接收机，以使随机载波相位不影响检测（Haykin[54]）。对于第 k 个预期方向，一般复相关输出如下给出

$$R_k=\int_t^{t+T}y^r(t)\cdot y_k^{e*}(t)\,\mathrm{d}t=|R_k|e^{j\phi k} \tag{8.131}$$

式中，R_k 是预期角度 θ_k 处的相关幅值；θ_k 是预期角度 θ_k 处的相关相位。

新的 SDMA 接收机不会使用移相器或波束控制处理输入信号。我们不通过转向来寻找发射机方向，而是通过相关来实际找到方向。相关量 $|R_k|$ 被用作鉴别器以确定信号是否存在于期望角度 θ_k。如果判别式超过预定阈值，则认为存在信号并计算相位。由于假定发射机 PM 在码长 M_{τ_c} 上几乎是恒定的，所以相关器输出相位角近似于发射机 PM 的平均值。从而

$$\phi_k=\arg(R_k)\approx\tilde{m}_k \tag{8.132}$$

式中，$\tilde{m}_k=\dfrac{1}{T}\int_t^{t+T}m_k(t)\,\mathrm{d}t$，是发射机在角度 θ_k 处的调制平均值。对于 $m(t)$ 的每个四分之一周期检索到的平均相位 $\tilde{m}_k$ 可用于使用 FIR 滤波器来重建用户的相位调制。

使用双相码片的示例

我们可以让所有码片波形 $\beta_n(t)$ 被定义为双相 pn 序列。在接收机的各个阶段显示的信号具有指导性的表象。图 8.31 显示了第 n 个元素接收基带调制，第 n 个相位调制波形 $\beta_n(t)$，第 n 个相位调制输出 $y_n^r(t)$ 和最后 N 个组合相位调制输出 $y^r(t)$。

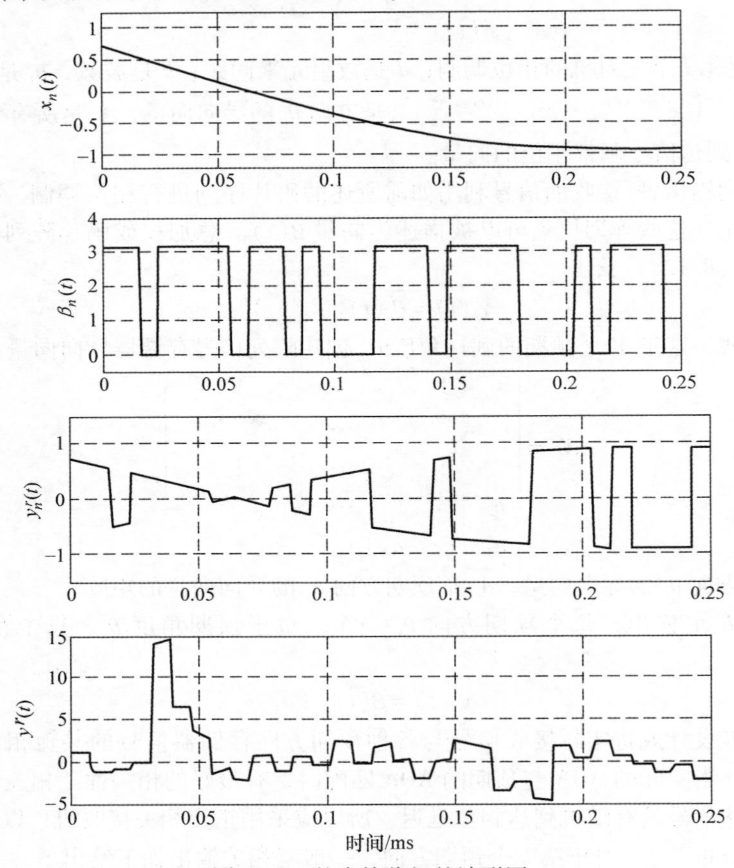

图 8.31　整个接收机的波形图

由于来自方向 θ_l 的输入信号的到达相位角和由 N 个独立相位调制波形产生的码片，第四波形显然是独特的。这个特定的码片和求和波形对于到达方向是唯一的，并且可以与存储在存储器中的预先计算的波形相关联。

图 8.32 比较了输入信号（$\theta=0°$）与典型 N 元线性阵的阵列因子叠加在式（8.131）中的相关幅度。使用以下接收机值：$N=21$，$d=\lambda/2$，$M=128$ 个码片。图 8.32 表明，如果码片数 M 足够大，则新的 SDMA 接收机可获得与传统线性阵列相同的角分辨率。当序列不仅是独立的而且是正交的时，可以使用更短的序列。

当多个信号到达接收天线阵列时，可以通过将所有输入信号与存储器中存储的预期信号相关联的相同过程来检测它们。图 8.33 展示了在等间距到达角度 $-60°$、$-30°$、$0°$、$30°$、$60°$的 5 个到达信号的相关性。序列是长度为 32 的二进制 Welti 码。

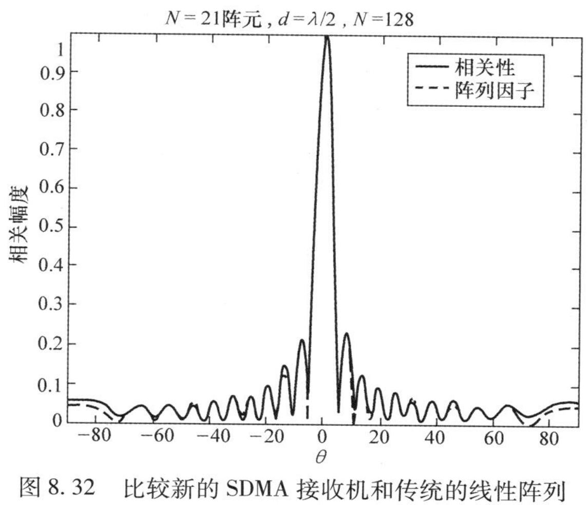

图8.32　比较新的SDMA接收机和传统的线性阵列

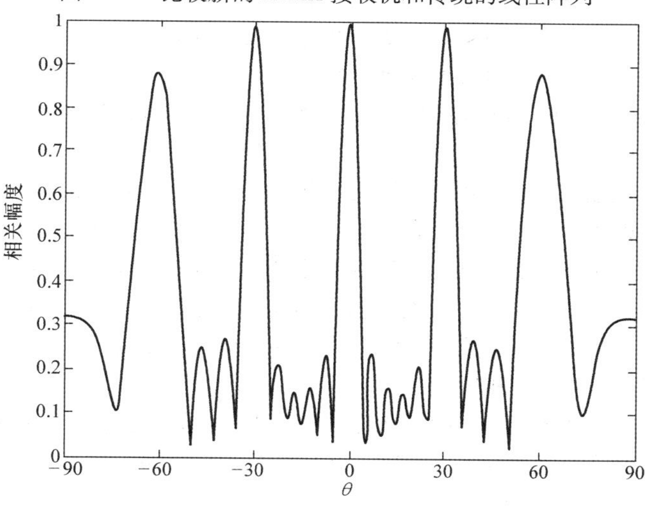

图8.33　5个等间距到达角的相关性

在信号被认为存在于预期角度 θ_k 附近之后，现在我们可以找到等式（8.133）中定义的平均相位调制 ϕ_k。图8.34展示了一个例子，其中连续4次使用 M 个码片的序列来重构消息信号 $m_k(t)$ 的分段估计。图8.34显示了原始PM $m_k(t)$ 和为每个四分之一周期计算的估计值。

可以看出，每个四分之一周期的预测平均相位均可以馈送到FIR滤波器中以重建原始发射机调制。

总之，新的SDMA接收机使用扩频序列作为阵列权重来将每个阵列单元的相位切分。这种方法为传统固定波束和自适应阵列方法提供了一种激进和新颖的替代方案。扩频序列由具有比预期的发射机基带调制高得多的码片速率的多相码组成。粉碎瞬间随机化每个元素输出之间的相位关系。这又导致该模式在扩频序列的每个码片期间被随机化。在扩频序列的 M 码片持续时间内，阵列的平均模式接近全向阵列的平均模式。通过与存储器信号相关，利用正交相关接收机重

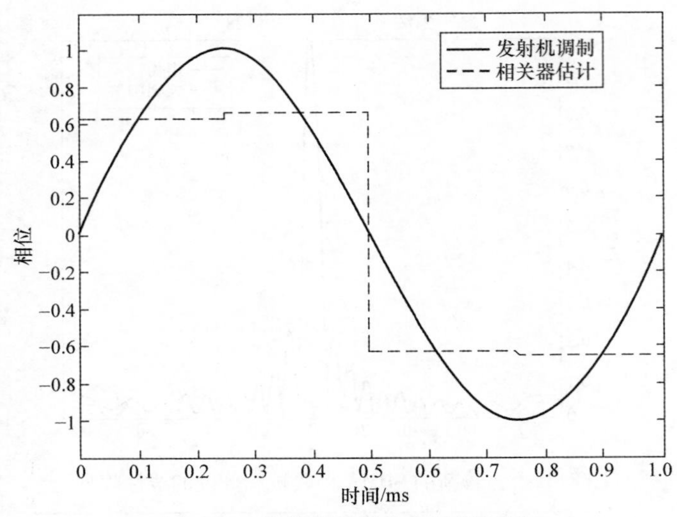

图 8.34　接收器估算的发射机调制

构切碎的信号。记忆信号由类似的粉碎过程创建，只不过是对于预期的到达角度。针对每个预期的 AOA 生成相关器输出。相关幅度被用作判定信号是否在预期角度 θ_k 出现。相关相位角是原始发射机调制的分段估计。

这种新方法与传统的 SDMA 阵列天线相比具有许多优点。接收机优于交换波束阵列，因为可以在任何感兴趣的区域形成连续波束，而无需硬件移相器。波束由相关性创建。如果需要，可以简单地改变接收机存储器以将波束重定向到新的感兴趣区域。消除移相器可以节省大量成本。

新的接收机与自适应阵列的相比也有优势，因为它不需要自适应，它可以同时处理多个到达角度，并且不受采集速度或跟踪速度的限制。干扰信号被最小化，因为干扰角处的碎化波形与存储器中存储的预期方向波形不相关。

只要预期的存储器信号基于阵列的几何形状，任意和/或随机的天线阵列几何形状都可以结合到这种新方法中。实现的阵列分辨率与阵列几何的局限性一致。

8.5　参考文献

1. Barton, P., “Digital Beamforming for Radar,” *IEE Proceedings on Pt. F*, Vol. 127, pp. 266–277, Aug. 1980.
2. Brookner, E., “Trends in Array Radars for the 1980s and Beyond,” IEEE Antenna and Propagation Society Newsletter, April 1984.
3. Steyskal, H., “Digital Beamforming Antennas—An Introduction,” *Microwave Journal*, pp. 107–124, January 1987.
4. Skolnik, M., “System Aspects of Digital Beam Forming Ubiquitous Radar,” Naval Research Lab, Report No. NRL/MR/5007—02-8625, June 28, 2002.
5. Skolnik, M., *Introduction to Radar Systems*, 3d ed. McGraw-Hill, New York, 2001.
6. Curtis, T., “Digital Beamforming for Sonar Systems,” *IEE Proceedings on Pt. F*, Vol. 127, pp. 257–265, Aug. 1980.
7. Litva, J., and T. Kowk-Yeung Lo, *Digital Beamforming in Wireless Communications*, Artech House, 1996.

8. Liberti, J., and T. Rappaport, *Smart Antennas for Wireless Communications: IS-95 and Third Generation CDMA Applications*, Prentice Hall, New York, 1999.

9. Van Atta, L., "Electromagnetic Reflection," U.S. Patent 2908002, Oct. 6, 1959.

10. Margerum, D., "Self-Phased Arrays," in *Microwave Scanning Antennas*, Vol. 3, *Array Systems*, Ch. 5. ed. Hansen, R.C. Academic Press, New York, 1966.

11. York, R., and T. Itoh, "Injection and Phase-Locking Techniques for Beam Control," *IEEE Transactions on MTT*, Vol 46, No. 11, pp. 1920–1920, Nov. 1998.

12. Howells, P., "Intermediate Frequency Sidelobe Canceller," U. S. Patent 3202990, Aug. 24, 1965.

13. Howells, P., "Explorations in Fixed and Adaptive Resolution at GE and SURC," *IEEE Transactions on Antenna and Propagation, Special Issue on Adaptive Antennas*, Vol. AP-24, No. 5, pp. 575–584, Sept. 1976.

14. Applebaum, S., "Adaptive Arrays," Syracuse University Research Corporation, Rep. SPL TR66-1, August 1966.

15. Applebaum, S., "Adaptive Arrays," *IEEE Transactions on Antenna and Propagation*, Vol. AP-24, No. 5, pp. 585–598, Sept. 1976.

16. Widrow,B., and M. Hoff, "Adaptive Switch Circuits," IRE Wescom, Convention Record, Part 4, pp. 96–104, 1960.

17. Widrow, B., P. Mantey, L. Griffiths, et al., "Adaptive Antenna Systems," *Proceedings of the IEEE*, Vol. 55, Dec. 1967.

18. Gabriel, W., "Adaptive Processing Antenna Systems," *IEEE Antenna and Propagation Newsletter*, pp. 5–11, Oct. 1983.

19. Godara, L., "Application of Antenna Arrays to Mobile Communications, Part II: Beam-Forming and Direction-of-Arrival Considerations," *Proceedings of the IEEE*, Vol. 85, No. 8, pp. 1195–1245, Aug. 1997.

20. Reed, I., J. Mallett, and L. Brennen, "Rapid Convergence Rate in Adaptive Arrays," *IEEE Transactions on Aerospace on Electronics Systems*, Vol. AES-10, pp. 853–863, Nov. 1974.

21. Capon, J., "High-Resolution Frequency-Wavenumber Spectrum Analysis," *Proceedings of the IEEE*, Vol. 57, No. 8, pp. 1408–1418, Aug. 1969.

22. Makhoul, J., "Linear Prediction: A Tutorial Review," *Proceedings of the IEEE*, Vol. 63, pp. 561–580, 1975.

23. Burg, J. P., "The Relationship between Maximum Entropy Spectra and Maximum Likelihood Spectra," *Geophysics*, Vol. 37, pp. 375–376, April 1972.

24. Burg, J. P., "Maximum Entropy Spectrum Analysis," Ph.D. Dissertation, Dept. of Geophysics, Stanford University, Stanford CA, 1975.

25. Pisarenko, V. F., "The Retrieval of Harmonics from a Covariance Function," *Geophysical Journal of the Royal Astronomical Society*, Vol. 33, pp. 347–366, 1973.

26. Reddi, S. S., "Multiple Source Location—A Digital Approach," *IEEE Transactions on AES*, Vol. 15, No. 1, Jan. 1979.

27. Kumaresan, R., and D. Tufts, "Estimating the Angles of Arrival of Multiple Plane Waves," *IEEE Transactions on AES*, Vol. AES-19, pp. 134–139, 1983.

28. Schmidt, R., "Multiple Emitter Location and Signal Parameter Estimation," *IEEE Transactions on Antenna Propagation*, Vol. AP-34, No. 2, pp. 276–280, March 1986.

29. Roy, R., and T. Kailath, "ESPRIT—Estimation of Signal Parameters via Rotational Invariance Techniques," *IEEE Transactions on ASSP*, Vol. 37, No. 7, pp. 984–995, July 1989.

30. Monzingo, R., and T. Miller, *Introduction to Adaptive Arrays*, Wiley Interscience, John Wiley & Sons, New York, 1980.

31. Harrington, R., *Field Computation by Moment Methods*, MacMillan, New York, Chap. 10, p. 191, 1968.
32. Van Trees, H., *Detection, Estimation, and Modulation Theory: Part I*, Wiley, New York, 1968.
33. Van Trees, H., *Optimum Array Processing, Part IV of Detection, Estimation, and Modulation Theory*, Wiley Interscience, New York, 2002.
34. Haykin, S., H. Justice, N. Owsley, et al., *Array Signal Processing*, Prentice Hall, New York, 1985.
35. Cohen, H., *Mathematics for Scientists and Engineers*, Prentice Hall, New York, 1992.
36. Godara, L., *Smart Antennas*, CRC Press, Boca Raton, FL, 2004.
37. Haykin, S., *Adaptive Filter Theory*, 4th ed., Prentice Hall, New York, 2002.
38. Golub, G. H., and C. H. Van Loan, *Matrix Computations*, The Johns Hopkins University Press, 3d ed., 1996.
39. Godard, D. N., "Self-Recovering Equalization and Carrier Tracking in Two-Dimensional Data Communication Systems," *IEEE Transactions on Communications*, Vol. Com-28, No. 11, pp. 1867–1875, Nov. 1980.
40. Larimore, M., and J. Treichler, "Convergence Behavior of the Constant Modulus Algorithm, Acoustics," *IEEE International Conference on ICASSP '83*, Vol. 8, pp. 13–16, April 1983.
41. Treichler, J., and B. Agee, "A New Approach to Multipath Correction of Constant Modulus Signals," *IEEE Transactions on Acoustics, Speech, and Signal Processing*, Vol. Assp-31, No. 2, pp. 459–472, April 1983.
42. Agee, B., "The Least-Squares CMA: A New Technique for Rapid Correction of Constant Modulus Signals," *IEEE International Conference on ICASSP '86*, Vol. 11, pp. 953–956, April 1986.
43. Sorenson, H., "Least-Squares Estimation: From Gauss to Kalman," *IEEE Spectrum*, Vol. 7, pp.63–68, July 1970.
44. Rong, Z., "Simulation of Adaptive Array Algorithms for CDMA Systems," Master's Thesis MPRG-TR-96-31, Mobile & Portable Radio Research Group, Virginia Tech, Blacksburg, VA, Sept. 1996.
45. Stoica, P., and R. Moses, *Introduction to Spectral Analysis*, Prentice Hall, New York, 1997.
46. Hestenes, M., and E. Stiefel, "Method of Conjugate Gradients for Solving Linear Systems," *Journal of Research of the National Bureau of Standards*, Vol. 49, pp. 409–436, 1952.
47. Fletcher, R., and M. Powell, "A Rapidly Convergent Descent Method for Minimization," *Computer Journal*, Vol.6, pp. 163–168, 1963.
48. Fletcher, R., and C. Reeves, "Function Minimization by Conjugate Gradients," *Computer Journal*, Vol. 7, pp. 149–154, 1964.
49. Choi, S., *Application of the Conjugate Gradient Method for Optimum Array Processing*, Book Series on PIER (Progress in Electromagnetics Research), Vol. 5, Elsevier, Amsterdam, 1991.
50. Choi, S., and T. Sarkar, Adaptive Antenna Array Utilizing the Conjugate Gradient Method for Multipath Mobile Communication, Signal Processing, Vol. 29, pp. 319–333, 1992.
51. Godara, L., *Smart Antennas*, CRC Press, Boca Raton, FL, 2004.
52. Sadiku, M., *Numerical Techniques in Electromagnetics*, 2d ed., CRC Press, Boca Raton, FL, 2001.
53. Elam, C., "Method and Apparatus for Space Division Multiple Access Receiver," Patent No. 6,823,021, Rights assigned to Greenwich Technology Associates, One Soundview way, Darien, CT.
54. Simon, H., *Communication Systems*, 2d ed., p. 580. Wiley, New York, 1983.
55. Ziemer, R. E., and R. L. Peterson, *Introduction to Digital Communication*, Prentice Hall, pp. 731–742, 2001.
56. Skolnik, M. *Radar Handbook*, 2d ed., McGraw-Hill, pp. 10.17–10.26, 1990.

8.6　习题

1. 对于 $d=\lambda/2$ 的 $M=5$ 单元阵列，期望信号在 $\theta=20°$角度到达，一个干扰信号在 $-20°$角度到达，另一个干扰信号在 $+45°$角度到达。噪声方差是 $\sigma_n^2=0.001$。使用式（8.8）中概述的 Godara 方法。

（a）求阵列权重是多少？

（b）绘制 $-90°<\theta<90°$的加权阵列图的幅值。

2. 最大 SIR 方法：给定一个间距 $d=0.5\lambda$ 的 $M=5$ 单元阵列和噪声方差 $\sigma_n^2=0.001$，期望的接收信号在 $\theta_0=20°$角度到达，两个干扰信号到达角度 $\theta_1=-30°$和 $\theta_2=-45°$，假设信号和干扰幅度是恒定的，$\bar{R}_{ss}=\bar{R}_{ii}=\begin{bmatrix}1 & \cdots & 0\\ \vdots & \ddots & \vdots\\ 0 & \cdots & 1\end{bmatrix}$。

（a）用 MATLAB 来计算$\mathrm{SIR}_{\max}$。

（b）求标准化权重是多少？

（c）绘制结果图案。

3. 最小方均误差（MMSE）方法：对于元素间距离为半波长的 $M=2$ 单元阵列，在下列条件下找到最优维纳权重：到达的感兴趣信号是 $s(t)=\mathrm{e}^{\mathrm{j}\omega t}$的任意角度 θ_s。噪声是具有任意方差 σ_n^2 的零均值高斯分布。允许期望信号 $d(t)=s(t)$。

（a）符号形式的信号相关矩阵 $\bar{R}_{ss}$是多少？

（b）符号形式的阵列相关矩阵 $\bar{R}_{xx}$是多少？

（c）相关向量 $\bar{r}$ 是多少？

（d）符号形式的相关矩阵逆 $\bar{R}_{xx}^{-1}$是多少？

（e）象征性地导出权重的等式。

（f）$\theta_s=30°$和 $\sigma_n^2=0.1$ 的精确权重是多少？

4. MMSE 方法：让阵列成为一个 2 元阵列，其中到达信号在 $\theta=0°$时进入。让期望信号等于 $s=1$ 的到达信号。因此，$\bar{x}=\begin{bmatrix}1\\ \mathrm{e}^{\mathrm{j}kd\sin(\theta)}\end{bmatrix}$让 $d=\lambda/2$。

（a）使用式（8.23）推导性能面，并绘制 $-4<\omega_1$，$\omega_2<4$。

（b）使用$\frac{\partial}{\partial\omega_1}$和$\frac{\partial}{\partial\omega_2}$推导出 ω_1 和 ω_2 的解。

（c）与图一致的导出解是多少？（回想一下，$\nabla_m E[|\varepsilon^2|]=0$ 给出曲线的底部。）

（d）使用式（8.23）推导到达角 $\theta=30°$的性能面。

（e）通过使用$\frac{\partial}{\partial\omega_1}$和$\frac{\partial}{\partial\omega_2}$为（d）部分给出的角度导出$\omega_1$ 和ω_2 的解。

5. MMSE 方法：给定一个间隔为 $d=0.5\lambda$ 的 $M=5$ 单元阵列，到达角度 $\theta_0=30°$的接收信号能量 $s=1$ 和两个到达角度 $\theta_1=-20°$和 $\theta_2=40°$的干扰信号，与噪声方差 $\sigma_n^2=0.001$。

假设信号和干扰幅度是恒定的，$\bar{R}_{ss}=\bar{R}_{ii}=\begin{bmatrix}1 & 0\\ 0 & 1\end{bmatrix}$。

（a）使用 MATLAB 来计算最优权重。

（b）绘制结果图案。

6. 最大似然（ML）法：给定一个间距为 $d=0.5\lambda$ 的 $M=5$ 单元阵列，其接收信号到达角度 $\theta_0=45°$，并且噪声方差 $\sigma_n^2=0.01$。

（a）使用 MATLAB 来计算最优权重。

（b）绘制 $-90°<\theta<90°$的加权阵列图的幅值。

7. 最小方差（MV）方法：给定一个间隔为 $d=0.5\lambda$ 的 $M=5$ 单元阵列，其接收信号到达角度 $\theta_0=40°$，一个干扰信号在 $-20°$角度到达，噪声方差为 $\sigma_n^2=0.001$。

（a）使用 MATLAB 来计算最优权重。

（b）绘制 $-90°<\theta<90°$的加权阵列图的幅值。

8. 最小方均（LMS）方法：对于间隔为 $d=0.5\lambda$ 的 $M=2$ 单元阵列，在下列条件下使用式（8.48）和式（8.56）求出 LMS 权重：$\mu=0.5$，$\sigma_n^2=0$，到达信号为 $s(t)=1$，到达角为 $\theta_s=45°$，期望信号 $d(t)=s(t)$。设置初始数组权重为 $\bar{w}(1)=\begin{bmatrix}0\\0\end{bmatrix}$。没有其他到达的信号。

（a）手工计算接下来 3 次迭代的阵列权重（即 $\bar{w}(2)$，$\bar{w}(3)$，$\bar{w}(4)$）。

（b）对于 $k=2$，3，4 来说，误差$|\varepsilon(k)|$是多少？

（c）使用 MATLAB 来计算 20 次迭代的权重和误差。绘制一张图上每个权重对迭代 k 的绝对值和另一个图上的误差对迭代 k 的绝对值。

9. LMS 方法：给定一个间隔为 $d=0.5\lambda$ 的 $M=8$ 单元阵列，其接收信号到达角度 $\theta_0=40°$，在 $\theta_1=-20°$时产生干扰。假定期望的接收信号向量由$\bar{x}_s(k)=\bar{a}_0 s(k)$定义：其中 $s(k)=\sin(\pi\times t(k)/T)$；$T=1\text{ms}, t=(1:100)\times T/100$。假设干扰信号向量由$\bar{x}_i(k)=\bar{a}_1 i(k)$定义，其中 $i(k)=\text{randn}(1:100)$。两个信号在时间间隔 T 内几乎是正交的。令期望信号 $d(k)=s(k)$。假设初始阵列权重全部为零。允许 100 次迭代。步长为 $\mu=0.02$。

（a）计算 100 次迭代的 8 个阵列权重。

（b）在同一图上画出每个权重对迭代次数的幅值。

（c）绘制 MSE $|e|^2$ 与迭代次数的关系曲线。

（d）第 100 次迭代时的阵列权重是多少？

（e）绘制 $-90°<\theta<90°$的加权阵列图的幅值。

10. 采样矩阵求逆（SMI）方法：使用 SMI 方法找到间距 $d=0.5\lambda$ 的 $M=8$ 单元阵列的权值。让接收到的信号达到角度 $\theta_0=45°$。一个干扰源到达角度 $\theta_1=-45°$。假设期望的接收信号向量由$\bar{x}_s(k)=\bar{a}_0 s(k)$定义，其中 $s(k)=\sin(2\pi\times t(k)/T)$，其中 $T=2\text{ms}$。设块长度为 $K=50$。时间定义为 $t=(1:K)\times T/K$。假设干扰信号向量由$\bar{x}_i(k)=\bar{a}_1 i(k)$定义，其中 $i(k)=\text{randn}(1,K)+\text{randn}(1,K)\text{j}$。令期望信号 $d(k)=s(k)$。为了保持相关矩阵逆变为奇异，可以将噪声添加到具有方差 $\sigma_n^2=0.01$ 的系统中。在 MATLAB 中定义噪声为 $n=\text{randn}(N,K)\times\text{sqrt}(\text{sig2})$。

（a）找出权重。

（b）绘制 $-90°<\theta<90°$的加权阵列图的幅值。

11. 重复习题 8 对于 $M=5$，$d=0.5\lambda$，$\theta_0=30°$，$\theta_1=-20°$，并且允许接收信号是相位调制，使得 $s(k)=\exp(1\text{j}\times 0.5\times\pi\times\sin(\pi\times t(k)/T))$。

12. 递归最小二乘（RLS）法：假设阵列是一个间隔为 $d=0.5\lambda$ 的 $M=7$ 单元阵列，接收信

号到达角度 $\theta_0=30°$，干扰信号 $\theta_1=-20°$，其他干扰到达角度在 $\theta_2=-40°$。使用 MATLAB 编写 RLS 例程来解决所需的权重。假设期望的接收信号向量由 $\bar{x}_s(k)=\bar{a}_0 s(k)$ 定义：其中 $s(k)=\exp(1j\times\sin(\pi\times t(k)/T))$；$T=1\text{ms}$。

假设 $K=50$，这样 $t=(1:K-1)\times T/(K-1)$。假设干扰信号 $i_1(k)=\exp(1j\times\pi\times\text{randn}(1,K))$；$i_1(k)=\exp(1j\times\pi\times\text{randn}(1,K))$。MATLAB 每次更改随机数，以使 i_1 和 i_2 不同。令期望信号 $d(k)=s(k)$。为了保持相关矩阵逆变为奇异，可以将噪声添加到具有方差 $\sigma_n^2=0.01$ 的系统中。将所有阵列权重初始化为零。设置遗忘因子 $\alpha=0.995$。

(a) 绘制所有迭代的第一个权重的幅值。

(b) 绘制 $-90°<\theta<90°$的加权阵列图的幅值。

13. 恒模算法（CMA）：允许相同的恒模信号通过直接路径和两个附加多路径到达接收机，并假定该频道是频率选择性的。将直接路径到达信号定义为 32 码片二进制序列，其中码片值为 ±1，并且每个码片采样 4 次（见例 8.10）。直接路径信号在30°到达。第一个多径信号在 0°到达，但幅值为直接路径的 30%。第二个多径信号在20°到达，但幅值为直接路径的 10%。由于多路径在二进制序列中会有细微的时间延迟导致弥散。弥散通过对信号补零来实现。在信号的后面添加 8 个零作为直接路径。第一个多径信号通过在信号前面添加两个零点，后面添加两个零点实现。第二个多径信号通过在信号前面添加 4 个零实现。我们将使用 $P=1$ 的 CMA 来定义最佳权重。选择 $\mu=0.6$，$N=6$ 个元素，并且 $d=\lambda/2$。将初始权重 $\bar{w}(1)$定义为零。使用 MATLAB 绘制结果图。

14. 最小二乘恒模算法（LS－CMA）：使用 LS－CMA 的静态版本。允许相同的恒模信号通过直接路径和一个额外的多路径到达接收机，并假定该频道是频率选择性的。将直接路径到达信号定义为 32 码片二进制序列，其中码片值为 ±1，并且每个码片采样 4 次。设块长度 $K=132$。直接路径信号在30°角度到达。多径信号在 $-30°$角度到达，但幅值为直接路径的50%。由于多路径在二进制序列中会有细微的时间延迟导致弥散。弥散通过对信号补零来实现。在信号的后面添加 8 个零作为直接路径。第一个多径信号通过在信号前面添加两个零点，后面添加两个零点实现。第二个多径信号通过在信号前面添加 4 个零实现。使用 LS－CMA 找出最佳权重。$N=9$ 个元素，$d=\lambda/2$。为阵列中的每个元素添加噪声，并让噪声方差为 $\sigma_n^2=0.01$。将初始权重 $\bar{w}(1)$定义为 1。迭代 3 次。使用 MATLAB 绘制结果图。

15. 重复习题 14，但使用动态 LS－CMA。设块长度为 $K=22$。允许块在每次迭代 n 时更新。使用 $6(6K=132)$个块迭代 5 次后停止。使用 MATLAB 绘制结果图。

16. 共轭梯度法（CGM）：对于元素间距离为半波长的 $M=9$ 单元阵列，在以下条件下求出最佳权重：感兴趣的信号为 $s=\sin(\pi k/K)$；到达角度为 30°。一个干扰信号定义为$I_1=\text{randn}(1,K)$；到达角度为 $-20°$。另一个干扰信号定义为$I_2=\text{randn}(1,K)$；到达角度为 $-45°$。噪声方差为 $\sigma_n^2=0.001$。因此，$n=\sigma\times\text{randn}(1,K)$。当使用块大小 $K=20$ 时，使用 CGM 查找最佳权重。

(a) 绘制所有迭代的残差范数。

(b) 使用 MATLAB 绘制结果图。

第9章 测　　向[⊖]

无线电测向（DF）比无线电本身更早，从 Heinrich Hertz 在 1888 年的天线方向性实验开始[1]。在今天的无线世界中，测向被认为是几乎所有人都可以使用的地理定位服务的一部分，但是在20世纪初，由于泰坦尼克号的惨烈沉没，那时的“无线世界”被激励去认真考虑把无线电测向作为重要的导航助手。在第一次世界大战期间，无线电拦截和测向成为重要的军事资产，而第二次世界大战期间，安全的无线电通信和导航成为一场持续的针对无线电拦截和测向的竞赛。在轴心国潜艇“狼群”使用简单的环形天线寻找护航船只并对其进行攻击的同时，使用 Adcock 阵列的陆基拦截和测向站点网络正在为同盟国提供坐标位置，以指引驱逐舰击没潜艇。轴心国飞机由无线电导航信标引导，在夜间进行轰炸，而英国人用导航欺骗来保护伦敦和考文垂。这些早期的先驱者对现代测向系统贡献很大。

9.1 环形天线

9.1.1 早期使用环形天线测向

1915 年以前美国海军进行了一系列的测向实验，大多数以失败告终，并且海军将领们对这些实验都漠不关心。国家电力信号公司和马可尼无线电报公司都表现不佳。

第一次成功来自于 Stone 无线电报公司的 Frederick Kolster 博士，他在 1906 年协助美国海军首次在 Lebanon 号货船上进行的测向试验。天线，即位于舰船烟囱之间的“三角形环”，要求船舶改变航向以测量信号幅度的变化来确定信号方向。美国海军认为这种无线电测向方式是不切实际的，因而对此不屑一顾。然而，Kolster 博士是美国标准局的一名雇员，对测向很有兴趣。直到 1915 年，他发现缠绕在矩形框架上的垂直线圈可以很容易地通过旋转到来波方向，从而实现了具有实用性的无线电测向。在 Kolster 博士的天线演示之后，海军将领们改变了他们对无线电测向的态度，并把它作为一种有价值的导航设备。很快，美国的船上安装了 20 个 Kolster “SE 74” 环形测向系统，这标志着美国海上无线电测向系统的开始。

9.1.2 环形天线基本原理

在第 3 章，我们找到了 $x-y$ 平面中水平环形天线的解决方案，其环路法线与 z 轴对齐。对于恒定的环路电流 I_o，电场和磁场的远区场矢量用一阶贝塞尔函数和带有相位指数的 $1/r$ 耗散项来描述。

$$\overline{E}_\phi = \eta\left(\frac{ka}{2}\right) I_o \frac{\mathrm{e}^{-jkr}}{r} J_1(ka\sin\theta)\hat{\phi} \tag{9.1}$$

⊖ 本章由波音公司的技术专家 Robert L. Kellogg 撰写。

$$\overline{H}_\theta = -\frac{E_\phi}{\eta}\hat{\theta} = -\left(\frac{ka}{2}\right)I_o\frac{\mathrm{e}^{-\mathrm{j}kr}}{r}J_1(ka\sin\theta)\hat{\theta} \tag{9.2}$$

辐射传播的坡印亭矢量由电场矢量和磁场矢量的复共轭的向量积导出：

$$S(\theta,\phi)\hat{r} = \frac{1}{2}(\overline{E}_\phi \times \overline{H}_\theta^*)$$

$$S(\theta,\phi)\hat{r} = \frac{1}{2}\left(\eta\left(\frac{ka}{2}\right)I_o\frac{\mathrm{e}^{-\mathrm{j}kr}}{r}J_1(ka\sin\theta)\hat{\phi} \times -\left(\frac{ka}{2}\right)I_o\frac{\mathrm{e}^{+\mathrm{j}kr}}{r}J_1(ka\sin\theta)\hat{\theta}\right)$$

$$S(\theta,\phi)\hat{r} = -\frac{\eta}{8}I_o^2\frac{(ka)^2}{r^2}J_1^2(ka\sin\theta)\hat{r} \tag{9.3}$$

式中，θ、ϕ 分别是天顶角和相对于 x 轴的方位角；a 为环半径，单位为 m；k 为波数，即 $2\pi/\lambda$，λ 是信号的波长，单位为 m，k 可以根据磁导率 μ 和介电常数 ε 来计算，$k=\frac{2\pi}{\lambda}=\frac{2\pi f}{c}=\frac{w}{c}=w\sqrt{\mu\varepsilon}$；$r$ 为从环中心算起的远场距离，单位为 m；η 为在自由空间中介质$\left(\sqrt{\frac{\mu}{\varepsilon}}\right)$的复阻抗，$\eta=120\pi=377\Omega$；$I_o$ 为环电流，单位为 A；J_1 为第一类贝塞尔函数。

天线辐射强度方向图$\mathcal{U}(\theta,\ \phi)$ 是用式（9.3）中的坡印亭矢量的与距离无关项的绝对值来计算，

$$\mathcal{U}(\theta,\phi) = r^2|S(\theta,\phi)| = \frac{\eta}{8}I_o^2(ka)^2|J_1^2(ka\sin\theta)| \tag{9.4}$$

在超低频（VLF）、高频（HF）和较低的甚高频（VHF）频带中，环半径仅为波长的一部分（$a<0.03\lambda$），这时贝塞尔函数可近似为泰勒级数展开式，

$$J_1(ka\sin\theta) = \frac{1}{2}(ka\sin\theta) - \frac{1}{16}(ka\sin\theta)^3 + \cdots \tag{9.5}$$

电场强度、磁场强度和辐射强度可由贝塞尔函数的近似表达式给出，

$$\overline{E}_\phi = \eta\left(\frac{ka}{2}\right)^2 I_o\frac{\mathrm{e}^{-\mathrm{j}kr}}{r}\sin\theta\,\hat{\phi} \tag{9.6}$$

$$\overline{H}_\theta = -\left(\frac{ka}{2}\right)^2 I_o\frac{\mathrm{e}^{-\mathrm{j}kr}}{r}\sin\theta\,\hat{\theta} \tag{9.7}$$

$$\mathcal{U}(\theta,\phi) = \frac{\eta}{32}I_o^2(ka)^4|\sin^2\theta| \tag{9.8}$$

水平环的作用与垂直偶极子非常相似，用磁偶极矩代替了电偶极矩。结果电场强度是水平极化（E_ϕ）的，磁场强度是垂直极化（H_θ）的。

我们对水平环的辐射方向图进行了一些观察：①它仅取决于天顶角 θ，这意味着辐射方向图关于 z 轴对称；②水平环只对投影到和磁场强度相垂直的水平电场（$E_h=E_\phi$）上的场分量敏感。

式（9.1）和式（9.2）及它们的近似式（9.6）~式(9.8）都是在恒定的环路电流 I_o 下得出的。如果电流保持不变，则可以评估其他几何形状的小环路，例如正方形或八角形环路。结果是式（9.6）~式(9.8)仍然可以得到，只需要根据环路面积进行缩放。因此，小环路的一个重要特性是环路形状不重要，只有环路的面积 A_{loop}起作用。

9.1.3 垂直环天线

通过将水平环转换到垂直位置（环电流在 $x-z$ 平面中，环法向指向 y 轴），我们发现了 Kostler 环无线电测向非常成功的原因。

对辐射方向图（见图 9.1）的检查表明，水平（$\theta=90°$）辐射方向图似乎对作为一个简单的空间偶极子模式的垂直极化波做出响应，它在沿着 x 轴 $\phi=0°$和 180°处具有最大值，在 y 轴上 $\phi=\pm90°$处具有最小值。

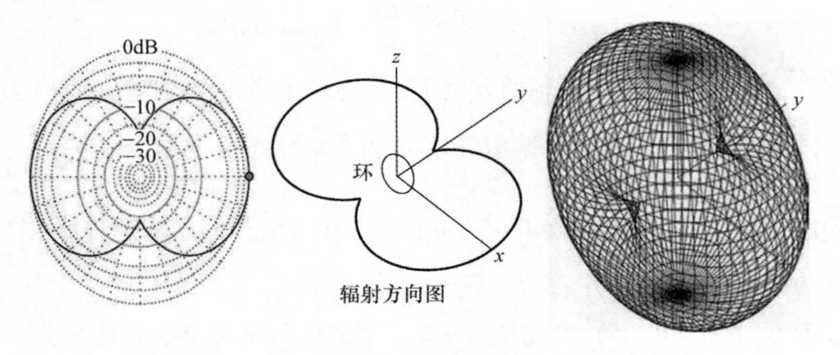

图 9.1　$x-z$ 轴上垂直环的辐射方向图（在 EZNEC 中创建）

9.1.4 垂直环极化匹配

为了描述垂直环的辐射方向图，我们使用一个辅助角度 ξ 来测量与现在位于 y 轴上的环路法线之间的极距。仅此角度就描述了对匹配极化波的环路响应。保持从 z 轴计算的天顶角 θ 以及从 x 轴计算的方位角 ϕ 的标准定义，则球面三角形的余弦定理给出，

$$\cos\xi=\sin\theta\sin\phi \tag{9.9}$$

使用三角关系 $\sin^2\xi=1-\cos^2\xi$，匹配极化波的垂直环形辐射强度变为

$$\mathcal{U}(\theta,\phi)=\beta\left|(1-\sin^2\theta\sin^2\phi)\right| \tag{9.10}$$

式中，

$$\beta=\frac{\eta}{2}I_o^2k^4\left(\frac{A_{\text{loop}}}{4\pi}\right)^2=\frac{\eta}{2}\frac{\pi^2}{\lambda^4}I_o^2N^2A_{\text{loop}}^2 \tag{9.11}$$

极化匹配的辐射图（式（9.10）绘于图 9.2）在 $\phi=0°$和 180°处保持最大响应，但随着仰角增加，$\phi=\pm90°$处的最小值变得越来越小。

9.1.5 具有极化信号的垂直环

我们希望参考存在信号极化时的环路响应。在 $\theta=90°$时，我们预计垂直环仅响应水平磁场分量。然而，这是很尴尬的，因为大部分信号传播与电场分量的方向有关。记住这一点，我们让入射波由垂直电场分量（E_{v}）和水平电场分量（E_{h}）的组合来描述，即使回路响应磁场分量。

要确定这些分量如何与垂直环相互作用，再次使用球面三角法：这次创建角度 Ψ，它是从原始信号方向（θ，ϕ）扩展到 y 轴的极弧角度 α 与从原始信号方向直接延伸到地平线的垂直弧

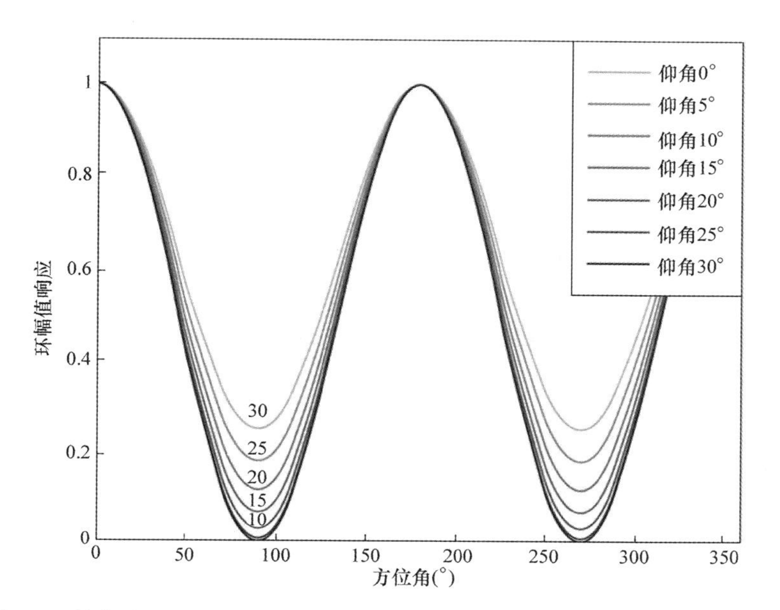

图 9.2　仰角为 $90°-\theta$ 时，极化匹配的垂直环归一化辐射强度方向图 $\mathcal{U}(\theta,\phi)$

$90°-\theta$（仰角弧角）之间的角度。最后一个弧与地平线呈 90°角，如图 9.3 所示。使用正弦定律和余弦定律给出。

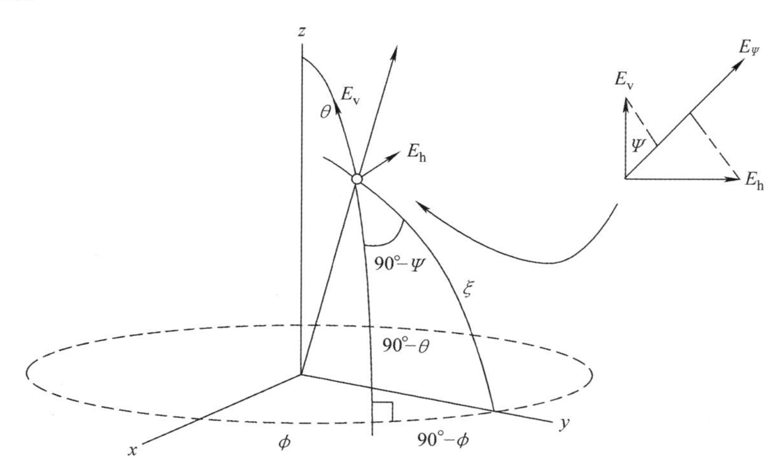

图 9.3　E_v 和 E_h 分量的球面三角关系

$$\cos\Psi=\frac{\cos\phi}{\sin\xi}\text{和}\ \sin\Psi=\frac{\cos\theta\sin\phi}{\sin\xi}\tag{9.12}$$

垂直环将响应与电弧 ξ 垂直的电场［这是式（9.1）中描述的水平环路的原来的 E_ϕ］。用电场矢量表示这个匹配的响应为 E_Ψ，

$$E_{\Psi}=E_{\mathrm{v}}\cos\Psi-E_{\mathrm{h}}\sin\Psi \tag{9.13}$$

因此，总环路响应将正比于 $\sin\xi$（环路的极角），

$$E_{\mathrm{loop}}=E_{\Psi}\sin\xi \tag{9.14}$$

展开 E_{Ψ}并使用三角恒等式，我们可以得到

$$E_{\mathrm{loop}}=E_{\mathrm{v}}\cos\phi-E_{\mathrm{h}}\sin\phi\cos\theta \tag{9.15}$$

这是一个重要的结果，它表明对于没有 E_{h} 分量的垂直入射波，环路响应与天顶角 θ 无关。换言之，垂直环响应与垂直极化波的信号仰角无关。

式（9.15）仅考虑线极化波。对极化的更一般的描述必须考虑垂直电场和磁场之间的相位偏移（产生左旋或右旋的圆或椭圆极化波）。因此，电场的通用表达为

$$E_{\mathrm{loop}}=E_{\mathrm{v}}\cos\phi-E_{\mathrm{h}}\sin\phi\cos\theta\cdot \mathrm{e}^{+\mathrm{j}\Phi} \tag{9.16}$$

式中，$\tan\psi=\dfrac{E_{\mathrm{h}}}{E_{\mathrm{v}}}$，$\Psi$是与垂直方向的极化角；$\Phi$ 是极化相位（$\pi/2$ = 右旋圆极化接收信号）。

9.1.6　交叉环阵和 Bellini – Tosi 无线电测角仪

虽然 Kolster 创造了第一个实用环形测向天线，但仍需要许多其他改进。1907 年，Bellini 和 Tosi 创造了第一个可行的测向系统[3,4]。B – T 测向系统使用交叉环形天线，最初制成“三角形环”的形状，后来使用了 Kolster 的垂直环形天线。在船上，三角形环非常大，连接在船桅或烟囱之间并与船甲板成一定角度运行。电缆将甲板下面的磁感应电流带入两个小的交叉环路，其方向与甲板上的环路相同。甲板下的 B – T 设备在两个小的感应回路内部使用一个旋转的耦合线圈——搜索线圈或“无线电测角仪”，以确定无线电能量的方向。当与入射信号方向对准时，无线电测角仪以最大电流输出（见图 9.4 中的 $D-D$）来响应。

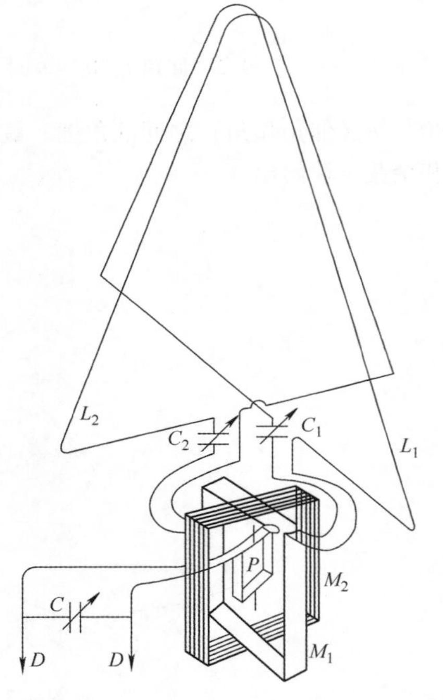

图 9.4　Bellini – Tosi 无线电测角仪测向系统示意图
（来自无线电工程原理，Lauer&Brown，McGraw – Hill，1920）

1915 年，马可尼无线电公司购买了 B – T 系统的专利权并在船上广泛使用。这是因为主环天线可以固定在船的上层结构中，并且甲板下的操作员可以容易地用手将无线电测角仪线圈转动来找到最大或最小的信号幅度。整个甲板下的设备都装在一个 Marconi 设备箱内。

1915 年以前，英国海军情报部门一直在对几乎每一个德国信号进行拦截并测向。英国人不仅确定了信号的方位，而且运气好的话，还能获得德国海军编码，使得海军知道每艘德国 U 型艇离开去巡逻的时间[5]。

最初，操作员在旋转测角仪时听取信号，以确定最小和最大的信号幅度。最大的信号幅度用于识别无线电信号，最小值用于测向。第一次世界大战后，当晶体管（放大器）变得广泛可用时，英国雷达先驱

Robert Watson - Watt 开始尝试使用阴极射线管（CRT）进行测向显示。1936 年，法国移民 Henri Busignies 为国际电话和电报公司开发了一种称为 DAJ 型的海军 HFDF 系统，它使用了 CRT 显示器。但由于船载电源问题需要重新设计，推迟了部署。最后，另一个系统赢得了荣誉：“第一艘使用 CRT 显示方位信息的船上的 HFDF 被称为 FH4，它是一个实验系统，于 1941 年 10 月安装在 HMS Culver（Y - 87）上，即前美国海岸警卫队的 Mendota 号船。不幸的是，这艘船在 1942 年 1 月被鱼雷击沉”[6]。

我们开始展示交叉环如何通过使用式（9.15）来执行测向，并产生一个北 - 南环路（位于 $y-z$平面内，法向量沿 x 轴）上的电压 B_x 与东 - 西环路（位于 $x-z$ 平面内，法向量沿 y 轴）上的电压 B_y 的比。保持东西向环路作为方位角 ϕ 的参考，并假设线极化，

$$\frac{B_x}{B_y}=\frac{E_v\sin\phi-E_h\cos\theta\cos\phi}{E_v\cos\phi-E_h\cos\theta\sin\phi}=\frac{E_v\sin\phi-E_h\sin(elev)\cos\phi}{E_v\cos\phi-E_h\sin(elev)\sin\phi} \tag{9.17}$$

当仅存在垂直极化信号波时，式（9.17）可简化为近似信号方向 $\alpha(+n\pi)$的简单正切，

$$\tan\alpha=\frac{B_x}{B_y}=\frac{\sin\phi}{\cos\phi}=\tan\phi\text{（垂直极化波响应）} \tag{9.18}$$

如果存在水平分量，则式（9.17）中的附加项改变了 B_x/B_y 的比值，并且如果仅使用正切近似，会改变对信号方向的估计。(一般来说，入射信号的仰角是未知的)。在 20 世纪 20 年代，明显的信号方向的改变被称为“夜效应”。例如，Smith - Rose[7] 绘制了所观测到的从法国 Saint Assise 的发射机到他在英国 Teddington 的物理实验室的方位线的变化（见图 9.5）。

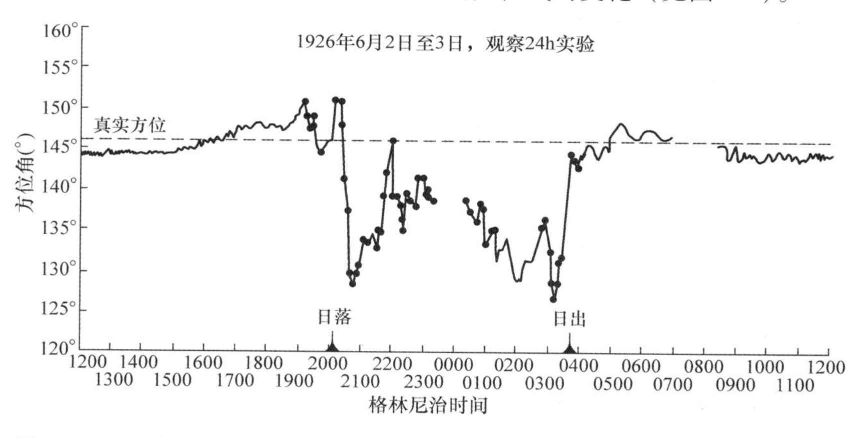

图 9.5 1926 年 6 月 2 日至 3 日，24h 期间在 Teddington 观测到的在 Saint Assise 发射的 21kHz（λ = 14.3km）信号的方位（Smith - Rose）

两个分别在美国和英国的研究小组证明了 Kennelly - Heaviside 传播层的存在。在美国，Gregory Breit 和 Merle Antony Tuve 使用脉冲发射器（雷达的前身）来测量 Kennelly - Heaviside 层的回波时间。与此同时，迪顿公园的 Edward Appleton 证实了在地球大气层上方 95 ~ 100km 存在自由电子[8]，它在 1926 年被雷达的先驱发明者 Robert Watson - Watt 称为“电离层”[9]。在千赫兹频率下，无线电波被 E 层电离层折射。从 Smith - Rose 的图中可以看出，在日出和日落时方向误差尤其明显。这时，电离层具有电子梯度，从而产生了显著的水平无线电分量，使得方位线明显偏

移 15°。

我们如何测量 B_x/B_y 并确定方位线呢？在今天的数字世界中，首先通过成对的 B_x 和 B_y 测量矢量，用转置形式写成，

$$\overline{B}_x = [B_x(1), B_x(2), \cdots B_x(K)]^{\mathrm{T}} \quad k = 1, 2, \cdots K$$

$$\overline{B}_y = [B_y(1), B_y(2), \cdots B_y(K)]^{\mathrm{T}} \tag{9.19}$$

并将它们组合成一个测量矩阵，

$$\overline{B} = [\overline{B}_x, \overline{B}_y] \tag{9.20}$$

从测量矩阵中我们可以得到一个协方差矩阵 R。如果我们正确地调整了我们的无线电测向系统，R 将表示主要的信号能量，

$$\overline{R} = [\overline{B} \cdot \overline{B}^{\mathrm{T}}] = \begin{bmatrix} <\overline{B}_x^2> & <\overline{B}_x\overline{B}_y> \\ <\overline{B}_x\overline{B}_y> & <\overline{B}_y^2> \end{bmatrix} \tag{9.21}$$

式中，$< > = \sum_{k=1}^{K} ( )_k$。

协方差矩阵有两个轴，主轴与 B_y/B_x 对齐。半长轴和半短轴的长度等于由协方差矩阵行列式产生的特征值解的二次方根，

$$|\overline{R} - \lambda \overline{I}| = \left| \begin{bmatrix} <\overline{B}_x^2> - \lambda & <\overline{B}_x\overline{B}_y> \\ <\overline{B}_x\overline{B}_y> & <\overline{B}_y^2> - \lambda \end{bmatrix} \right| = 0 \tag{9.22}$$

这反过来又产生了特征值的多项式解，

$$\lambda = \frac{<\overline{B}_x^2> + <\overline{B}_y^2>}{2} \pm \frac{[(<\overline{B}_x^2> + <\overline{B}_y^2>)^2 - 4(<\overline{B}_x^2><\overline{B}_y^2> - <\overline{B}_x\overline{B}_y>^2)]^{1/2}}{2} \tag{9.23}$$

并且到方位角的旋转角度（从 x 轴）的补角由式（9.24）给出，

$$\alpha = \frac{\pi}{2} - \frac{1}{2}\arctan\left(\frac{2<\overline{B}_x\overline{B}_y>}{<\overline{B}_x^2> - <\overline{B}_y^2>}\right) \tag{9.24}$$

当通过 B_x 和 B_y 天线的环路电压之比或使用上面的协方差矩阵方法来确定方位角时，方位是不明确的，可能有 180°的误差。在大多数导航应用中，接收岸上信标指向的操作员有足够的信息来确定哪个角度是正确的。但是，当采用未知的信号方位时，方位不明确。

可以使用另外的天线来干扰环路的对称模式，从而可以用振幅来区分方向。但是，在现代测向中，附加天线对于测量相对相位更重要。一个典型的例子是美国海军使用的 AS－145 “打蛋器” 天线（见图 9.6）。它具有两个交叉的矩形环和一个参考全向单极子。

9.1.7 环阵校准

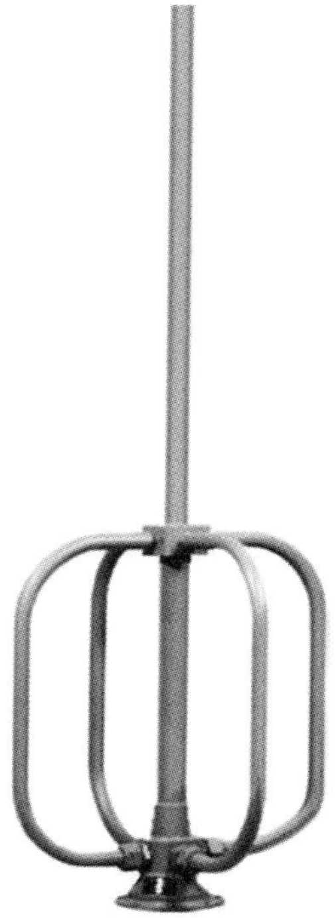

大多数环形天线校准测量是使用垂直极化的无线电波进行的，将幅值和相位与参考天线进行比较。一个小型测向天线的幅值和相位响应参见图9.7中的测量数据。E－W环路的180°相位反转见图9.7b，其中当环路在其波束的零限点处发生相位反转。

作为使用包含幅值和相位的复电压的智能天线测向方法的示例，我们考虑简单的Bartlett相关测向。

下标o表示全向垂直单极天线响应，c表示“余弦”南北天线响应，s表示“正弦”东西天线响应。在校准范围内，单极和交叉环的天线阵列在被入射平面波照射时小心地旋转。在每个方位角ϕ处，测量环形天线的相对于单极天线的复电压之比，

$$\hat{a}_c(\phi)=\frac{v_c}{v_o}=\frac{|v_c|e^{j(\Phi_c)}}{|v_o|e^{j(\Phi_o)}}=\frac{|v_c|}{|v_o|}e^{j(\Phi_c-\Phi_o)},\phi=1°\sim360° \tag{9.25}$$

$$\hat{a}_s(\phi)=\frac{v_s}{v_o}=\frac{|v_s|e^{j(\Phi_s)}}{|v_o|e^{j(\Phi_o)}}=\frac{|v_c|}{|v_o|}e^{j(\Phi_s-\Phi_o)} \tag{9.26}$$

图9.6 AS－145测向天线（美国西南研究院）

参考天线在所有方位角的响应为

$$\hat{a}_o(\phi)=\frac{v_o}{v_o}=1 \tag{9.27}$$

这3个归一化响应形成了全向、正弦、余弦天线阵列流形，

$$\bar{a}(\phi)=\begin{bmatrix}1\\ \hat{a}_s(\phi)\\ \hat{a}_c(\phi)\end{bmatrix}=\begin{bmatrix}1 & 1 & \cdots & 1\\ \hat{a}_s(\phi_1) & \hat{a}_s(\phi_2) & \cdots & \hat{a}_s(\phi_{360})\\ \hat{a}_c(\phi_1) & \hat{a}_c(\phi_2) & \cdots & \hat{a}_c(\phi_{360})\end{bmatrix} \tag{9.28}$$

对于覆盖360°方位角的天线阵，天线校准可能每隔1°～2°发生一次。在式（9.25）～式（9.28）中，我们忽略了极化、仰角和频率的变化。在现实世界中，这些都是重要的参数，它们显著影响天线方向图和相对接收电压。因此，我们希望可能有一系列的阵列流形，

$$a(\phi)\rightarrow a(\phi,\theta,f,E_V,E_H)$$

作为这些附加参数的结果，天线阵列流形可能变得相当大。例如，假设交叉环加单极阵列电压是从－20°～＋20°的5°仰角步进范围内，以2°方位角步进测量的。对于海面上的EM表面波信号传播，我们只需要校准垂直极化。考虑在高频（HF）频谱中对阵列进行30MHz以上的校准，其中每10kHz需要进行阵列流形测量。全向－正弦－余弦阵的大小要求，

$$\begin{aligned}\text{测量次数}&=\text{阵元数}\times\phi\times\theta\times\text{极化}\times\text{频率}\\&=3\times180\times9\times1\times3000=14580000\end{aligned}$$

值得庆幸的是，大多数天线校准设施都是全自动的。尽管如此，天线校准是一项繁重的工作，通常需要数小时的校准（见问题9.4）。

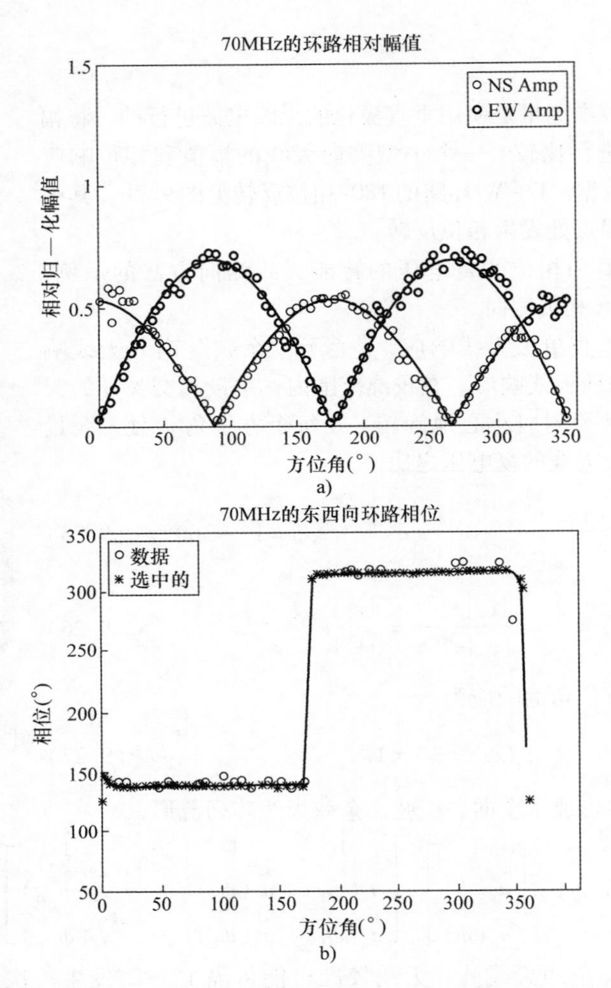

图 9.7　a）垂直环对垂直极化波的幅值响应（红色 = 南北向环路，蓝色 = 东西向环路）
b）与垂直偶极子天线相比的东西向垂直环路的相位

9.2　Adcock 偶极子天线阵列

Adcock 天线阵列是早期的一种有效的测向天线，它可与垂直环形天线相媲美，由 F. Adcock 于 1919 年获得专利[10]，并因英国无线电实验家 Smith - Rose[11] 而变得流行：

现在众所周知，在使用闭合线圈测向仪（垂直环路）时经历的夜间误差是由于电力（场）的水平极化分量的作用而导致在观测方位上产生的误差……因此显而易见，任何不受电场水平分量影响的接收系统都不会受到夜间误差的影响，即使垂直极化的下行波（来自电离层）可能仍然会使接收信号强度发生变化。Adcock 发明的满足这种条件的测向接收装置在 1919 年获得了专利，但该系统似乎没有得到实际的考虑，直到1926年Barfield先生和作者（Smith - Rose）对其进行试验。

Adcock“U型”测向阵列由一对间隔开的垂直偶极子（或地平面上的单极子）组成，可以绕中心垂直轴旋转（见图9.8a）。Adcock阵元通过反相以产生类似于水平面中的垂直环的波束模式（见图9.8b）。Adcock对成功地取代了垂直环形天线，并且交叉Adcock对（称为Adcock正交阵列）可以很容易地用于Belli - Tossi系统中，该系统使用小型无线电测角仪确定信号到达方向。

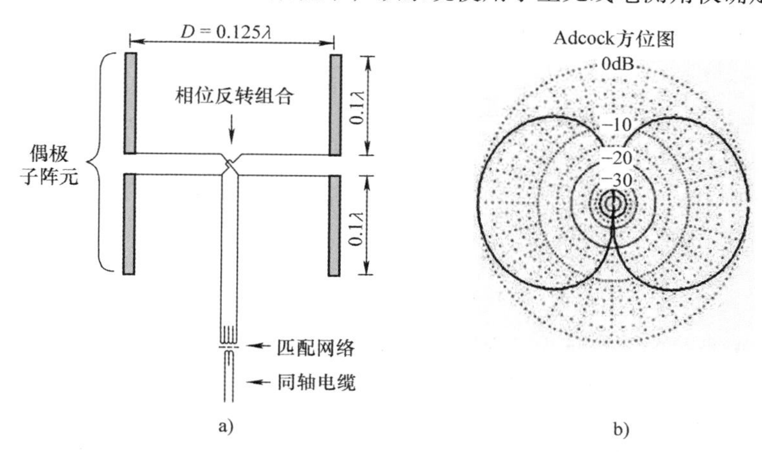

图9.8　a）Adcock偶极子配对阵元　b）方位响应

从20世纪20年代末到50年代中期，Adcock阵列在高频测向（HFDF）方面很受欢迎。在第二次世界大战期间，盟军创建了高频测向网络，对德国舰船和潜艇进行三角测量和定位，并向Enigma密码分析师提供原始信号文本。有17个美国的站点从阿达克、阿拉斯加延伸到加勒比，还有20个英国的和11个加拿大的站点。他们的测向信号被送到华盛顿、伦敦和渥太华的绘图室[13]。

9.2.1　Watson - Watt测向算法

在现代的数字“智能天线”测向出现之前，使用Watson - Watt算法的模拟相位比较系统通常与Adcock阵列一起使用。为了理解Watson - Watt算法，我们考虑使用下标N、S、E和W分别表示4个Adcock阵元中被$m(t)$调制的接收信号$s(t)$。正交分量设置在半径为$d/2$的圆上，产生相位接收信号，

$$s_N = m(t)\mathrm{e}^{-jk\frac{d}{2}\sin\theta\cos(\phi+\pi/2)} = m(t)\mathrm{e}^{+j\frac{\pi d}{\lambda}\sin\theta\sin\phi} \tag{9.29}$$

$$s_S = m(t)\mathrm{e}^{-jk\frac{d}{2}\sin\theta\cos(\phi-\pi/2)} = m(t)\mathrm{e}^{-j\frac{\pi d}{\lambda}\sin\theta\sin\phi} \tag{9.30}$$

$$s_E = m(t)\mathrm{e}^{-jk\frac{d}{2}\sin\theta\cos(\phi-\pi)} = m(t)\mathrm{e}^{+j\frac{\pi d}{\lambda}\sin\theta\cos\phi} \tag{9.31}$$

$$s_W = m(t)\mathrm{e}^{-jk\frac{d}{2}\sin\theta\cos(\phi-0)} = m(t)\mathrm{e}^{-j\frac{\pi d}{\lambda}\sin\theta\cos\phi} \tag{9.32}$$

Watson - Watt测向方法是比较N - S阵元的信号差异与E - W阵元的信号差异。也就是说，经过Adcock阵列之后，天线对之间的相位被反转，

$$S_{\mathrm{NS}} = m(t)\left\{ \mathrm{e}^{+\mathrm{j}\frac{\pi d}{\lambda}\sin\theta\sin\phi} - \mathrm{e}^{-\mathrm{j}\frac{\pi d}{\lambda}\sin\theta\sin\phi} \right\} \tag{9.33}$$

和

$$S_{\mathrm{EW}} = m(t)\left\{ \mathrm{e}^{+\mathrm{j}\frac{\pi d}{\lambda}\sin\theta\cos\phi} - \mathrm{e}^{-\mathrm{j}\frac{\pi d}{\lambda}\sin\theta\cos\phi} \right\} \tag{9.34}$$

回顾正弦函数的指数形式，

$$S_{\mathrm{NS}} = 2m(t)\sin\left(\frac{\pi d}{\lambda}\sin\theta\sin\phi\right) \text{和 } S_{\mathrm{EW}} = 2m(t)\sin\left(\frac{\pi d}{\lambda}\sin\theta\cos\phi\right) \tag{9.35}$$

N－S 和 E－W 信道的比较给出了信号方位角 α，

$$\tan\alpha = \frac{S_{\mathrm{N}} - S_{\mathrm{S}}}{S_{\mathrm{E}} - S_{\mathrm{W}}} = \frac{S_{\mathrm{NS}}}{S_{\mathrm{EW}}} = \frac{\sin\left(\frac{\pi d}{\lambda}\sin\theta\sin\phi\right)}{\sin\left(\frac{\pi d}{\lambda}\sin\theta\cos\phi\right)} \tag{9.36}$$

为了简化，我们构造的 Adcock 正交阵列满足 $d \ll \lambda$（通常使用 $d \sim \lambda/8$ 阵列大小），这允许我们把小数量的正弦近似为数量本身，得到

$$\tan\alpha = \frac{S_{\mathrm{N}} - S_{\mathrm{S}}}{S_{\mathrm{E}} - S_{\mathrm{W}}} \approx \frac{\sin\phi}{\cos\phi} \tag{9.37}$$

N－S 和 E－W 信号的比较是为了提取相位而不是幅值。式（9.37）表明，通过提取相位差的比值，方位角 α 可以通过电压比的简单三角函数来估计。

现在，使用正交阵列的 Adcock 测向系统在甚高频（VHF）和超高频（UHF）频段的小型移动测向系统中很受欢迎，但我们不再依赖 Watson－Watt 算法。Adcock 正交阵列的 3 个输出，对应于一个 4 阵元叠加全向参考信道及一个“余弦”和“正弦”方位波束信道，它允许采用如上面所概述的环形天线的相关测向。

9.3 应用于 Adock 和交叉环阵的现代测向

自 20 世纪 60 年代以来，数字测向方法最为有效，它们都依赖于天线阵电压协方差矩阵 R_{vv} 和相应的阵列流形 $a(\phi)$（或其仰角、频率和极化的扩展）。该算法可以与环、单极和偶极阵列一起使用。这里我们举例说明 Adcock 阵列的数学方法，并且可以同样地应用于交叉环阵，假定阵列也具有全向参考天线。在任一阵列中，复电压的协方差矩阵 $R_{vv} = [vv^{\mathrm{H}}]$ 基于全向、正弦和余弦天线相对电压，

$$v = \begin{bmatrix} 1 \\ <\hat{v}_{\mathrm{s}}> \\ <\hat{v}_{\mathrm{c}}> \end{bmatrix} \tag{9.38}$$

式中，$<\hat{v}_{\mathrm{c}}> = \left\langle \frac{v_{\mathrm{c}}}{v_{\mathrm{o}}} \right\rangle = \sum_{k=1}^{K} \frac{|v_{\mathrm{c}k}|}{|v_{\mathrm{o}k}|}\mathrm{e}^{\mathrm{j}(\Phi_{\mathrm{c}k} - \Phi_{\mathrm{o}k})}$，$\langle \hat{v}_{\mathrm{s}} \rangle$ 也类似。

最简单的相关算法是 Bartlett 相关。在天线阵列流形的每个离散方位角 ϕ 形成相关系数$C(\phi)$，

$$C(\phi) = \left(\frac{1}{\mathrm{trace}(R_{vv})}\right)\frac{a(\phi)^{\mathrm{H}}R_{vv}a(\phi)}{a(\phi)^{\mathrm{H}}a(\phi)} \tag{9.39}$$

通过与1/trace(R_{vv})的相乘将系数$C(\phi)$归一化为0~1，上面的天线流形矩阵中的上标H是厄密特算子，这意味着采用矩阵共轭转置。

一旦$C(\phi)$形成后，Bartlett测向过程则使用标准峰值发现和插值技术来寻找$C(\phi)$的最大值（见图9.9a）。在所有信号方位角的仿真中，我们可以看到相关面（见图9.9b）。

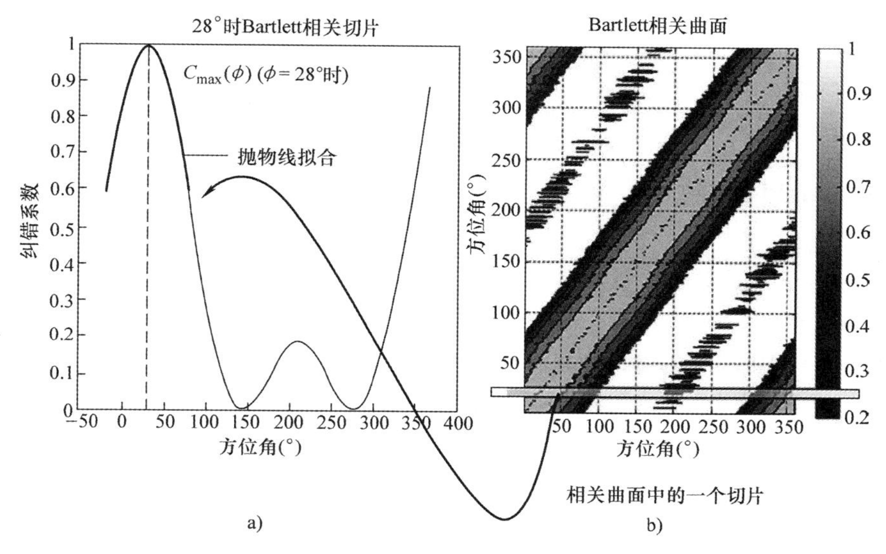

图9.9 a）具有峰值发现的Bartlett相关 b）Bartlett相关曲面

请注意，相关峰可以近似为以下形式的抛物线，

$$C(\phi)\approx a\phi^2+b\phi+c \tag{9.40}$$

并且表示测向方向的抛物线的最大值由式（9.41）计算，

$$\frac{\partial C(\phi)}{\partial\phi}=2a\phi+b=0 \tag{9.41}$$

所以，

$$\phi=-\frac{b}{2a} \tag{9.42}$$

抛物线系数可以通过抛物线峰值附近的顺序相关测量来快速计算。事实上，只有3次测量是必要的（见习题9.7）。

9.4 定位

直到最近，定位无线信号的想法仍是军事拦截或导航服务的起源。今天，定位服务通过许多不同的技术来执行，其中包括全球定位系统（GPS）及其等同物（如GLONASS）。关键是测量分别从多颗卫星的到达时间，并在用户手机内同时解决位置和时间的问题。

无论是本地发射塔还是全球闪电定位网（WWLLN）[14]，协作站点都使用到达时间差

（TDOA）双曲线定位。通过本地发射机的接收信号强度（RSS），可以在手机中实现低成本的定位估算。

或许最古老也最有趣的是利用多个测向站点的到达角定位或者移动平台（例如汽车、船舶或飞机）的“运动的方向”定位。

经典的三角方位线定位方法可追溯到1947年Stansfield的发现[15]。他的方法是为“平坦的地球”设计的。在20世纪70年代，Dennis Wangsness采用了一种略微不同的方法，使用新的测向用于在球形的地球上进行方位线定位[16]。然而，使用现代线性代数检验Stansfield的原始方法会有启发性。

9.4.1 Stansfield 算法

我们首先检查第 k 个测向截取位置（$k=1\cdots K$）和相关的第 k 个朝向位置 s 处的发射信号的方位线（见图9.10）。

笛卡儿参考系统有一个任意的原点，但是在这个参考系统中，矢量分别代表发射机、测向截取位置和方位线（使用最近的到达距离），

$$\bar{s}=\begin{bmatrix}s_x\\s_y\end{bmatrix}\text{为发射信号的矢量位置（未知）}\tag{9.43}$$

$$\bar{r}_k=\begin{bmatrix}r_x\\r_y\end{bmatrix}\text{为第 }k\text{ 个测向位置的矢量位置（已知）}\tag{9.44}$$

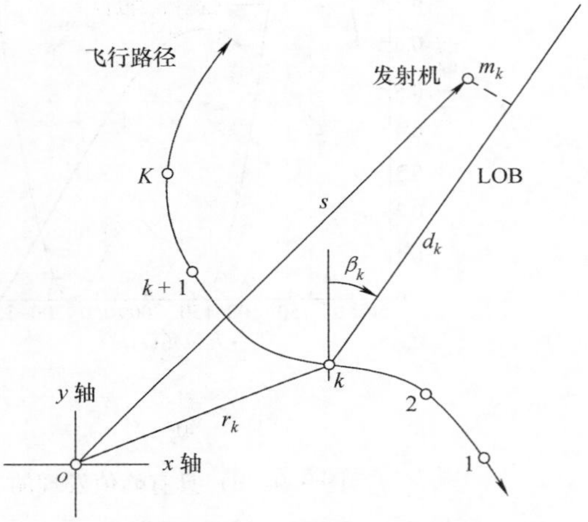

图9.10 得到发射器地理定位的多方位线测向示意图

$$\bar{d}_k=\begin{bmatrix}d_x\\d_y\end{bmatrix}\text{为到最接近发射机的点的方位线矢量（未知）}\tag{9.45}$$

$$\bar{m}_k=\begin{bmatrix}m_x\\m_y\end{bmatrix}\text{为从方位线到发射机的误差距离矢量（未知）}\tag{9.46}$$

对于每个 $k=1\cdots K$ 的观察值，我们可以将发射机矢量写为第 k 个测向站点位置到最接近点的方位线矢量以及误差距离矢量3者的和，

$$\bar{s}=\bar{r}_k+\bar{d}_k+\bar{m}_k\tag{9.47}$$

虽然方位线矢量和误差距离是未知的，但从测量的到达角可知它们的方向。这里方位线（测向得到的到达角）β_k 从北（y 轴）顺时针被测量。因此可以写出第 k 个方位线矢量和误差矢量，

$$\bar{d}_k=d_k\begin{bmatrix}\sin\beta_k\\\cos\beta_k\end{bmatrix}\text{和 }\bar{m}_k=m_k\begin{bmatrix}-\cos\beta_k\\\sin\beta_k\end{bmatrix}\tag{9.48}$$

式中，d_k 和 m_k 分别是第 k 个观测到最接近点的方位线矢量和误差距离。

由于方位线矢量和误差矢量互相垂直的，我们希望它们之间的点积是零。在这里，我们将点

积表示为向量转置乘以向量

$$\overline{m}_k^{\mathrm{T}}\overline{d}_k = m_k d_k[-\cos\beta_k \quad \sin\beta_k]\begin{bmatrix}\sin\beta_k \\ \cos\beta_k\end{bmatrix} \tag{9.49}$$

给出，

$$\overline{m}_k^{\mathrm{T}}\overline{d}_k = m_k d_k(-\cos\beta_k\sin\beta_k + \sin\beta_k\cos\beta) = 0 \tag{9.50}$$

我们可以简单地使用误差距离转置的单位矢量 $\overline{u}_k^{\mathrm{T}} = [-\cos\beta_k\sin\beta_k]$

并用它作为式（9.47）两边的乘数，

$$\overline{u}_k^{\mathrm{T}}\overline{s} = \overline{u}_k^{\mathrm{T}}\overline{r}_k + \overline{u}_k^{\mathrm{T}}\overline{d}_k + \overline{u}_k^{\mathrm{T}}\overline{m}_k \tag{9.51}$$

但根据式（9.50）我们知道 $\overline{u}_K^{\mathrm{T}}\overline{d}_k \equiv 0$，于是，

$$\overline{u}_k^{\mathrm{T}}\overline{s} = \overline{u}_k^{\mathrm{T}}\overline{r}_k + \overline{u}_k^{\mathrm{T}}\overline{m}_k \tag{9.52}$$

在检查 $\overline{u}_k^{\mathrm{T}}\overline{r}_k$ 这一项后，我们意识到这是一个已知的因素，

$$\overline{u}_k^{\mathrm{T}}\overline{r}_k = [-\cos\beta_k \quad \sin\beta_k]\begin{bmatrix}r_{xk} \\ r_{yk}\end{bmatrix} = -r_{xk}\cos\beta_k + r_{yk}\sin\beta_k \tag{9.53}$$

式（9.52）的最后一项将误差单位矢量的转置乘以误差距离矢量。这个乘法消除了所有方向项，只留下误差距离，

$$\overline{u}_k^{\mathrm{T}}\overline{m}_k = m_k[-\cos\beta_k \quad \sin\beta_k]\begin{bmatrix}-\cos\beta_k \\ \sin\beta_k\end{bmatrix} = m_k(\cos^2\beta_k + \sin^2\beta_k) = m_k \tag{9.54}$$

我们现在对每个第 k 次观察（$k=1\cdots K$）都写出式（9.52），并表示为矩阵方程，

$$\begin{bmatrix}-\cos\beta_1 & \sin\beta_1 \\ \cdots & \cdots \\ -\cos\beta_K & \sin\beta_K\end{bmatrix}\overline{s} = \begin{bmatrix}-r_{x1}\cos\beta_1 + r_{y1}\sin\beta_1 \\ \cdots \\ -r_{xK}\cos\beta_K + r_{yK}\sin\beta\end{bmatrix} + \begin{bmatrix}m_1 \\ \cdots \\ m_K\end{bmatrix} \tag{9.55}$$

该式具有如下的形式，

$$\overline{A}\ \overline{s} = \overline{X} + \overline{m} \tag{9.56}$$

式中，$\overline{X}$ 是已知的，并且 $\overline{m}$ 是残差的矢量。

最小二次方法要求我们假设误差的二次方和 m_k^2 将是最小值，并且平均误差是无偏的 $\langle m\rangle = \sum_{k=1}^{K} m_k \Rightarrow \lim(K\to\infty) = 0$，让我们来解基本的等式，

$$\overline{A}\ \overline{s} = \overline{X} \tag{9.57}$$

我们想通过求矩阵 $\overline{A}$ 的逆矩阵立即求解发射机位置 $\overline{s}$，但由于 $\overline{A}$ 不是方阵（它是 $K\times 2$），不能这样做。为了使它成为方矩阵并且是可逆的，在等式两边都乘以 $\overline{A}^{\mathrm{T}}$，

$$\overline{A}^{\mathrm{T}}\overline{A}\ \overline{s} = \overline{A}^{\mathrm{T}}\overline{X} \tag{9.58}$$

矩阵乘积 $\overline{A}^{\mathrm{T}}\overline{A}$ 是方形的并且可以求逆，故可以使用这样的解法，

$$\overline{s} = (\overline{A}^{\mathrm{T}}\overline{A})^{-1}\overline{A}^{\mathrm{T}}\overline{X} \tag{9.59}$$

转置乘积的逆矩阵再乘以转置矩阵有一个特殊名称——伪逆，有时写为

$$\overline{A}^{\#} = (\overline{A}^{\mathrm{T}}\overline{A})^{-1}\overline{A}^{\mathrm{T}} \tag{9.60}$$

我们注意到，与大多数其他的定位算法不同，在式（9.59）总结的 Stansfield 算法不需要迭代，这是 Stansfield 算法的过人之处。

9.4.2　加权最小二次方解

式（9.59）中的 Stansfield 算法给出了发射机位置的未加权最小二次方解，但它并没有解答我们对实际位置在其附近有多少把握。它也不处理诸如：不同的测向站点具有不同的方均根（rms）方位精度这样的问题。加权 Stansfield 算法出现来解决这些问题，但为了正确地确定权重，我们必须首先估计发射机位置，因此需要改进迭代[17]。我们首先改变基本 Stansfield 方程，即式（9.59），给每一边乘以权重 w，

$$w\bar{A}\bar{s}=w\bar{X} \tag{9.61}$$

当在两边同时乘以 $\bar{A}^{\mathrm{T}}w$ 时，

$$\bar{A}^{\mathrm{T}}ww\bar{A}\bar{s}=\bar{A}^{\mathrm{T}}ww\bar{X} \tag{9.62}$$

使用 $\bar{W}=ww$ 作为加权矩阵，我们再次求解发射机位置，

$$\bar{s}=(\bar{A}^{\mathrm{T}}\bar{W}\bar{A})^{-1}\bar{A}^{\mathrm{T}}\bar{W}\bar{X} \tag{9.63}$$

加权矩阵 $\bar{W}$ 是观测（先验）误差协方差矩阵的逆矩阵，

$$\bar{W}=\bar{R}_{\mathrm{AOA}}^{-1} \tag{9.64}$$

式中，$\bar{R}_{\mathrm{AOA}}$ 是一个 $K\times K$ 矩阵。

给出发射机位置的加权最小二次方估计，

$$\bar{s}=(\bar{A}^{\mathrm{T}}\bar{R}_{\mathrm{AOA}}^{-1}\bar{A})^{-1}\bar{A}^{\mathrm{T}}\bar{R}_{\mathrm{AOA}}^{-1}\bar{X} \tag{9.65}$$

如果观测是独立的，则协方差矩阵 $\bar{R}_{\mathrm{AOA}}$ 是一个 $K\times K$ 的对角矩阵。对角元素包含 1σ 误差距离统计期望的预期二次方，

$$\bar{R}_{\mathrm{AOA}}=\begin{bmatrix}\gamma_1^2\sigma_1^2 & 0 & 0\\ 0 & \gamma_k^2\sigma_k^2 & 0\\ 0 & 0 & \gamma_K^2\sigma_K^2\end{bmatrix}\quad（独立观测） \tag{9.66}$$

$$\bar{R}_{\mathrm{AOA}}^{-1}=\begin{bmatrix}1/\gamma_1^2\sigma_1^2 & 0 & 0\\ 0 & 1/\gamma_k^2\sigma_k^2 & 0\\ 0 & 0 & 1/\gamma_K^2\sigma_K^2\end{bmatrix} \tag{9.67}$$

式中，$\gamma_k^2=(\bar{s}-\bar{r}_k)^{\mathrm{T}}(\bar{s}-\bar{r}_k)$ 是从每个测向位置 $\bar{r}_k$ 到估计发射机位置 $\bar{s}$ 的估计距离的二次方；σ_k^2 是每个测向定位线的方均根误差的二次方（方差），这是测向精度的先验统计估计，并且它是诸如测向天线阵基线和信噪比之类的因素的函数；$\gamma_k\sigma_k$ 是第 k 个方位的统计误差距离，使用第 k 个实际的误差距离的模值 $|m_k|$ 来近似。

请注意，为了提高效率，矩阵 $\bar{A}$、$\bar{A}^{\mathrm{T}}$ 和 $\bar{X}$ 已经为第一个 Stansfield 解法［见式（9.59）］计算过了。所以这种对 $\bar{s}$ 的改进和 $(\bar{A}^{\mathrm{T}}\bar{R}_{\mathrm{AOA}}^{-1}\bar{A})^{-1}$ 的形成是相当有效的。

9.4.3　置信误差椭圆

如果我们想确定 Stansfield 定位的质量，方法就是以指定的置信度（例如，90% 或 95% 的置

信度）确定围绕包含真实位置的地理定位的误差椭圆。

我们需要将误差协方差矩阵$\overline{R}_{AOA}$投影到误差距离协方差矩阵$\overline{R}_X$中，从中可以推导出置信误差椭圆。式（9.65）中带有加权观测的第一个因子是投影变换，

$$\overline{R}_x = (\overline{A}^{T}\overline{W}\overline{A})^{-1} = (\overline{A}^{T}\overline{R}_{AOA}^{-1}\overline{A})^{-1} \tag{9.68}$$

误差距离通常用多元正态分布建模，得到一个置信椭圆，其中累积分布函数（cdf）具有指定的包含概率p_o（如$p_o=95\%$）。p_o与二维（二元）正态分布的累积指数之间的关系为

$$p_o \equiv p(miss < j_o) = 1 - \exp\left(-\frac{j_o^2}{2}\right) \tag{9.69}$$

标准差j_o（以σ衡量）被视为一个缩放变量。

可以重写式（9.69）来把该缩放因子表示为置信度水平（累积概率p_o）的函数，并且对表9.1中的常见值进行计算。

表 9.1　置信概率和σ缩放因子

p_o（置信度水平）	j_o（缩放因子）
$p_o=50\%$	1.1774
$p_o=68\%$	1.5096
$p_o=90\%$	2.1460
$p_o=95\%$	2.4477
$p_o=99\%$	3.0349

$$j_o = [-2\ln(1-p_o)]^{1/2} \tag{9.70}$$

方差缩放因子j_o^2允许对由$\overline{R}_{AOA}$创建的误差协方差矩阵R_x进行缩放，其中$\overline{R}_{AOA}$仅使用“1σ”二次方的 AOA 误差。我们的方法是使用缩放的误差距离协方差矩阵，

$$\overline{R}_{j_o} = j_o^2\,\overline{R}_x \tag{9.71}$$

为了从经过缩放的协方差矩阵中找到相应的置信椭圆，我们使用主特征值分量并遵循与式（9.21）~式（9.23）中使用的相同的数学方法。这是适用于需要主分量的许多问题的标准技术，

$$|\overline{R}_{j_o} - \lambda\,\overline{I}| = 0 \tag{9.72}$$

式中，$\overline{R}_{j_o} = j_o{}^2\,\overline{R}_x = j_o^2\begin{pmatrix} a & b \\ c & d \end{pmatrix}$，来源于式（9.68）。

对于 Stansfield 的二维笛卡儿坐标系，行列式

$$|\overline{R}_{j_o} - \lambda\,\overline{I}| = j_o^2\begin{vmatrix} a-\lambda & b \\ c & d-\lambda \end{vmatrix} = 0 \tag{9.73}$$

产生一个二次多项式，可以解为

$$\lambda_{j_o} = j_o^2\left\{\frac{(a+d)}{2} \pm \left[\frac{(a+d)^2}{4} - (cd-bc)\right]^{1/2}\right\} => \{j_o^2\lambda_+ \text{和} j_o^2\lambda_-\} \tag{9.74}$$

λ_{j_o}的特征根的二次方根与在p_o级设置的置信椭圆的半长轴和半短轴成正比。根据式

(9.74)，结果为

$$半长轴 = j_o\sqrt{\lambda_+} \tag{9.75}$$

$$半短轴 = j_o\sqrt{\lambda_-} \tag{9.76}$$

其方向为

$$\tan(2\theta) = \frac{(b+c)}{(a-d)} \quad (\theta 从 x 轴开始,逆时针测量) \tag{9.77}$$

或者，

$$\alpha = \frac{\pi}{2} - \frac{1}{2}\arctan\left(\frac{(b+c)}{(a-d)}\right) \quad (\alpha 从 y 轴开始,顺时针测量) \tag{9.78}$$

本书包括一个名为“Stansfield”的 MATLAB 程序，可以从移动平台模拟方位线。可以改变各种参数，包括截距和方均根到达角精度。图 9.11 说明了程序的典型图。

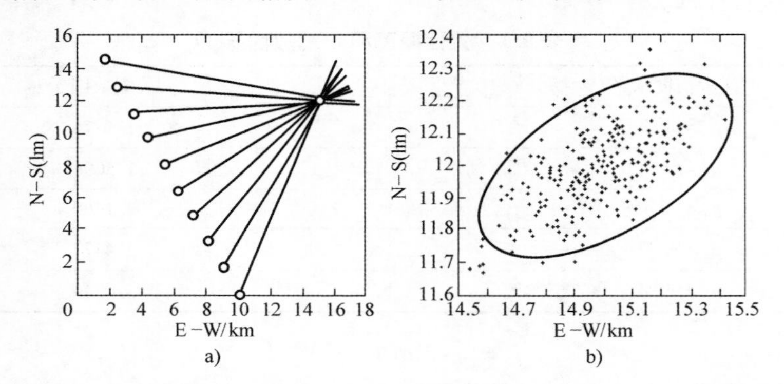

图 9.11　a）方位地理定位试验的仿真线　b）300 个试验位置，95% 置信度椭圆

9.4.4　马氏统计

由误差距离协方差矩阵导出的置信椭圆由半长轴和半短轴的参数以及方位角来表示。在前面的章节中，它被视为只有一个椭圆，由单个的包含概率 p_o 指定。

但是，当然了，可以为我们的数据创建许多置信椭圆。事实上，可以假设每个具有误差距离矢量 $\bar{m}_k$ 的位置都驻留在某个置信椭圆内。

图 9.12 说明了这一点。在某种置信度下，我们在位置 a、b 和 c 有 3 个不同的误差位置。他们都有相同的 p_o 置信度，但每个 m_k 误差矢量有不同的长度。此外，如果比较误差位置 a 和 d，它们位于不同的置信椭圆内，但它们的欧氏误差距离是相同的。

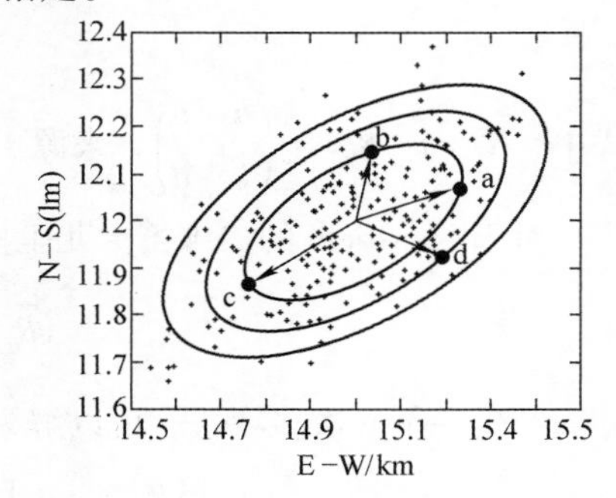

图 9.12　置信椭圆作为连续变量

为了解欧氏误差距离问题并确定合适的置信椭圆，首先检查第 k 个误差矢量的欧氏二次方距离：

$$\bar{m}_k = \begin{bmatrix} m_x \\ m_y \end{bmatrix} \text{具有欧氏二次方误差距离 } \mathrm{miss}_k^2 = \bar{m}_k^{\mathrm{T}} \bar{m}_k \tag{9.79}$$

我们需要一个非欧氏测量来延伸或压缩笛卡儿误差距离，以匹配沿着半长轴的较长距离和沿着半短轴的较短距离，这样可以保持在相同置信水平的椭圆内。使用误差协方差矩阵$\bar{R}_x$（正如我们所见，代表“1σ”椭圆）将马氏二次方距离定义为

$$J_k^2 = \bar{m}_k^{\mathrm{T}} \bar{R}_x \bar{m}_k \tag{9.80}$$

式中，J_k 是马氏距离。

马氏距离与置信椭圆概率有关，

$$P_k \equiv p(\mathrm{miss} < J_k) = 1 - \exp\left(-\frac{J_k^2}{2}\right) \tag{9.81}$$

我们可以看到，每个误差矢量$\bar{m}_k$ 因此可以被映射到一个 1σ 缩放的置信椭圆内，

$$J_k = [\bar{m}_k^{\mathrm{T}} \bar{R}_x \bar{m}_k]^{1/2} \qquad (k = 1 \cdots K) \tag{9.82}$$

使用 $\{J_k\}$ 集合，我们按照升序对这些值进行重新排序，将有序集合表示为$\{J_i\}$ $(i = 1 \cdots K)$。现在有了进一步的认识：i 的值可以用来表示每个J_k 的累积概率：

$$P_i = \frac{i}{K} \qquad (i = 1 \cdots K) \tag{9.83}$$

通常测量的马氏统计量 $\{J_i, P_i\}$ 是由一系列j_o的归一化累积概率分布 $\{j_o, p_o\}$ 绘制的，

$$p_o = 1 - \exp\left(-\frac{j_o^2}{2}\right) \tag{9.84}$$

式中，典型地$0 \leqslant j_o \leqslant 4\sigma$。

理论和测量的 σ 和累积概率 $\{j_o, p_o\}$ 以及 $\{J_i, P_i\}$ 都绘制在同一个图上。如果定位估计是无偏的，并且真正只包含在 Stansfield 算法中为指定概率（例如95%）的置信椭圆所建模的预期随机正态误差，那么我们应该得到如图 9.13 所示的结果。

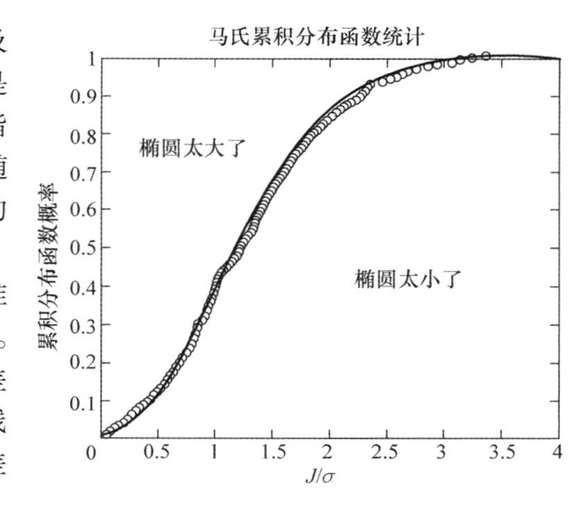

图 9.13　地理位置马氏距离（灰色圆圈）和归一化累积分布（黑色曲线）

图 9.13 解释了在测向和定位系统的现场校准过程中，马氏误差距离的累积概率是非常重要的。确定和绘制马氏误差距离的过程是在零均值误差的假设下完成的（例如，从观测站点平均方位线指向发射机）并且角度误差准确地由方均根误差表示。

如果现场系统违反了这些假设，例如损坏的天线流形会产生偏斜的方位线或噪声过程会改变方位线的方均根误差，那么对应于马氏误差距离的累积分布函数概率将不会符合预期的理论曲线，由于误差距离过大或置信椭圆过小它都会起伏不定。这在绘制图中将立即变得明显，但是错

误的来源并不明显。噪声抖动（增加方差）引起的偏差误差和不明原因可能是根本原因，但是马氏曲线不能容易地被解释来发现误差的真正原因。表 9.2 提出了一套扩展的数学模型，以跟踪偏差和方差误差。

表 9.2　计算偏差和方差

参数	值	估计方差
位置估计	$\overline{s}_k$	$\overline{R}_x$
误差矢量估计，其中$\overline{s}_o$已知，精确度（方差）为$\overline{R}_o$	$\overline{m}_k=\overline{s}_k-\overline{s}_o$	$\overline{R}_x+\overline{R}_o$
额外的（未知）偏差及其方差	$\widetilde{m}_k\equiv\overline{s}_k-\overline{s}_o-\overline{b}$	$\widetilde{R}_x\equiv\overline{R}_x+\overline{R}_o+\overline{R}_b$
马氏误差距离	$\widetilde{m}_k^{\mathrm{T}}\widetilde{R}_x\widetilde{m}_k$	1

9.5　参考文献/注释

1. Terman, F. E., *Radio Engineering*, McGraw-Hill, New York, 1947, p. 817.
2. Howeth, L. S., "History of Communications-Electronics in the United States Navy," U.S. Government Printing Office, Washington DC, 1963. Library of Congress Catalogue No. 64-62870. Chapter XXII "The Radio Direction Finder," pp. 261–265, reprinted at http://earlyradiohistory.us/1963hw22.htm.
3. Bellini, E., and A. Tosi, "A Directive System of Wireless Telegraphy," *Elec. Eng.* Vol. 2, pp. 771–775, 1907.
4. Slee, J. A., "Development of the Bellini-Tosi System of Direction Finding in the British Mercantile Marine," *J. IEE*, Vol. 62, pp. 543–550, 1924.
5. Simpson, C., *The Lusitania*, Little Brown and Company, Boston, MA, 1972.
6. Savas, T., *Hunt and Kill: U-505 and the Battle of the Atlantic*, Ed. Theodore P. Savas, Savas Beatie LLC, New York, 2005.
7. Smith-Rose, R. L., "Radio Direction-Finding by Transmission and Reception (with Particular Reference to Its Application to Marine Navigation)," *Proc. Institute of Radio Engineers*, Vol. 17, No. 3, Fig. 11, pp. 425–478, March 1929.
8. Oliver Heaviside，一位电磁研究者，他把麦克斯韦方程和微分学改写成我们今天使用的形式，是传输线理论和同轴电缆的开发者，提出了电离层的存在。他和美国电气工程教授 A. E. Kennelly 都推断，马可尼的跨大西洋无线电传输只能归因于地球高层大气中的自由电子。20 年后，美国的 G. Briet 和 M. A. Tuve 以及英国的 E. V. Appleton 都证实了 Kennelly – Heaviside 层的存在。两个研究小组都使用垂直脉冲无线电信号并测量了延迟，但 Appleton 的命名一直保持到今天："我如何给 D、E 和 F 命名的故事其实很简单。在早期的广播波长的工作中，我从 Kennelly – Heaviside 层获得反射，并在我的图上使用字母 E 表示下行波的电矢量。当我在 1925 年冬天发现，我可以从更高的完全不同的层获得反射时，我使用字母 F 代表下行波的电矢量。然后大约在同一时间，我偶尔会从很低的高度得到反射，所以自然使用字母 D 表示回波的电矢量。然后我突然意识到，我必须命名这些离散的图层，并且非常害怕假设测量的最终结果，我觉得我不应该将这些图层称为 A、B 和 C，因为在它们下面和上面都可能有未被发现的层。因此，我们认为最初对电场矢量 D、E 和 F 的标志可以用于这些层本身。"

See:
Dellinger, J. H., "The Role of the Ionosphere in Radio Wave Propagation," *AIEE Transactions*, Vol. 58, pp. 803–822, Nov. 1939.
Heaviside, O., "Telegraphy," *Encyclopedia Britannica*, 10th ed., Vol. 33, Dec. 19, 1902, p. 215.
Kennelly, A. E., "On the Elevation of the Electrically Conducting Strata of the Earth's Atmosphere," *Electrical World and Engineer*, p. 473, March 15, 1902.
Silberstein, R., "The Origin of the Current Nomenclature for the Ionospheric Layers," *J. Atmos. Terr. Physics.*, JATP 0259, p. 382.

9. Canck, M. H., "Radio Waves and Sounding the Ionosphere," *Antenne X*, No. 123, July 2007.

10. Adcock, F., "Improvements in Means for Determining the Direction of a Distant Source of Electro-Magnetic Radiation," British Patent No. 130490, 1919.

11. Smith-Rose, R. L., "Radio Direction-Finding by Transmission and Reception (with Particular Reference to Its Application to Marine Navigation)," *Proc. Institute of Radio Engineers*, Vol. 17, No. 3, pp. 425–478, 466, March 1929.

12. Smith-Rose, R. L., and R. H. Barfield, "The Cause and Elimination of Night Errors in Radio Direction Finding," *J. IEE*, Vol. 64, pp. 831–838, 1926.

13. Erskine, R., "Shore High-Frequency Direction-Finding in the Battle of the Atlantic: An Undervalued Intelligence Asset," *Journal of Intelligence History*, ISSN 1616–1262, Vol. 4, No. 2, Winter 2004.

14. World Wide Lightning Location Network (WWLLN), Univ. of Washington: http://webflash.ess.washington.edu/ [2014]. Rodger, C. J., S. W. Werner, J. B. Brundell, N. R. Thomson, E. H. Lay, R. H. Holzworth, and R. L. Dowden, "Detection Efficiency of the VLF World-Wide Lightning Location Network (WWLLN): Initial Case Study," *Annales Geophys.*, 24, pp. 3197–3214, 2006.
Corbosiero, K. L., S. F. Abarca, F. O. Rosales, and G. B. Raga, "The World Wide Lightning Location Network: Network Overview, Evaluation, and Its Application to Tropical Cyclone Research," available at www.atmos.ucla.edu/~kristen/presentations/Corbosiero_TexasAM_11.pdf [2014].

15. R. G. Stansfield, "Statistical Theory of DF Fixing," *Journal of IEE*, vol. 94, no. 15, pp. 762–770, 1947.

16. D. Wangsness, "A New Method of Position Estimation Using Bearing Measurements," *IEEE Trans. on Aerospace and Electronic Systems*, pp. 959–960, Nov. 1973.

17. Price, M. G. "Linear Least Squares Estimation," private publication, Jan. 1, 2006.

9.6 习题

1. 使用圆形区域，写出式（9.6）~式（9.8），要求根据环形面积而不是圆形环半径。

2. 在第一次世界大战期间，手动旋转垂直环形天线以确定信号方向。一旦在频带中找到信号，该环阵就会快速旋转，直到信号为零并确定方向。（零限点更清晰，更容易确定。）环形天线（其 $x-z$ 平面）指向东北45°。

（1）入射信号的方位角是什么？

（2）当环路产生零限点输出信号时，绘制天线环阵的俯视图，0°仰角辐射方向图，以及入射的日间信号的相对方向。

3. 交叉环系统对来自北方（$\phi=60°$）+30°方位角的信号执行天波测向。如果天波具有45°仰角（$\theta=45°$）并且水平电场分量的40%与垂直分量一样大，那么测向中的误差是多少？

4. 假设你正在校准HF船上的AS-145（垂直单极，交叉垂直环）天线。你可以在333ms内对一个频率进行全向-正弦-余弦矢量校准测向测量。周围的水会衰减水平极化的无线电波，所以只需要进行垂直校准 $E_{vertical}$，并且由于发射机位于海岸线 10 海里[⊖]以外的陆地上，所以只有 0°附近的一个仰角可用。船大约需要 20min 才能完成 360°转弯。若每 2°方位角测量一次，每 50 kHz 产生一个天线流形，那么在 3 ~ 30MHz 的高频频谱中校准船舶的 AS – 145 测向天线需要多长时间?

5. 1923 年，Poldu 发射机运行在 3092 kHz。在 20 世纪 20 年代，Adcock 正交阵列接收天线是实用的。在 $d=\lambda/8$ 的情况下，确定 0°仰角的天线辐射方向图。以 m 为单位的天线间距是多少? 仰角 0°（$\theta=90°$）的归一化 Watson – Watt 天线方向图方程式是什么?

6. 对于 $d=\lambda/8$ 的 Adcock 正交阵列，绘制完整解与 30°仰角（极坐标天顶角 $\theta=60°$）时 Watson – Watt 近似值之间的测向误差，使用 MATLAB 程序 Watson_Watt. m。

7. 假定阵列已经以 2°的间隔进行了校准（$\phi=0$，2°，…，358°）。使用巴特勒相关响应及粗略的峰值搜索算法在 ϕ_0处找到最高的相关响应。还测量了 ϕ_{-2}和 ϕ_{+2}处相邻方位角的相关响应，给出集合 $C(\phi_{-2})$、$C(\phi_0)$ 和 $C(\phi_{+2})$。使用 ϕ_0作为参考方位角，并用抛物线近似确定最大相关值 C_{max}和相应的测向方位角 ϕ_{max}的最佳估计值。

8. 使用问题 7 中得到的公式（或 MATLAB 程序 Parabolic_Fit. m），绘制抛物线拟合并确定峰值测向方向，条件为在 $\phi_0=40°$处出现最高相关性，校准步长为 2°，并且测量的相关系数是

$$C(\phi_{-2})=0.5, C(\phi_0)=0.9, C(\phi_{+2})=0.2$$

9. 从二元正态概率分布函数（pdf）中导出累积分布函数（cdf）。

$$P_o \equiv p(\text{miss} < j_o) = 1-\exp\left(-\frac{j_o^2}{2}\right)$$

式中在距离 r 处的误差概率由下式给出，

$$p(r)=\frac{1}{2\pi}\exp\left(-\frac{r^2}{2}\right)$$

10. 当 Stansfield LOB 定位估计引入到达角偏差时会发生什么? 真正的发射机包含的置信椭圆太大还是太小?

⊖ 1 海里 = 1. 852km。——译者注

第 10 章　矢量传感器[㊀]

10.1　简介

在本书中介绍的很多众所周知的测向和波束赋形工作都涉及由均匀天线组成的标量传感器阵列，这些天线只能从入射电场或磁场中提取一个分量进行处理。通过利用完整的矢量场并使用被称为矢量传感器的极化敏感天线，提高到达角估计精度和干扰源分离是可能的。矢量传感器已应用于多个学科，如声学、地震学和遥感。例如，在声学应用中，使用由正交定向标量检波器组成的矢量传感器来测量声压场以及粒子速度的 3 个分量。在电磁应用中，矢量传感器用于采集电磁平面波的所有 6 个笛卡儿场分量——3 个电场（E）分量和 3 个磁场（H）分量，其中指向正交的电偶极子和磁环的组合如图 10.1 所示。

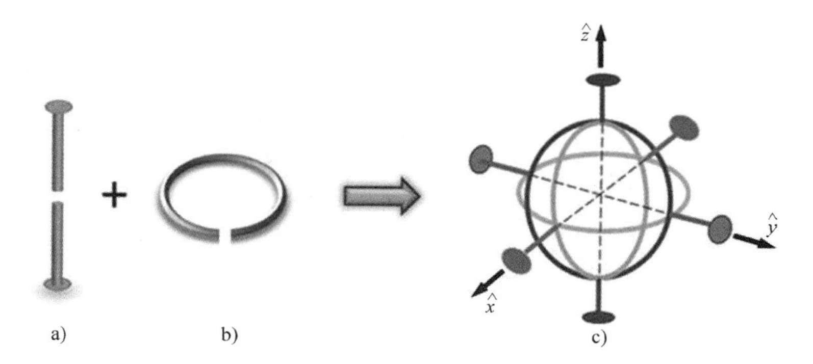

图 10.1　由指向正交的电、磁偶极子组成的电磁矢量传感器

a）电偶极子　b）磁偶极子（环）　c）六轴电磁矢量传感器

理想的垂直电偶极子只能检测垂直电场，而理想的水平环路只能响应垂直磁场。电磁矢量传感器嵌套 3 个或 6 个正交天线，以便同时感测全部电场 E 或全部磁场 H 或全部的电场 E 和磁场 H。有了这个矢量传感器，坡印亭矢量（$\bar{S}$）可以通过电场和磁场矢量的向量积来计算（$\bar{S}=\bar{E}\times\bar{H}$）。坡印亭矢量表示入射平面波的传播方向，也可以将其转换为较为方便的坐标系内的到达角表示。通过在空间位移阵列中用矢量传感器天线替换标量天线，可以通过两种独立的方法来估计到达角：在每个矢量传感器上应用的向量积测向技术和在第 7 章中研究的传统测向技术，后者利用了阵列中的矢量传感器天线之间的空间相位延迟。借助矢量传感器天线和向量积定向技术，可以消除由传统技术导出的标量阵到达角估计值的不确定性。

㊀ 本章由乔治亚理工学院研究院高级研究工程师 Jeffrey D. Conner 撰写。

矢量传感器天线配置存在许多变化。Watson－Watt[1]开发的早期测向系统可以被认为是一种矢量传感器，因为一些配置是由沿着 x 和 y 平面定向的正交交叉环形天线组成的，其中 z 方向电偶极子作为“感测”天线。环形天线用于计算在 $x-y$ 平面（相隔180°）源的到达角的两个模糊估计，为了满足平面波传播的右手定则，这些估计通过 E_z 场的符号消除歧义。Watson－Watt 进行的处理是我们在本章中研究的矢量传感器处理的简化。在接下来的几年中，Compton[2]对三极子——3 个交叉电偶极子性能的研究为使用完整的六轴矢量传感器进行到达方向估计[3-5]和波束赋形[6-7]方面的基础研究奠定了基础。

电磁矢量传感器设计和相关的信号处理仍然是一个丰富而活跃的研究领域。工业、政府和学术界设计和制造了许多种矢量传感器。商用矢量传感器由 Orbit/FR（原 Flam 和 Russell）、Quasar Federal Systems（QFS）和 Invertix 等公司开发。Orbit/FR 是紧凑阵列无线定位技术（CART）矢量传感器的原始开发商，其类似于图 10.1 所示的传感器。这是一个简单的设计，其中所有天线都与笛卡儿坐标系的轴对齐。Invertix 设计了一个类似的矢量传感器[8]，如图 10.2a 所示，不同之处在于天线单元在笛卡儿坐标系中旋转。图 10.2b 展示了一个由澳大利亚国防部设计的矢量传感器，它由 3 个相互正交的八角形环组成，环覆盖着称为 Giselle 天线的菱形八面体表面[9]。有两个正交的垂直环和一个水平环以便感测所有 3 个磁场分量以估计二维信号到达角度。

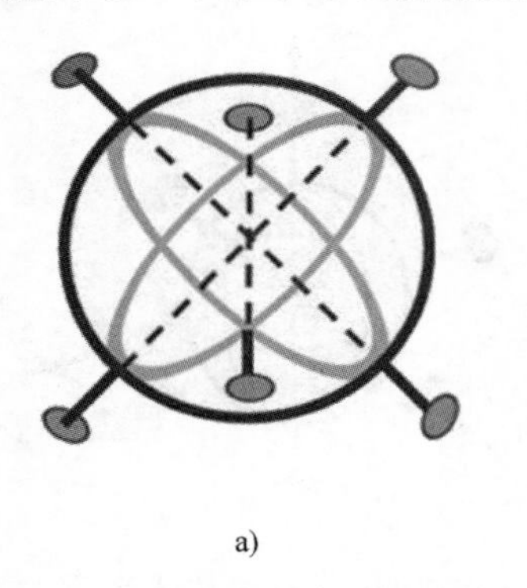

a)

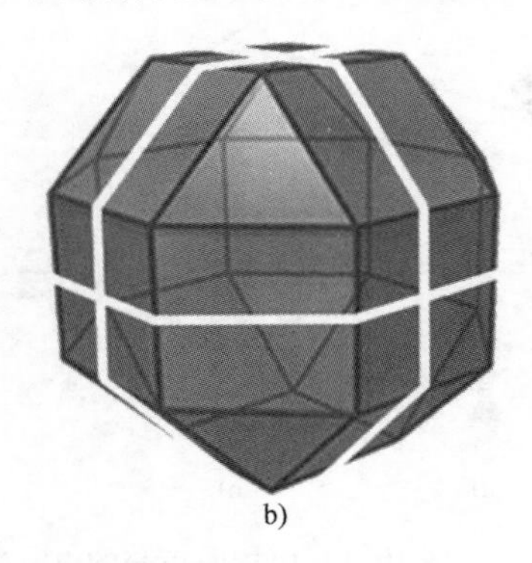

b)

图 10.2　示例矢量传感器配置

a）Invertix 旋转 CART　b）Giselle 天线

电磁矢量传感器的一个实际应用是无线电大气信号的基于地面的遥感，包括人造的和由雷击自然引起的远程雷电。矢量传感器是全球闪电网络（WWLN）的一个组成部分，其中通过矢量传感器估计的远程雷电的到达角度被转换为方位线（LOB），并且来自多个矢量传感器站点的多条方位线的交点指示了雷电源的地理位置。远程雷电信号出现在最高约 20kHz 的甚低频（VLF）范围内。甚低频的长波长使得应用传统的空间位移阵列具有挑战性，因为阵列基线非常大（10～100km）。另一方面，矢量传感器具有优势，即所有元件都被放置在同一个位置上。然而，图 10.1 中所示的矢量传感器天线的单个偶极子和环路单元在甚低频下实际只能构造为电小的。电小的偶极子和环路无论在方位角还是仰角平面中通常都具有全向模式。天线的正交配置使互耦保持最小。矢量传感器的另一个现代应用是在拥挤的高频（HF）频谱中发射机的定位[8,10]。与传统的需要非常大孔径（几十米）的空间位移阵列相比，矢量传感器的主要优点依然是占地面积较小。先进的信号处理技术可以提取视线（LOS）、超视距（OTH）和天波传播信号的二维到达角估计值。矢量传感器的极化灵敏特性进一步允许通过极化隔离来区分来自相同到达角的多个源。矢量传感器已被集成到无人机（UAV）[11,12]，它们可以用一个非常小的物理天线阵列来进行覆盖区的二维到达角估计。

矢量传感器应用的发展是由于与传统空间位移阵列相比，矢量传感器天线具有许多优点，其中包括：

- 一个天线中的 6 个矢量测量。
- 极化灵敏性和多样性。
- 利用单个矢量传感器和单次快照的二维到达角（方位角和仰角）估计和极化状态估计。
- 比相同覆盖区域的空间位移阵列更精确。
- 没有空间欠采样模糊（即栅瓣）。
- 由于阵元的配置，不需要不同的传感器之间同步。
- 卓越的同频道/同向干扰抑制性能。
- 宽视场。
- 杰出的低频（<2GHz）性能。

实现理想的矢量传感器并完全遵循理想假设可能具有挑战性。与矢量传感器天线的设计和实施相关的一些挑战包括：

- 要使得所有的阵元配置公共的相位中心，存在建造困难。
- 由单个天线的接收机信道数量增加带来的成本。
- 所假设的正交天线单元之间的不可忽略的互耦。
- 单个阵元内部和之间的天线方向图变化。

本章的其余部分重点介绍用于测向和波束赋形应用的矢量传感器基本原理，包括：1）矢量传感器天线阵列响应和波束图；2）向量积和超分辨率测向技术；3）矢量传感器波束赋形特性；4）测向性能的 Cramer – Rao 限。

10.2　矢量传感器天线阵列响应

在本节中，我们推导矢量传感器阵列的导向矢量（在第 4 章中详细讨论过）。导向矢量是均匀平面波信号的矢量传感器响应的参数表示，该均匀平面波信号来自阵列中的每个组成天线单元的任何到达角。该定义将作为未来本章所有分析的基础，并为分析更高级的矢量传感器几何结构提供了一个框架，这些传感器几何结构的构造是任意组合和任意指向的。

10.2.1　单矢量传感器的导向矢量推导

图 10.3 描绘了一个完整的六轴 CART 电磁矢量传感器天线和相应的坐标系。CART 是矢量传感器处理的传统物理配置，由 3 个电偶极子天线和 3 个环形天线（磁偶极子）组成。偶极子天线用于测量入射到矢量传感器上的横向电磁波（TEM）的电场分量（E_x、E_y和 E_z），而环形天线——电偶极子的双天线，用于测量相应的磁场分量（H_x、H_y和 H_z）。每个偶极子三元组的天线

单元互相正交并与笛卡儿坐标系的主轴（$\hat{x}$，$\hat{y}$，$\hat{z}$）对齐。还显示了相应的球坐标系（$\hat{r}$，$\hat{\theta}$，$\hat{\phi}$），其中 $0\leqslant\theta\leqslant\pi$ 表示从 $+z$ 轴开始测量的仰角，$0\leqslant\phi<2\pi$ 指的是从 $+x$ 轴朝向 $+y$ 轴测量的方位角。CART 矢量传感器对二维到达角以及入射平面波的极化敏感。这里的目标是根据到达角（θ，ϕ）和入射横向电磁平面波的极化状态（γ，η）来表达所有 6 个轴的各个笛卡儿电场和磁场分量（E_x、E_y、E_z、H_x、H_y 和 H_z），以推导矢量传感器的导向矢量。

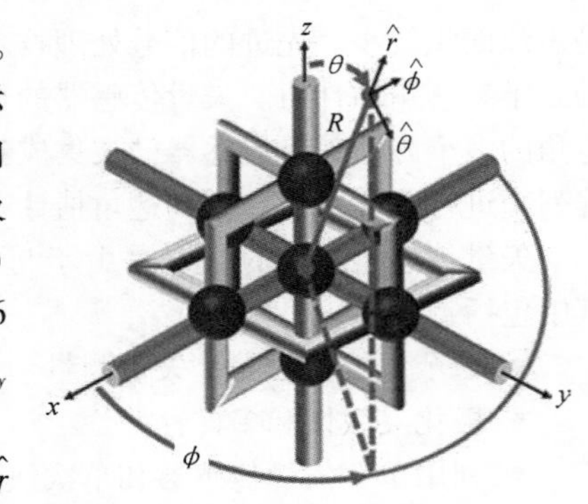

图 10.3　CART 矢量传感器天线和坐标系定义

首先，考虑在右手球坐标系内，单位矢量为 $\hat{\phi}$、$\hat{\theta}$、$-\hat{r}$ 时，沿着 $-\hat{r}$ 方向（对应于输入信号）传播的横向电磁波的电场相量表示 $\widetilde{E}(r)$，按照以下顺序给出：

$$\widetilde{E}(r)=[E_{\phi 0}\hat{\phi}+E_{\theta 0}\hat{\theta}]\mathrm{e}^{\mathrm{j}kr} \tag{10.1}$$

式中，$k=2\pi/\lambda$ 是横向电磁波的波数；$E_{\phi 0}$ 和 $E_{\theta 0}$ 是入射电场的复振幅，定义为

$$E_{\phi 0}=|E_{\phi 0}|,E_{\theta 0}=|E_{\theta 0}|\mathrm{e}^{\mathrm{j}\eta} \tag{10.2}$$

式中，$-\pi\leqslant\eta\leqslant\pi$ 是 $E_{\phi 0}$ 相对于 $E_{\theta 0}$ 的极化相位差。总的电场相量由式（10.3）给出，

$$\widetilde{E}(r)=[|E_{\phi 0}|\hat{\phi}]+|E_{\theta 0}|\mathrm{e}^{\mathrm{j}\eta}\hat{\theta}]\mathrm{e}^{\mathrm{j}kr} \tag{10.3}$$

并且相应的瞬时电场是

$$E(r,t)=Re[\widetilde{E}(r)\mathrm{e}^{\mathrm{j}\omega t}]=|E_{\phi 0}|\cos(\omega t+kr)\hat{\phi}+|E_{\theta 0}|\cos(\omega t+kr+\eta)\hat{\theta} \tag{10.4}$$

如果 η 等于 0 或者 $\pm\pi$，那么该波被认为是线极化的。如果振幅 $|E_{\phi 0}|$、$|E_{\theta 0}|$ 相等，并且 η 等于 $\pm\pi/2$，那么所得到的波被认为是圆极化的。在最一般的情况下，$|E_{\theta 0}|$、$|E_{\phi 0}|$ 和 η 都是非零的，并且电场矢量的顶点在 $\theta-\phi$ 平面上的轨迹是一个椭圆，如图 10.4a 所示。

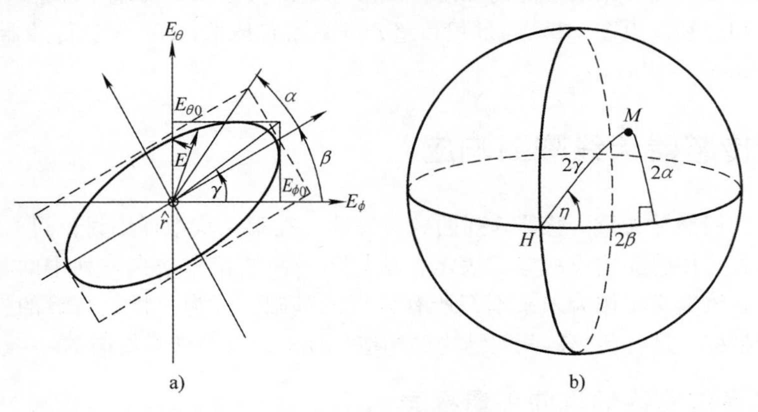

图 10.4　a）球面坐标中横向电磁波的椭圆极化　b）参数 α、β、γ 和 η 的 Poincaré 球表示

椭圆的形状及其旋向由极化比 $\tan\gamma\mathrm{e}^{\mathrm{j}\eta}$ 的值决定，其中 $\tan\gamma=|E_{\theta 0}|/|E_{\phi 0}|$，$0\leqslant\gamma\leqslant\pi/2$ 被定义为辅助角度。或者，极化椭圆可以用椭圆角度 $-\pi/4\leqslant\alpha\leqslant\pi/4$ 和方向（或旋转）角 $0\leqslant\beta\leqslant\pi$ 来描述。如图 10.4b 所示，Poincaré 球表示指出了这两个极化状态描述之间的关系，其中成对

的（γ，η）和（α，β）分别且唯一地表示球体上的点 M 的极化状态。这些极化状态对在数学上的关系是[3,13]

$$\cos 2\gamma = \cos 2\alpha \cos 2\beta \tag{10.5}$$

$$\tan\eta = \tan 2\alpha \csc 2\beta \tag{10.6}$$

或者反过来，

$$\tan 2\beta = \tan 2\gamma \cos\eta \tag{10.7}$$

$$\sin 2\alpha = \sin 2\gamma \sin\eta \tag{10.8}$$

角度 γ 被限制在 $0 \leqslant \gamma \leqslant \pi/2$ 的范围内，因此式（10.7）中 β 的符号由 $\cos\eta$ 项的符号决定，即

$$\begin{gathered}\gamma > 0 \text{ 若 } \cos\eta > 0 \\ \gamma < 0 \text{ 若 } \cos\eta < 0\end{gathered} \tag{10.9}$$

就我们的目的而言，将用 γ 和 η 表示电场分量（与 Compton 和 Li[3] 的文献一致），即

$$E_\phi = E_o \cos\gamma, E_\theta = E_o \sin\gamma \mathrm{e}^{\mathrm{j}\eta} \tag{10.10}$$

总电场相量现在表示为

$$\widetilde{E}(r) = E_o[\cos(\gamma)\hat{\phi} + \sin(\gamma)\mathrm{e}^{\mathrm{j}\eta}\hat{\theta}]\mathrm{e}^{jkr} \tag{10.11}$$

或写为矢量形式，

$$\bar{e} = \begin{bmatrix} E_\phi \\ E_\theta \end{bmatrix} = E_o \begin{bmatrix} \cos(\gamma) \\ \sin(\gamma)\mathrm{e}^{\mathrm{j}\eta} \end{bmatrix} \mathrm{e}^{jkr} \tag{10.12}$$

用球坐标系表示的电场矢量分量，可以用标准恒等式转换为笛卡儿坐标

$$\begin{bmatrix} \hat{x} \\ \hat{y} \\ \hat{z} \end{bmatrix} = \begin{bmatrix} \sin\theta\cos\phi & \cos\theta\cos\phi & -\sin\phi \\ \sin\theta\sin\phi & \cos\theta\sin\phi & \cos\phi \\ \cos\phi & -\sin\phi & 0 \end{bmatrix} \begin{bmatrix} \hat{r} \\ \hat{\theta} \\ \hat{\phi} \end{bmatrix} \tag{10.13}$$

得到 4 个参数（θ，ϕ，γ，η）在笛卡儿坐标中的电场矢量响应和振幅 E_o，

$$\bar{e} = \begin{bmatrix} E_x \\ E_y \\ E_z \end{bmatrix} = E_o \begin{bmatrix} \cos\theta\cos\phi & -\sin\phi \\ \cos\phi\sin\phi & \cos\phi \\ -\sin\theta & 0 \end{bmatrix} \begin{bmatrix} \sin(\gamma)\mathrm{e}^{\mathrm{j}\eta} \\ \cos(\gamma) \end{bmatrix} \mathrm{e}^{jkr} \tag{10.14}$$

相应的磁场分量 H_x、H_y 和 H_z 由传播方向 $-\hat{r}$ 和电场相量来计算，

$$\bar{h} = \frac{1}{Z_o}(-\hat{r}) \times \bar{e} = \frac{1}{Z_o} \begin{bmatrix} E_\phi \hat{\theta} \\ (-E_\theta)\hat{\phi} \end{bmatrix} \mathrm{e}^{jkr} \tag{10.15}$$

式中，Z_o 是传输介质的特征阻抗。将磁场矢量的球坐标系分量转换为笛卡儿坐标，得到

$$\bar{h} = \begin{bmatrix} H_x \\ H_y \\ H_z \end{bmatrix} = \frac{E_o}{Z_o} \begin{bmatrix} -\sin\phi & -\cos\phi\cos\phi \\ \cos\phi & -\cos\theta\sin\phi \\ 0 & \sin\theta \end{bmatrix} \begin{bmatrix} \sin(\gamma)\mathrm{e}^{\mathrm{j}\eta} \\ \cos(\gamma) \end{bmatrix} \mathrm{e}^{jkr} \tag{10.16}$$

级联电场和磁场矢量分量，归一化幅度缩放，并且假设矢量传感器位于原点（即，$r=0$），那么矢量传感器导向矢量的一般形式为

$$\bar{a}(\theta,\phi,\gamma,\eta)=\begin{bmatrix}E_x\\E_y\\E_z\\H_x\\H_y\\H_z\end{bmatrix}=\begin{bmatrix}\cos\theta\cos\phi & -\sin\phi\\ \cos\theta\sin\phi & \cos\phi\\ -\sin\theta & 0\\ -\sin\phi & -\cos\theta\cos\phi\\ \cos\phi & -\cos\theta\sin\phi\\ 0 & \sin\theta\end{bmatrix}\begin{bmatrix}\sin(\gamma)\mathrm{e}^{\mathrm{j}\eta}\\ \cos(\gamma)\end{bmatrix}=\bar{\Theta}(\theta,\phi)\bar{p}(\gamma,\eta) \tag{10.17}$$

有几个值得一提的关于矢量传感器导向矢量的观察，以及它如何与我们之前研究过的空间位移阵列几何结构相比较。

首先，导向矢量的大小是6×1，这意味着单个六轴矢量传感器包含6个标量天线单元，这6个标量天线单元在一个位置放置并有共同的中心。结果，与在空间位移阵列中不同，不存在时间延迟引起的阵元之间的相移，使得矢量传感器导向矢量与频率变化无关。另外，导向矢量对极化状态（γ，η）敏感；因此，理论上可以根据其极化状态的多样性分离从相同方向（θ，ϕ）到达的信号。正如我们后面看到的那样，可以将由极化状态估计得到的到达角估计分开，这有助于将搜索简化为只有两个维度，并且允许我们使用许多在第7章中研究的测向算法。最后，这个模型假设轴之间没有相互耦合；然而实际上，一些互耦总是存在的，而矢量传感器的设计者们则力求将这种耦合减少到可以忽略的效果。

10.2.2　矢量传感器阵列信号模型和导向矢量

六轴矢量传感器对输入的任意平面波的响应由到达角（θ，ϕ）、极化状态（γ，η）和E_o来描述。假设M个信号以特定的到达角和极化状态$\bar{\psi}_m=(\theta_m,\ \phi_m,\ \gamma_m,\ \eta_m)$到达，从而单个矢量传感器的瞬时响应由式（10.18）给出，

$$\bar{x}_m(t)=\bar{g}(\theta_m,\phi_m)\underbrace{\bar{a}(\theta_m,\phi_m,\gamma_m,\eta_m)}_{\bar{a}(\bar{\psi}_m)}\underbrace{E_{o,m}\mathrm{e}^{\mathrm{j}(\omega_m t+\varphi_m)}}_{s_m(t)}+\bar{n}(t) \tag{10.18}$$

式中，ω和φ是输入信号$s(t)=E_o\mathrm{e}^{\mathrm{j}(\omega t+\varphi)}$的载波频率和相位，并且$\bar{n}(t)$是由零均值高斯随机变量绘制的$6\times1$加性复噪声向量，高斯随机变量的标准差是$\sigma_{\mathrm{n}}$，协方差是$\sigma_{\mathrm{n}}\bar{I}$，其中$\bar{I}$是单位矩阵。式（10.18）也包含$\bar{g}(\theta,\ \phi)$这一项，它是一个$6\times1$的向量，其中包含短偶极子和环的电场$E$和磁场$H$响应。典型地，这个增益项$\bar{g}(\theta,\ \phi)$不包括在内，因为短电偶极子和环响应的双重性以及电场E和磁场H之间的特征阻抗Z_o的归一化。

因此，式（10.18）变为

$$\bar{x}_m(t)=\bar{a}(\bar{\psi}_m)s_m(t)+\bar{n}(t) \tag{10.19}$$

接下来，考虑位于（x_l，y_l，z_l）的L个空间分布的矢量传感器阵列，（x_l，y_l，z_l）以坐标原点为参考点。第l个矢量传感器的空间相位因子由式（10.20）给出

$$q_l(\theta,\phi)=\mathrm{e}^{\mathrm{j}2\pi(\bar{r}_l^{\mathrm{T}}\bar{u}(\theta,\phi))/\lambda}=\mathrm{e}^{\mathrm{j}2\pi(x_l\sin\theta\cos\phi+y_l\sin\theta\sin\phi+z_l\cos\theta)/\lambda} \tag{10.20}$$

式中，$\bar{r}_l=[x_l,\ y_l,\ z_l]^{\mathrm{T}}$是$3\times1$传感器位置矢量；$\bar{u}(\theta,\phi)=[\cos\theta\ \sin\phi,\sin\theta\ \sin\phi,\cos\theta]^{\mathrm{T}}$是源方向上的单位矢量。

来自第 m 个信号的第 l 个矢量传感器的导向矢量是

$$\bar{v}_{\mathrm{vs},l}(\bar{\psi}_m)=q_l(\theta_m,\phi_m)\bar{a}(\bar{\psi}_m)=q_l(\theta_m,\phi_m)\bar{\Theta}(\theta_m,\phi_m)\bar{p}(\gamma_m,\eta_m) \tag{10.21}$$

通过级联 L 个导向矢量来生成矢量传感器阵列的响应，

$$\bar{v}_{\mathrm{vs}}(\bar{\psi}_m)=\begin{bmatrix}\bar{v}_{\mathrm{vs},l}(\bar{\psi}_m)\\ \vdots \\ \bar{v}_{\mathrm{vs},L}(\bar{\psi}_m)\end{bmatrix} \tag{10.22}$$

然后给出一个矢量传感器阵列的完整归一化瞬时响应，

$$\bar{x}_m(t)=\bar{v}_{\mathrm{vs}}(\bar{\psi}_m)s_m(t)+\bar{N}(t) \tag{10.23}$$

式中，$\bar{N}(t)$尺寸为$6L\times1$，是 L 个矢量传感器的 6×1 维噪声向量$\bar{n}(t)$的级联。人们应该认识到式（10.23）的形式类似于我们之前研究的具有非极化敏感（即标量）天线的空间分布阵列。

10.3　矢量传感器测向

10.3.1　矢量积测向

回想一下基本的电磁理论，均匀平面波的定义是这样的：它在垂直于电场和磁场的方向上传播，并满足右手定则，如图 10.5 所示。这个事实激发了矢量传感器阵列的设计和阵列导向矢量的推导。通过测量所有 6 个电场和磁场分量，可以通过简单的矢量的向量积计算完全确定传播方向，见式（10.24）。

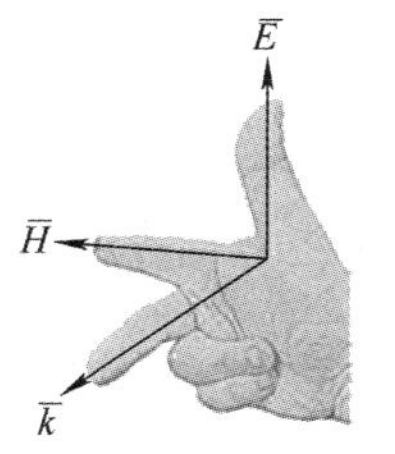

图 10.5　右手坐标系表示了传播方向与电场和磁场之间的关系

$$\bar{k}=\begin{bmatrix}k_x\\k_y\\k_z\end{bmatrix}=\frac{\bar{e}\times\bar{h}^*}{\|\bar{e}\|\cdot\|\bar{h}\|}=\begin{bmatrix}\sin\theta\cos\phi\\ \sin\theta\sin\phi\\ \cos\theta\end{bmatrix}\overset{\mathrm{def}}{=\!=}\begin{bmatrix}u\\v\\w\end{bmatrix} \tag{10.24}$$

在式（10.24）中计算的传播方向由 Frobenius 范数 $\|\cdot\|$ 归一化，这导致入射波的传播方向用方向余弦（u，v，ω）来表示，这就与仰角和方位角有关。

求解式（10.24）的到达角，给出，

$$\begin{aligned}\theta&=\arccos(k_z)=\arcsin(\sqrt{k_x^2+k_y^2})\\ \phi&=\arctan(k_y/k_x)\end{aligned} \tag{10.25}$$

一旦估计了到达角，就可以通过首先用式（10.17）的伪逆来找到极化参数，结果为

$$\bar{p}=\begin{bmatrix}p_1\\p_2\end{bmatrix}=[\bar{\Theta}^{\mathrm{H}}(\theta,\phi)\bar{\Theta}(\theta,\phi)]^{-1}\bar{\Theta}^{\mathrm{H}}(\theta,\phi)\bar{a} \tag{10.26}$$

式中，$\bar{a}=[E_x,\ E_y,\ E_z,\ H_x,\ H_y,\ H_z]^{\mathrm{T}}$，如式（10.17）所示。然后给出相应的极化参数，

$$\begin{aligned}\gamma&=\arctan(|p_1/p_2|)\\ \eta&=\angle p_1-\angle p_2\end{aligned} \tag{10.27}$$

接下来，让我们考虑一个简单的例子来强调向量积测向技术的一些特征。信号 $s(t)$ 的形式为

$$s(t)=A\sin(2\pi f_c t)(e^{-at}-e^{-bt}) \tag{10.28}$$

入射到位于图 10.3 中定义的坐标系原点的一个六轴矢量传感器上。如图 10.6 所示，信号 $s(t)$是一个阻尼正弦波，振幅 $A=2$，频率 $f_c=1\text{kHz}$，阻尼因子 $a=225$，$b=1000$。

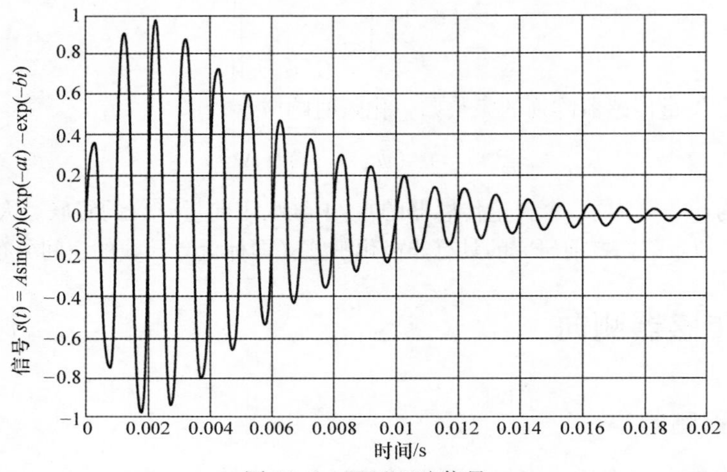

图 10.6　阻尼正弦信号

信号以$(\theta,\phi)=(90°,60°)$的角度到达，与在 $x-y$ 平面内传播的、极化状态为$(\gamma,\eta)=(45°,0°)$的 $s(t)$ 相对应。复高斯白噪声被加到 6 个矢量传感器信道中，信噪比（SNR）分别为 30dB 和 10dB，对应的噪声标准差分别为 0.01 和 0.1。然后对式（10.24）进行评估，以确定每个时间采样的指向方向，结果如图 10.7 所示。

我们从图 10.7 的结果可以看出，只需要一个数据快照就可以估计 3D 到达角，并且具有最强振幅值的时间样本提供了最可靠的到达角估计。多个“可靠”的角度估计值可以在某个时间窗内一起求平均值，以产生更稳健的到达角估计值。这种信噪比（SNR）要求是使用向量积技术进行角度估计的一个限制。这激发了更复杂的矢量传感器处理技术的发展，能够对测量结果进行平均，以平滑和/或减轻干扰。在前面的章节中研究的许多技术，如 MUSIC、MVDR 或 ESPRIT 都可以改进角度估计过程，在下一节中将进行更详细的研究。

向量积技术的另一个好处是不需要全部 6 个矢量传感器轴来获得角度估计值。例如，如图 10.8所示的交叉配置中的一对环形天线通常被遥感，业余无线电和搜索救援社区用于估计方位到达角。

交叉环由沿着南北方向指向的一个环和沿着东西环正交指向的另一个环构成。交叉环具有正交的“数字 8”模式，如图 10.8 所示，其中南北向环的峰值出现在东西向环的零点处，反之亦然。通过取两个回路之间电压的反正切来估计到达角

$$\phi=\arctan\left(\frac{V_{\text{N-S}}}{V_{\text{E-W}}}\right) \tag{10.29}$$

包含的感应天线可帮助解决角度估计的模糊到达象限问题。这里的感应天线被表示为测量 z

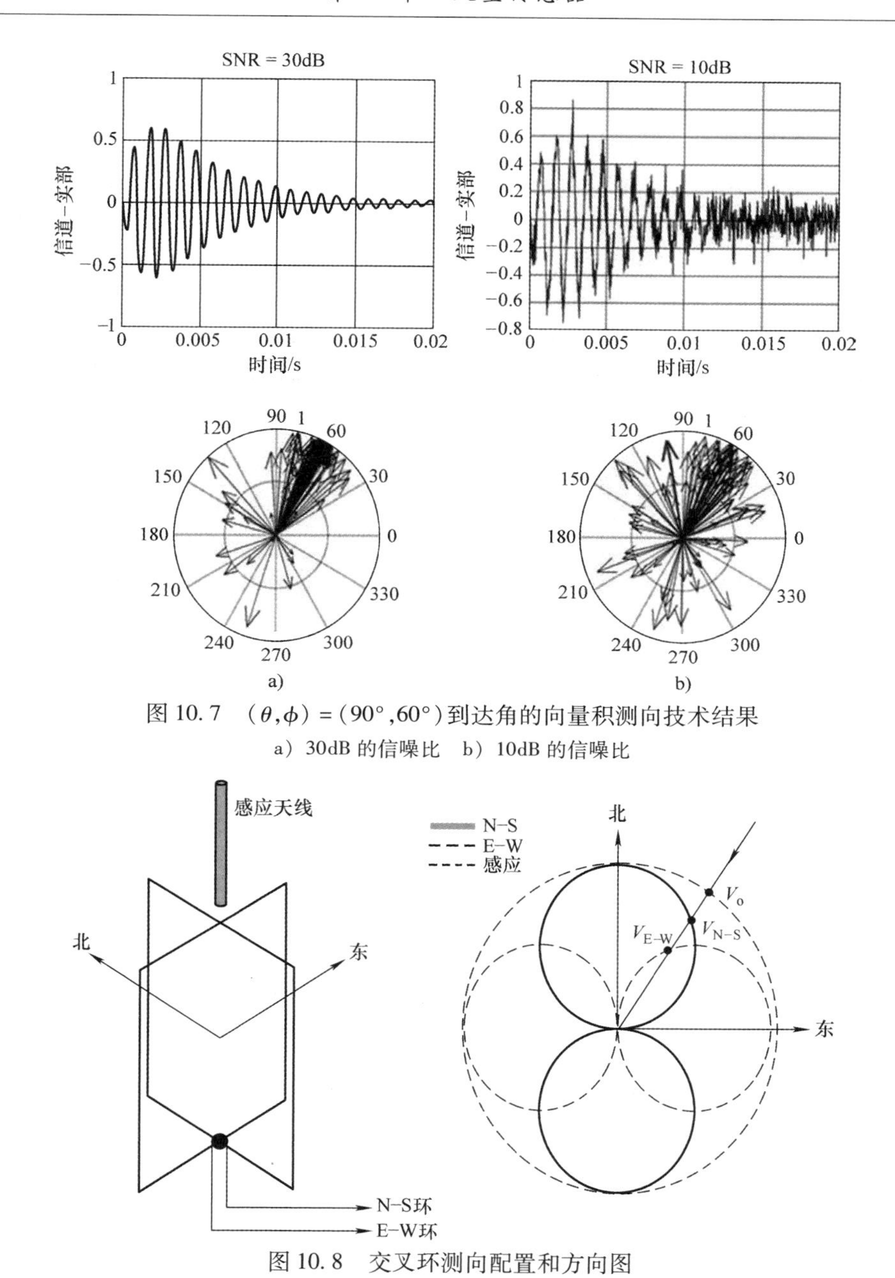

图 10.7　$(\theta,\phi)=(90°,60°)$ 到达角的向量积测向技术结果

a）30dB 的信噪比　b）10dB 的信噪比

图 10.8　交叉环测向配置和方向图

方向电场分量 E_z 的电偶极子。计算式（10.24）的向量积，产生传播方向，然后用它来确定正确的象限。

10.3.2　超分辨率测向

许多著名的超分辨率技术，如 MVDR 和 MUSIC 也可应用于矢量传感器。传统的空间分布阵列的超分辨率实现与矢量传感器的区别在于，对于矢量传感器，除了两个角度参数（θ，ϕ）之外，还必须搜索两个极化状态参数（γ，η）。在4D空间上执行高效搜索可能具有挑战性。存在几种将角度估计和极化状态分开的技术。在参考文献［7］中详细描述了一种这样的技术，其中，使用线性约束最小方差（LCMV）波束赋形计算的空间极化波束，通过仅沿着特定角度/极化维度来对单个感兴趣的信号的角度估计与极化估计解耦。下一节将详细讨论矢量传感器波束赋形的实现。

在参考文献［14］中描述了Ferrara和Parks开发的替代LCMV波束赋形的另一种方法来区分角度和参数估计问题。其中，MVDR、MUSIC和适合的角度响应（AAR）技术的极化状态搜索被证明是具有以下形式的广义特征值问题的解

$$\bar{A}\bar{v}=\lambda\bar{B}\bar{v} \tag{10.30}$$

式中，λ 对应于分解的特征值；$\bar{v}$是对应的特征向量。用MATLAB的eig函数可以很容易地求解这个问题

$$[\mathrm{v},\mathrm{lamda}]=\mathrm{eig}(\mathrm{A},\mathrm{B}) \tag{10.31}$$

回想一下，在传统情况下，入射信号的极化是已知的或者天线不是极化敏感的，我们可以生成传统的MVDR和MUSIC伪谱，并在角度上执行2D搜索，

$$P_{\mathrm{MVDR}}(\theta,\phi)=\frac{\bar{v}_{\mathrm{vs}}^{\mathrm{H}}(\theta,\phi)\bar{v}_{\mathrm{vs}}(\theta,\phi)}{\bar{v}_{\mathrm{vs}}^{\mathrm{H}}(\theta,\phi)\bar{R}_{xx}^{-1}\bar{v}_{\mathrm{vs}}(\theta,\phi)} \tag{10.32}$$

$$P_{\mathrm{MUSIC}}(\theta,\phi)=\frac{\bar{v}_{\mathrm{vs}}^{\mathrm{H}}(\theta,\phi)\bar{v}_{\mathrm{vs}}(\theta,\phi)}{\bar{v}_{\mathrm{vs}}^{\mathrm{H}}(\theta,\phi)\bar{E}_{\mathrm{N}}\bar{E}_{\mathrm{N}}^{\mathrm{H}}\bar{v}_{\mathrm{vs}}(\theta,\phi)} \tag{10.33}$$

式中，$\bar{v}_{\mathrm{vs}}(\theta,\phi)=\bar{\Theta}(\theta,\phi)$是式（10.21）给出的单个矢量传感器的导向矢量。当极化状态未知时，对于任何固定的到达角，可以首先对极化状态 $\bar{p}$ 进行最大化。对于MVDR，具有极化分集的伪谱 P_{MVDR}现在变成了

$$P_{\mathrm{MVDR}}(\bar{\psi})=\max_{\bar{p}}\frac{[\bar{p}^{\mathrm{H}}(\gamma,\eta)\bar{\Theta}^{\mathrm{H}}(\theta,\phi)]\cdot[\bar{\Theta}(\theta,\phi)\bar{p}(\gamma,\eta)]}{[\bar{p}^{\mathrm{H}}(\gamma,\eta)\bar{\Theta}^{\mathrm{H}}(\theta,\phi)]\cdot\bar{R}_{xx}^{-1}\cdot[\bar{\Theta}(\theta,\phi)\bar{p}(\gamma,\eta)]} \tag{10.34}$$

入射极化状态的最大化向量$\bar{p}_{\max}$对应于满足由式（10.35）给出的广义特征值问题的对应的特征向量，

$$\underbrace{\bar{\Theta}^{\mathrm{H}}(\theta,\phi)\bar{\Theta}(\theta,\phi)}_{\bar{A}}\bar{p}_{\max}=\lambda_{\max}\underbrace{\bar{\Theta}^{\mathrm{H}}(\theta,\phi)\bar{R}_{xx}^{-1}\bar{\Theta}(\theta,\phi)}_{\bar{B}}\bar{p}_{\max} \tag{10.35}$$

其中式（10.31）要求的项 $\bar{A}$ 和 $\bar{B}$ 已标注出。通过搜索最大的特征值 $\lambda_{\max}$可以找到极化状态 $\bar{p}_{\max}$；然后单个极化状态参数（γ，η）可以使用类似于式（10.27）的形式求解，

$$\gamma=\arctan\left|\frac{p_{\max}(1)}{p_{\max}(2)}\right|,\eta=\angle\left(\frac{p_{\max}(1)}{p_{\max}(2)}\right)=\angle p_{\max}(1)-\angle p_{\max}(2) \tag{10.36}$$

式中，arctan（）是四象限的反正切；$\angle$是从$\bar{p}_{\mathrm{norm}}=[\tan\gamma e^{j\eta}\quad 1]^{\mathrm{T}}=[(p_{\max}(1)/p_{\max}(2))1]^{\mathrm{T}}$ 中的复值特征向量比中提取的相角。

接下来，让我们重温一下前面 10.3.1 节中的例子，除了这次使用上述 MVDR 的矢量传感器版本来估计到达角，条件为（θ，ϕ）=（30°，－50°），极化状态（γ，η）=（75°，45°）和 0.01 的噪声标准差。首先，用 MATLAB 的 meshgrid 函数创建角度，在每个角度对（θ_k，ϕ_k）计算式（10.35）以产生如图 10.9 所示的 3D 表面。

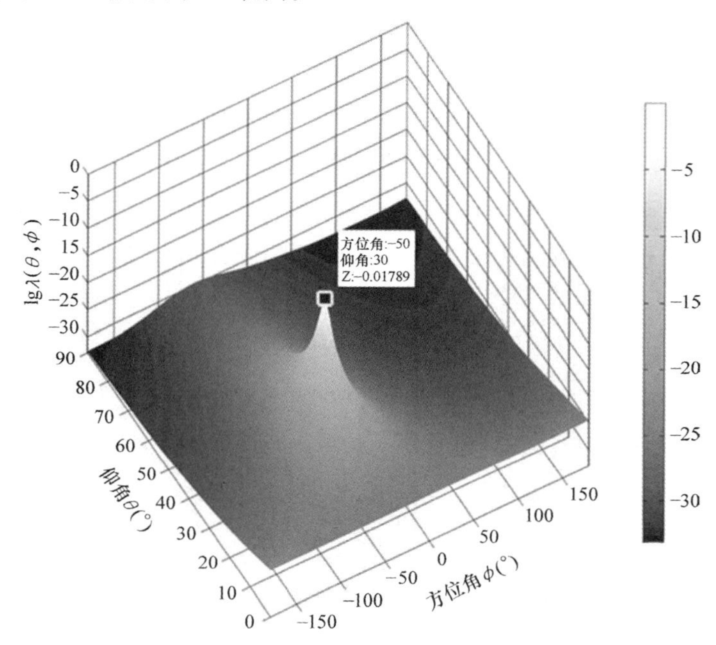

图 10.9　单个信号以$(\theta,\phi)=(30°,-50°)$到达时的 VS－MVDR 伪谱

在所有角度对上执行二维（2D）峰值搜索以估计到达角。对于这个峰值，使用相应的特征向量和式（10.36）来估算极化状态，

$$\begin{aligned}\bar{p}_{\max}&=\begin{bmatrix}-1\\-0.19+\mathrm{j}0.19\end{bmatrix},\bar{p}_{\text{norm}}=\begin{bmatrix}\tan\gamma\mathrm{e}^{\mathrm{j}\eta}\\1\end{bmatrix}\\&=\begin{bmatrix}2.63+\mathrm{j}2.63\\1\end{bmatrix}\Rightarrow(\gamma,\eta)=(74.97°,44.94°)\end{aligned}\tag{10.37}$$

10.4　矢量传感器波束赋形

矢量传感器波束赋形通过对复电磁场分量加权来利用入射信号的空间和极化分集，这与我们之前研究的传统空间滤波相反。回想一下，在空间位移阵列中，到达角信息嵌入在阵元之间的时间延迟内，用具有 $\mathrm{e}^{\mathrm{j}\bar{k}\bar{r}^{\mathrm{T}}\bar{u}(\theta,\phi)}$ 形式的空间相位因子描绘它的特征，其中 $k=2\pi/\lambda$ 是波数，λ 是波长。因此，空间位移阵列通常被称为相控阵，并且其性能天生就是频率的函数。因此，这些阵元的位置必须保证它们不会在空间上违反奈奎斯特采样，以防止非预期角度的虚假响应，如栅瓣。与之相对，理想的单矢量传感器天线由于所有单元具有相同的相位中心，因此，不存在空间相位

因子，并且矢量传感器的行为与频率无关，所以不产生虚假的波瓣。

考虑一个单矢量传感器，其导向矢量$\bar{v}_{vs}(\bar{\psi}_d)$来自式（10.21），它已经被导向具有到达角$(\theta_d,\phi_d)$和极化状态$(\gamma_d,\eta_d)$的期望参数向量$\bar{\psi}_d=[\theta_d,\phi_d,\gamma_d,\eta_d]$。然后当信号入射到参数向量为$\bar{\psi}_i$的矢量传感器上，并导向$\bar{\psi}_d$时，波束方向图$g(\bar{\psi}_d,\bar{\psi}_i)$是矢量传感器$\bar{v}_{vs}(\bar{\psi}_d)$的响应，具体在参考文献［6］中给出

$$g(\bar{\psi}_d,\bar{\psi}_i)=|\bar{v}_{vs}(\bar{\psi}_i)^{H}\bar{v}_{vs}(\bar{\psi}_d)|^2/4 \tag{10.38}$$

当参数向量$\bar{\psi}_d$和$\bar{\psi}_i$相等时，波束方向图达到最大值。式（10.38）的右边已经用因子 4 归一化，这样当$\bar{\psi}_d=\bar{\psi}_i$时，最大值为 1。当$\bar{\psi}_d\neq\bar{\psi}_i$时，矢量传感器响应是一个复杂的函数，不仅取决于到达角的差异，而且取决于极化状态。为了简化波束方向图的分析，考虑$\phi_d=\phi_i=0°$并且$\theta_d=90°$的情况，其对应于期望信号的到达角与$x-z$平面对齐。使用式（10.21），式（10.38）中的项$\bar{v}_{vs}(\bar{\psi}_i)^{H}\bar{v}_{vs}(\bar{\psi}_d)$简化为

$$\bar{v}_{vs}(\bar{\psi}_i)^{H}\bar{v}_{vs}(\bar{\psi}_d)=(1+\sin\theta_i)[\cos\gamma_d\cos\gamma_i+\sin\gamma_d\sin\gamma_i e^{j(\eta_d-\eta_i)}] \tag{10.39}$$

接下来，计算$|\bar{v}_{vs}(\bar{\psi}_i)^{H}\bar{v}_{vs}(\bar{\psi}_d)|^2$并使用三角恒等式进行简化，得到

$$|\bar{v}_{vs}(\bar{\psi}_i)^{H}\bar{v}_{vs}(\bar{\psi}_d)|^2=\frac{(1+\sin\theta_i)^2}{2}[1+\cos2\gamma_d\cos2\gamma_i+\sin2\gamma_d\sin2\gamma_i\cos(\eta_d-\eta_i)] \tag{10.40}$$

在 Compton 对三极子天线[2]的工作的帮助下这种表达可以进一步简化。三极子天线是由 3 个正交的电偶极子组成的天线，没有磁环，即图 10.10 中是 Poincaré 球。

期望的极化和入射信号被表示为 Poincaré 球上的点M_d和M_i，角度和弧M_dM_i形成球形三角形的边。角$\eta_d-\eta_i$是与弧M_dM_i相反的角。式（10.40）中方括号内的表达式通过应用球形余弦定律被简化，结果为

$$\cos2\gamma_d\cos2\gamma_i+\sin2\gamma_d\sin2\gamma_i\cos(\eta_d-\eta_i)=\cos(M_dM_i) \tag{10.41}$$

因此式（10.35）相当于

$$\begin{aligned}|\bar{v}_{vs}(\bar{\psi}_i)^{H}\bar{v}_{vs}(\bar{\psi}_d)|^2&=\frac{(1+\sin\theta_i)^2}{2}[1+\cos(M_dM_i)]\\&=(1+\sin\theta_i)^2\cos^2\left(\frac{M_dM_i}{2}\right)\end{aligned} \tag{10.42}$$

然后公式（10.38）由下式给出

$$g(\bar{\psi}_d,\bar{\psi}_i)=\frac{(1+\sin\theta_i)^2}{4}\cos^2\left(\frac{M_dM_i}{2}\right) \tag{10.43}$$

式（10.43）中的结果表明，当信号以相同的方位角到达时，波束方向图取决于到达仰角和 Poincaré 球上的极化隔离M_dM_i的差异。图 10.11 和图 10.12 中示出了矢量传感器波束方向图的二维（2D）和三维（3D）图。如

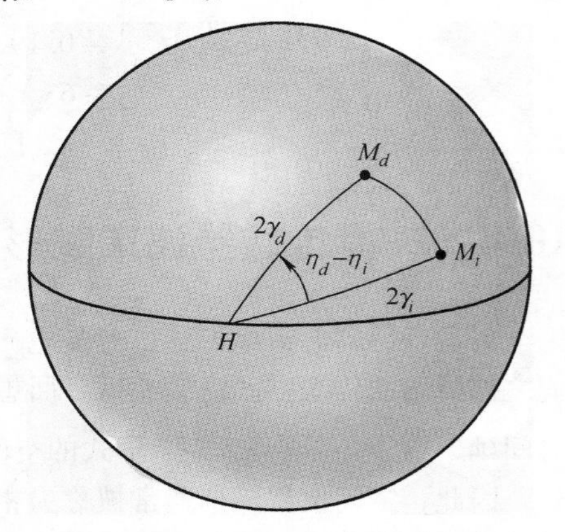

图 10.10　Poincaré 球说明了球面角与两种不同极化之间距离的关系

图 10.11所示，式（10.42）的矢量传感器波束方向图剖面的形状类似于心形，其响应随着到达角 θ_i或极化隔离 M_dM_i 的增加而减小。波束方向图的零限点位于 $\theta_i=180°+\theta_d$处，对应于与期望仰角相反的方向。同样，当极化差 $M_dM_i=180°$时，波束方向图没有响应。我们也在图 10.12 中的 3D 波束方向图中看到，没有栅瓣存在，这是因为式（10.38）的最大值只发生在$\bar{\psi}_d=\bar{\psi}_i$ 时。

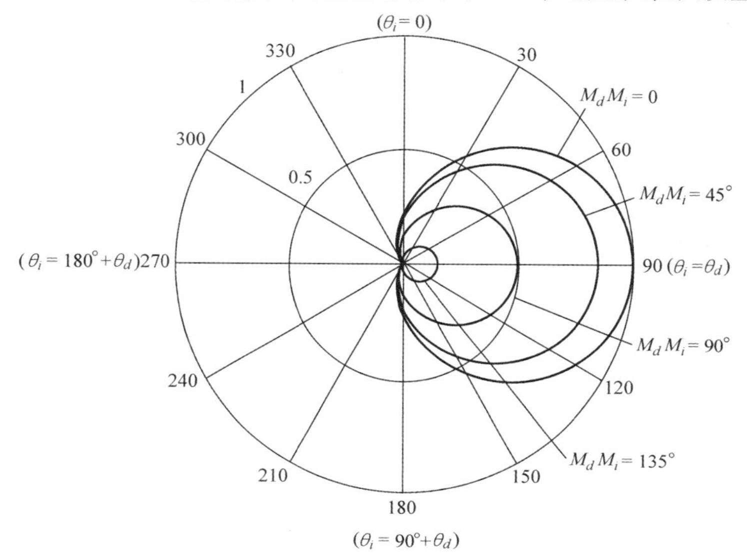

图 10.11　对于不同的极化隔离 M_dM_i，$x-z$ 平面（$\phi_d=\phi_i=0$）中的矢量传感器波束方向图横截面作为入射仰角 θ_i 的函数

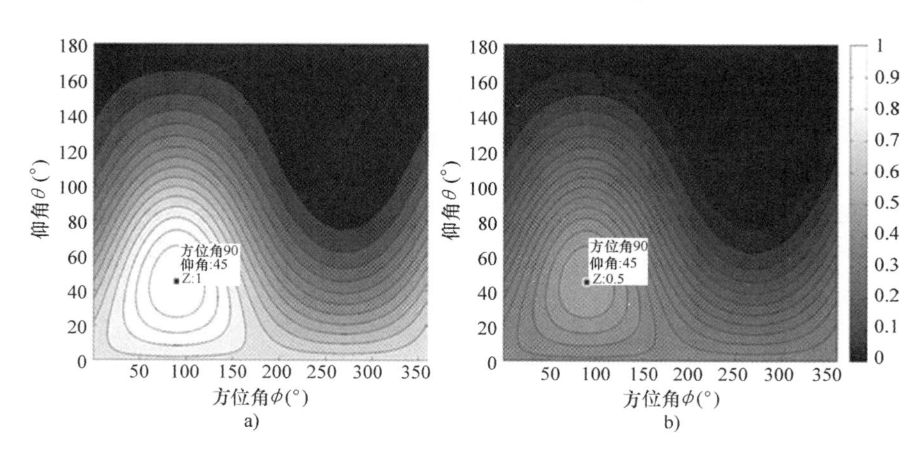

图 10.12　期望角度（θ_d，ϕ_d）=（45°，90°），对应于右旋圆极化的极化状态（γ_d，η_d）=（45°，90°）时，三维矢量传感器波束方向图

a）匹配（$\bar{\psi}_i=\bar{\psi}_d$）　b）不匹配的右旋圆极化和水平极化，其中 $\theta_d=\theta_i$，$\phi_d=\phi_i$，$\gamma_i=0°$，$\eta_i=0°$，对应于90°的极化隔离 M_dM_i

当两个信号从相同角度到达时矢量传感器的 3dB 波束宽度由式（10.44）给出[6]，

$$
\begin{aligned}
&2\arccos\left(\sqrt{2}/\cos\frac{M_dM_i}{2}-1\right),\text{若 } M_dM_i\in[0,90°]\\
&0,\text{若 } M_dM_i\in[90°,180°]
\end{aligned}
\tag{10.44}
$$

相应的信干噪比（SINR）由下式给出[6]，

$$
\mathrm{SINR}=\sigma_d^2\left[\frac{2}{\sigma_{\mathrm{n}}^2}-\frac{(1+\sin\theta_i)^2}{(\sigma_{\mathrm{n}}^2+\sigma_{i,u}^2)}\left(\frac{\sigma_{i,u}^2}{2\sigma_{\mathrm{n}}^2}+\frac{\sigma_{i,c}^2\cos^2\frac{M_dM_i}{2}}{2\sigma_{i,c}^2+\sigma_{\mathrm{n}}^2+\sigma_{i,u}^2}\right)\right]
\tag{10.45}
$$

式中，σ_d^2 是有用信号的功率；σ_{n}^2 是不相关的噪声功率；σ_i^2 是入射信号的功率，可能含有非极化和完全极化分量，功率分别为 $\sigma_{i,u}^2$ 和 $\sigma_{i,c}^2$。如果我们假设入射信号到达的方向与期望信号相同并且是完全极化的，那么 $\sigma_{i,u}^2=0$，式（10.45）化简为

$$
\mathrm{SINR}_{\mathrm{vs}}=2\mathrm{SNR}_d\left[\frac{1+2\mathrm{SNR}_i\sin^2\left(\frac{M_dM_i}{2}\right)}{1+2\mathrm{SNR}_i}\right]
\tag{10.46}
$$

这可以与三极子天线[2]的信干噪比（SINR）进行比较，

$$
\mathrm{SINR}_{\mathrm{tripole}}=\mathrm{SNR}_d\left[\frac{1+\mathrm{SNR}_i\sin^2\left(\frac{M_dM_i}{2}\right)}{1+\mathrm{SNR}_i}\right]
\tag{10.47}
$$

式中，$\mathrm{SNR}_d=\sigma_d^2/\sigma_{\mathrm{n}}^2$；$\mathrm{SNR}_i=\sigma_{i,c}^2/\sigma_{\mathrm{n}}^2$ 是期望信号和入射信号的信噪比。

图 10.13 显示了 3dB 波束宽度和信干噪比（SINR）与极化隔离 M_dM_i 的关系曲线。在图 10.13a中，当期望信号和入射信号的极化相同时，波束宽度显示为大约 130°；然而，随着极化隔离的增加，波束宽度减小，直到对于大于 90° 的极化隔离它恰好为零。图 10.13b 是式（10.46）和式（10.47）中的矢量传感器和三极子天线的信干噪比（SINR）曲线。其中 $\mathrm{SNR}_d=0\mathrm{dB}$，$\mathrm{SNR}_i=40\mathrm{dB}$。可以看出，通常极化隔离的增加改善了两个天线的信干噪比（SINR）。这证明了通过区分有相同到达角，但具有足够的极化隔离的信号，矢量传感器和三极子天线提供干扰保护的能力。在矢量传感器的情况下，最低的信干噪比（SINR）等于 $2\mathrm{SNR}_d/(1+2\mathrm{SNR}_i)$，它高于三极子天线的最低信干噪比（SINR），但对于图 10.13 中的例子来说并没有高太多；然而，

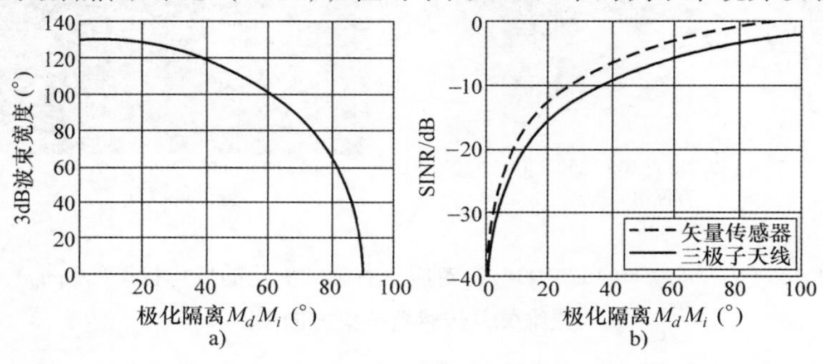

图 10.13　极化隔离对矢量传感器的影响

a）3dB 波束宽度　b）$\mathrm{SNR}_d=0\mathrm{dB}$ 和 $\mathrm{SNR}_i=40\mathrm{dB}$ 时的 SINR

我们看到，对于矢量传感器，信干噪比（SINR）的改善比三极子天线更快，当 $M_d M_i = 90°$ 时，它达到零分贝。

10.5　矢量传感器的 Cramer - Rao 低限

矢量传感器的 Cramer - Rao 低限遵循与空间位移阵列类似的推导，这是由于它们具有类似的形式，如图 10.13 所示。然而，在矢量传感器情况下，参数矢量 $\overline{\psi} \overset{\Delta}{=} [\theta, \phi, \gamma, \eta]$ 具有额外的极化状态参数，在解决到达角度的界限时经常将其视为多余参数。

一般来说，多参数 Cramer - Rao 低限是$\overline{\psi}$的任意无偏估计的协方差矩阵的界限，定义为

$$\overline{C}(\overline{\psi}) \overset{\Delta}{=} \overline{J}^{-1} \tag{10.48}$$

式中，$\overline{J}$ 是费希尔信息矩阵（Fisher Information Matrix，FIM），其元素如下（见参考文献［15］的式（8.34）），

$$J_{ij} = B \cdot tr\left[\overline{R}_{xx}^{-1}\frac{\partial \overline{R}_{xx}}{\partial \overline{\psi}_i}\overline{R}_{xx}^{-1}\frac{\partial \overline{R}_{xx}}{\partial \overline{\psi}_j}\right] + 2Re\left[\frac{\partial \overline{\mu}^{\mathrm{H}}}{\partial \overline{\psi}_i}\overline{R}_{xx}^{-1}\frac{\partial \overline{\mu}^{\mathrm{H}}}{\partial \overline{\psi}_j}\right] \tag{10.49}$$

式中，tr 是矩阵的迹算子。

这里，$\overline{R}_{xx}$是式（10.23）中矢量传感器信号模型的自相关，

$$\overline{R}_{xx} = E\{\overline{x} \cdot \overline{x}^{\mathrm{H}}\} = \sigma_s^2\, \overline{v}_{\mathrm{vs}}(\overline{\psi})\overline{v}_{\mathrm{vs}}^{\mathrm{H}}(\overline{\psi}) + \sigma_n^2\, \overline{I} \tag{10.50}$$

式中，信号 $s(t)$ 具有功率 σ_s^2、B 时间快照以及与信号 $s(t)$ 不相关的功率为 σ_n^2 的零均值高斯噪声。在这个假设下，式（10.49）的第二项等于零，将 FIM 的元素减少为

$$J_{ij} = B \cdot tr\left[\overline{R}_{xx}^{-1}\frac{\partial \overline{R}_{xx}}{\partial \overline{\psi}_i}\overline{R}_{xx}^{-1}\frac{\partial \overline{R}_{xx}}{\partial \overline{\psi}_j}\right] \tag{10.51}$$

参数矢量$\overline{\psi}$可以包含任意数量的我们希望计算的未知参数。这些参数中的一些可能是有意义的，而另一些可能是不想要的或多余参数。例如，我们可能希望估计到达角并确定估计性能的 Cramer - Rao 限；然而，极化状态（γ，η）、信号和噪声功率、载波频率等可能也是未知的，但由于它们影响到达角的 Cramer - Rao 限计算，所以被认为是多余参数。为了减轻多余参数对 Cramer - Rao 界限的影响，参数矢量 ψ 被分割成有用和不需要的参数（见参考文献［15］），

$$\overline{\psi} = \begin{bmatrix} \overline{\psi}_w \\ \overline{\psi}_u \end{bmatrix} \tag{10.52}$$

式中，$\overline{\psi}_w = [\theta, \phi]^{\mathrm{T}}$ 是所需的参数；$\overline{\psi}_u = [\gamma, \eta, \cdots]^{\mathrm{T}}$ 都是不需要的参数。为了简单起见，假定只有极化状态参数是未知的，而所有其他参数，例如信号功率、噪声功率、频率等，是已知的。

因此，分区 $\overline{J}$ 矩阵的大小为 4×4，并写为

$$\bar{J}=\left[\begin{array}{c:c}\bar{J}_{\bar{\psi}_w\bar{\psi}_w} & \bar{J}_{\bar{\psi}_w\bar{\psi}_u}\\ \hdashline \bar{J}_{\bar{\psi}_u\bar{\psi}_w} & \bar{J}_{\bar{\psi}_u\bar{\psi}_u}\end{array}\right] \tag{10.53}$$

然后计算出所需参数的 Cramer－Rao 限，

$$\bar{C}(\bar{\psi}_w)=[\bar{J}_{\bar{\psi}_w}\bar{\psi}_w-\bar{J}_{\bar{\psi}_w\bar{\psi}_u}\bar{J}^{-1}_{\bar{\psi}_u\bar{\psi}_u}\bar{J}_{\bar{\psi}_u\bar{\psi}_w}]^{-1} \tag{10.54}$$

感兴趣的读者可以参阅参考文献［16］了解矢量传感器的 Cramer－Rao 低限的严格封闭式表达式。

总之，可以用以下步骤计算 Cramer－Rao 限，

1）推导式（10.51）的 FIM 项。

2）分区 $\bar{J}$ 对应于有用的和不需要的多余参数，如式（10.53）。

3）使用式（10.54）计算每个想要的参数的 Cramer－Rao 限。

例如，如果需要的参数是到达角（θ，ϕ）而不需要的参数是极化状态，那么式（10.53）的 FIM 是一个 4×4 的矩阵，

$$\bar{J}=\left[\begin{array}{cc:cc}J_{\theta\theta} & J_{\theta\phi} & J_{\theta\gamma} & J_{\theta\eta}\\ J_{\phi\theta} & J_{\phi\phi} & J_{\phi\gamma} & J_{\phi\eta}\\ \hdashline J_{\gamma\theta} & J_{\gamma\phi} & J_{\gamma\gamma} & J_{\gamma\eta}\\ J_{\eta\theta} & J_{\eta\phi} & J_{\eta\gamma} & J_{\eta\eta}\end{array}\right]=\begin{bmatrix}\bar{J}_{(\theta,\phi)(\theta,\phi)} & \bar{J}_{(\theta,\phi)(\gamma,\eta)}\\ \bar{J}_{(\gamma,\eta)(\theta,\phi)} & \bar{J}_{(\gamma,\eta)(\gamma,\eta)}\end{bmatrix} \tag{10.55}$$

式（10.54）将得出大小为 2×2 的矩阵 $\bar{C}(\theta,\phi)$，

$$\bar{C}(\theta,\phi)=\begin{bmatrix}C_{\theta\theta} & C_{\theta\phi}\\ C_{\phi\theta} & C_{\phi\phi}\end{bmatrix}=[\bar{J}_{(\theta,\phi)(\theta,\phi)}-\bar{J}_{(\theta,\phi)(\gamma,\eta)}\bar{J}^{-1}_{(\gamma,\eta)(\gamma,\eta)}\bar{J}_{(\gamma,\eta)(\theta,\phi)}]^{-1} \tag{10.56}$$

计算式（10.56）时，用于计算式（10.51）中的 FIM 各项中的相关导数[11]为

$$\frac{\partial\bar{R}_{xx}}{\partial\psi_i}=\sigma_s^2\frac{\partial\bar{v}_{vs}(\bar{\psi})}{\partial\psi_i}\bar{v}^{H}_{vs}(\bar{\psi})+\sigma_s^2\bar{v}_{vs}\frac{(\bar{\psi})\partial\bar{v}^{H}_{vs}(\bar{\psi})}{\partial\psi_i} \tag{10.57}$$

$$\frac{\partial\bar{v}_{vs,l}(\bar{\psi})}{\partial\theta}=\left[\frac{\partial\bar{q}_l(\theta,\phi)}{\partial\theta}\bar{\Theta}_l(\theta,\phi)+\bar{q}_l(\theta,\phi)\frac{\partial\bar{\Theta}_l(\theta,\phi)}{\partial\theta}\right]\bar{p}(\gamma,\eta)$$

$$\frac{\partial\bar{v}_{vs,l}(\bar{\psi})}{\partial\phi}=\left[\frac{\partial\bar{q}_l(\theta,\phi)}{\partial\phi}\bar{\Theta}_l(\theta,\phi)+\bar{q}_l(\theta,\phi)\frac{\partial\bar{\Theta}_l(\theta,\phi)}{\partial(\phi)}\right]\bar{p}(\gamma,\eta) \tag{10.58}$$

$$\frac{\partial\bar{q}_l(\theta,\phi)}{\partial\theta}=\mathrm{j}\frac{2\pi}{\lambda}\mathrm{diag}\left\{\bar{r}_l^{T}\frac{\partial\bar{u}(\theta,\phi)}{\partial\theta}\right\}\bar{q}_l(\theta,\phi)$$

$$\frac{\partial\bar{q}_l(\theta,\phi)}{\partial\phi}=\mathrm{j}\frac{2\pi}{\lambda}\mathrm{diag}\left\{\bar{r}_l^{T}\frac{\partial\bar{u}(\theta,\phi)}{\partial\phi}\right\}\bar{q}_l(\theta,\phi) \tag{10.59}$$

$$\frac{\partial\bar{v}_{vs,l}}{\partial\gamma}=[\bar{q}_l(\theta,\phi)\bar{\Theta}_l(\theta,\phi)]\frac{\partial\bar{p}(\gamma,\eta)}{\partial\gamma}$$

$$\frac{\partial\bar{v}_{vs,l}}{\partial\eta}=[\bar{q}_l(\theta,\phi)\bar{\Theta}_l(\theta,\phi)]\frac{\partial\bar{p}(\gamma,\eta)}{\partial\eta} \tag{10.60}$$

$$\frac{\partial \bar{p}(\gamma,\eta)}{\partial \gamma}=\begin{bmatrix}\cos\gamma e^{j\eta}\\ -\sin\gamma\end{bmatrix}$$

$$\frac{\partial \bar{p}(\gamma,\eta)}{\partial \eta}=\begin{bmatrix}j\sin\gamma e^{j\eta}\\ 0\end{bmatrix} \tag{10.61}$$

作为一个例子，让我们来求矢量传感器的 Cramer - Rao 低限，到达角为（θ，ϕ），极化状态（γ，η）作为不需要的参数。形式为 $s(t)=e^{j2\pi f_c t}$（$f_c=10\text{kHz}$，$f_s=10f_c$ 和 $B=100$ 快照）的单个 CW 信号入射到位于坐标系原点的单个矢量传感器，到达角（θ，ϕ）=（45°，-150°），极化状态（γ，η）=（75°，45°），在这种情况下门限是 SNR 的函数。信噪比在 -20 ~ 20dB 之间变化，其中信号功率 $\sigma_s^2=1$，并且相应的噪声功率计算为

$$\sigma_n^2=\frac{\sigma_s^2}{10^{\frac{\text{SNR}}{10}}} \tag{10.62}$$

式（10.56）中的方位角（$C_{\phi\phi}^{1/2}$）和仰角（$C_{\theta\theta}^{1/2}$）的边界的二次方根与 SNR 的关系如图 10.14 所示。为了比较，图中还包括在 10.3.2 节中讨论的 MVDR 估计量的对应角度估计误差的标准差。对每个 SNR 进行 20 次单独的试验，并计算真实和估计角度之间的差异的标准差。从结果中可以看出，随着 SNR 的增加，角度估计误差的标准差逐渐接近 Cramer - Rao 低限。对于低信噪比，我们看到，MVDR 值稳定在一个常数；然而，即使角度误差的方差超过均匀角度误差在 ±π 以上时的方差，或在仰角为 0 与 π/2 之间的情况下，边界也不会变平坦。因此，一旦该区域的边界小于均匀误差假设，该边界就可以被认为是“有效的”。

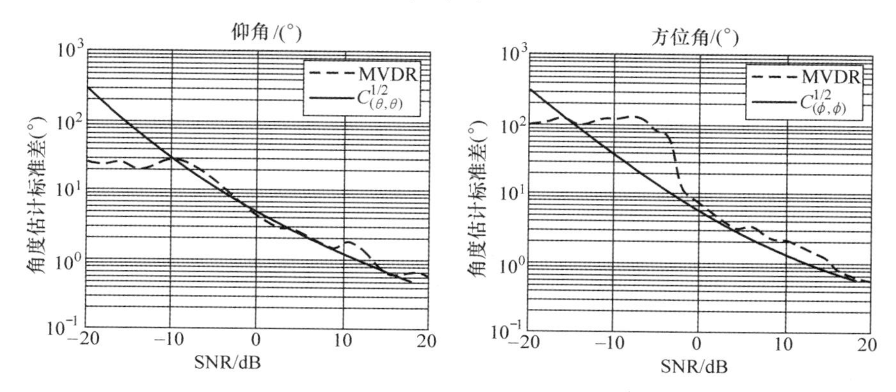

图 10.14　示例矢量传感器的 Cramer - Rao 低限与 SNR 和 MVDR 到达角估计量的关系。（从结果中可以清楚地看出，随着 SNR 的增加，MVDR 收敛于 Cramer - Rao 低限）

10.6　致谢

作者要感谢 Cathy Crews 在对检查章节内容方面的帮助和多年来的指导。

10.7 参考文献

1. Volakis, J., “Direction Finding Antennas and Systems,” in *Antenna Engineering Handbook*, New York, McGraw-Hill, 2007, pp. 11–12.
2. Compton, R. T., “The Tripole Antenna: An Adaptive Array with Full Polarization Flexibility,” *IEEE Transactions on Antennas and Propagation*, Vol. AP-29, No. 11, pp. 944–952, 1981.
3. Li, J., and R. Compton, “Angle and Polarization Estimation Using ESPRIT with a Polarization Sensitive Array,” *IEEE Transactions on Antennas and Propagation*, Vol. 39, No. 9, pp. 1376–1383, 1991.
4. Li, J., “Direction and Polarization Estimation Using Arrays with Small Loops and Short Dipoles,” *IEEE Transactions on Antennas and Propagation*, Vol. 41, No. 3, pp. 379–387, 1993.
5. Nehorai, A., and E. Paldi, “Vector-Sensor Array Processing for Electromagnetic Source Localization,” *IEEE Transactions on Signal Processing*, Vol. 42, No. 2, pp. 376–398, 1994.
6. Nehorai, A., K. C. Ho, and B. Tan, “Minimum-Noise-Variance Beamformer with an Electromagnetic Vector Sensor,” *IEEE Transactions on Signal Processing*, Vol. 47, No. 3, pp. 601–618, 1999.
7. Wong, K., and M. D. Zoltowski, “Self-Initiating MUSIC-Based Direction Finding and Polarization Estimation in Spatio-Polarizational Beamspace,” *IEEE Transactions on Antennas and Propagation*, Vol. 48, No. 8, pp. 1235–1245, 2000.
8. Robey, F., “High Frequency Geolocation and System Characterization (HF Geo) Proposer’s Day Brief,”*IARPA*, 22 June 2011. [Online]. Available:http://www.iarpa.gov/images/files/programs/hfgeo/HFGeo_Proposers_Day_Brief.pdf. [Accessed Feb. 22, 2015].
9. Martinsen, W., “Giselle: A Mutually Orthogonal Triple Twin-Loop Ground Symmetrical Broadband Receiving Antenna for the HF Band,” *Defence Science and Technology Organization*, July 2009. [Online]. Available: http://www.dtic.mil/cgi-bin/GetTRDoc?Location=U2&doc=GetTRDoc.pdf&AD=ADA508699. [Accessed Feb. 22, 2015].
10. San Antonio, G., W. H. Lee, and M. Parent, “High Frequency Vector Sensor Design and Testing,” in 2013 US National Committee of URSI National, Boulder, CO, 9–12 Jan. 2013.
11. Mir, H. S., and J. D. Sahr, “Passive Direction Finding Using Airborne Vector Sensors in the Presence of Manifold Perturbations,” *IEEE Transactions on Signal Processing*, Vol. 55, No. 1, pp. 156–164, 2007.
12. Appadwedula, S., and C. Keller, “Direction-Finding Results for a Vector Sensor Antenna on a Small UAV,” *Fourth IEEE Workshop on Sensor Array and Multichannel Processing*, pp. 74–78, 2006.
13. Deschamps, G., “Techniques for Handling Elliptically Polarized Waves with Special Reference to Antennas: Part II—Geometrical Representation of the Polarization of a Plane Electromagnetic Wave,” *Proceedings of the IRE*, Vol. 39, No. 5, pp. 540–544, 1951.
14. Ferrara, E., and T. M. Parks, “Direction Finding with an Array of Antennas Having Diverse Polarizations,” *IEEE Transactions on Antennas and Propagation*, Vol. 31, No. 2, pp. 231–236, 1983.
15. Van Trees, H. L., *Optimum Array Processing (Detection, Estimation and Modulation Theory, Part IV)*, New York: Wiley-Interscience, 2002.
16. Wong, K. T., and Y. Xin, “Vector Cross-Product Direction-Finding with an Electromagnetic Vector-Sensor of Six Orthogonally but Spatially Noncollocating Dipoles/Loops,” *IEEE Transactions on Signal Processing*, Vol. 59, No. 1, pp. 160–171, 2011.

10.8　习题

极化

1. 对于均匀平面波的电场

$$E(r,t)=3\cos(\omega t-kr+30°)\hat{\theta}+4\cos(\omega t-kr+45°)\hat{\phi}$$

（a）确定由（γ，η）和（α，β）表示极化状态，以°为单位。

（b）画出电磁场 E（0，t）的轨迹（即 E_ϕ 对 E_θ）。

（c）从图中可以看出，平面波是线极化、圆极化或椭圆极化?

测向

2. 平面波信号入射到位于球坐标系原点处的电磁矢量传感器上。测量到以下的电场和磁场：

$$\bar{a}=\begin{bmatrix}E_x\\E_y\\E_z\\H_x\\H_y\\H_z\end{bmatrix}=\begin{bmatrix}0.4096\\0.7094\\0.1485-\mathrm{j}0.5540\\-0.0742+\mathrm{j}0.2770\\-0.1286+\mathrm{j}0.4798\\0.8192\end{bmatrix}$$

使用矢量传感器的向量积测向技术计算到达角（θ，ϕ）和极化态（γ，η），以°为单位。

3. 修改图 10.9 中的 MATLAB 代码，以包含到达角（θ，ϕ）=（65°，100°），极化状态（γ，η）=（10°，-125°），噪声标准差为 0.01 的第二个同信道信号 $s_2(t)=\cos(\omega t)$。以图 10.9 的形式绘出这两个信号的 MVDR 伪谱。

4. 修改图 10.9 中的 MATLAB 代码，以产生

（a）3D MUSIC 谱图，其格式类似于图 10.9 中的 MVDR 结果；

（b）在 $\theta=30°$时，绘制 MVDR 和 MUSIC 伪谱的截面图与方位角的关系。将每个伪谱的峰值归一化到 0dB。

波束赋形

5. 证明式（10.40）的结果，首先在 $\theta_d=90°$，$\phi_d=\phi_i=0°$的情况下计算式（10.38）。提示：使用以下三角恒公式：

$e^{\mathrm{j}x}=\cos(x)+\mathrm{j}\sin(x)$

$\sin^2(x)+\cos^2(x)=1$

$\sin(2x)=2\cos(x)\sin(x)$

$\cos^2x\ \cos^2y+\sin^2x\ \sin^2y=1/2(1+\cos2x\ \cos2y)$

6. 计算极化隔离 M_dM_i（以°为单位），期望信号和入射信号的极化状态等于 $\gamma_d=45°$，$\gamma_i=75°$，$\eta_d=32°$，$\eta_i=25°$。

7. 使用式（10.43）创建矢量传感器波束方向图的二维极坐标图。$\theta_i=0°\sim360°$，极化隔离 $M_dM_i=\pi/3$。

8. 推导式（10.46）中的完整六轴矢量传感器的 SINR 的闭式结果。从式（10.45）开始，其

中，$\sigma_{i,u}^2=0$，$\theta_i=90°$，$\text{SNR}_d=\sigma_d^2/\sigma_n^2$，$\text{SNR}_i=\sigma_{i,c}^2/\sigma_n^2$。

9. 式（8.8）给出了用于计算符合约束向量 $\bar{u}=[u_1\ u_2\cdots u_N]^{\text{T}}$ 的波束赋形权值的方法，对于期望的信号，其元素 u_n 等于1，对于干扰信号则为0。满足这些约束条件的权向量由下式给出

$$\bar{w}^{\text{H}}=\bar{u}^{\text{T}}\bar{A}^{\text{H}}[\bar{A}\cdot\bar{A}^{\text{H}}+\sigma_n^2\bar{I}]^{-1}$$

式中，$\sigma_n^2=10^{-9}$ 是在 $\bar{A}\cdot\bar{A}^{\text{H}}$ 的对角线上加入的一个小常数，以便在求反之前更好地调整矩阵。

考虑一个单一的矢量传感器，其中期望信号以（θ_d，ϕ_d）=（90°，60°）到达，一个干扰信号以（θ_i，ϕ_i）到达。两个信号具有相同的极化状态（γ，η）=（45°，75°）。因此，向量 $\bar{u}=[1\quad 0]^{\text{T}}$，矩阵 $\bar{A}$ 是

$$\bar{A}=[\bar{\Theta}(\theta_d,\phi_d)\bar{p}(\gamma,\eta)\quad \bar{\Theta}(\theta_i,\phi_i)\bar{p}(\gamma,\eta)]$$

对于这种情况，请执行以下操作：

（a）在 MATLAB 的 “norm” 函数的帮助下，计算归一化的权值向量 $\bar{w}_{\text{norm}}$，其中 $\bar{w}$ 已通过其2范数值进行归一化。

（b）创建归一化矢量传感器波束方向图的二维图，横截面 $\theta=90°$，$\phi=0°\sim360°$，图中覆盖以下内容：

- 式（10.38）的矢量传感器导向（θ_d，ϕ_d）波束方向图（以 dB 表示）；
- 以 dB 为单位的波束偏转方向图，它使用在（a）中计算的加权向量 $\bar{w}$ 在（θ_i，ϕ_i）处添加一个零限点。
- 在两条曲线上标出期望信号和干扰信号的到达角。

Cramer-Rao 限

10. 在图 10.14 中，使用相同的参数，例如 100 个快照等，使用习题 4 中创建的 MUSIC 测向技术代码绘制方位角和仰角到达角估计误差的标准差图，信噪比从 -20~20dB。每个信噪比使用 20 次 Monte-Carlo 试验来计算误差。将 Cramer-Rao 低限和图 10.14 中的 MVDR 测向技术的结果叠加进行比较。

11. 对于图 10.14 中的示例，修改 Cramer-Rao 低限的 MATLAB 程序来计算状态参数（γ，η）的估计值门限，此时信噪比为 -20~20dB，并使用相同的参数，例如 100 个快照等（提示：极化状态参数变成有用参数，到达角度是式（10.52）中的多余参数）。使用 MVDR，计算两个极化状态参数 γ 和 η 的误差估计值的标准差，并将计算出的每个 Cramer-Rao 低限叠加在一起。

第 11 章 智能天线设计[⊖]

11.1 引言

到目前为止，本书主要关注了智能天线背后的信号处理“大脑”和算法。对天线和阵列几何设计对智能天线性能的影响没有太多的关注。通常在文献中，通过简化关于天线和阵列的假设（诸如各向同性天线、均匀阵列间隔和/或线性几何结构）来评估智能天线性能。这是为了使问题更容易处理，就像智能天线算法开发中白高斯分布噪声统计的假设一样。在现实环境中运行的现代智能天线包括复杂的天线和阵列，旨在符合或适配其周围环境以优化性能。设计这些复杂的几何形状具有挑战性，因为可能不存在分析解决方案，或者对解决方案执行彻底搜索是棘手的。相反，在全局优化算法、计算电磁学和计算机处理能力之间形成了一种密切的结合，从而在原位数值上分析这些复杂的几何形状。

全局优化算法试图在存在多个次优的局部解的情况下寻找通用最佳解决方案，这受限于优化的约束条件。在第 8 章研究的智能天线技术假设优化问题是凸的，这意味着在搜索空间中只有一个唯一的解决方案。因此，可以使用基于梯度下降的局部优化算法快速准确地找到最优解。对于更复杂的问题，如本章中所考虑的问题，优化问题为凸的假设可能不正确，因此我们转而寻求全局优化算法来帮助解决问题。

我们专注于两个具体的全局优化算法：遗传算法和交叉熵（CE）法。遗传算法基于查尔斯·达尔文的进化和自然选择理论，是更广泛的全球优化学科——进化优化算法中的一部分。进化优化算法受到进化、生物和对自然界的认知过程的启发。另一方面，交叉熵法是概率和随机算法的一部分，它搜索采样最优解的随机过程的表示。一些算法，像交叉熵法，被认为与遗传算法属于同一类算法；然而，诸如交叉熵法之类的概率算法倾向于作为数学上严谨的结果出现，包括在设定条件下容易理解的收敛性质和性能界限，这与进化算法的启发式性质形成对比。这两种算法的相似之处和差异在下一节中会变得很明显。

计算电磁学涉及通过计算麦克斯韦方程的有效近似来建模物理结构和周围环境中的电磁场和波的相互作用。典型的计算电磁学技术包括矩量法（MoM）、有限差分时域（FDTD）和有限元法（FEM）。本章未涉及这些技术背后的理论细节；然而，我们利用了一种被称为 NEC 的开源 MoM 解算器，这是一种流行的用于建模金属线天线和复杂导线结构的代码。它的使用使我们能够将复杂的电磁效应（如电线之间的互耦和地平面的存在）融入设计过程中，这在文献中经常被忽略。我们将使用 MATLAB 作为包装，将遗传算法和交叉熵法与 NEC 代码相集成，以优化智

⊖ 本章由佐治亚理工学院的高级研究员 JeffreyD. Conner 撰写。

能天线设计。这为设计现实世界的智能天线创造了一个强大的工具，设计人员不需要在问题的物理学方面具备专业知识就能生成解决方案。

本章的其余部分重点向读者介绍在智能天线应用中，天线和阵列设计中的全局优化和计算电磁技术领域。在11.2节详细介绍了全局优化的遗传算法和交叉熵法。这包括对收敛性能和准确性的一些评价，以及对一些简单问题的分析以帮助说明算法的基本特性。11.3节介绍了非均匀阵列几何形状的设计，它使用全局优化算法，通过天线单元变少或天线单元之间的非均匀间隔来形成阵列辐射图。11.4节讨论了使用全局优化算法作为自适应零限算法。要考虑的关键因素包括收敛速度、计算成本和解决方案的准确性，并与第8章介绍的传统的自适应算法相比较。11.5节介绍了NEC，其与MATLAB的集成及其在智能天线设计中的应用。介绍了两个简单的例子，一个是设计偶极子天线，另一个是产生单极阵列的辐射图。这些例子以及11.3节和11.4节中的例子，为评估现实世界中非均匀阵列几何结构和现代智能天线的自适应零限提供了基础。11.6节介绍了全局优化算法与计算电磁学技术集成的独特应用，以设计一种称为弯曲线天线的空间填充导线天线[1]。该天线由遗传算法设计，在符合固定体积的同时，在广泛的频率范围内具有均匀的半球覆盖率，并具有最大的增益。结果是传统设计方法无法实现的奇特的天线设计。本章最后对智能天线设计领域的当前趋势和未来研究提出了一些想法。

11.2 全局优化算法

在解决天线和阵列设计问题时，例如阵元位置、复数权重、天线类型、尺寸等，有很多自由度可供选择。解的可行区域通常非常大，因此实际上不可能彻底搜索所有可能的解以获得最优解。因此，使用优化技术来减少找到可行解所需的搜索时间。传统上，天线和阵列的合成需要专业知识和重要的对问题相关物理学知识的洞悉。然而，随着个人计算机和计算电磁学的发展，以及模仿自然界的进化、生物和认知过程的新优化技术，在不需要大量专业知识的情况下生成实用解决方案变得更容易。

正如在第8章中看到的那样，用于解决天线和阵列设计问题的传统技术本质上是确定性的，使用可测量和可量化的阵列物理知识来确定最佳结果。用户提出基于感兴趣的参数的代价函数以利用天线或阵列的确定性的知识。典型的应用于设计问题的确定性优化算法包括牛顿法、单纯形法、最小二乘法、LMS、共轭梯度法（CGM）以及许多其他受约束和无约束的线性/非线性规划。确定性方法通常沿着计算代价曲面的下降方向朝向最优解。这种技术存在明显的缺点，即仍然需要阵列物理的专业知识来量化正确的代价。源自确定性算法的解决方案需要良好的初始猜测，可能变得不稳定，陷入局部最小值，并且可能需要很长的收敛时间。

与传统的确定性优化技术相比，由随机原理支配的全局优化方法已经成为解决天线和阵列设计问题的常用工具。随机优化算法使用随机解决方案群体，对这些随机解决方案根据其对所需解的适应性进行评分，然后通过利用以前表现最佳的解决方案进行改进。与确定性算法不同，人们不需要天线物理学的专业知识就能获得最佳结果。在每个时刻，随机生成一组潜在的最优解，并对其对期望解的适应性进行评估，以将算法引导到最优解。随机算法不遵循计算代价曲面，如基于梯度的方法；相反，它们有能力在解空间跳跃，摆脱局部最小值，从而收敛到全局最优解。

基于群体的随机算法的优点包括：

- 使用离散变量和连续变量的混合进行优化。离散优化可以通过对连续变量编码产生，混合可以包含二进制值和整数等。
- 通过生成候选解集合来搜索可行区的广泛区域，然后该算法收敛到全局最优解的局部邻域。
- 通过使用多个候选解集合，可以在多个平台上进行并行处理。
- 可以在不使用派生信息的情况下解决多极值、多目标、多变量优化问题。
- 避免受局部极值的限制。
- 可以使用非线性适应度函数，这不适用于常规算法。
- 人们不需要为了利用它而成为天线阵列物理学的专家，也不需要成为与周围环境相互作用方面的专家。

缺点与收敛速度、准确性和计算代价有关：

- 可能只会收敛到全局最优的一个小邻域。
- 可能需要大量的代价函数计算，这与计算电磁学代码结合起来可能会耗费大量时间。
- 可能不清楚何时终止优化导致计算过度以及解的改进不大。

在本节中，我们重点介绍两种算法：遗传算法和交叉熵法。这些算法代表了进化和概率技术领域的全局优化研究中的两种流行技术，并已广泛应用于电磁学和智能天线中的各种问题。

进化算法是受自然界的进化、生物和认知过程启发的基于群体的启发式优化算法。遗传算法基于查尔斯·达尔文的自然选择和生物进化理论。对于一个给定的群体，称为亲本的最适合的个体被选择通过交叉、突变和重组操作来繁殖后代。然后对这些后代的适应性进行评估，最佳表现者取代群体中最不适应的成员（即适者生存）。这个过程继续进行几次迭代，称为世代，最佳表现个体向全局最优解收敛。用于电磁学和智能天线设计的进化算法的一些额外例子包括以下内容：

- 粒子群优化（PSO）：由 James Kennedy 和 Russell Eberhart 于 1995 年开发[2]，它基于群体中个体之间的认知行为。例如，这样的群体将是鱼群或鸟群。PSO 在电磁学研究中的应用已经很广泛[3-5]。
- 蚁群优化：1992 年由 Marco Dorigo 开发，它的灵感来自于蚂蚁如何通过与信息素和香味化学物质的相互作用来寻找食物，以帮助其他蚂蚁找到食物源的最佳路径[6]。
- 模拟退火：基于冶金学中的退火过程，涉及材料的加热和冷却以增加其延展性，这被认为是接受最小拟合解的概率的缓慢下降，因为该算法探索了搜索空间[7]。
- 和声搜索：基于音乐家寻求和声状态的即兴过程。
- 蜜蜂算法：基于蜜蜂的觅食行为和授粉[8]。
- 萤火虫算法：基于萤火虫交配期间生物发光相互作用的交流作用[9]。
- 布谷鸟搜索：受某些布谷鸟种类的专性巢寄生——在其他鸟类的巢穴中产卵的启发[10]。
- 蝙蝠算法：基于不同脉冲发射率和响度的微小回声定位[11]。
- 细菌觅食算法：受人类肠道中大肠杆菌觅食行为的启发[12]。

11.2.1 算法说明

1. 遗传算法

遗传算法（GA）是 John Holland 在20世纪60年代～70年代开发的，它基于查尔斯·达尔文的自然选择、生物进化和适者生存理论。达尔文的理论与其作为优化算法使用之间的基本关系始于将优化变量编码为称为染色体的字符串。在自然界中，染色体是指携带我们的DNA的细胞内部的线状结构，它是人体基因构成的基石，由使每个生物独特的基因组成。染色体通常成对出现，一半来自母亲，另一半来自父亲。一组染色体的集合形成了一个群体。在达尔文的理论中，自然选择的作用是保护和积累前代人的优势特征，而具有不利特征的后代逐渐死亡，从基因库中移除劣等基因。然而，在进化遗传序列中可能发生称为突变的不可控和随机的变化，并将多样性引入群体中。这些概念一起构成了遗传算法的典型框架：

1）编码：创建解空间的“遗传”表示。这通常涉及用二元或连续变量来编码个体染色体。

2）交配：创建一个交配的配对库，进行选择并产生后代。

3）突变：向群体中的亲本引入随机突变。

4）适应性：评估群体相对于某些适应性（或代价）标准的表现。

5）自然选择：通过保留最适合的（即精英）染色体来进行自然选择，同时丢弃所有其他染色体，并将其替换为下一代。

编码：特定问题的编码选择会对算法性能和算法中其余步骤的实现产生重大的影响。传统遗传算法使用二进制编码。选择二进制编码是因为在搜索空间中存在等于$2^{N_{\text{bits}}\cdot N_{\text{var}}}$的有限数量的解，其中$N_{\text{bits}}$是用于编码单个变量的二进制位的位数，$N_{\text{var}}$是要编码的变量的总数。因此，最终解的保真度与最终解和全局最优解的接近程度之间存在权衡。

对遗传算法的改进包括对变量使用连续和混合整数编码。遗传算法的吸引力在于你可以使用常用数字编码定义不同功能的表示以进行优化。例如，如果你是通过一个人的特点来描述他/她，那么你可以将他们标记为男性或女性，金色/黑褐色/红色头发，身高 XX cm，重达 YY kg。这是关于特定人物的文本和数字属性的混合物。在遗传算法中，这些独有的特征可以用3位二进制数编码，并按照［0 1 0 1 1 0 1 0 1 0 0 1］组成单个染色体。与传统的凸优化技术相比，这是一个明显的优势。

交配：交配步骤的实施是具有最大变化性的遗传算法的元素。第一部分是从种群中选择亲本进行交配。两种最流行的技术被称为轮盘赌和锦标赛选择。在轮盘赌选择中，就像赌场中的轮盘，轮盘上的不同点具有不同的获胜概率。在遗传算法中，配对库由N_{sel}个最适合的染色体组成，这些染色体被分配了一个轮子的切片，其中给定染色体的获胜概率基于其整体的适应度。通常，轮盘赌的胜率可以通过以下两种方式之一进行分配：（1）基于代价的；（2）基于阶的。在基于代价的方法中，根据适应度来选择亲本，他们的适应度越高，被选中的机会就越大。基于代价的轮盘赌生成步骤为

1）根据各自的代价从最低到最高，对配对库中的所有染色体进行排序。

2）计算所有染色体代价的总和，并对在步骤1）中得到的各项代价进行归一化。这会使归一化代价在0～1的范围内。

3）在 0 ~ 1 范围内随机选取均匀分布的随机数 r。

4）从排序的种群中的第一条染色体开始，计算每个染色体位置的累加和。当累加和大于 r 时，停止并返回处于该位置的染色体。

图 11.1 显示了一个例子，它说明了基于代价的轮盘赌选择的逐步方法。

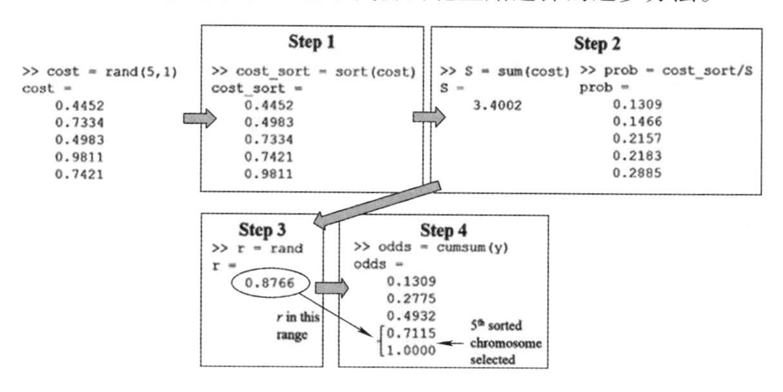

图 11.1　基于代价的轮盘赌选择方法示例

基于阶的方法与基于代价的方法非常相似，除了所有代的概率都是固定的，而基于代价的方法则是根据群体适应性的变化而在每代之间发生改变。在基于阶的轮盘赌中分配胜率有点任意。作为一个例子，对于一个大小为 4 的配对库，一个可能的概率分配为

```
>> Npool = 4; prob = (1:Npool)/sum(1:Npool)
prob =
 0.1000 0.2000 0.3000 0.4000
>> odds = cumsum(prob)
odds =
 0.1000 0.3000 0.6000 1.0000
```

通常，基于阶的方法比基于代价的方法更受青睐，其原因有很多。首先，在基于代价的方法中，轮盘赌需要在每个新一代中重新计算。基于代价的方法也有可能使得最好的染色体主宰大部分轮盘，大大降低了其他染色体被选择的概率。这可能会导致总体的一致性，使得算法收敛得太快而变得不太准确。概率如何映射到配对库中染色体的适应度对收敛速度、解的准确性和一致性有很大的影响。直觉上，和理论上表明的一样，具有最高适应度的染色体应该在选择过程中有最高的可能性，以激励最佳的解；但是，如图 11.2 所示，这具有意想不到的结果。需要在整体最佳染色体与配对库平均值的分离之间进行均衡。如果真是这样，这些值不应该太快地收敛在一起。通过分离群体平均值和最佳染色体，算法继续在解空间的其他区域搜索解。这可以通过将轮盘赌中的最大选择概率分配给配对库中的最低阶（即最差适应）的染色体来实现。

在亲本选择过程完成并且选择了母本和父本的染色体之后，下一步是产生后代。这是通过称为交叉的过程完成的。在交叉中，N_{mom} 元素由母本染色体贡献，N_{dad} 由父本贡献，其中 $N_{dad} = 1 - N_{mom}$。N_{mom} 和 N_{dad} 元素有很多方法可以贡献。一种简单的方法是在染色体的 $N_{var} = N_{mom} + N_{dad}$ 位置内随机选取单点交叉，先从母本中取出 N_{mom} 个元素，再从父本取出其余的 N_{dad} 个元素。也可以

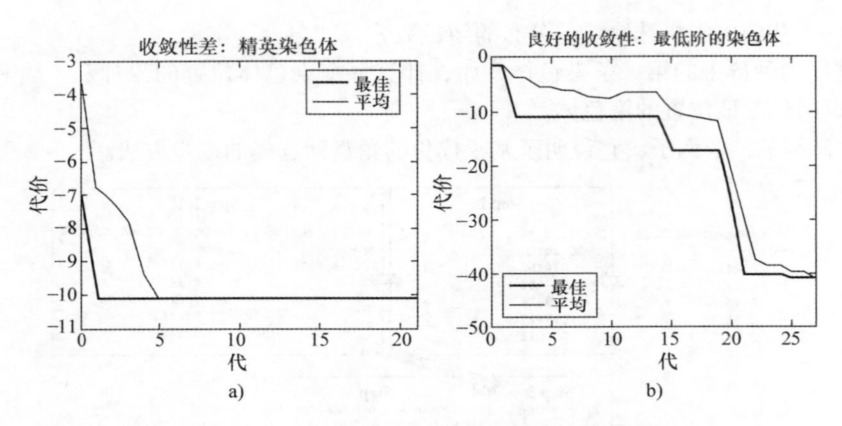

图 11.2 基于轮盘赌中胜率分配的收敛举例

a）收敛性差：由给精英染色体分配最大的概率引起

b）良好的收敛性：由给配对库中最低阶的染色体分配最大的概率引起

通过先从父本得到 N_{dad} 个元素，再从母本得到其余的 N_{mom} 来产生另外的后代。

```
>> crossover_pt = randi (10,1)
crossover_pt =
   6
>> mom = rand(1,10)
   mom =
   0.8168 0.5303 0.9310 0.2392 0.4178 0.0537 0.6302 0.0212
   0.1350 0.4894
>> dad = rand(1,10)
dad =
   0.6426 0.9023 0.5793 0.5582 0.9366 0.8762 0.6342 0.2043
   0.4596 0.3015
>> offspring = [mom(1:crossover_pt) dad(crossover_pt+1:end)]
offspring =
   0.8168 0.5303 0.9310 0.2392 0.4178 0.0537 0.6342 0.2043
   0.4569 0.3015
```

最后，在连续变量的情况下，后代中的单点交叉变量可以被计算为母本和父本之间的混合，以产生位于母本和父本范围之外的解：

$$\text{offspring} = \text{mom} + \alpha(\text{mom} - \text{dad}) \tag{11.1}$$

```
>> alpha = rand
   alpha =
      0.9153
>>  offspring(crossover_pt)  =  mom(crossover_pt)+alpha*(mom
(crossover_pt)-dad(crossover_pt))
offspring =
   0.8168 0.5303 0.9310 0.2392 0.4178 -0.6992 0.6342 0.2043
   0.4569 0.3015
```

这激励了对解空间的进一步探索，但是必须检查后代以确保它们仍然可行并且处于特定范围内。生成后代的交叉机制存在许多变化，包括两点、N 点、均匀、算术、二次等。有兴趣的读者可以参阅参考文献［13，14］了解更多信息。

产生后代的最后一种机制是变异。交叉机制由群体中的母本和父本产生新的后代后，群体中的所有变量均按照一定的百分比随机变化（即变异）。在二进制变量的情况下，这只是将位的极性从 0 翻转为 1，反之亦然。对于连续变量，这将是解空间定义范围内的一些随机值。图 11.3 给出了一个 MATLAB 实现的例子。

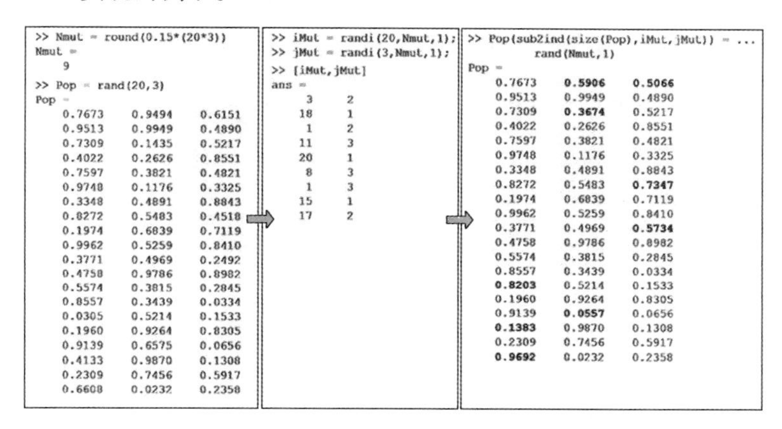

图 11.3　突变率为 15% 的连续遗传算法中的突变操作示例，
等于大小为 60 的群体中有 9 个突变（用粗体表示）

收敛检查：遗传算法的最后一个组成部分是停止标准。有很多不同的方式来执行此操作。一些经典的限制包括总代数或最佳表现者的最低可接受代价的阈值。一旦群体中表现最好的和平均代价收敛到相同的值，因为后代可能不会出现显著的变化，人们也可以终止。这种情况可能会在这个过程的早期发生，所以我们必须注意确保不止一个连续的代都有这种情况。

示例：接下来，让我们考虑连续变量的遗传算法的一个简单演示，最小化由式（11.2）给出的 N 维三角测试函数[15]，

$$S(x) = 1 + \sum_{n=1}^{N} 8\sin^2[\eta(x_n - x_n^*)^2] + 6\sin^2[2\eta(x_n - x_n^*)^2] + \mu(x_n - x_n^*)^2 \tag{11.2}$$

式中，$\eta=7$；$\mu=1$；$x_n^*=0.9$。这个问题的最优解被定义为$\bar{x}^*=[0.9,0.9,\cdots,0.9]$，导致全局最小值 $S(x^*)=1$。图 11.4 在二维曲面说明了这个函数（即 $N=2$）。就像看到的那样，代价曲面包含许多局部最小值，但仅有一个全局最小值。这是一个具有挑战性的测试函数，尤其是对于第 8 章中讨论的传统优化技术。

对于这个例子，问题维度 N 被设置为 10。遗传算法设置种群大小为 20，突变率为 12%，配对库的大小为 4，使用轮盘赌选择和单点交叉。轮盘赌的概率被设置为［0，0.1，0.3，0.6，1.0］，其中范围［0，0.1］ =10% 是最适合的染色体的概率，［0.6，1.0］ =40% 是配对库中最后一条染色体的概率。这样做是为了尽量减少由于有利于精英染色体而早期收敛的机会。

遗传算法优化的结果如图 11.5 所示。上面的子图包括随着最佳染色体朝最优解$\bar{x}^*=[0.9,0.9,\cdots,0.9]$方向收敛的进展。表 11.1 给出了这个单一实例的最终染色体。可以看出，这个

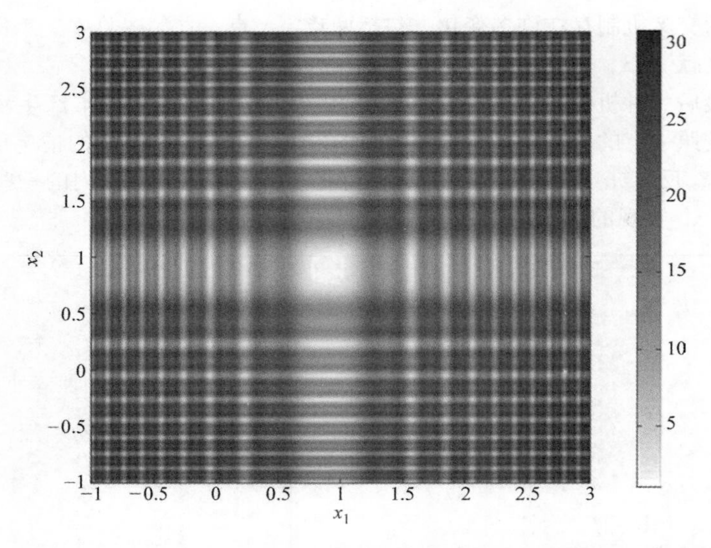

图 11.4　在 $(x_1, x_2)=(0.9, 0.9)$ 时最小值等于1的二维三角测试函数的代价曲面

解位于最优解的小邻域内。底部的子图包含最优染色体得分和群体平均值的进展。早期，当群体分数高时，突变率的影响不明显；然而，随着最优染色体开始向全局最小值收敛，突变会改变总体平均值，因此会观察到种群平均值和最优染色体的更大偏差。

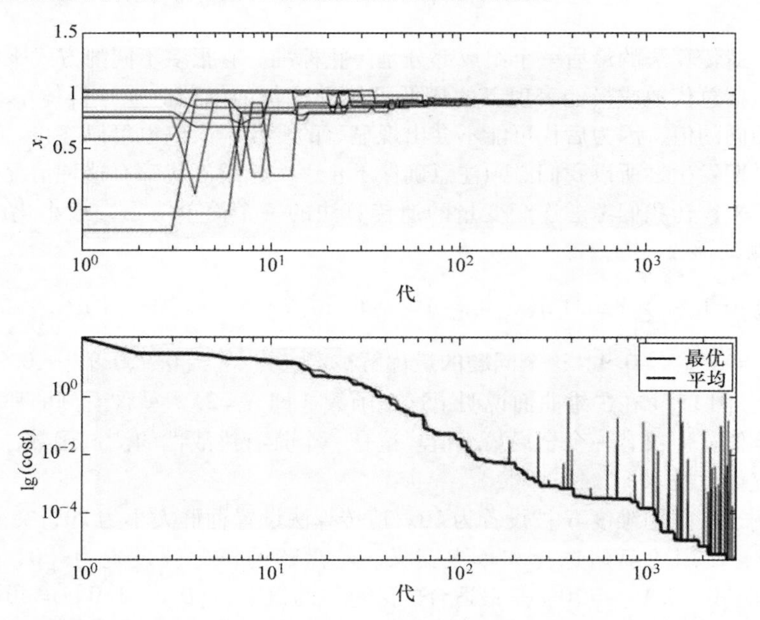

图 11.5　通过遗传算法得到的式（11.2）中三角测试函数的单一优化结果（上图每一代的最优染色体到最优解的进展，下图每一代的最优和平均分数的进展）

表 11.1　三角测试函数示例的单例遗传算法结果

x_1	x_2	x_3	x_4	x_5
0.9000	0.9003	0.8999	0.9004	0.9001
x_6	x_7	x_8	x_9	x_{10}
0.8999	0.9002	0.9000	0.9001	0.8995

2. 交叉熵法

交叉熵（CE）法是一种基于信息论基本原理——交叉熵（或 Kullback - Leibler 散度）[16,17]的通用随机优化技术。交叉熵（CE）于 1997 年由以色列理工学院 Technion 的 Reuven Y. Rubinstein 首次引入，作为估算稀有事件概率的自适应重要抽样[18]，并在此后不久被扩展以包括组合和连续优化[19]。交叉熵法已经成功地优化了各种传统的硬测试问题，包括最大限度切割问题、旅行商、二次分配问题和 N 皇后问题。此外，交叉熵已应用于天线模式图合成[20,21]、电信系统排队模型[22]、DNA 序列比对[23]、调度、车辆路由[24]、学习俄罗斯方块[25]、到达方向估计[26]、加速后向传播算法[27]、更新蚁群优化中的信息素[28]、盲多用户检测[29]、优化 MIMO 容量[30]等。

为了说明交叉熵过程是如何实现的，暂时假定分数 $S(\bar{x})$ 将在所有状态 $\bar{x}\in x$ 上最大化，其中 $\bar{x}=[x_1,\ \cdots,\ x_M]^{\mathrm{T}}$ 是在可行集合 χ 上定义的候选解的向量。全局最大值 $S(\bar{x})$ 表示为

$$S(\bar{x}^*)=\gamma^*=\max_{\bar{x}\in x}S(\bar{x}) \tag{11.3}$$

评分函数 $S(\bar{x})$ 在特定状态 x 下的概率被评估为接近于 γ^* 被归类为罕见事件。这个概率可以由相关随机问题（ASP）确定，

$$P_v(S(\bar{x})\geqslant\gamma)=E_vI_{\{s(\bar{x})\geqslant\gamma\}} \tag{11.4}$$

式中，P_v 是衡量分数大于 γ^* 附近的某个值 γ 的概率；x 是由概率分布函数 $f(\cdot,\ v)$ 产生的随机变量；E_v 是期望算子；$I\{\cdot\}$ 是一组指数，其中 $S(\bar{x})$ 大于或等于 γ。

计算式（11.4）的右边是一个非常重要的问题，可以用参数为 v 的对数似然估计量来估计，

$$\hat{v}^*=\operatorname*{argmax}_{v}\frac{1}{M_s}\sum_{i=1}^{M_s}I_{\{S(x_i)\geqslant\gamma\}}\ln f(x_i,v) \tag{11.5}$$

式中，x_i 由 $f(\cdot,\ v)$ 生成；M_s 是采样的数量；$S(x_i)>\gamma$ 并且 $M_s\leqslant M$。

当 γ 变得接近 γ^* 时，大部分概率质量接近 $\bar{x}^*$，并且是式（11.3）的近似解。一个重要的要求是当 γ 变得接近于 γ^* 时，$P_v(S(\bar{x})\geqslant\gamma)$ 不会太小；否则该算法将导致次优解。因此，在 γ 任意接近 γ^* 和同时保持 v 估计的准确性之间存在折中。

交叉熵法通过自适应地更新最优密度 $f(\cdot,\ v^*)$ 的估计来有效地解决这个估计问题，从而在迭代过程中在每次迭代 t 创建一对序列 $\{\hat{\gamma}^{(t)},\hat{v}^{(t)}\}$，该序列快速收敛到最优对 $\{\gamma^*,v^*\}$ 的任意小的邻域。

用于估计 $\{\gamma^*,\ v^*\}$ 的迭代交叉熵过程由下面给出

1）初始化参数：设置初始参数 $\hat{v}^{(0)}$，选择一个小的值 ρ，设置总体大小 M 和平滑常数 α，并设置迭代计数器 $t=1$。

2）更新 $\hat{\gamma}^{(t)}$：$\hat{v}^{(t-1)}$ 给定，令 $\hat{\gamma}^{(t)}$ 为 $(1-\rho)-S(\bar{x})$ 的分数位，满足

$$P_{v(t-1)}(S(\bar{x})\geqslant\gamma^{(t)})\geqslant\rho \tag{11.6}$$

$$P_{v(t-1)}(S(\bar{x})\leqslant\gamma^{(t)})\geqslant 1-\rho \tag{11.7}$$

$\bar{x}$从$f(\cdot,\hat{v}^{(t-1)})$采样。然后，$\gamma(t)$的估计值被计算为

$$\hat{\gamma}^{(t)}=S_{(\lceil(1-\rho)M\rceil)} \tag{11.8}$$

式中，$\lceil\cdot\rceil$将$(1-\rho)M$向上取整。

3）更新$\hat{v}^{(t)}$：给定$\hat{v}^{(t-1)}$，通过解下面的交叉熵（CE）方程来确定$\hat{v}^{(t)}$，

$$\hat{v}^{(t)}=\max_{v}\frac{1}{M_s}\sum_{i=1}^{M_s}I_{\{(S(x_i)\geqslant\hat{\gamma}^{(t)})\}}\ln f(x_i,v) \tag{11.9}$$

4）可选步骤（平滑更新$\hat{v}^{(t)}$）：

为了降低交叉熵（CE）过程过快收敛到次优解的概率，可以计算$\hat{v}^{(t)}$的平滑更新，

$$\hat{v}^{(t)}=\alpha\hat{v}^{(t)}+(1-\alpha)\hat{v}^{(t-1)} \tag{11.10}$$

式中，$\hat{v}^{(t)}$是利用式（11.9）计算的参数向量的估计值；$\hat{v}^{(t-1)}$是来自前一次迭代的参数估计；$\alpha(0<\alpha\leqslant 1)$是恒定的平滑系数，通过设置$\alpha=1$，更新不会被平滑。

5）令$t=t+1$并重复步骤2）~4），直到满足一些停止标准。

最终产生的是一个概率密度函数（pdf）族$f(\cdot,\hat{v}^{(0)})$，$f(\cdot,\hat{v}^{(1)})$，$f(\cdot,\hat{v}^{(2)})$，…，$f(\cdot,\hat{v}^{*})$，它被$\hat{\gamma}^{(1)}$，$\hat{\gamma}^{(2)}$，$\hat{\gamma}^{(3)}$，…，$\hat{\gamma}^{*}$引向最优密度函数$f(\cdot,v^{*})$的邻域。pdf$f(\cdot,\hat{v}^{(t)})$用于从一次迭代到下一次迭代传送关于最佳样本的信息。式（11.9）的交叉熵（CE）参数更新确保了这些最好的样本在后续迭代中出现的概率增加。在$\hat{\gamma}$接近γ^{*}，运行结束时，$\bar{x}$中的大部分样本将是相同且普通的，并且$S(\bar{x})$中的值也是如此。

$\hat{v}^{(0)}$最初的选择是任意的，给定ρ的选择足够小，并且K足够大以至于$P_v(S(\bar{x})\geqslant\gamma)$在最优解的邻域不会消失。这种消失意味着pdf快速退化为单位质量，从而将算法冻结在次优解中。

上述过程具有一维问题的特征。通过考虑候选解的群体$\bar{x}=[\bar{x}_1,\cdots,\bar{x}_N]$（$\bar{x}_n=[x_{1,n},\cdots,x_{M,n}]^{\mathrm{T}}$），它可以很容易地被扩展到多个维度。pdf参数被扩展为一个行向量$\bar{v}=[v_1,\cdots,v_N]$，然后用它来独立地对矩阵$\bar{X}$的列进行采样，因此式（11.9）是按$\bar{X}$的列计算的。

虽然交叉熵法是作为最大化问题提出的，但通过设置$\hat{\gamma}=S_{(\lceil\rho M\rceil)}$，并用那些样本$x_i$更新参数向量，其中$S(x_i)\leqslant\hat{\gamma}$，它很容易适应最小化问题。

使用交叉熵进行离散和连续优化的区别仅仅是用于填充候选群体的pdf的选择。用于连续优化的最典型的pdf选择是高斯（或正态）分布，其中$f(\cdot,v)$中的v由分布的均值μ和方差σ^2表示。使用MATLAB的randn函数可以从这个分布中抽取样本。其他流行的选择包括移位指数分布、双边指数和β分布。许多其他的连续分布也是合理的，尽管通常选择来自自然指数族（NEF）的分布，因为可以保证收敛到单位质量，并且式（11.9）的交叉熵过程可以被解析地求解。进行连续优化时，满足式（11.5）的更新公式为

$$\hat{\mu}=\frac{\sum_{i=1}^{M_s}I_i x_i}{\sum_{i=1}^{M_s}I_i},\hat{\sigma}^2=\frac{\sum_{i=1}^{M_s}I_i(x_i-\hat{\mu})^2}{\sum_{i=1}^{M_s}I_i} \tag{11.11}$$

它们只是那些精英样本的样本均值和样本方差，其中目标函数 $S(x_i) \geqslant \gamma$。然后使用表现最差的精英样本作为下一次迭代中式（11.8）的阈值参数 $\gamma^{(t+1)}$。式（11.11）表示的结果是可用的最简单、最直观和通用的 CE 参数估计之一。在这种情况下，随着 $\hat{\gamma}^{(t)}$ 接近 γ^*，群体中的样本将变得相同；因此样本总体的方差将开始向零减少，导致具有关于总体样本均值的单位质量的高斯 pdf。$\hat{\gamma}^*$ 最后的位置将由这个最后的均值表示，也就是说随着 $\hat{\sigma}^2 \to 0$，$\hat{x}^* = \hat{u}^*$。

交叉熵法通过选择本质上是二元的密度函数来适用于组合优化问题。最流行的选择是伯努利分布 Ber（p），具有成功概率 p，由 pdf 表示，

$$f(x;p) = p^x(1-p)^{1-x}, x \in \{0,1\} \tag{11.12}$$

式中，$f(x;p)$ 在 $x=1$ 时等于 p，在 $x=0$ 时等于 $1-p$。具有伯努利成功概率向量 $\bar{p}$ 的伯努利分布的样本可以在 MATLAB 中使用下面的方法画出，

```
Ber_p = (rand(Npop,NVar) <= repmat(p,Npop,1))
```

对于组合优化，满足式（11.5）的更新方程是

$$\hat{p} = \frac{\sum_{i=1}^{M_s} I_{\{S(x_i) \geqslant \gamma\}} x_i}{\sum_{i=1}^{M_s} I_{\{S(x_i) \geqslant \gamma\}}} \tag{11.13}$$

用于连续优化的交叉熵法的收敛性的精确数学推导仍然是一个悬而未决的问题；然而，从经验来看，连续形式的 CE 法的收敛性似乎与其对应的组合形式相似，但表现更好。CE 的组合形式的收敛性已经被广泛研究，并且理论的良好处理开始于基于参数更新的简化形式，这种参数更新由群体中单个最佳表现者引起[15,31]。更一般地说，在参考文献［32］中推导了基于由群体中 $\lceil \rho K \rceil$ 个最佳表现者引起的参数更新的组合优化问题的收敛性。所提出的结果对具有唯一最优解的问题是特定的，其中候选群体由确定性评分函数评估。主要结论是，当使用恒定的平滑参数（如通常实现的那样）时，求最优解的交叉熵法的收敛性表示为

1）抽样分布以概率 1 收敛到位于某个随机候选 $x^{(t)} \in X$ 处的单位质量。

2）而且，定位最优解的可能性任意接近于 1（以慢收敛速度为代价）。

这是通过选择足够小的平滑常数 α 来实现的。以概率 1 保证唯一最优解的位置只能通过使用随时间增加而减小的平滑系数来实现。这种平滑序列的例子是，

$$a^{(t)} = \frac{1}{Mt'} \frac{1}{(t+1)^{\beta'}} \frac{1}{(t+1)\log(t+1)^{\beta}}, \beta > 1 \tag{11.14}$$

在选择平滑常数时，会在收敛速度和以高概率实现最优解之间进行权衡。无论如何，当使用平滑常数时，采样分布将总是收敛到某个候选 $x(t) \in X$ 处的单位质量。通常，使用恒定平滑参数经历的收敛速度比递减平滑参数方案更快。另外，对于式（11.14）的最后两种平滑技术，最优解的位置可以以概率 1 来保证，但以概率 1 收敛到单位质量不能保证。目前还不知道抽样群体以概率 1 收敛到单位质量，并且以概率 1 定位最优解的平滑技术是否存在。参考文献［32］的作者根据他们的经验认为，抽样群体以概率 1 收敛到单位质量和以概率 1 定位最优解是相互排斥的事件。

接下来，我们研究一些简单的优化问题，以帮助说明交叉熵法的属性和性能。首先，考虑如

参考文献［19，15］中给出的评分函数$S(x)$的最大化，由式（11.15）给出

$$S(x)=e^{-(x-2)^2}+0.8e^{-(x+2)^2}, x\in\mathbb{R}^1 \tag{11.15}$$

评分函数如图11.6所示。从图中可以看出函数$S(x)$在$x=-2$和2处分别有两个最大值。位于$x=-2$处的最大值是局部最大值，而位于$x=2$处的最大值是值等于1的全局最大值。对本例来说，目标是求$x=2$处的最大位置。优化将使用连续形式的交叉熵程序进行。选择的初始参数是$\mu^{(0)}=-6$，$\sigma^{2(0)}=100$，$\alpha=0.7$，$\rho=0.1$，$K=100$。停止标准被定义为$\max(\sigma^{2(t)})<\varepsilon$，其中$\varepsilon$被设置为eps = 2.2204×10^{-16}，对应于MATLAB编程环境中的浮点相对精度。一般情况下，一旦方差降至10^{-6}以下，观察到的改善很小。在更新分布参数时，值$\rho K=10$对应群体中性能最好的10%。平均值的初始位置是任意的，给定ρ很小，K很大，并且方差足够大，使得平滑系数的选择不会把过程冻结在次优解中。通过把平均值初始化为接近最优解，可以尽早收敛。

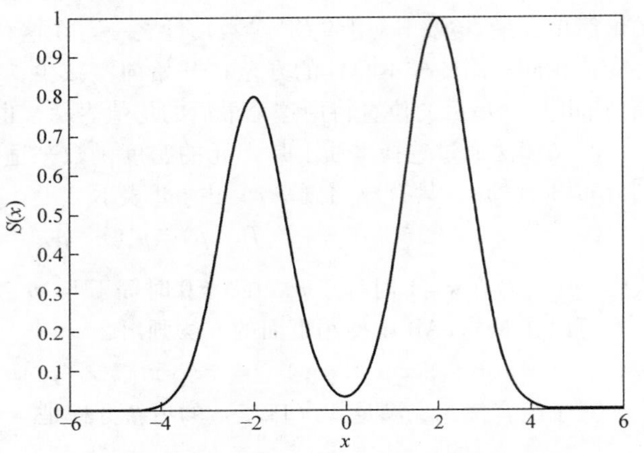

图11.6　连续CE优化示例中评分函数$S(x)$的图。目标是定位在$x=2$处的全局最大值$S(x^*)=1$

这个优化例子的结果如图11.7～图11.9所示。检查图11.9b（对应于在每次迭代中产生最差评分的x的值），表明CE过程通过不超过14次迭代定位了全局最大值。群体大小为100情况下，最佳位置可以通过最多1400次对评分函数的评估来定位。值得注意的是高斯分布向单位质量的进展，如图11.7和图11.9a所示。随着高斯分布的方差开始减少至零（或随着$\hat{\gamma}^{(t)}$接近γ^*），群体中最佳和平均分数的值变得相同。而且，这种方差减少使得大部分概率质量接近$x^*=2$时的最优解；因此，当质量接近1时，最终位置和平均值本身彼此相等。此外，最佳分数$\hat{\gamma}^{(t)}$的估计值开始等于群体中的最佳得分，并且最终群体中的所有分数值都等于最佳分数。这意味着最佳分数的和平均分数收敛到相同的值。总的来说，0.7的平滑系数值足够低以确保（平均）模拟收敛到最优解，但为了提高收敛速度可以选择更大的平滑系数值。0.9大概是可以选择的最高值，此时仍然可以找到最优解。但是，收敛速度的提高会牺牲最优解的精度。需要注意的一点是图11.8所示的α平滑过程的指数收敛行为。方差值以对数标度绘制，并注意到方差值随着t增加而线性减小，从而证实了这一说法。

接下来，考虑参考文献［15］中首先提出的例子，使用交叉熵法的组合形式来估计未知二进制序列的元素。虽然二进制序列的元素是未知的，但是假设可以测量对应于用户定义的输入$\bar{x}$的确定的评分函数$S(\bar{x})$。使用关于用户定义输入的信息和相应的评分响应，交叉熵可用于形成未知序列$\hat{y}$的估计，如图11.10所示。

未知的二进制序列y是10个元素的序列

$$\bar{y}=[1\quad1\quad1\quad1\quad1\quad0\quad0\quad0\quad0\quad0] \tag{11.16}$$

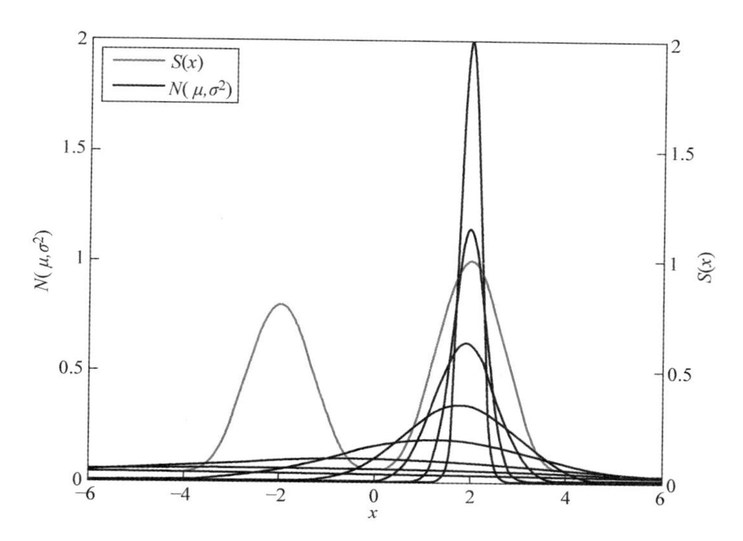

图 11.7　随着分布收敛到最优时，高斯分布函数的变化（随着$\hat{\gamma}^{(t)}$接近 γ^*，高斯 pdf 的方差减小，其概率质量的大部分是在平均值附近的，由此定位最优解，其中 $x=2$）

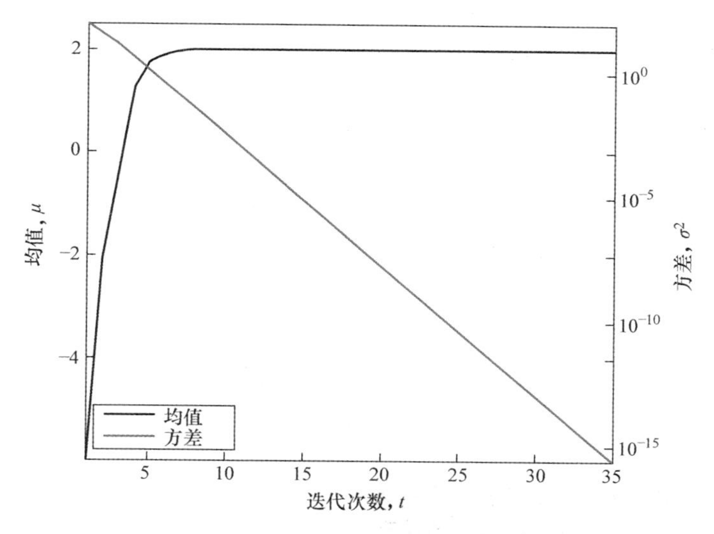

图 11.8　高斯分布的均值和方差随迭代次数的变化图
（请注意，随着方差减小至 0，均值稳定在一个常数值，$x=2$）

已知的评分函数由式（11.17）给出

$$S(\bar{x}) = M - \sum_{i=1}^{M}(x_i - y_i)^2 \tag{11.17}$$

式中，$M=10$ 是序列中元素的总数。

评分函数试图最小化 $\bar{x}$ 和$\bar{y}$之间的二次方和误差。然后从总元素数 M 中减去这个结果，以产

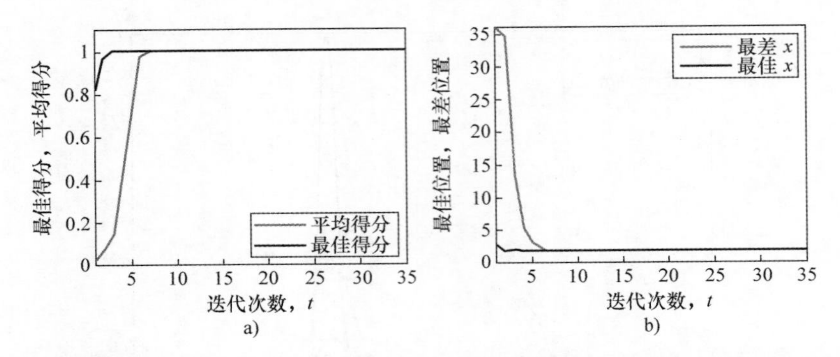

图 11.9　a）最佳和平均的群体分数随迭代次数变化的图　b）最佳和最差的群体位置随迭代次数变化。当高斯 pdf 退化为单位质量时，由于群体中的所有样本都是相同的，所以最佳和平均得分相等

生最大化问题。因此，$S(\bar{x}^*)=\gamma^*$ 的全局最大值等于 10，对应于$\bar{x}$和$\bar{y}$的所有元素相等。

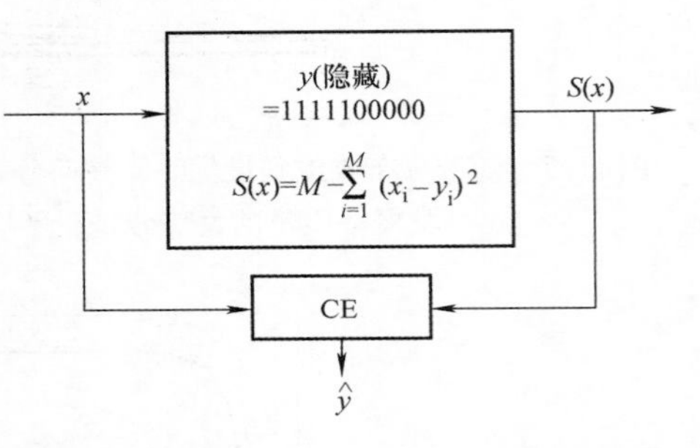

图 11.10　确定未知二进制序列的黑盒实验

对于这个例子，伯努利概率密度函数与用式 (11.12) 估计的最优成功概率一起使用。对$\bar{y}$的每一个元素，交叉熵过程的初始成功概率被设置为 $p^{(0)}=0.5$。$p=0.5$ 的初始值为初始种群的所有元素提供了相同的概率为 0 或为 1。p 的值小于 0.5 时解倾向于 0，而 p 值大于 0.5 时解倾向 1。群体大小设为 $K=100$，最差的精英样本选择参数 ρ 设为 0.1。在这个例子中，平滑系数 α 被设置为 0.9，以显示交叉熵过程的快速收敛。当 $\hat{p}$ 的所有元素都是 0 或 1，且群体的平均分数等于 γ^* 时，过程停止，这表示 pdf 完全退化为单位质量。优化结果如图 11.11 所示。

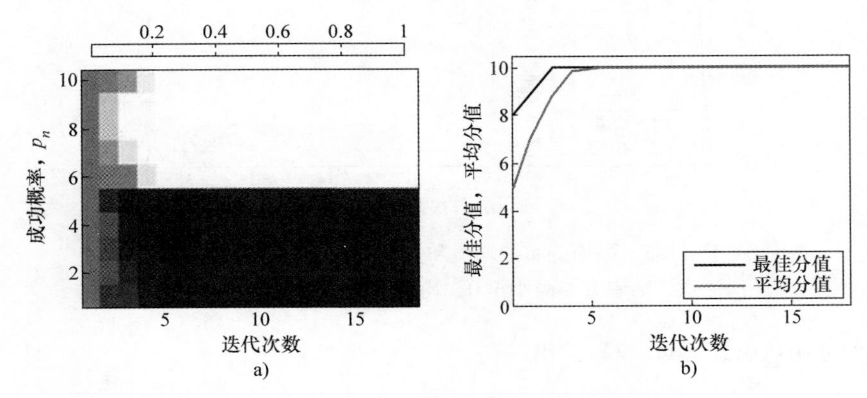

图 11.11　图 11.10 中的黑盒实验使用 CE 法的优化结果

a）伯努利成功概率随每次迭代的变化　b）在每次迭代中的最佳和平均群体分数

11.3 优化智能天线阵

周期天线阵是阵元之间具有均匀间隔的天线单元配置。周期阵表示在空间周期性位置处的连续线源孔径的离散化。这个离散阵在特定位置对入射波前进行采样，产生由奈奎斯特采样定理的辐射方向图。周期性决定了采样是如何规定的，并因此导致对周期阵的实际实现的限制。例如，阵元间距大于半波长的周期阵的阵方向图以大于奈奎斯特的速率对波前进行采样，并被认为是过度规定的。由于引入了栅瓣（在所需的角度位置以外的主瓣），这种过度规定降低了波束效率和可见方向图区域内的波束扫描。此外，通过限制最小峰值旁瓣功率和主瓣波束宽度，这种周期性进一步限制了给定间距的最大可达波束效率。由于增加了阵的成本和机械复杂性，周期阵的实际实现可能是困难的，因为需要更多数量的阵元来改善这些限制。引入非周期性（即非均匀）阵元间距有助于放松这些限制并提供了更大的灵活性。非周期性阵可以通过以下两种方式之一从 N 个阵元的周期阵中产生：

1）稀疏：去除周期阵中有源阵元的一个子集；

2）非均匀间距：移动周期性阵元的几何位置以产生非周期的间距。

移动阵元的几何位置意味着阵元间距非均匀。阵中天线单元的总数保持不变，但总的孔径大小可能会增加或减少，具体取决于这些非均匀的阵元间距。改变阵的长度将影响辐射方向图波束宽度和旁瓣功率，为克服周期性间隔阵的局限性提供了更大的灵活性。前人已经使用遗传算法[33,34]、模拟退火[35,36]、粒子群优化[5,37]和交叉熵法[20]研究了阵列几何的合成。

稀疏天线阵是对阵中有源单元的一个子集的策略性去除，以便保持与全阵列类似的辐射性质，但使用较少数量的阵元来完成。对于卫星通信，雷达和天文干涉仪等需要高度指向性天线阵，但具有中等增益的应用，阵的有源单元可以被稀疏而不会显著影响阵的辐射特性。特别地，阵的波束宽度与阵孔径的最大尺寸成比例。因此，对于恒定的阵列尺寸，移除阵元将按比例地增加阵的增益，同时保持波束宽度相对不变。阵中天线单元的数量必须很大，以便在设计稀疏阵时使用数值技术。“阵元数量大”的区别表明数量足够大，以至于实际上不可能彻底搜索所有可能的组合并测试哪种组合最佳。通过阵元稀疏设计非周期性阵通常通过统计或优化过程来完成。Lo[38]和 Steinberg[39]用 Skolnik 的设计方法[40]——这是更流行的统计技术之一，提出了大型阵的统计阵稀疏的可实现设计的界限之一。在现代，遗传算法[41,42]、模拟退火算法[43]、粒子群优化算法[37]、蚁群优化算法[44]和交叉熵法[20]都被用于稀疏大型阵，并能实现统计理论所不能预测的设计。

11.3.1 稀疏天线阵单元

针对给定目标的阵元的最优稀疏通过控制阵列权值来实现。考虑图 11.12 所示的均匀间隔 N 元线阵。

该阵用一系列系数 $\bar{w}=[w_1,w_2,\cdots,w_{N/2}]\in[0,1]$ 加权。这些权值是线性地应用于阵的二进制系数，并表示阵中每个阵元的振幅激励。通过将阵元 n 的权值 w_n 设置为 1，阵元 n 是有效的（即“开启”），而如果阵元 n 的权值为 0，则它无效（即“关闭”），并且对阵列辐射方向图没有贡献。

以这种方式去除阵元引入了阵元之间的非周期间隔。问题就变成了如何选择 0 和 1 的特定组合以满足给定目标。

这里考虑的例子首先在参考文献［41］中提出，用遗传算法稀疏线阵来减小峰值旁瓣电平。在参考文献［4］中有一个更详细的例子，我们在这里分析比较遗传算法和交叉熵法的解。问题的离散性要求交叉熵法的组合形式和遗传算法的二进制形式。

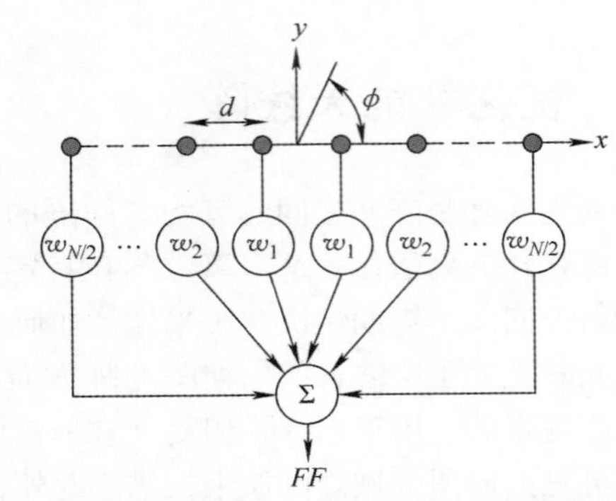

图 11.12　N 个均匀间隔阵元的 x 轴加权线阵

考虑图 11.12 中的对称均匀线阵，其中有 $N(=52)$ 个元件。由于阵是对称的，优化的权值数等于 26；然而，我们将 $\omega_1=1$ 固定，因为低旁瓣锥度在其中心总是有最大值，且 $\omega_{N/2}=1$ 以保持阵列长度不变，使得主瓣波束宽度在优化过程中不会改变。结果，阵中 4 个阵元的权值是固定的；因此优化问题的维数减少到 24。在这种情况下，穷举搜索的可能组合总数等于 $2^{24}=16777216$。

优化的目标是减少有源阵元的总数，同时最小化图 11.12 中阵的峰值旁瓣电平，其远场方向图由式（11.18）给出，

$$FF_n(u)=\frac{EP(u)}{FF_{\max}}2\sum_{n=1}^{N/2}w_n\cos[(n-0.5)kdu] \tag{11.18}$$

式中，N 是阵中的阵元数，$N=52$；w_n 是阵元 n 的振幅权值，$w_n\in[0,1]$；d 是原始均匀阵的阵元之间的间隔，$d=0.5\lambda$；k 是波数，$k=2\pi/\lambda$；$u=\cos\phi$，$0°\leqslant\phi\leqslant180°$，具有 1000 个等间隔采样点，范围为［0，1］；$EP(u)$ 是阵元方向图，$EP(u)=1$（对于各向同性天线）；$FF_{\max}$ 是远场方向图的峰值，$FF_{\max}=2\sum_n w_n$。

评分函数被定义为原始均匀阵的旁瓣区域 $\lambda/Nd\leqslant|u|\leqslant1$ 中的远场幅度的最大旁瓣功率，其中 λ/Nd 是 u 空间中第一个零点的位置，

$$\text{Score}=20\lg\max(|FF_n(u)|),\frac{\lambda}{Nd}\leqslant|u|\leqslant1 \tag{11.19}$$

所有 2^{24} 种组合都使用 MATLAB Central File Exchange 中的 MATLAB combn 函数进行了详尽的评估。每个组合都使用式（11.19）来评估，只有一个组合对应全局最小值，其旁瓣电平为 −18.632dB。该值来自组合 16776823，对应于表 11.2 中给出的单向权值向量 $\bar{w}$。

表 11.2　使稀疏均匀线阵峰值旁瓣电平最小化的权值向量 w_n

阵元 n	1	2	3	4	5	6	7	8	9	10	11	12	13
w_n	1	1	1	1	1	1	1	1	1	1	1	1	1
阵元 n	14	15	16	17	18	19	20	21	22	23	24	25	26
w_n	1	1	1	0	0	1	1	1	0	1	1	0	1

得到的阵有 44 个有源单元，阵中天线单元总数减少了 15%，同时产生的峰值旁瓣电平比全

阵列的原始 −13.2dB 的旁瓣电平小了 30%。

接下来，我们测试遗传算法和交叉熵法的能力以找到式（11.19）的解。两种算法的参数在表 11.3 中给出，并且使用算法的经验来选择。

表 11.3　稀疏场景的算法设置

遗传算法		交叉熵	
群体大小	20	群体大小	20
选择	轮盘赌	对于 μ，σ^2 的平滑参数 α	1，0.7
交叉	单点	采样选择参数 ρ	0.1
突变率	0.15	初始成功概率 $\overline{p}$	0.5
配对库	4		

最佳稀疏阵及其各自性能的两个采样结果显示在图 11.13（遗传算法）和图 11.14（交叉熵法）中。图 11.15 显示了 500 次独立试验的优化结果分布。从该图可以清楚地看出，对于表 11.3 中的设置，遗传算法比交叉熵法可以更经常地定位最优解，并且最终解的方差也更小。

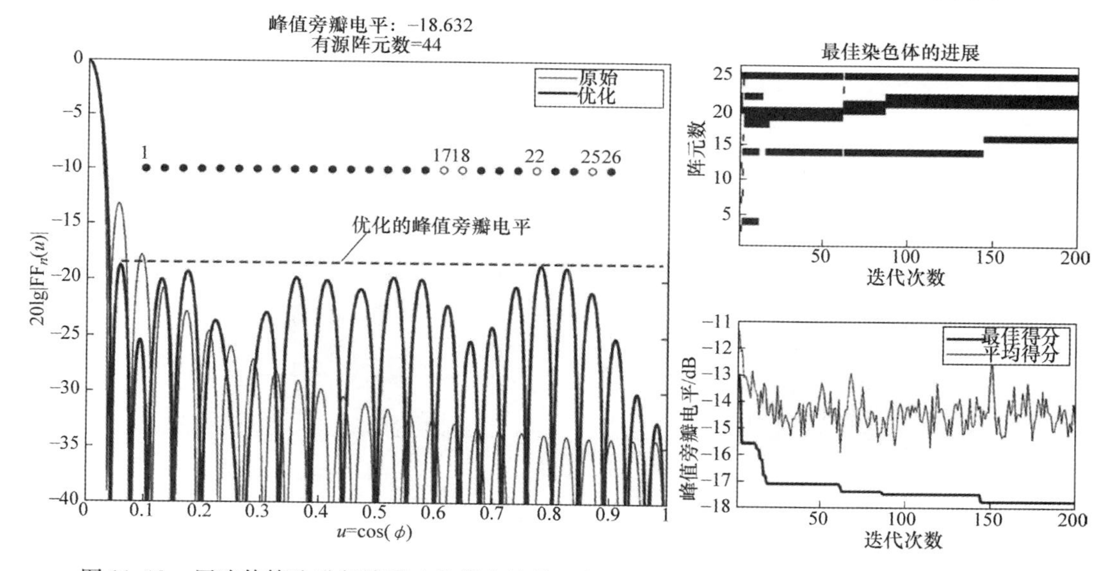

图 11.13　用遗传算法进行阵稀疏的样本结果。在所示的结果中，该算法求出了全局最优解

11.3.2　优化阵单元位置

在阵稀疏的过程中，通过 2^N 个可能的阵元位置组合来量化元件之间引入的非周期性间隔以实现低旁瓣电平，其中 N 是阵中的天线单元的总数。通过改变阵元之间的间距，可以更好地控制辐射方向图的形状。

阵元之间的间距可以根据阵元间距离 d_n 或绝对阵元位置 x_n 来定义，如图 11.16 所示。设置优化过程来优化阵元间距或绝对阵元位置需要一些额外的限制，以确保诸如主瓣形状和波束宽

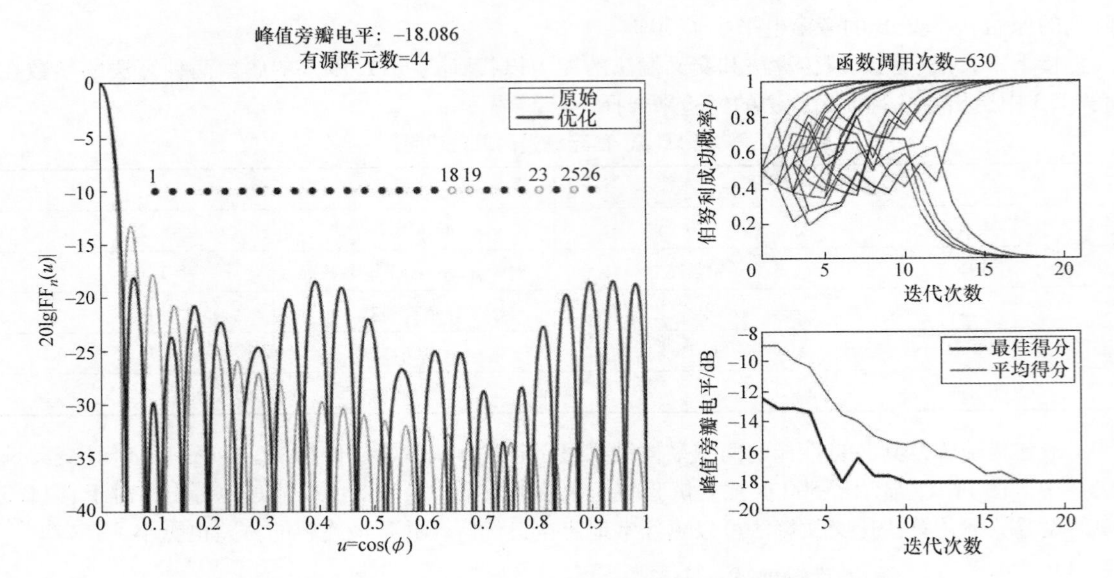

图 11.14　用交叉熵法进行线性阵稀疏优化的示例。对于这个结果，交叉熵法收敛到全局最优解附近的一个小邻域

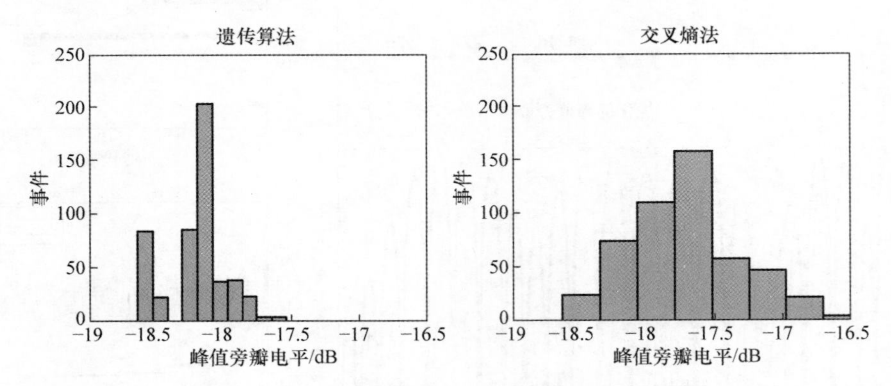

图 11.15　阵稀疏优化示例的峰值旁瓣电平分布

a）遗传算法　b）交叉熵法

度等特征得以保留。假定变量限制在某个区间［l，u］上，则优化阵元间距将为优化过程提供更好的控制，但可能需要对总的阵长度进行附加约束以保持主瓣形状和波束宽度。选择优化绝对阵元位置可以更好地控制整个阵长度，但可能会导致某些阵元位置在阵边界内相互重叠，因此阵中天线单元的总数可能会在每次迭代中不同。这可能是在优化阵元间距的同时稀疏阵元的附加益处。

非均匀阵元间距的对称阵的阵因子由式（11.20）给出，

$$FF_n(u) = \frac{EP(u)}{FF_{\max}} 2 \sum_{n=1}^{N/2} w_n \cos[(n-0.5)kd_n u] \tag{11.20}$$

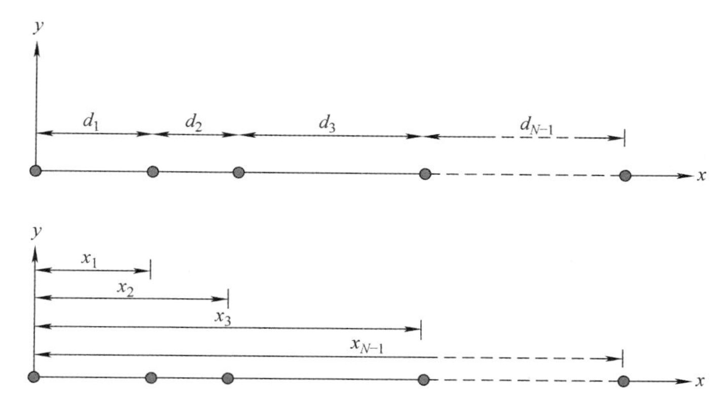

图 11.16　基于（顶部）阵元间距 d_n 和（底部）绝对位置 X_n 的非均匀阵间距定义

式中，$d_n=\beta(d/\lambda)$，$0\leqslant\beta\leqslant1$ 限制最大阵元间距。

根据绝对阵元位置，阵因子由式（11.21）给出，

$$FF_n(u)=\frac{EP(u)}{FF_{\max}}2\sum_{n=1}^{N/2}w_n\cos(kx_nu) \tag{11.21}$$

式中，对于长度为 L 的阵，$0\leqslant x_n\leqslant L$。所有其余的项如式（11.18）定义的那样。

用于非均匀阵元位置最小化峰值旁瓣电平的评分函数与由式（11.19）给出的阵元稀疏相同。如图 11.13 和图 11.14 所示，该评分函数导致相对恒定的旁瓣。我们在这里研究非均匀间隔阵元实现类似旁瓣电平降低的能力。

例如，考虑一个均匀加权的线阵，有 $N=32$ 个各向同性的天线单元沿 x 轴放置，并与 y 轴对称，如图 11.12 所示。目标是最小化远场方向图 FF（u）的峰值旁瓣电平，$\lambda/Nd\leqslant u\leqslant1$，其中 $d=0.5\lambda$ 对应于均匀线阵的默认间隔。绝对阵元位置 x_n 是波长函数，它是该优化中的变量。因此，y 轴任一侧的前两个元件之间的间隔固定为 0.5λ，以确保阵内的一个天线对满足奈奎斯特空间采样。该值也将作为阵元位置的下限。将阵元位置 $\pm N/2$ 固定在与均匀线阵的单向阵长度对应的原点 $\frac{\pm(N-1)d}{2}=7.75\lambda$ 的距离处，以使主瓣失真最小化。这个值将作为阵元位置的上限。这里，用交叉熵法来优化。表 11.4 总结了该技术的设计参数。请注意，对于 $n=1，2，\cdots，N/2$，每个阵元位置的高斯分布均值的初始值均被设置为（$n-0.5$）d/λ，其初始偏离解为大约在均匀间隔阵中阵元 n 的原始位置。

表 11.4　对称线阵场景的交叉熵设计参数

符号	参量	值
α	平滑参数	0.7
ρ	采样选择参数	0.1
K	群体大小	100
x_n	阵元位置 n 的限制	[0，（$N-1$）$d/2$]
$\mu^{(0)}$	阵元位置的初始均值	（$n-0.5$）d/λ
$\sigma^{2(0)}$	阵元位置的初始方差	100

交叉熵法的一个优化实例的结果如图 11.17 所示。

最终的优化阵元位置在表 11.5 中给出，并在图 11.18 中显示。

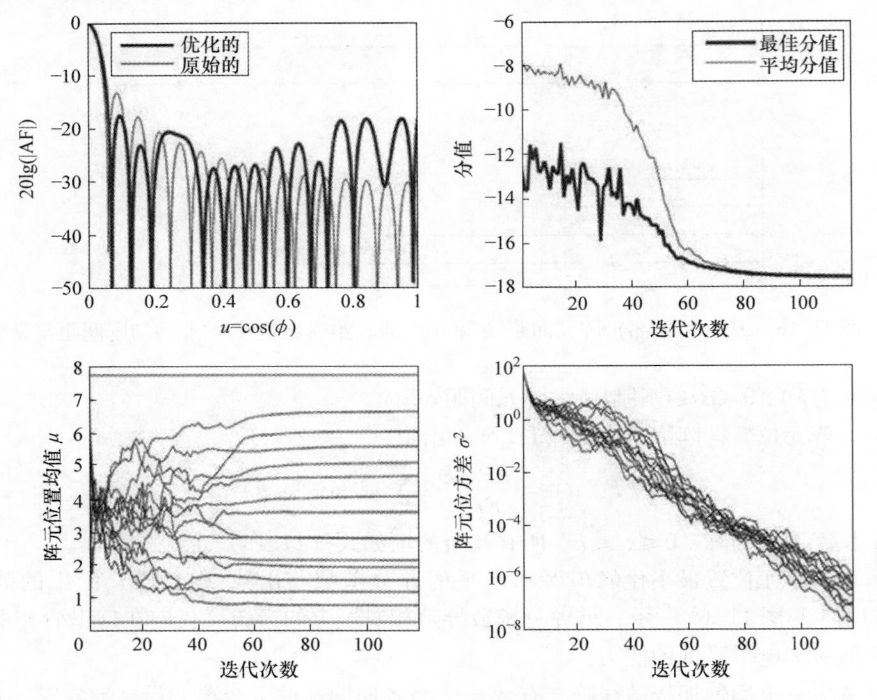

图 11.17 使用非均匀阵元位置和交叉熵法，最小化线阵的峰值旁瓣电平的示例结果

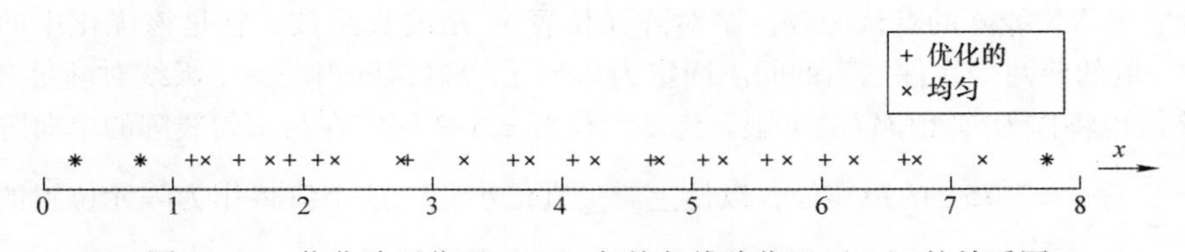

图 11.18 优化阵元位置（+）与均匀线阵位置（×）的关系图
（从这张图可以看到优化阵列与均匀间距的偏差程度）

表 11.5 通过 CE 法执行峰值旁瓣电平优化的非均匀阵元位置 x_n 用波长 λ 归一化之后的优化结果

x_1	x_2	x_3	x_4	x_5	x_6	x_7	x_8
0.250	0.749	1.148	1.507	1.901	2.117	**2.801**	**2.816**
x_9	x_{10}	x_{11}	x_{12}	x_{13}	x_{14}	x_{15}	x_{16}
3.613	4.088	4.701	5.093	5.590	6.034	6.641	7.750

注：以粗体显示的是两个紧密间隔的阵元。

该阵的峰值旁瓣电平为 -17.53dB，比均匀线阵的峰值旁瓣电平 -13.2dB 大约改善了 4dB。如前面所述，优化绝对阵元位置时，优化位置可能会彼此重叠。表 11.5 所示的阵元 7 和 8 就是

这种情况。这个结果实际表示的是单个阵元，但幅度是其两倍。在这个位置的两个阵元可以用式（11.21）中的权值 $\omega_7=2$ 和 $\omega_8=0$ 来代替，所有其他权值等于 1。得到的阵方向图将与图 11.17 中的几乎相同。

11.4　自适应零限

为了改善阵列输出的信干噪比（SINR），智能天线的主要功能之一是自适应波束赋形和不同源的零限。这方面的传统技术在第 8 章中已被广泛研究，如最小方均（LMS）、样本矩阵求逆（SMI）、递归 LS 和共轭梯度法（CGM）。在这里，我们测试全局优化算法（如遗传算法和交叉熵法）执行相同的功能的能力。

通常，天线阵不知道干扰的来源和方向，所以阵列响应假定期望信号出现在方向图的主瓣中而干扰在旁瓣中到达（见图 11.19），通过最小化阵的观察输出功率来进行自适应。目标是通过将零限点置于干扰方向来确定最佳阵列权值，以改善阵列输出的信干噪比（SINR）。

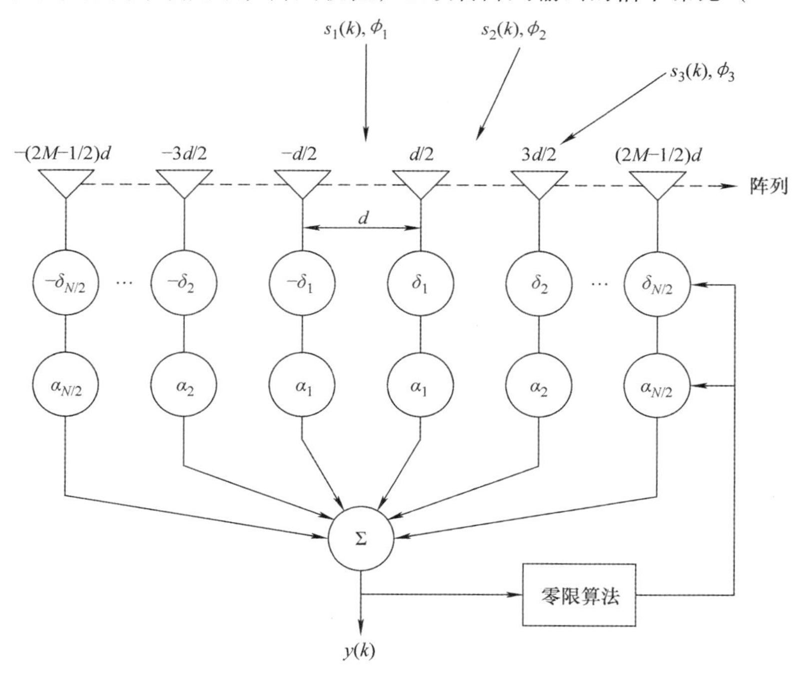

图 11.19　用于自适应零限的均匀线性阵列

由角 ϕ_i 到达，在采样时刻 k 处具有电压 $s_i(k)$ 的 N_{sig} 个信号产生的总阵列输出电压由式（11.22）给出

$$AF=\frac{1}{\sum_m w_m}\sum_{i=1}^{N_{\text{sig}}}s_i(k)EP(\phi_i)$$
$$\times\left[w_M^*\mathrm{e}^{-\mathrm{j}\frac{(2M-1)}{2}kdu_i}+\cdots+w_1^*\mathrm{e}^{-\mathrm{j}\frac{1}{2}kdu_i}+w_1\mathrm{e}^{\mathrm{j}\frac{1}{2}kdu_i}+\cdots+w_M\mathrm{e}^{\mathrm{j}\frac{(2M-1)}{2}kdu_i}\right]\qquad(11.22)$$

这里，阵列有偶数个阵元，使得 $2M=N=$ 阵元的总数，这些阵元是关于阵中心对称的。权值 $\omega_m=a_m\mathrm{e}^{\mathrm{j}\delta_m}$ 也关于阵中心对称，除了左侧的权值 w_m^* 的相位值 δ_m 已被取消，以产生方向图中的零点[45]。此外，相位值被限制为小于 $\pi/8$ 弧度以限制方向图中的主瓣失真。类似地，可以应用从 Chebyshev 或泰勒窗函数计算的低旁瓣幅度渐变。

然后阵的总输出功率计算为

$$\text{总输出功率}=20\lg|AF| \tag{11.23}$$

考虑表 11.6 的例子（来自参考文献［46］），比较遗传算法和交叉熵法的性能。分别对应于 u 空间的位置 $u=0$ 处的期望用户和位于 $u=0.62$、0.72 处的两个 30dB 的干扰信号的 3 个信号入射到一个对称的、40 个阵元的均匀线阵上，如图 11.19 所示。将 30dB 的 Chebyshev 幅度权值 α_n 添加到阵中，以引入低旁瓣锥度。

表 11.6 自适应零限场景的参数

参数	值
源的数量	1
干扰的数量	2
源功率	0dB
干扰功率	30dB
源到达方向（DOA）	$u=0$
干扰到达方向（DOA）	$u=0.62$，0.72
阵元个数	40
阵元间隔	0.5λ
幅度权值	Chebyshev，30 dB

表 11.7 总结了每种算法的设置。我们选择这些参数来平衡收敛速度和解的精度。

表 11.7 自适应零限场景的算法设置

遗传算法		交叉熵	
群体大小	20	群体大小	100
选择	轮盘赌	平滑参数，μ、σ^2	0.7
交叉	单点	采样选择参数 ρ	0.1
突变率	0.15		
配对库	4		

图 11.20 是一个示例结果，显示了在干扰方向上具有两个零限点的自适应阵方向图，同时保持主瓣方向朝向期望用户。主波束在波束宽度、衰减和朝向上已经略微失真，但是期望信号的输出功率的总衰减非常接近于 0。此外，我们看到阵方向图不再是对称的。为了在干扰的方向上增加零限点，同时使主瓣失真最小化，旁瓣电平可以自由增加，零限点的位置可以移动。

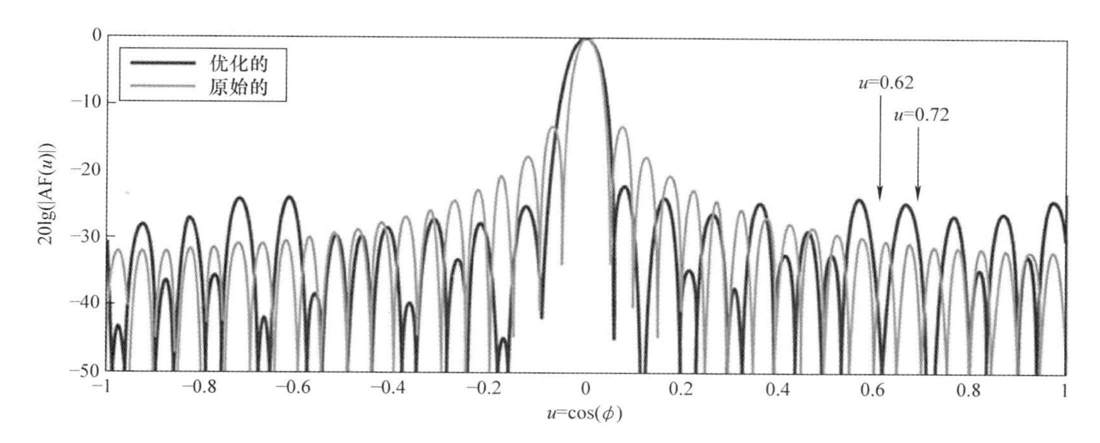

图 11.20　对表 11.8 中问题的仅相位自适应零限的示例结果［在干扰方向（$u=0.62,\ 0.72$）产生两个深度零限点，同时将主瓣在期望用户方向（$u=0$）上的失真最小化］

表 11.8　图 11.20 中自适应零限示例中的相位权值

阵元 n	21	22	23	24	25	26	27	28	29	30
δ_n（°）	18.2	6.3	5.8	11.7	9.2	3.8	12.9	11.6	8.7	4.8
阵元 n	31	32	33	34	35	36	37	38	39	40
δ_n（°）	9.5	10.3	12.5	8.1	16.5	7.1	13.5	15.4	12.4	7.0

图 11.21 举例说明了遗传算法和交叉熵法在仅相位自适应零限方案中的收敛性。我们看到，两种算法都能够收敛到与期望用户的功率相对应的 0dB 全局最优解的接近邻域。总体而言，我们看到交叉熵法能够在相同的迭代次数内找到比遗传算法低 20dB 的分数，但这是以在交叉熵法中增加群体大小而使评分函数评估的值增加为代价的。如图 11.22 所示，这种降低的原因是每个干扰方向上更深的零限深度。我们看到，在遗传算法情况下，最终的零限深度基本上是相等的，人们可以期望两个干扰源的功率相等。与遗传算法相比，交叉熵法在期望用户的方向上具有更小的主瓣失真。

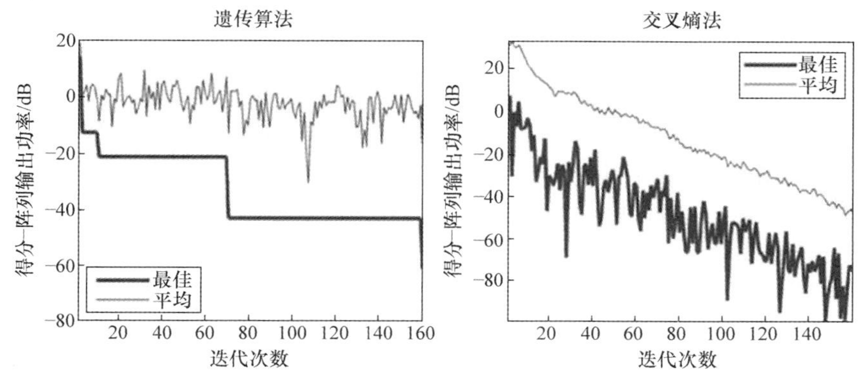

图 11.21　对于仅相位自适应零限场景的遗传算法和交叉熵法的收敛示例

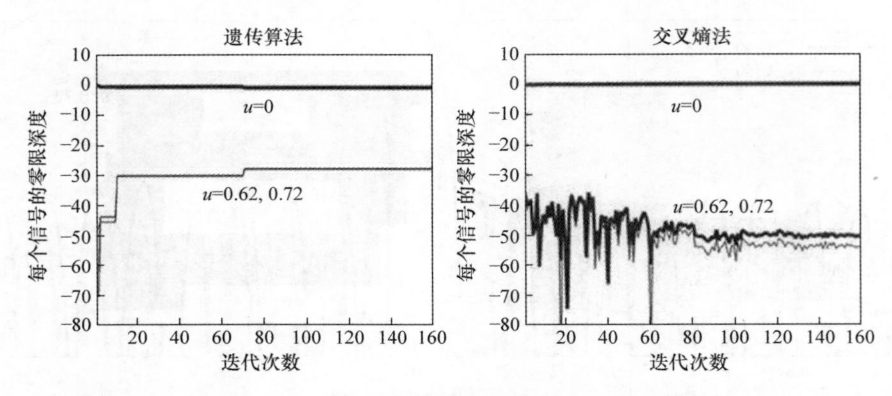

图 11.22　对于仅相位自适应零限场景每个信号的零限深度变化的实例

值得注意的是两种算法的收敛性不同。在图 11.21 中，交叉熵法的指数收敛很明显，我们可以看到群体平均遵循群体中表现最好的个体的斜率。如图 11.14 所示，在最佳和总体平均分数收敛到一起之前就终止了优化，这是因为相位权值的最大方差已降至 10^{-6} 以下。对于遗传算法，我们可以看到每一代中最佳染色体向全局最小值收敛的预期趋势，而群体平均覆盖潜在解的广泛范围。

11.5　智能天线设计中的 NEC

数字电磁学代码（NEC）是一种计算机程序，它使用 MoM 计算电磁技术来计算天线和由金属线构成的其他结构的电磁响应和相互作用。它最初由劳伦斯·利弗莫尔国家实验室和加利福尼亚大学在 1981 年开发[47]。该代码的当前版本称为 NEC4，它的使用需要劳伦斯·利弗莫尔授权许可并受美国出口管制。在公共领域可以得到的无需许可证的最新版本是 NEC2。NEC2 在公共领域的应用非常广泛，其可用性非常普遍，许多独立和互补的编译工作都集中在 NEC2 引擎上，它们适用于所有操作系统以及基于 GUI 的商业的和免费的包装程序。在这里，我们使用 MATLAB 作为将 NEC2 与 11.2 节中的优化技术相结合的包装，来评估实际的智能天线设计。

11.5.1　NEC2 资源

NEC2 的主要资源包含关于 NEC2 中应用的数值方法的历史，背景说明的有用信息以及程序操作的用户指南见以下网址，http：//www. nec2. org/，一旦打开该网站，用户便可以找到指向其他有用的 NEC2 信息的链接，包括指向“非官方 NEC 档案”的链接，如 http：//nec − archives. pa3kj. com。其中可以找到针对不同操作系统和编程语言编译的几个版本的 NEC2 代码的附加链接。在这里，我们使用 Windows 可执行的 C ＋＋版本的 NEC2，称为 nec2＋＋，如 http：//www. pa3kj. com/PA3NEC_ Archive/nec2＋＋. exe。另一个有用的软件叫作 4nec2，它是一个图形工具，用于创建、分析和查看 NEC2/NEC4 文件产生的几何和数据。4nec2 环境的屏幕截图如图 11.23 所示。4nec2 可在以下网址下载 http：//www. qs1. net/4nec2/。

在本节中，我们将重点介绍 MATLAB 与核心 NEC2 引擎的集成；但是，4nec2 使用户能够在

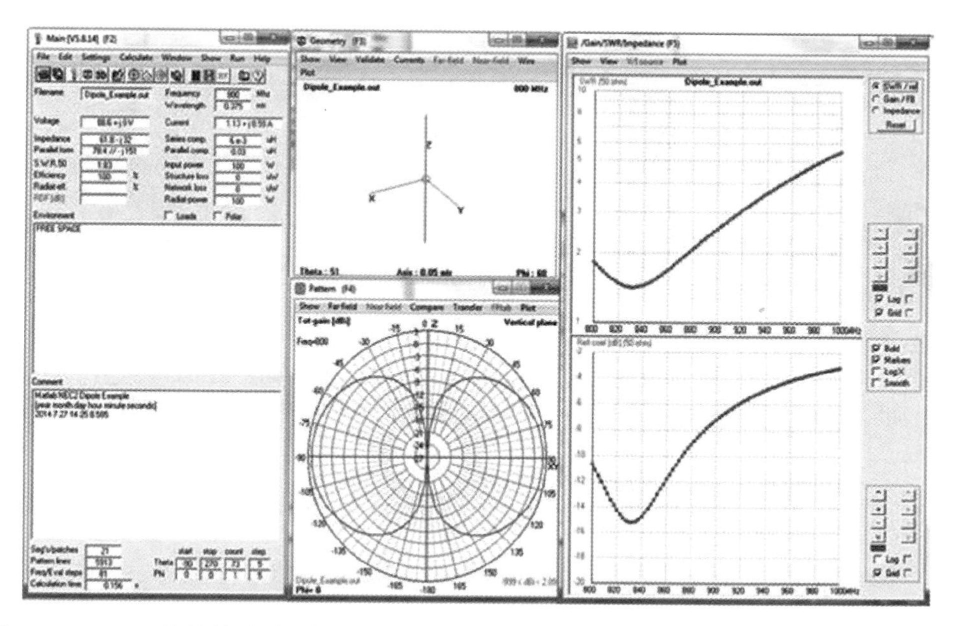

图 11.23　4nec2 软件的图形用户界面和后处理产品（从左侧开始顺时针：主要的 4nec2 窗口、3D 几何显示、SWR/回波损耗图、2D 极坐标辐射图）

设计过程之前和之后创建并验证 . nec 输入文件。这对在优化之前用于创建输入文件的 MATLAB 脚本的故障诊断很有用。

11.5.2　设置 NEC2 仿真

NEC2 输入文件的一般结构基于早期计算机使用的老式打孔卡格式。图 11.24 为包括一张打孔卡和一个读卡机的例子。打孔卡是一种只能写一次的介质，通过沿着有 80 列的行打孔来将数据编码到一张卡上。在预定义位置的孔的存在或不存在表示读卡器的数据和/或命令。称为卡组的一组卡形成了程序和数据集合，然后将它们送入读卡器来计算卡组程序的结果。早期的 NEC2 程序是使用打孔卡写成的；随着时间的推移，物理打孔卡被 ASCII 文本文件取代，它保留了表达数据和程序的相同约定和格式。ASCII 文本文件程序的一个示例如图 11.25 所示。输入的 ASCII 文件由 . nec 扩展名表示，包含解的输出文件扩展名为 . out。

在输入文件中，每行代表由前两列标识的独立卡。例如，在图 11.25 的程序中，有注释卡（CM、CE）、几何卡（GW、GE）、频率卡（FR）、激励卡（EX）、辐射方向图卡（RP）以及程序执行控制卡（XQ、EN）。许多其他卡可用于生成特定的几何结构（如螺旋线、贴片、网格表面），并包括地平面、负载、网络和传输线等的影响。卡的指定顺序对于 NEC2 程序如何被执行很重要。典型的程序有以下顺序。

1）用 CM 卡指定注释并用 CE 卡指示注释部分的终止。

2）指定几何图形［即电线（GW 卡）］并用 GE 卡指示图形的结束。GE = 1 表示存在地面。

3）指定程序控制卡，如频率卡（FR 卡）、激励类型卡（EX 卡）、辐射方向图卡（RP 卡）

a)

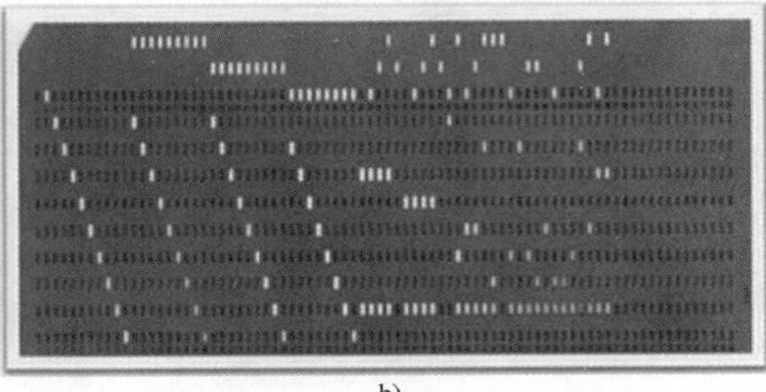

b)

图 11.24　a）打孔卡读卡器　b）80 列打孔卡（图片引用自 Richard Smith，https：//www.flickr.com/photos/smith/5786129343，，授权许可为 Creative Commons2.0）

```
CM Matlab NEC2 Dipole Example
CM [year month day hour minute seconds]
CM 2014 7 27 14 25 8.585
CE
GW 1 21 0 0 -0.083278 0 0 0.083278 0.001
GE 0
FR 0 81 0 0 800 2.5
EX 0 1 11 0 1 0
RP 0 73 1 1001 -90 0 5 5
XQ
EN
```

图 11.25　用于定义 NEC2 程序的现代 ASCII 文本文件（显示的是计算偶极子天线的辐射方向图的程序）

以及（如果有的话）地平面卡（GN 卡）。

4）用 XQ 卡执行程序。

5）用 EN 卡指示程序的完成。

nec2.org 用户指南第三部分提供了可用卡片及其属性、定义的详细说明，见 http：//www.nec2.org/part_ 3/toc.html。

对于每张卡片，均有 80 列，这与传统的打孔卡格式一致。几列被组合在一起形成 NEC2 程序的特定值/项。为了“读卡器”（即 NEC2 可执行文件）能准确读取，必须严格遵守特定卡的项格式。例如，频率卡具有以下的输入格式（见图 11.26）。

前两列总是为卡的类型保留的，在本例中为“FR”。第 3 列 ~ 第 5 列保留为整数值（I），用于定义要使用的频率步进类型，其中值为 0 表示在相邻频率之间线性步进，像 MATLAB 的 linspace 函数一样，值为 1 表示乘法步进。接下来，第 6 列 ~ 第 10 列包含记录频率步数的整数值。如果该字段为空，则假定值为 1。第 21 列 ~ 第 30 列以 MHz 为单位指定记录起始频率的浮点值，而第 31 列 ~ 第 40 列指定频率步进增量的浮点值，也以 MHz 为单位。例如，在图 11.25 中的偶极子天线程序中，第 7 行对应于具有 81 个线性频率步进，起始于 800MHz，步长为 2.5MHz 的 FR 卡。下面，我们讨论一些常用的卡，例如用 GW 卡创建电线，用 EX 卡创建激励源，以及用 RP 卡来计算辐射方向图。

2	5	10	15	20	30	40	50	60	70	80
FR	I1	I2	I3	I4	F1	F2	F3	F4	F5	F6
	IFRQ	NFRQ	BLANK	BLANK	FMHZ	DELFRQ	BLANK	BLANK	BLANK	BLANK

顶部的数字指的是每个字段中的最后一列

图 11.26　NEC2 频率卡的输入格式示例

用于指定导线的 GW 卡的格式如图 11.27 所示。导线由它的两个笛卡儿端点（XW1、YW1、ZW1）和（XW2、YW2、ZW2）、导线半径以及分配给程序中每条导线的唯一数字标签（称为标签）来定义。每条导线进一步分成小段，用于输入 NEC2 使用的 MOM 计算电磁技术。为了满足标准的细线近似，线段长通常远小于波长（例如，≤$\lambda/12$），并且线半径远小于线段长度（例如，≤$\lambda/100$）。NEC2 还支持扩展的细线内核近似（EK 卡），以获得更粗的线半径。对于图 11.25 中的 . nec 输入文件，有一个单一的 GW 卡，用于指定在 z 方向，长度为 0.1665m 的导线，它的标签为 1，分为 21 段，半径为 1mm。

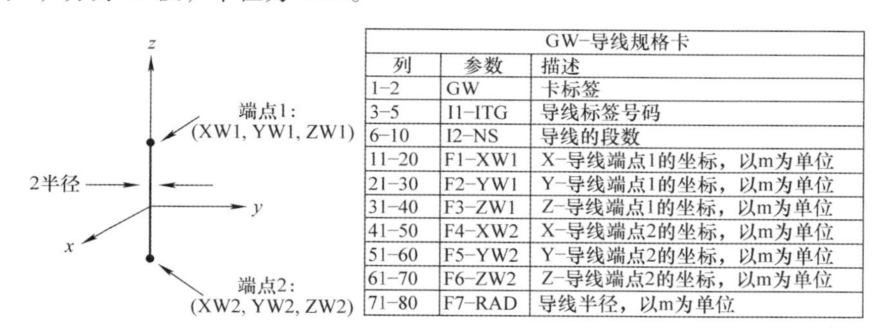

GW-导线规格卡		
列	参数	描述
1-2	GW	卡标签
3-5	I1-ITG	导线标签号码
6-10	I2-NS	导线的段数
11-20	F1-XW1	X-导线端点1的坐标，以m为单位
21-30	F2-YW1	Y-导线端点1的坐标，以m为单位
31-40	F3-ZW1	Z-导线端点1的坐标，以m为单位
41-50	F4-XW2	X-导线端点2的坐标，以m为单位
51-60	F5-YW2	Y-导线端点2的坐标，以m为单位
61-70	F6-ZW2	Z-导线端点2的坐标，以m为单位
71-80	F7-RAD	导线半径，以m为单位

图 11.27　NEC2 导线规格卡（GW）和导线参数定义

图 11.28 描述了激励卡（EX）的输入。有 5 种不同的激励源可供选择，EX 卡对于每种的可变输入为：①电压源（外加的电场源），②入射平面波，线极化，③入射平面波，右旋椭圆极化，④入射平面波，左旋椭圆极化，⑤基本电流源，⑥电压源（电流斜率不连续）。外加的电场电压源是最常用的，并在图 11.28 中进一步定义。电压源位于导线段的中间。在偶极子天线的情况下，用户将定义奇数段，使得电压源将尽可能靠近偶极线的中心。对于单极天线，用户可以将源定位在离地平面最近的部分。

多个激励卡可以存在于一个程序中，以指定不同类型的多个源。例如，N 偶极子的天线阵列将包含 N 个 EX 卡以指定施加到每个偶极子上的复值电压源。

图 11.29 定义了 RP 卡的输入，以计算球坐标中的远场辐射方向图以及典型值。用户指定了仰角和方位角平面的角度总数、相应的起始值，以及角度之间的增量。第 16 列 ~ 第 20 列定义了四整数助记符值（XNDA），其中每个字母代表 I4 中相应数字的助记符。X 控制输出文件中打印

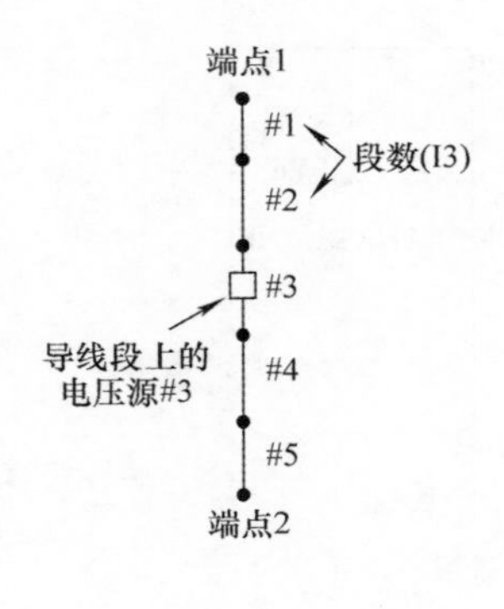

EX-激发卡			
列	参数	描述	典型值
1-2	EX	卡标签	EX
3-5	I1-类型	使用的激励类型	0:电压源(外加的电场源)
6-10	I2-TagNr	值取决于I1中的类型	如果I1=0:源的导线标签数
11-15	I3-SegNr	值取决于I1中的类型	如果I1=0:导线标签数对应的源的导线段数
16-20	I4	值取决于I1中的类型	如果I1=0'00' 列19=0(no action) 列20=0(no action)
21-30	F1-Vreal	电压的实部，以V为单位	=1V
31-40	F2-Vimag	电压的虚部，以V为单位	=0

图 11.28　NEC2 激励卡（EX）和偶极子上的电压源实例

的格式，可以根据主轴/副轴场分量和总增益，或垂直/水平分量和总增益进行显示。N 控制打印到文件的增益数据的归一化。通常情况下，实际的增益很重要，因此不会应用归一化。D 控制是否计算功率或方向性增益，并将其打印到输出文件。A 控制计算平均增益的角度。用户还可以指定用于计算方向图的径向距离。如果将此值留为空，则会在计算的辐射电场中忽略因子 e^{-jkr}/r。在给定的程序中可以指定多个 RP 卡。如果程序包含一个地平面，则 θ 值大于 90°时不应指定场点。

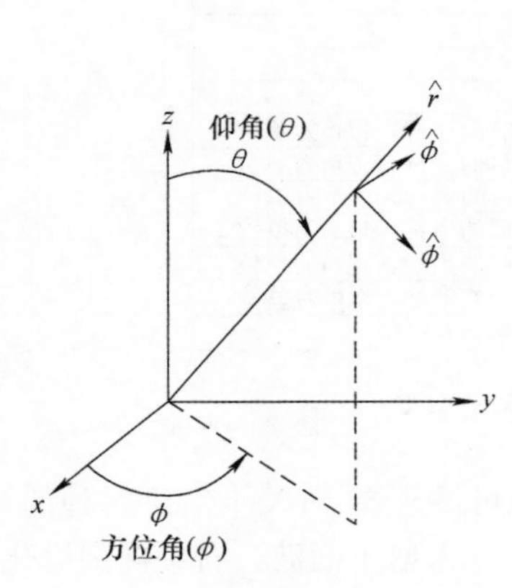

RP-辐射方向图卡			
列	参数	描述	典型值
1-2	RP	卡标签	RP
3-5	I1-模式	辐射场的计算模式	0-标准模式
6-10	I2-NTH	仰角(θ)的数量	
11-15	I3-NPH	方位角(φ)的数量	
16-20	I4-XNDA	4个整数助记符 X-输出格式控制 N-归一化增益 D-功率或方向性增益 A-平均功率增益要求	X：1垂直、水平和总增益 N：0没有归一化的增益 D：0功率增益 A：1平均增益计算
21-30	F1-THETS	初始仰角(θ)，以°为单位	
31-40	F2-PHIS	初始方位角(φ)，以°为单位	
41-50	F3-DTH	仰角(θ)以°为单位的增量	
51-60	F4-DPH	方位角(φ)以°为单位的增量	
61-70	F5-RFLD	距离原点的径向距离或场点，以m为单位	空白(或大数值)→没有包括exp(−jkr/r)因子
71-80	F6-GNOR	增益归一化因子	空白，因为在I4中未选择增益归一化

图 11.29　NEC2 辐射方向图卡（RP）和球坐标系定义

11.5.3　将 NEC2 与 MATLAB 集成

使用文件输入/输出（I/O）和执行 NEC2 程序的 MATLAB dos 命令来完成 NEC2 与 MATLAB 的集成。在这里，我们使用在 Windows 操作系统上执行的称为 nec2 + + . exe 的 NEC2 的 C + + 版本，它使用典型的命令窗口（cmd.exe）和以下命令行：

```
C:\>nec2++ -iInput_Filename.nec -oOutput_Filename.out
```

其中 -i 开关将输入的 .nec 文件指定给 nec2 ++ .exe， -o 指示相应的输出 .out 文件。在 MATLAB 中，这可以使用 dos 或！命令来执行

```
NEC_filename = 'Dipole_Example.nec';
Out_filename = 'Dipole_Example.out';

dos(['nec2++ -i',NEC_filename,' -o',Out_filename]);
```

或者，

```
!nec2++ -iDipole_Example.nec -oDipole_Example.out
```

使用 dos 命令允许用户将输入和输出文件名定义为变量。

使用 nec2 ++ 执行 NEC2 程序的流程是通过首先使用 MATLAB 编写包含所需的导线几何形状、仿真频率、激励、辐射方向图要求等的 .nec 输入文件来实现的。然后在 MATLAB 内用 dos 操作系统命令执行 nec2 ++.exe，以创建 .out 输出文件。然后将输出文件中的数据读入 MATLAB，进行结果的后处理和可视化。

11.5.4 示例：简单的半波偶极子天线

考虑图 11.25 所示的半波偶极子天线的 NEC2 示例程序 Dipole_ Example.nec。这里，期望的中心频率 f_0 是 900MHz。该频率对应于波长 $\lambda_0 = \dfrac{299792458}{900000000} \approx 0.3331\text{m}$，理论长度 $\lambda_0/2 = 0.1665\text{m}$。该偶极子天线用 GW 卡设置，使得线位于 z 方向，并且关于 $x-y$ 平面对称，如图 11.30 所示。线的半径等于 1mm，分为 21 段，每段长度为 8mm，这符合细线近似的经验法则。在对应于导线中心和坐标系原点的第 11 段处添加 1V 的电压源激励。频率扫描以 2.5MHz 的步长从 800 ~ 1000MHz 频率执行，对应于 81 个采样点。还在 $x-z$ 平面（即 $\phi = 0°$）内计算辐射方向图，其中在 360°范围内的 73 个点对应于 5°的仰角间隔。

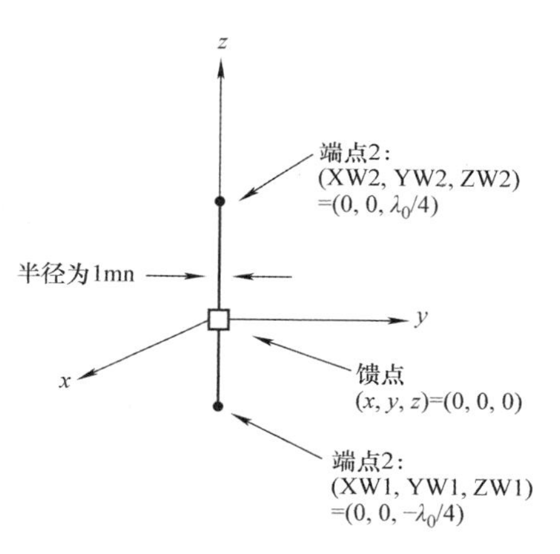

图 11.30　简单半波偶极子天线示例的 NEC2 几何图形

输出文件 Dipole_ Example.out 的结果如图 11.31 所示。第一个图是相对于理论半波偶极子天线阻抗 $Z_o = 73.2\Omega$ 计算的回波损耗（S_{11}）。

$$S_{11}(\text{dB}) = 20\lg\left(\left| \frac{Z_{\text{ant}} - Z_o}{Z_{\text{ant}} + Z_o} \right| \right) \tag{11.24}$$

式中，$Z_{\text{ant}} = R_{\text{ant}} + \text{j}X_{\text{ant}}$是给定频率下的天线阻抗，电阻分量为 R_{ant}，电抗分量为 X_{ant}，如图 11.31 右上角的子图所示。

理论上，在偶极子的谐振频率（这里设计为 900MHz）处，回波损耗应该为 - inf dB；然而，我们看到 0.5λ 的理论偶极子长度在 840MHz 附近的 S_{11}值最小。在那里，阻抗值为 72.3 + j1.1Ω，

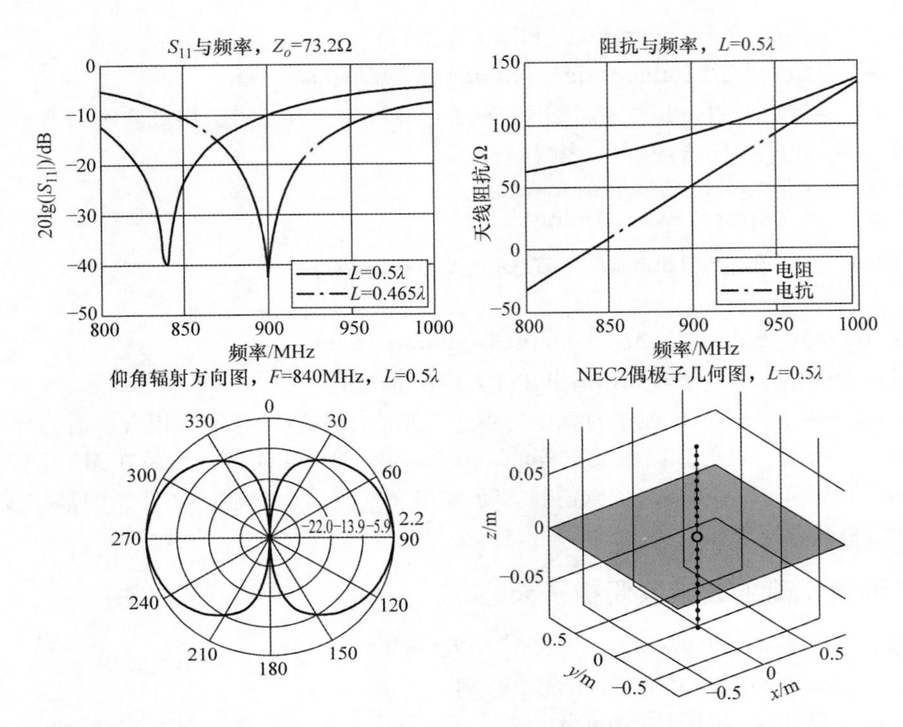

图 11.31　在 900MHz，偶极子长度 $L=0.5\lambda$ 时，示例 NEC2 偶极子天线程序的结果。请注意，在左上方的子图中，偶极子长度 $L=0.465\lambda$ 时所需频率下有最小的回波损耗（S_{11}）

接近理论值 73.2Ω。与理论频率的这种偏差是因为线的半径不是无限小的事实。人们会发现，在线径趋向于零时，S_{11} 的最小值将逐渐接近理论谐振频率。对于 1mm 的导线半径，最佳长度约 0.465λ 或 0.155m。最佳长度的回波损耗与频率的关系显示在图 11.31 左上方的子图中。

左下方的图是 840MHz 时，表示为 dBi 的各仰角的天线功率增益。我们看到该方向图的峰值为 2.2dBi，接近理论值 2.15dBi。

11.5.5　单极阵示例

接下来，我们考虑如图 11.32 所示的四分之一波长单极天线的 8 元均匀线阵的例子。按照前面的例子，当导线半径为 1mm 时，900MHz 所需频率下单极子的最佳长度等于 0.0786m，略小于理论值 0.0832m。阵元之间的间距设置为半波长或 0.1665m，以满足传统奈奎斯特空间采样。每个阵元在最接近无限大理想导电平面的第一段上由 1V 的电压源激励。

图 11.33 给出了该设置的相应的 NEC2 程序。有 8 个单独的 GW 卡用于创建单极天线，以及为每个阵元应用 1V 的单独的 EX 卡。在 900MHz 下，辐射方向图在方位角间隔为 1°的 $x-y$ 平面（仰角 $\theta=90°$）被计算。

NEC2 程序的结果在图 11.34 中给出。左侧子图显示出由 NEC 计算的方位（$x-y$）平面中得到的阵列功率增益的极坐标图。如图 11.32 所示，黑色圆圈的目的是显示从页面（$+z$）出来的

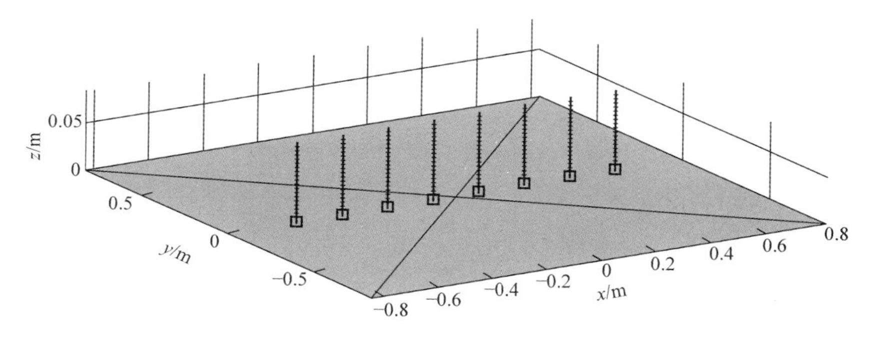

图 11.32　8 元 λ/ 4 单极阵例子的 NEC 几何图

```
CM Matlab NEC2 Monopole Array Example
CM [year month day hour minute seconds]
CM 2014 8 6 16 49 46.56
CE
GW 1 21 -0.58333 0.00000 0.00000 -0.58333 0.00000 0.083278 0.001
GW 2 21 -0.41667 0.00000 0.00000 -0.41667 0.00000 0.083278 0.001
GW 3 21 -0.25000 0.00000 0.00000 -0.25000 0.00000 0.083278 0.001
GW 4 21 -0.08333 0.00000 0.00000 -0.08333 0.00000 0.083278 0.001
GW 5 21  0.08333 0.00000 0.00000  0.08333 0.00000 0.083278 0.001
GW 6 21  0.25000 0.00000 0.00000  0.25000 0.00000 0.083278 0.001
GW 7 21  0.41667 0.00000 0.00000  0.41667 0.00000 0.083278 0.001
GW 8 21  0.58333 0.00000 0.00000  0.58333 0.00000 0.083278 0.001
GE 1
FR 0 1 0 0 900 1
EX 0 1 1 0 1 0
EX 0 2 1 0 1 0
EX 0 3 1 0 1 0
EX 0 4 1 0 1 0
EX 0 5 1 0 1 0
EX 0 6 1 0 1 0
EX 0 7 1 0 1 0
EX 0 8 1 0 1 0
GN 1
RP 0 1 360 1001 90 0 5 1
XQ
EN
```

图 11.33　8 元均匀单极阵的 NEC2 程序。该程序分析了在 900MHz 谐振频率处的 λ/ 4 单极子在方位面（$x-y$）中的辐射方向图

单极子的垂直方向，所以阵方向图的峰值与阵相垂直，如预期的那样。右侧子图是 NEC2 生成的单极阵与理想的各向同性天线阵的方向图比较。各向同性阵的主瓣峰值为 20lg(8) = 18.06dB，而单极阵的峰值为 15.34 dB。单极阵方向图的峰值旁瓣电平从峰值开始下降 12.8dB，这和各向同性阵相等；然而，单极阵的旁瓣逐渐变小的过程中，大于理想各向同性阵。两个阵的零限点位置是相似的，除了由于阵元之间的相互耦合，单极阵的零限深度更小。这个例子说明了在天线阵设计过程中阵元方向图和互耦的重要性。

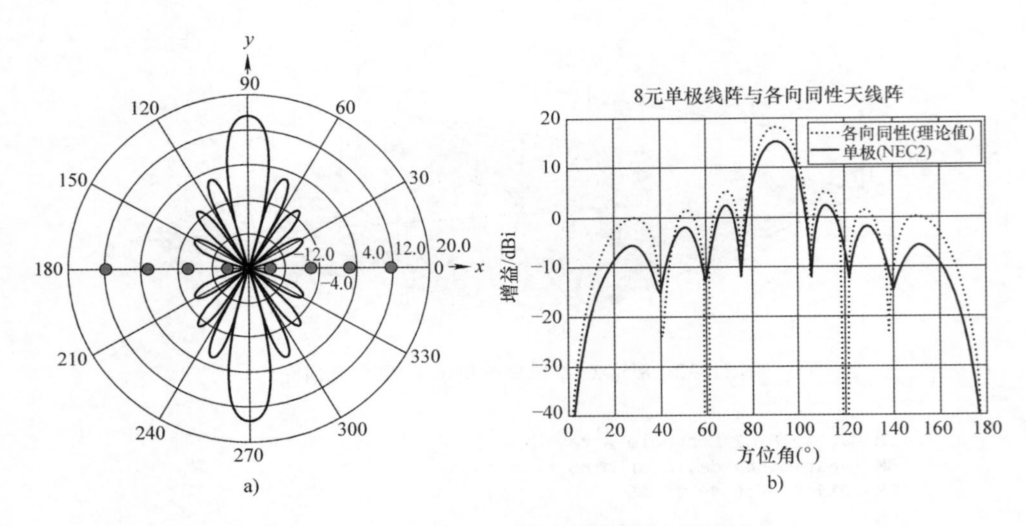

图 11.34　8 元 λ/4 单极阵辐射方向图示例

a）NEC2 产生的单极阵方向图的极坐标图，显示了主瓣位于 x 轴的侧边　b）NEC2 单极阵和理想各向同性天线阵的比较

11.6　演化天线设计

演化优化算法与计算电磁学编码之间结合的一个很好的例子是由 Linden[1] 开发的弯曲线天线。该作品中介绍的天线设计是同类产品中的第一种，并激发了演化天线设计领域的灵感。使用演化算法设计天线与需要精湛的电磁物理学知识的传统天线设计技术背道而驰。这些传统设计通常与计算电磁技术分离，这些技术仅用于在制造和在暗室内进行性能的最终测试/验证之前，以迭代方式确认或调整设计。另一方面，演化天线需要很少或根本不需要电磁物理专业知识，以便为特定应用设计天线，除了该问题的约束和目标，也不需要来自设计者的任何实际输入。优化过程的结果产生了以前的设计方法无法实现的设计。因此，当现有天线类型不适合手头应用时，演化天线已成为创建独特天线设计的重要设计方法。

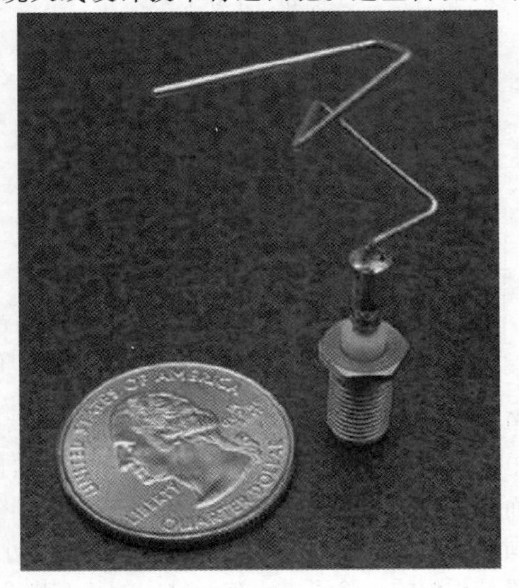

图 11.35　2006 NASA ST5 航天器的六线弯曲线天线

图 11.35 显示了一个例子——为美国宇航局（NASA）的 2006 空间技术 5（ST5）航天器[48] 开发的六线弯曲线天线。目标是设计一个天线，以适应小型化的称为微型卫星的卫星，并提供低电压驻波比（VSWR），以及高峰值增益和平滑的方向图。

这种天线与在 Linden 的论文[1] 中设计的原始七线弯曲线天线相似，其中使用遗传算法来优化线天线的几何形状以符合 1600MHz 设计频率，在每条边为 0.5λ 的立方体积内的要求，如图 11.36 所示。

立方体体积约束了线 n 的终点坐标 (x_n, y_n, z_n) 的搜索空间；因此总共有 21 个变量需要优化。第一根导线的起点连接到一个无限大 PEC 地面，这非常像理想的单极天线，并在第一段上接入电压源。

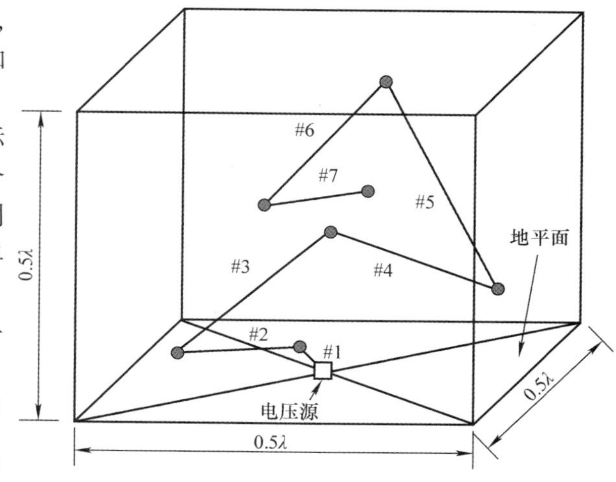

图 11.36　七线弯曲线天线的进化算法搜索空间

目标是在地面以上 10°的角度上产生一个恒定增益的半球形方向图，数学表达为

$$\text{Score} = \sum_{\text{over all}\theta,\phi} (\text{Gain}(\theta,\phi) - \text{Avg. Gain})^2 \tag{11.25}$$

这是在 $\theta = [0\ 80°]$，$\phi = [0\ 360°]$ 范围内所有方向增益和平均增益之间误差的二次方和。随着 Gain(θ,ϕ) 的值越来越接近所有角度的平均增益，评分函数趋于 0。

NEC 程序的设置如图 11.37 所示。几何结构方面，总共有 7 张 GW 卡。线段 1 的起点连接到坐标原点 $(x, y, z) = (0, 0, 0)$。每个线段的终点连接到下一个线段的起点。每根导线有 11 段，导线半径为 1mm。这里，GE 卡被设置为 1 以通知程序存在地面。对于 FR 卡，仅分析 1600MHz 的中心频率 1 个频率值。接下来，使用 GN 卡添加一个无限大理想导电接地平面，其值为 1。在 RP 卡中，仰角和方位角的角度范围是以地平线以上 5°为步长进行评估的，因为地平面以下的值不会被计算。

```
CM Matlab GA Antenna Example
CM [year month day hour minute seconds]
CM 2014 8 6 9 28 22.776
CE
GW 1 11 0.0000 0.0000 0.0000 x1_end y1_end z1_end 0.0010
GW 2 11 x1_end y1_end z1_end x2_end y2_end z2_end 0.0010
GW 3 11 x2_end y2_end z2_end x3_end y3_end z3_end 0.0010
GW 4 11 x3_end y3_end z3_end x4_end y4_end z4_end 0.0010
GW 5 11 x4_end y4_end z4_end x5_end y5_end z5_end 0.0010
GW 6 11 x5_end y5_end z5_end x6_end y6_end z6_end 0.0010
GW 7 11 x6_end y6_end z6_end x7_end y7_end z7_end 0.0010
GE 1
FR 0 1 0 0 1600 1
EX 0 1 1 00 1 0
GN 1
RP 0 33 36 1001 -80 0 5 5
XQ
EN
```

图 11.37　演化天线 NEC 程序模板示例

采用交叉熵法进行优化，群体大小为100，平滑系数$\alpha=0.7$，样本选择参数$\rho=0.1$。优化的结果显示在图11.38～图11.41中。图11.38显示了作为波长的函数的最终优化线天线设计。表11.9给出了作为波长λ的函数的最优天线的坐标。这是优化过程的一个例子，如参考文献［1］所示，这个问题可能存在多种解。

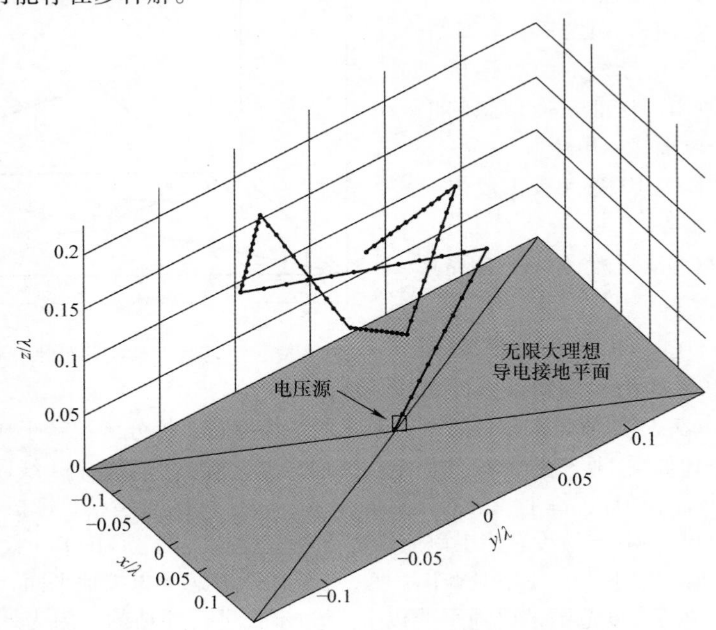

图11.38　用于恒定半球形增益的优化演化“弯曲线天线”

表11.9　作为波长λ的函数的线段端点的最优弯曲线天线坐标

阵元n	1	2	3	4	5	6	7
x	0.0101	−0.1275	−0.1355	0.0731	−0.0005	0.0368	−0.0192
y	0.0576	−0.0539	−0.0384	−0.0560	0.0080	0.0277	−0.0117
z	0.1339	0.1072	0.1637	0.1712	0.0843	0.2261	0.1659

图11.39是$x-z$平面中优化天线的辐射方向图，以及另一个用于比较的随机画的线天线的辐射方向图。由于方向图的均匀性是显而易见的，所以观察到优化已经成功。随机几何形状线天线在z轴附近产生具有尖锐零限点的方向图，并在x轴的每一侧产生不对称的凸起。对于优化的方向图，峰值增益为2.9dBi，这对于大多数应用来说非常有用。

图11.40说明了优化过程中评分和坐标位置的变化情况。只需要80次迭代，相当于对评分函数进行8000次评估，以便在1600MHz处获得−21.6的得分深度。

图11.41描述了优化天线的有效带宽。评分函数以10MHz的步长在1300～1900MHz的频率范围内评估，保存了每个频率的平均增益。总体上，最佳的方向图均匀性出现在1600MHz的设计频率；然而，在1300～1800MHz范围内，评分函数仍然远低于1dB，这对于具有非常低波纹的实际应用来说是非常宽的范围。

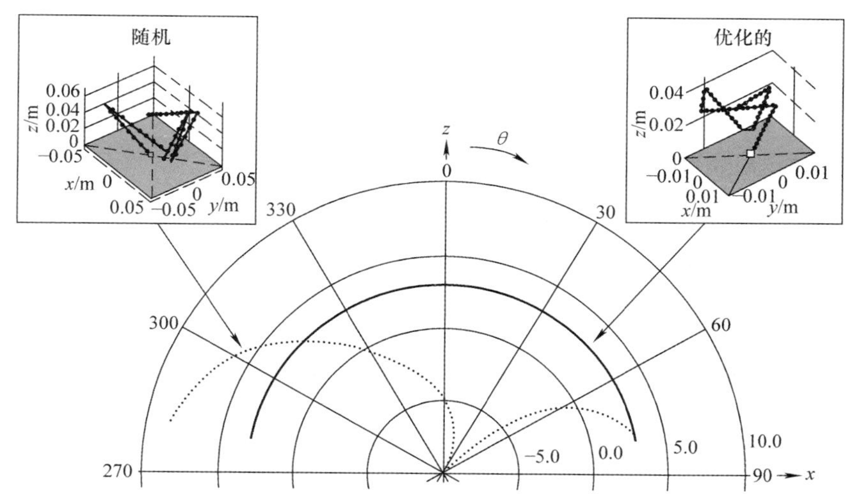

图 11.39　对于 $f_o=1600$MHz 的优化弯曲线和随机几何结构弯曲线的比较。优化的天线方向图在地平面之上的半球具有很好的对称性，而随机几何天线具有不对称方向图并且在零仰角附近具有零限点

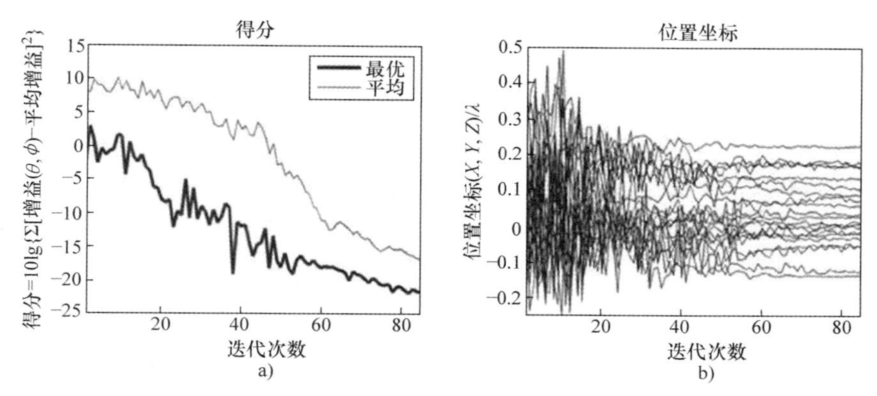

图 11.40　a）弯曲线天线的最佳和平均分数的变化　b）每个线段的单个坐标的变化

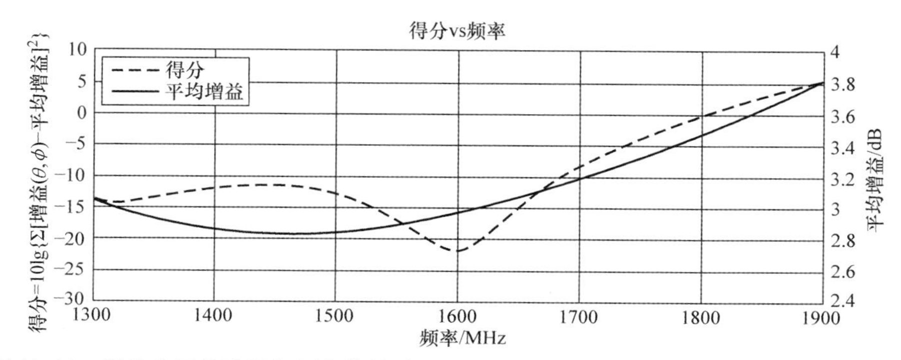

图 11.41　得分和平均增益与频率的关系（这显示了当前设计在 1600MHz 处的有效带宽）

11.7 当前和未来趋势

11.7.1 可重构天线和阵列

传统上，天线和阵列是静态设计和批量生产的，没有考虑到在部署环境中的性能。但是，周围的环境对天线的性能有很大的影响。可重构天线就具有这样的特性，即它们可以就地改变其结构的物理、化学和/或电学性质，以实现天线的辐射方向图、频率、带宽或极化的改变。这些改变可以实现针对周围环境优化天线性能或执行多功能操作。传统上，现代可重构天线使用诸如 PIN 二极管开关的 RF 开关或微机电开关（MEMS）来沿着天线结构的不同部分激励电流以影响操作。最近，基于可调电导率、磁导率和介电常数的开关已被使用。对于任何可重构天线，均可能存在大量配置选项来实现给定的性能。这需要有效的手段来搜索这些潜在的配置以找到最佳或可接受的解。这也是本章研究的全局优化算法和计算电磁技术的一个很好的应用。

11.7.2 开源计算电磁学软件

在 11.5 节讨论过的 NEC，其本质上是一个开源代码，用户可以不受限制地访问版本 2 的源代码并对其进行修改和重新打包。但是，这并不代表整个计算 EM 社区。目前使用的许多软件都是商业开发的，如 ANSYS HFSS、CST Microwave Studio 和 FEKO。它们是解决复杂和计算密集型问题的强大软件套件。它们通常非常昂贵（包括永久性维护和支持费用），对于普通研究人员来说并不便宜，对于进行天线和阵应用的研究也不是绝对必要的。此外，许多应用特定的计算电磁编码已经存在，并且可以在诸如 MATLAB 的中央文件交换和其他公共域的网站上获得；然而，它们可能很难适应其他问题。一个更广泛的研究社区的趋势是合作开发开源或开放访问的软件，这些软件是免费向公众提供的。过去几年这种趋势已经渗入到计算电磁学领域。这些代码中的大部分基于计算电磁学中的有限差分时域（FDTD）方法。FDTD 码可用于分析手持式商用电子设备（如手机和收音机）中的微带天线。一些例子包括 MIT 开发的 MEEP[49] 和 Liebig 开发的 openEMS[50,51]。openEMS 使用 MATLAB 作为灵活的脚本界面来创建几何结构，进行分析和结果后处理。openEMS wiki 页面提供了一些有趣的教程，用于分析微带线馈贴片天线阵，其中还包括使用结合全波 FDTD 仿真的等效电路仿真来优化天线性能。

11.8 参考文献

1. Linden, D., "Automated design and optimization of wire antennas using genetic algorithms," Dissertation, Massachusetts Institute of Technology, 1997. [Online]. Available: http://hdl.handle.net/1721.1/10207.

2. Kennedy, J., and R. Eberhart, "Particle Swarm Optimization," *IEEE International Conference on Neural Networks*, Vol. 4, pp. 1942–1948, 1995.

3. Robinson, J., and Y. Rahmat-Sami, "Particle Swarm Optimization in Electromagnetics," *IEEE Trans. on Antennas and Propagation*, Vol. 52, No. 2, pp. 397–407, 2004.

4. Boeringer, D. W., and D. Werner, "Particle Swarm Optimization versus Genetic Algorithms for Phased Array Synthesis," *IEEE Trans. on Antennas and Propagation*, Vol. 52, No. 3, pp. 771–779, 2004.

5. Khodier, M., and C. Christodoulou, “Linear Array Synthesis with Mimimum Sidelobe Level and Null Control Using Particle Swarm Optimization,” *IEEE Trans. on Antennas and Propagation*, Vol. 53, No. 8, pp. 2674–2679, 2005.
6. Dorigo, M., “Optimization, Learning and Natural Algorithms,” Ph.D. Thesis, Politecnico di Milano, Italy, 1992.
7. Van Laarhoven, P., and E. Aarts, *Simulated Annealing*, Springer, The Netherlands, 1987.
8. Pham, D., A. Ghanbarzadeh, E. Koc, S. Otri, S. Rahim, and M. Zaidi, “The bees Algorithm—A Novel Tool for Complex Optimisation Problems,” in *Proceedings of the 2nd Virtual Conference on Intelligent Production Machines and Systems*, 2006.
9. Yang, X.-S., “Firefly Algorithms for Multimodal Optimization,” in *Stochastic Algorithms: Foundations and Applications*, Springer, Berlin Heidelberg, 2009, pp. 169–178.
10. Yang, X., and S. Deb, “Cuckoo Search via Levy Flights,” *IEEE World Congress on Nature and Biological Inspired Computing (NaBIC 2009)*, pp. 210–214, 2009.
11. Yang, X., “A New Metaheuristic Bat-Inspired Algorithm,” in *Nature Inspired Cooperative Strategies for Optimization (NICSO 2010)*, Springer, Berlin Hedelberg, 2010, pp. 65–74.
12. Guney, K., and S. Basbug, “Interference Suppression of Linear Antenna Arrays by Amplitude-Only Control Using a Bacterial Foraging Algorithm,” *Progress in Electromagnetics Research*, No. PIER 79, pp. 475–497, 2008.
13. Haupt, R., and D. Werner, *Genetric Algorithms in Electromagnetics*, John Wiley & Sons, New York, 2007.
14. Sivanandam, S., and S. Deepa, *Introduction to Genetic Algorithms*, Springer, 2007.
15. Rubinstein, R., and D. Kroese, *The Cross Entropy Method: A Unified Approach to Combinatorial Optimization, Monte-Carlo Simulation, and Machine Learning*, Springer, New York, 2004.
16. Cover, T., and J. Thomas, *Elements of Information Theory*, Wiley, New York, 1991.
17. Kapur, J., and H. Kesavan, *Entropy Optimization Principles with Applications*, Academic Press, New York, 1992.
18. Rubinstein, R., “Optimization of Computer Simulation Models with Rare Events,” *European Journal of Operational Research*, Vol. 99, pp. 89–112, 1997.
19. Rubinstein, R., “The Cross Entropy Method for Combinatorial and Continuous Optimization,” *Methodology and Computing in Applied Probability*, Vol. 1, pp. 127–190, 1999.
20. Connor, J., “Antenna Array Synthesis Using the Cross Entropy Method,” Ph.D. Dissertation, Florida State University, 2008.
21. Connor, J., S. Foo, and M. Weatherspoon, “Synthesizing Antenna Array Sidelobe Levels and Null Placements Using the Cross Entropy Method,” in *Proceedings of the 2008 IEEE Industrial Electronics Conference*, Orlando, FL, 2008.
22. de Boer, P., “Analysis and Efficient Simulation of Queuing Models of Telecommunications Systems,” Ph.D. Dissertation, University of Twente, 2000.
23. Keith, J., and D. Kroese, “Sequence Alignment by Rare Event Simulation,” in *Proceedings of the 2002 Winter Simulation Conference*, San Diego, CA, 2002.
24. Chepuri, K., and T. Homem de Mello, “Solving the Vehicle Routing Problem with Stochastic Demands Using the Cross Entropy Method,” in *Annals of Operations Research*, Kluwer Academic, 2004.
25. Szita, I., and A. Lorincz, “Learning Tetris Using the Cross Entropy Method,” *Neural Computation*, Vol. 18, No. 12, pp. 2936–2941, 2006.
26. Chen, Y., and Y. Su, “Maximum Likelihood DOA Estimation Based on the Cross Entropy Method,” *2006 IEEE Int. Symposium on Information Theory*, pp. 851–855, 2006.
27. Joost, M., and W. Schiffmann, “Speeding Up Backpropagation Algorithms by Using Cross-Entropy Combined with Pattern Normalization,” *International Journal of Uncertainty, Fuzziness and Knowledge-Based Systems*, Vol. 6, No. 2, pp. 117–126, 1998.

28. Dorigo, M., M. Zlochin, N. Meuleau, and M. Birattari, "Updating ACO Pheromones Using Stochastic Gradient Ascent and Cross Entropy Methods," *Applications of Evolutionary Computing in Vol. 2279 of Lecture Notes in Computer Science*, pp. 21–30, 2002.

29. Liu, Z., A. Doucet, and S. Singh, "The Cross Entropy Method for Blind Multi-User Detection," in *Proceedings of the Int. Symp. on Information Theory (ISIT 2004)*, July 2004.

30. Zhang, Y., "Cross Entropy Optimization of Multiple-Input Multiple-Output Capacity by Transmit Antenna Selection," *IET Microwaves, Antennas and Propagation*, Vol. 1, No. 6, pp. 1131–1136, 2007.

31. Margolin, L., "On the Convergence of the Cross-Entropy Method," in *Annals of Operations Research*, Vol. 134, pp. 201–214, 2004.

32. Costs, A., O. Jones, and D. Kroese, "Convergence Properties of the Cross-Entropy Method for Discrete Optimization," *Operations Research Letters*, Vol. 35, No. 5, pp. 573–580, 2007.

33. Panduro, M., C. Brizuela, D. Covarrubias, and C. Lopez, "A Trade-off Curve Computation for Linear Antenna Arrays Using an Evolutionary Multi-Objective Approach," *Soft-computing—A Fusion of Foundations, Methodologies, and Applications*, Vol. 10, No. 2, pp. 125–131, 2006.

34. Tennant, A., M. Dawoud, and A. Anderson, "Array Pattern Nulling by Element Position Perturbations Using a Genetic Algorithm," *IEEE Electronic Letters*, Vol. 30, No. 3, pp. 174–176, 1994.

35. Murino, V., A. Trucco, and C. Regazzoni, "Synthesis of Unequally Spaced Arrays by Simulated Annealing," *IEEE Transactions on Antennas and Propagation*, Vol. 44, No. 1, pp. 119–123, 1996.

36. Rodriguez, J., L. Landesa, J. Rodriguez, F. Obelleiro, F. Ares, and A. Garcia-Pino, "Pattern Synthesis of Array Antennas with Arbitrary Elements by Simulated Annealing and Adaptive Array Theory," *Microwave and Optical Tech. Letts.*, Vol. 20, No. 1, pp. 48–50, 1999.

37. Jin, N., and Y. Rahmat-Samii, "Advances in Particle Swarm Optimization for Antenna Designs: Real-Number, Binary, Single-Objective and Multi-Objective Implementations," *IEEE Transactions on Antennas and Propagation*, Vol. 55, No. 3, pp. 556–567, 2007.

38. Lo, Y., "A Mathematical Theory of Antenna Arrays with Randomly Spaced Elements," *IEEE Transactions on Antennas and Propagation*, Vols. AP-12, pp. 257–268, 1964.

39. Steinberg, B., *Microwave Imaging with Large Antenna Arrays*, Wiley, New York, 1983.

40. Skolnik, M., "Statistically Designed Density-Tapered Arrays," *IEEE Transactions on Antennas and Propagations*, Vol. AP-12, pp. 408–417, 1964.

41. Haupt, R., "Thinned Arrays Using Genetic Algorithms," *IEEE Transactions on Antennas and Propagation*, Vol. 42, No. 7, pp. 993–999, 1994.

42. Mahanti, G., "Synthesis of Thinned Linear Antenna Arrays with Fixed Sidelobe Level Using Real-Coded Genetic Algorithms," *Progress in Electromagnetics Research*, Vol. PIER 75, pp. 319–328, 2007.

43. Meijer, C., "Simulated Annealing in the Design of Thinned Arrays Having Low Sidelobe Levels," *Proc. 1998 South African Symposium on Communications and Signal Processing*, pp. 361–366, 1998.

44. Quevedo-Teruel, O., and E. Rajo-Iglesias, "Ant Colony Optimization in Thinned Array Synthesis with Minimum Sidelobe Level," *IEEE Antennas and Propagation Letters*, Vol. 5, No. 1, pp. 349–352, 2006.

45. Shore, R., "A Proof of the Odd-Symmetry of the Phase for Minimum Weight Perturbation Phase-Only Null Synthesis," *IEEE Transactions on Antennas and Propagation*, Vol. AP-32, pp. 528–530, 1984.

46. Haupt, R., "Phase-Only Adaptive Nulling with a Genetic Algorithm," *IEEE Transactions on Antennas and Propagation*, Vol. 45, No. 6, pp. 1009–1015, 1997.

47. Burke, G., and A. Poggio, "Numerical Electromagnetics Code (NEC)—Method of Moments," *NOSC TD 116*, Jan. 1981.

48. Hornby, G., "Automated Antenna Design with Evolutionary Algorithms," in *Proceedings of 2006 A/AA Space Conference*, 2006.

49. "MEEP," [Online]. Available: http://ab-initio.mit.edu/wiki/index.php/Meep. [Accessed 27 08 2014].
50. Leibig, T., "openEMS—A Free and Open Source Equivalent Circuit (EC) FDTD Simulation Platform Supporting Cylindrical Coordinates Suitable for the Analysis of Traveling Wave MRI Applicaitons," *Int. Journal of Numerical Modeling: Electronic Networks, Devices, and Fields*, Vol. 26, No. 6, pp. 680–696, 2013.
51. Liebig, T., "openEMS," [Online]. Available: www.openems.de/. [Accessed 27 08 2014].

11.9　习题

1. Rosenbrock 函数的优化是优化算法的流行非凸性能测试。Rosenbrock 函数被定义为

$$f(x,y)=(a-x)^2+b(y-x^2)^2$$

其全局最小值出现在$(x,y)=(a,a^2)$，$a=1$，$b=100$。我们希望使用这个测试函数来评估使用轮盘赌选择和单点交叉的连续变量遗传算法的性能，就像图 11.4 中的过程。执行以下操作：

(a) 对于 $a=1$，$b=100$，$x\in[-1.5, 2]$，$y\in[-0.5, 3]$，在 MATLAB 中创建 3D Rosenbrock 函数 $\lg(f(x, y))$的 2D 图（使用 imagesc 函数）。

(b) 对于至少 500 次试验，使用轮盘赌选择和单点交叉的连续变量遗传算法（见图 11.5）来找到 Rosenbrock 函数的最小值。绘制每次试验中群体中表现最佳者的最终得分的直方图。遗传算法使用以下参数：

参数	值
群体大小	30
突变率	0.15
保留的染色体	15
丢弃的染色体	15
未突变的染色体数	1
轮盘赌赔率向量（从最佳表现者到最差的）	[0, 0.0083, 0.0250, 0.0500, 0.0833, 0.1250, 0.1750, 0.2333, 0.3000, 0.3750, 0.4583, 0.5500, 0.6500, 0.7583, 0.8750, 1.0000]
最大迭代次数	3000
终止的最小代价	0

2. 对于 11.3.1 节中的阵稀疏化示例，我们想比较一下它与随机搜索的性能。修改图 11.14 所示的 MATLAB 代码，创建一个随机稀疏的线阵，它从伯努利分布中抽取，对于元素 2 ~ 25，成功概率相等（$p=0.5$）。执行以下操作：

(a) 在每次迭代时，对于交叉熵法和随机搜索都保存群体中的最佳表现者，并创建一个图表，说明单个实例的峰值旁瓣电平（dB）与迭代次数的关系。

(b) 重复（a）至少 500 次，并在 2 个单独的图上分别绘制交叉熵法和随机搜索的最佳表现

者的峰值旁瓣电平的直方图。以相同的轴尺寸绘制，以便于比较。

3. 在11.5.4节的例子中，在900MHz时达到最小回波损耗值（S_{11}）的最佳偶极子长度等于0.465λ。我们试图使用交叉熵法的连续形式来验证文中陈述的最优值。这个问题的评分函数由下式给出

$$\text{Score} = 20\lg(S_{11})$$

计算回波损耗S_{11}的式（11.24）中$Z_o = 73.2\Omega$。交叉熵法使用以下参数。

参数	值
群体大小	100
平滑系数α	0.7
样本选择参数ρ	0.1
高斯分布的初始均值μ	0.5λ
高斯分布的初始方差σ^2	1
当所有的σ^2小于该值时终止优化	1×10^{-6}
群体抽样的下界	0
群体抽样的上界	λ

（a）画出在每次迭代中最佳和平均分数，以说明优化的收敛性。

（b）画出每次迭代群体中最佳表现者的偶极子长度图，以及群体中的平均长度图。将长度绘制为波长λ的函数。

4. 对于图11.31中的偶极子例子，观察到线径的大小使产生的谐振频率和理论值有偏移。对于偶极子在理论上的900MHz谐振频率时，通过为10^{-3}m、10^{-4}m、10^{-5}m、10^{-6}m的线半径绘制S_{11}系列（以dB为单位）与频率（800~1000MHz）的曲线来证明上述结论。

5. 考虑11.5.5节中的N（=8）元单极阵的例子。当阵被偏转到80°时，我们希望创建一个类似于图11.34的总增益（dBi）相对于［0，180°］范围内的方位角变化图。回顾第4章，我们可以通过在阵元上引入渐进的相移来将波束引向角度ϕ_o：

$$\delta_n = -kd(n-1)\cos\phi_o, n=1\cdots N, k=\frac{2\pi}{\lambda}, d=0.5\lambda$$

（a）阵中每个单极子的δ_n（以rad为单位）值是多少？

（b）NEC的EX卡的电压源用实数（F1）和虚数（F2）两部分来表示。应用于阵中每个单极子的复电压值（以V为单位）是多少？表示为$v = v_{\text{real}} + jv_{\text{imag}}$。

（c）修改图11.34中的代码，生成波束导向图，具有线性轴，总增益（以dBi为单位）随方位角（以°为单位）变化［提示：你需要更改EX卡的输入以适应（b）中计算的新电压值］。

推荐阅读

5G 之道：4G、LTE-A Pro 到 5G 技术全面详解（原书第 3 版）

埃里克•达尔曼（Erik Dahlman）等著　缪庆育　范斌　堵久辉　译

通信经典畅销书《4G 移动通信技术指南》面向 5G 时代的全面升级版。

本书是未来几年内，业界知名专家对 LTE 到 5G 等前沿通信技术的经典解读。

本书由与 3GPP 工作为紧密的爱立信工程师所著，内容实用并且得到全球通信从业者选择。本书将目光投向 5G 新技术以及 3GPP 所采纳的新标准，详细解释了被选择的特定解决方案以及 LTE、LTE-Advanced 和 LTE-Advanced Pro 的实现技术与过程，并对通往实现 5G 之路以及相关可行技术提供了详细描述。

帮助读者搭建移动通信知识架构，全面提高对无线通信技术的理解，从而加深对现有商用技术的学习、工作实践的指导，同时又帮助读者理解掌握 5G 新发展脚步，拥抱新的未来。

推荐阅读

软件定义移动网络：超越传统架构

马杜桑卡·利亚纳吉　等著　　肖善鹏　郭霏　等译

■ 深入软件定义移动网络（SDMN），改变未来网络架构。

■ 掌握 SDN、NFV 前沿进展，探索 5G 未来发展。

■ 国际通信专家、研究人员，一线工程师倾力创作。

软件定义移动网络（SDMN）将在超越传统架构移动网络中发挥关键作用。本书提供了对 SDMN 的可行性的深入讲解，并评估了应用于移动宽带网络的新技术的性能和可扩展性限制，以及 SDMN 将如何改变当前移动通信网络的网络架构，提供了超越目前移动通信网络架构和可行性实施方面的理论原则。

Simulink 数字通信系统建模

阿瑟·A. 乔达诺（Arthur A.Giordano）等著　邵玉斌　译

■ 聚焦 Simulink 通信仿真，理解 5G 通信技术本质，决胜 5G 时代，MathWorks 公司官方鼎力支持。

■ 丰富案例，由浅入深全面讲解通信系统 Simulink 建模仿真与分析。

■ 提供完整配套模型文档、习题集、答案。

本书通过 Simulink 对数字通信系统的建模技术和方法进行了深入的研讨，深刻地揭示了通信过程的本质，让你能够从原理上去理解诸如调制解调、编解码、滤波、快速傅里叶变换（FFT）等等这些通信和信号处理单元的原理和应用。帮助你真正理解，并更好地掌握通信系统技术原理，决胜 5G 时代。

推荐阅读

NB-IoT 物联网技术解析与案例详解

黄宇红　杨光　肖善鹏　曹蕾　李新　等著

■ 业界专家学者热情推荐，中国移动研究院核心团队出品。

■ 应用 NB-IoT 开发物联网项目的手把手实践教程。

■ 从技术解析到真实商用案例实战的全景路线图，让垂直行业更好理解通信技术。

本书以实际商用案例为切入点来剖析 NB-IoT 技术特性和带给行业的新价值，指导实际项目开发。

LTE 小基站优化：3GPP 演进到 R13

哈里·霍尔马（Harri Holma）等著　堵久辉　洪伟　译

■ 讨论 LTE 小基站，从规范到产品再到外场测试结果。

■ 国际电信业专家编写，通过大量商用网络样本检验 LTE 优化方案。

本书及时地讨论了 LTE 小基站和网络优化的相关研发和标准化工作，涵盖了小站从规范到产品及外场测试结果，以及 LTE 优化和从商用网络中获得的经验总结。

图书在版编目（CIP）数据

智能天线：MATLAB 实践版：原书第 2 版/(美) 弗兰克・B. 格罗斯（Frank B. Gross）著；刘光毅，费泽松，王亚峰译. —北京：机械工业出版社，2019. 8
(5G 丛书)
书名原文：Smart Antennas with MATLAB, Second Edition
ISBN 978-7-111-63249-8

Ⅰ. ①智…　Ⅱ. ①弗…②刘…③费…④王…　Ⅲ. ①智能天线-天线设计
Ⅳ. ①TN821

中国版本图书馆 CIP 数据核字（2019）第 146874 号

机械工业出版社（北京市百万庄大街 22 号　邮政编码 100037）
策划编辑：林　桢　责任编辑：闫洪庆　朱　林
责任校对：樊钟英　封面设计：鞠　杨
责任印制：孙　炜
河北宝昌佳彩印刷有限公司印刷
2019 年 11 月第 1 版第 1 次印刷
184mm×240mm・17.75 印张・1 插页・447 千字
标准书号：ISBN 978-7-111-63249-8
定价：89.00 元

电话服务	网络服务
客服电话：010-88361066	机　工　官　网：www.cmpbook.com
010-88379833	机　工　官　博：weibo.com/cmp1952
010-68326294	金　　书　　网：www.golden-book.com
封底无防伪标均为盗版	机工教育服务网：www.cmpedu.com